职业教育“互联网+”新形态一体化教材　工程机械运用技术专业

工程机械液压系统检修

主　编　陈立创　刘世琪　孙定华

副主编　刘　悦　刘成平　马绕林

参　编　周克平　吕冬梅　郑兰霞

赵永霞　马卫东　石启菊

机械工业出版社

本书分为主教材和实训活页手册两个部分。主教材内容共分为6章，包括液压传动基础知识、液压元件、液压基本回路、工程机械液压系统的形式、常见工程机械液压系统分析、工程机械液压系统测试与故障诊断技术；实训活页手册包含5个项目，包括液压元件的维护与检修、简单液压回路组建、工程机械液压系统检修、工程机械液压系统压力与流量测试、工程机械液压系统故障诊断与排除。

本书内容涵盖面广，图文并茂，可以作为智能工程机械运用技术、道路机械化施工技术、道路养护与管理、道路与桥梁工程技术等专业的教材，也可作为工程机械相关领域从业人员的参考用书。

本书配有电子课件，凡使用本书作为教材的教师可登录机械工业出版社教育服务网 www.cmpedu.com 注册后免费下载。咨询电话：010-88379375。

图书在版编目（CIP）数据

工程机械液压系统检修/陈立创，刘世琪，孙定华主编．—北京：机械工业出版社，2023.3（2025.1重印）

（工程机械运用技术专业）

职业教育“互联网+”新形态一体化教材

ISBN 978-7-111-72148-2

Ⅰ.①工… Ⅱ.①陈…②刘…③孙… Ⅲ.①工程机械—液压系统—检修—职业教育—教材 Ⅳ.①TU607

中国版本图书馆CIP数据核字（2022）第228124号

机械工业出版社（北京市百万庄大街22号 邮政编码100037）

策划编辑：刘良超　　责任编辑：刘良超

责任校对：张晓蓉　陈　越　　封面设计：王　旭

责任印制：单爱军

北京虎彩文化传播有限公司印刷

2025年1月第1版第3次印刷

184mm×260mm · 21.75印张 · 534千字

标准书号：ISBN 978-7-111-72148-2

定价：65.00元

电话服务	网络服务
客服电话：010-88361066	机　工　官　网：www.cmpbook.com
010-88379833	机　工　官　博：weibo.com/cmp1952
010-68326294	金　书　网：www.golden-book.com
封底无防伪标均为盗版	机工教育服务网：www.cmpedu.com

前　言

工程机械是重要的基础建设施工装备，种类繁复、品牌众多。液压传动技术是工程机械的重要技术之一，不同类别的工程机械，其液压系统的结构组成和工作形式也不尽相同。因此编者根据国家专业标准要求，针对高等职业院校、技师学院开设的工程机械类专业教学需要，编写了本书。

本书分为主教材和实训活页手册两个部分。主教材内容共分为6章，包括液压传动基础知识、液压元件、液压基本回路、工程机械液压系统的形式、常见工程机械液压系统分析、工程机械液压系统测试与故障诊断技术；实训活页手册包含5个项目，包括液压元件的维护与检修、简单液压回路组建、工程机械液压系统检修、工程机械液压系统压力与流量测试、工程机械液压系统故障诊断与排除。

本书内容涵盖面广，图文并茂，可以作为智能工程机械运用技术、道路机械化施工技术、道路养护与管理、道路与桥梁工程技术等专业的教材，也可作为工程机械相关领域从业人员的参考用书。

党的二十大报告提出“实施国家文化数字化战略”。为响应二十大精神，本书力求打造立体化、多元化、数字化教学资源，打通纸质教材与数字化教学资源之间的通道，为混合式教学改革提供保障。本书配套的网上教学资源网址为 https：//www. icve. com. cn/studypriview/directory/directory_list. html?courseId = 9vo0apiqsbdndlvnlloyaa 和 https：//www. icve. com. cn/portal/courseinfo?courseid = jcmlaouqpazkpzhh7oxytq。

本书的编写得到了全国多所中职、高职院校和工程机械厂商的支持。参加本书编写的人员有柳州职业技术学院陈立创（第2.3节、第2.4节、第5.5节、第6章、任务3.4、项目4、任务5.4）、天津交通职业学院刘世琪（第1章、第5.9节、任务1.1）、常州交通技师学院孙定华（第4章、第5.4节、任务1.4、任务3.3、任务5.3）、天津交通职业学院刘悦（第3章、第5.6节、项目2）、南京交通职业技术学院刘成平（第2.5节、第5.7节、任务1.2、任务3.5）、云南交通运输职业学院马绕林（第2.1节、第5.3节、任务3.2、任务5.2）、云南交通运输职业学院周克平（第5.11节、任务5.7、任务5.8）、安徽交通职业技术学院吕冬梅（第5.10节、任务3.6、任务5.6）、黄河水利职业技术学院郑兰霞（第5.8节、任务5.5）、柳州市第二职业技术学校赵永霞（第5.1节、任务3.1）、黄河水利职业技术学院马卫东（第5.2节、任务5.1）、常州交通技师学院石启菊（第2.2节、任务1.3）。全书由陈立创统稿。广西柳工机械股份有限公司彭智峰、何海峰参与审核了部分内容，在此表示谢意！

本书在编写过程中，参阅了国内外有关文献、书籍和技术资料，在此向有关作者和单位谨表示感谢！

由于编者水平有限，书中难免有疏漏或不当之处，欢迎读者和同行专家批评指正。

编者

二维码列表

微课名称	二维码	微课名称	二维码
01 液压缸的运动特性分析		11 装载机全液压制动系统工作原理分析	
02 齿轮泵的结构		12 挖掘机铲斗内翻先导油路分析	
03 液压缸拆装与检修		13 挖掘机铲斗内翻主油路分析	
04 液压缸的结构		14 挖掘机铲斗外翻先导油路分析	
05 齿轮泵的困油及解决措施		15 挖掘机铲斗外翻主油路分析	
06 齿轮泵的径向力不平衡及解决措施		16 挖掘机动臂举升先导油路分析	
07 叉车工作装置液压系统组成与工作原理分析		17 挖掘机动臂举升主油路分析	
08 叉车转向液压系统组成与工作原理分析		18 挖掘机动臂下降先导液压油路分析	
09 装载机工作装置液压系统工作原理分析		19 挖掘机动臂下降主油路分析	
10 装载机全液压转向系统工作原理分析		20 挖掘机斗杆提升液压回路分析	

（续）

微课名称	二维码	微课名称	二维码
21 挖掘机斗杆下降液压回路分析		31 叉车转向缓慢无力的故障诊断与排除	
22 挖掘机回转液压系统工作原理分析		32 叉车工作装置液压系统压力过低的故障诊断与排除	
23 挖掘机行走液压系统工作原理分析		33 装载机分配阀拆装与检修	
24 挖掘机行走马达控制油路原理分析		34 装载机流量放大阀拆装与检修	
25 挖掘机安全吸油阀结构与原理		35 装载机转向器拆装和检修	
26 挖掘机中央回转接头的结构与原理		36 挖掘机安全吸油阀	
27 挖掘机操作手柄先导阀的结构与原理		37 挖掘机单向阀拆装和检修	
28 齿轮泵拆装和检修		38 挖掘机主溢流阀拆装与检修	
29 叉车门架升降缓慢的故障诊断与排除		39 挖掘机滑阀拆装与检修	
30 叉车门架倾斜无动作的故障诊断与排除		40 挖掘机回转马达拆装与检修	

（续）

微课名称	二维码	微课名称	二维码
41 挖掘机回转马达阀块拆装与检修		48 挖掘机液压系统主溢流阀设定压力的测量	
42 挖掘机 GM380 行走马达拆解		49 装载机动臂下沉的故障诊断与排除	
43 挖掘机 GM380 行走马达组装		50 装载机铲斗翻转无力故障诊断与排除	
44 挖掘机 K3V112DT 液压泵拆解		51 装载机转向缓慢无力的故障诊断与排除	
45 挖掘机 K3V112DT 液压泵组装		52 装载机制动力不足的故障诊断与排除	
46 挖掘机 K3V112DT 液压泵易损件质量检查		53 挖掘机动臂举升缓慢无力的故障诊断与排除	
47 挖掘机液压系统先导压力的测量		54 挖掘机斗杆下摆惯性过大的故障诊断与排除	

目　录

第1章 液压传动基础知识

☞ 目标与要求

了解液压传动的基本原理与特点、液压系统的组成及工作特性、液压油的应用特性、液压传动的力学基础理论。

能够解释液体压力如何建立、流量如何形成；掌握流量与速度、压力与负载的关系；掌握液压系统的组成元件及其作用。

☞ 重点与难点

液压传动是以液体作为工作介质，利用液体压力来传递动力。液压系统的工作压力取决于负载，运动速度取决于流量。

液压系统由动力元件、执行元件、控制元件、辅助元件和工作介质五部分组成。其中动力元件将机械能转换成液压能，执行元件将液压能转换成机械能，控制元件用于控制液压油的压力、方向和流量，辅助元件是液压系统必不可少的部分，工作介质（液压油）起到传递能量、散热和润滑的作用。

帕斯卡原理：在密封容器内，施加于静止液体上的压力，能等值地传递到液体中各点。它是静压传递的基本原理，也是分析液压系统工作原理的基础理论。

伯努利方程：对于流动的液体，可以进行能量的转换，若无能量的输入和输出，液体内的总能量是不变的。伯努利方程是进行液压传动系统分析的基础，可以运用它对多种液压问题进行分析研究。

液体在流动过程中存在压力损失，压力损失的程度与液体的流速、黏性以及通道形状、管径、长度等因素有关。

液压油的特性有黏度、密度、温度、压力、抗燃性、润滑性、空气溶解率、可压缩性和毒性等，选用液压油时首先要考虑的是它的黏度，因为液压油黏度对液压装置的性能影响最大。工程机械常选用抗磨液压油，在工作过程中，液压油的黏度受温度、压力影响。

1.1 液压传动技术发展概况

根据传递能量的工作介质不同，可将传动分为机械传动、电气传动和流体传动。流体传动是以流体为工作介质进行传递能量和控制的一种传动方式。其中，利用液体的静压能来传递动力的为液压传动，而利用液体的动能来传递动力的为液力传动。

1.1.1 液压传动的特点

液压传动与机械传动相比，具有以下优点：

1）液压传动操作控制方便，易于实现无级调速，而且调速范围大。

2）液压传动装置体积小，运动惯性小，动态性能好。

3）可以简便地与电控部分结合，组成电液一体的传动和控制系统，实现自动控制。

4）工作安全性好，具有过载保护功能，并有自润滑作用。

5）易于实现标准化、系列化和通用化，便于设计、制造和推广使用。

液压传动也存在不足：

1）液压传动经过两次能量转换，传动效率低，只有75%~85%。

2）工作性能易受温度影响，主要是温度的变化会引起液压油黏度的变化。

3）液压元件的制造和维护要求较高，价格也较贵。

4）液压系统容易泄漏。

1.1.2 液压传动工作原理与组成

1. 液压传动工作原理

液压传动是利用静压传递原理来工作的，其传动模型如图1-1所示。密封容器中盛满液体5，当小活塞2在作用力F足够大时即下压，小缸体1内的液体流入大缸体3内，依靠液体压力推动大活塞4，将重物G举升。这种力和运动的传递是通过容器内的液体来实现的。

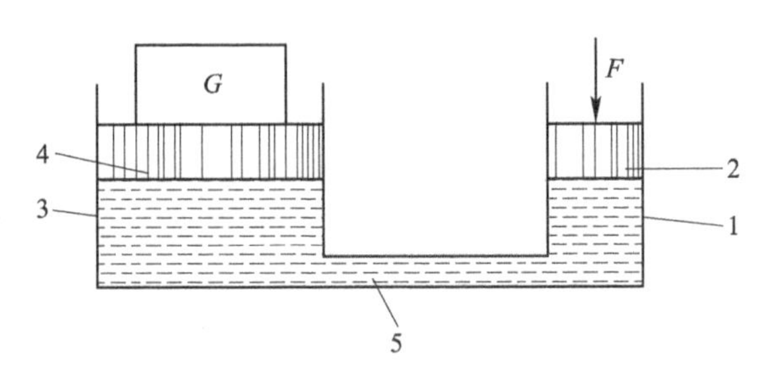

图1-1 液压传动模型

1—小缸体 2—小活塞 3—大缸体 4—大活塞 5—液体

下面以图1-2所示的液压举升机构来简述液压系统的工作原理。

当方向控制阀处于图1-2a所示位置时，原动机带动液压泵8从油箱10经单向阀1吸油，并将液压油经单向阀2排至管路，液压油沿管路经过节流阀4进入换向阀5，经过换向阀5阀芯左边的环槽，经管路进入液压缸7的下腔。在液压油的推动下，活塞向上运动，通过活塞杆带动工作机构6产生举升运动，同时液压缸7上腔中的油液被排出，经管路、换向阀5阀芯右边的环槽和管路流回油箱10。

如果扳动换向阀5的手柄使其阀芯移到左边位置，如图1-2b所示，此时液压油经过阀芯右边的环槽，经管路进入液压缸7的上腔，使举升机构降落，同时从液压缸7下腔排出的油液，经阀芯左边的环槽流回油箱。

从图1-2可以看出，液压泵输出的液压油流经单向阀2后分为两路：一路通向溢流阀3，另一路通向节流阀4。改变节流阀4的开口大小，就能改变通过节流阀的油液流量，以控制举升速度。而从定量液压泵输出的油液除进到液压缸外，其余部分通过溢流阀3返回油箱。

溢流阀3起着过载安全保护和配合节流阀改变进到液压缸的油液流量的双重作用。只要调定溢流阀3中弹簧的压紧力大小，就可改变液压油顶开溢流阀钢球时压力的大小，这样也就控制了液压泵输出油液的最高压力。通过改变节流阀4的开口大小，改变通过节流阀的油液流量，就可调节举升机构的运动速度（同时改变通过溢流阀3的分流油液流量）。

此系统中换向阀5用来控制运动的方向，使举升机构既能举升又能降落；节流阀4控制举升的速度；由溢流阀3来控制液压泵的输出压力。

从上面这个简单的例子可以得出以下结论：

1）液压传动是以液体为工作介质传递动力的。

2）液压传动是用液体的压力能传递动力的，系统的工作压力取决于负载，运动速度取决于流量。

3）液压传动中的工作介质（液体）是在受控制和调节的状态下进行工作的，因此，液压传动与控制是一体的。

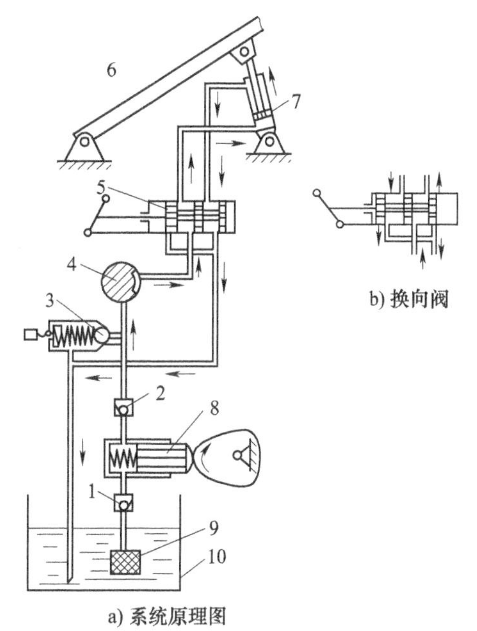

a) 系统原理图

b) 换向阀

图1-2　液压举升机构

1、2—单向阀　3—溢流阀　4—节流阀
5—换向阀　6—工作机构　7—液压缸
8—液压泵　9—过滤器　10—油箱

2. 液压传动系统的组成

通过上述分析可知，一个完整的液压系统一般包括以下五个组成部分。

（1）动力元件　动力元件即能源装置，液压系统以液压泵作为动力元件，其作用是将原动机输出的机械能转换成液体压力能，并向系统供给液压油。

（2）执行元件　执行元件包括液压缸和液压马达，前者实现往复运动，后者实现旋转运动，其作用是将液压能转换成机械能，输出到工作机构。

（3）控制元件　控制元件包括压力控制阀、流量控制阀、方向控制阀等，其作用是控制和调节液压系统的压力、流量和液流方向，以保证执行元件能够得到所要求的力（或转矩）、速度（或转速）和运动方向（或旋转方向）。

（4）辅助元件　辅助元件包括油箱、管路、管接头、蓄能器、过滤器以及各种仪表等。这些元件也是液压系统必不可少的。

（5）工作介质　工作介质即液压油，用以传递能量，同时还起散热和润滑作用。

1.2　液压传动流体力学基础与分析

流体力学是研究液体平衡和运动规律的一门学科，这里只简要介绍一下流体静力学和流体动力学的一些基本知识。

1.2.1　流体静力学基础

静止液体是指液体内部质点间没有相对运动而处于相对平衡状态的液体。静止液体的力学性质主要是研究静止液体的力学规律及其在工程上的应用。

1. 液体静压力及其特性

（1）静压力　静压力是指液体处于静止状态时，单位面积上所受的法向作用力。静压力在液压传动中简称压力（即物理学中的压强），压力通常用 p 表示。

如图 1-3 所示，一密闭液压缸下腔充满油液，当面积为 A 的活塞受到外力 F 作用时，因油液不可压缩并被密封，所以处于被挤压状态，从而形成了液体的压力。静止液体中单位面积上所受到的法向作用力称为液体静压力，即

$$p=\frac{F}{A} \tag{1-1}$$

式中 A——液体有效作用面积；

F——液体有效作用面积 A 上所受的法向力。

压力的国际单位为 N/m^2（牛/米^2），称为帕斯卡，简称为帕（Pa）。由于此单位太小，使用不便，因此常用 MPa（兆帕）作为单位。在工程实际中还用 bar（巴）作为单位，它们之间的换算关系为

$$1MPa = 10bar = 10^6Pa$$

（2）液体静压力特性　液体的静压力有两个重要性质，一是液体静压力垂直于作用面，其方向和该面的内法线方向一致；二是静止液体中任何一点受到各个方向的压力都相等，如果液体中某点受到的压力不相等，那么液体就会发生运动。

2. 液体静压力基本方程与帕斯卡原理

（1）液体静压力基本方程　在重力作用下的静止液体，其受力情况如图 1-4 所示。密度为 ρ 的液体在容器内处于静止状态，作用在液面上的压力为 p_0，在距液面深度为 h 处取一微小面积 ΔA，形成高为 h 的小圆柱体，处于平衡状态，分析作用在小圆柱体上的力，整理可得

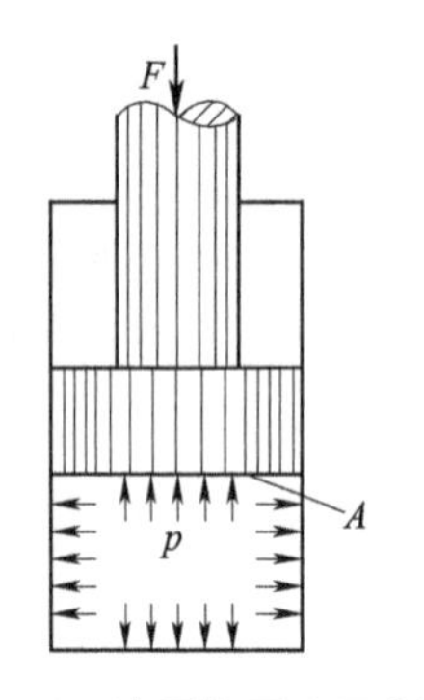

图 1-3　液压静压力示意图

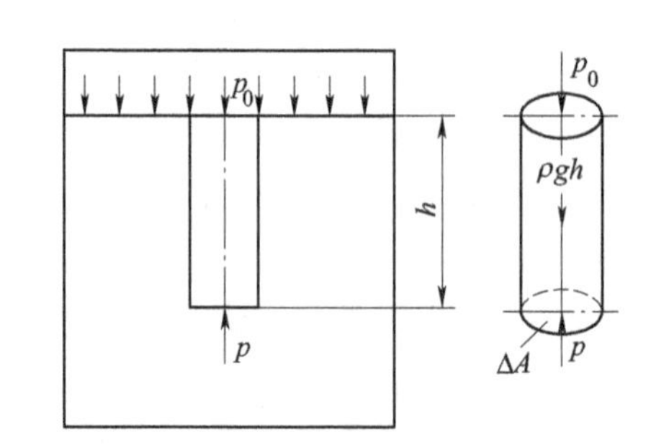

图 1-4　重力作用下的静止液体

$$p=p_0+\rho gh \tag{1-2}$$

式（1-2）即为液体静压基本方程，它说明静止液体内的压力 p 随液体深度 h 呈线性规律分布；距液面深度相同的各点压力相等。

（2）帕斯卡原理　由式（1-2）可知：当外力 F 变化引起压力 p_0 变化时，只要液体仍保持其原来的静止状态不变，液体中任一点的压力均将发生同样大小的变化。即在密封容器内，施加于静止液体上的压力，能等值地传递到液体中各点，这就是帕斯卡原理，也称为静压传递原理。

3. 压力的表示方法

压力的测试有两种不同的基准，从而得到两种不同的压力表示方法：绝对压力和相对压力。

绝对压力：以绝对真空（绝对零压力）为基准计算的压力数。

相对压力：以当地大气压力为基准（零点）计算的压力数，又称为表压力。

绝大多数测压仪表因其外部受大气压力作用，所以仪表指示的压力是相对压力。

若液体中某点的绝对压力小于大气压力，则称这点上具有真空。

真空度：绝对压力小于大气压力的差值。

相对压力为正值时称为表压力，为负值时称为真空度。

绝对压力、相对压力、大气压力和真空度的关系为

$$绝对压力=相对压力+大气压力$$

$$真空度=大气压力-绝对压力$$

图1-5所示为绝对压力、相对压力与真空度的关系。

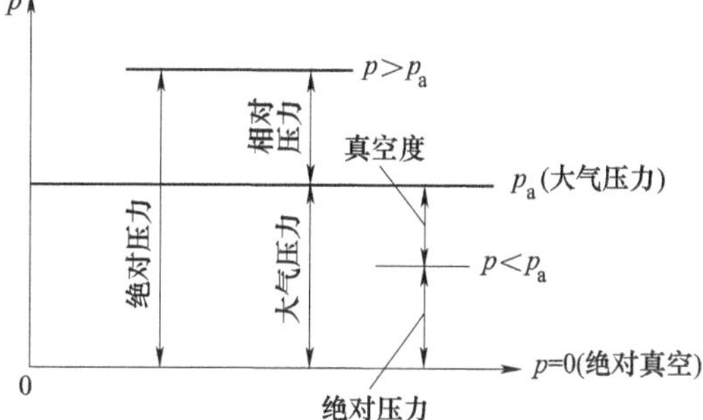

图1-5　绝对压力、相对压力与真空度的关系

4. 液体作用在固体壁面上的力

根据前述静压力的特性可知，当不计重力作用时，静止油液中的压力可以认为是处处相等的，因此，可以将作用在液压元件上的液压力看成是均匀分布的压力。

（1）压力油作用在平面上的力　当固体壁面为一平面时，压力油作用在平面上的力 F 等于静压力 p 与承压面积 A 的乘积，且作用方向垂直于承压表面，即

$$F = pA \tag{1-3}$$

如图1-6所示，液压缸左腔活塞受油液压力 p 的作用，右腔的油液流回油箱。设活塞的直径为 d，则活塞受到的向右的作用力 F 为

$$F = pA = \frac{\pi}{4}d^2p \tag{1-4}$$

（2）压力油作用在曲面上的力　若固体壁面为曲面，压力油作用在曲面某一方向上的力等于油液压力与曲面在该方向的垂直平面上的投影面积的乘积。

如图1-7所示，一个半径为 r、长度为 l 的液压缸缸筒，里面充满了压力为 p 的液体，则在 x 方向上压力油作用在液压缸右半壁上的力 F_x 等于液体压力 p 和右半壁在 x 方向上的垂直面上的投影面积（$2lr$）的乘积，即

$$F_x = 2lrp \tag{1-5}$$

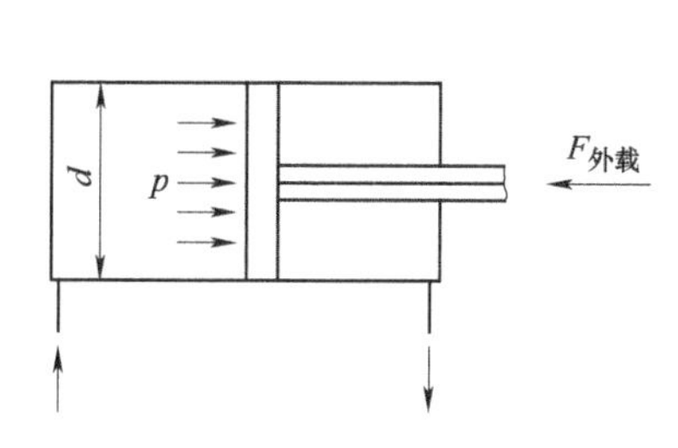

图1-6　压力油作用在平面上的力

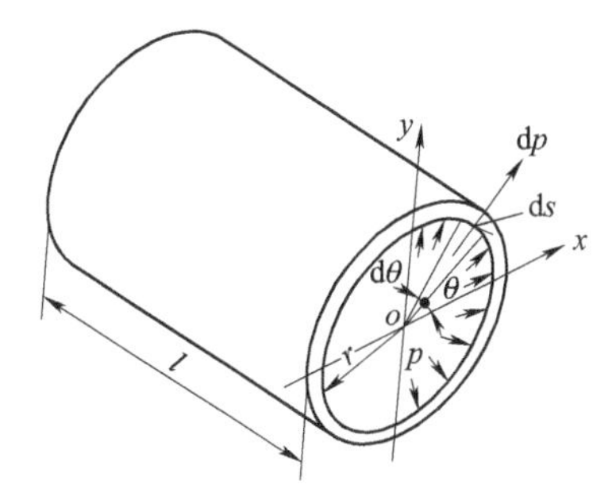

图1-7　压力油作用在缸体内壁面上的力

1.2.2 流体动力学基础

1. 流动液体的基本概念

液体在管中流动时，因液体具有黏性，同一过流断面各点的流速实际上不可能完全相同，其分布规律如图 1-8 所示，所以一般都以平均流速来计算。

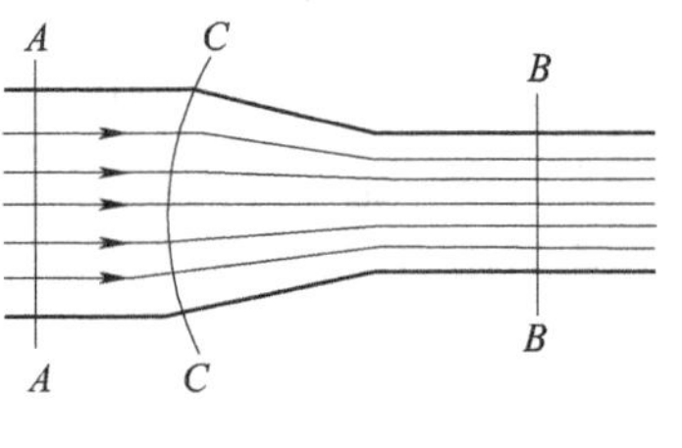

图 1-8 过流断面示意图

流量 Q、平均流速 v 和过流断面面积 A 之间的关系为

$$v=\frac{Q}{A} \tag{1-6}$$

液压缸工作时，活塞的运动速度 v 就等于缸体内液体的平均流速，即当液压缸有效面积 A 不变时，输入液压缸的流量 Q 越多，活塞运动速度 v 就越快，反之则越慢。

2. 流动液体的连续性原理

理想液体在管中稳定流动时，若不可压缩，单位时间内流过管道每一截面的液体质量是相等的，这就是液流的连续性原理。通过质量守恒定律可得连续性方程。

不可压缩性液体稳定流动的连续性方程为

$$Q=Av=\text{常量}$$

它表明不可压缩性液体稳定流动时，液体在单位时间内流经无分支管道的流量是沿程不变的。

如图 1-9 所示，用每一单位时间体积表示的流量，通过截面有变化的管道时，在管道内任意处均相等。

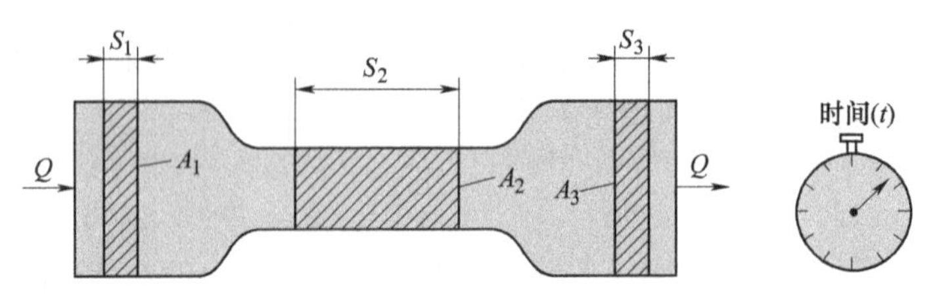

图 1-9 液流连续性原理示意

由连续性方程 $Q=Av$ 可知，液体在无分支管道流动时，单位时间内每一过流断面的流量相等，即管道截面面积与平均流速成反比，即管粗流速慢，管细流速快。如图 1-10 所示，$Q=A_1v_1=A_2v_2$，$A_1>A_2$，$v_1<v_2$。

如图 1-11 所示，若液体在有分支管道和汇合管中流动时，则有

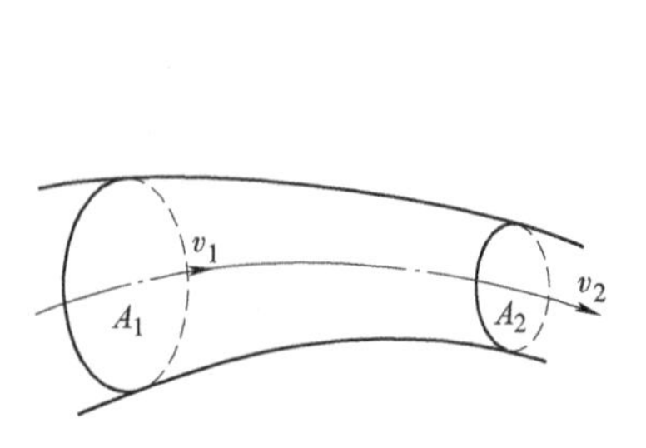

图 1-10 流速与面积的关系

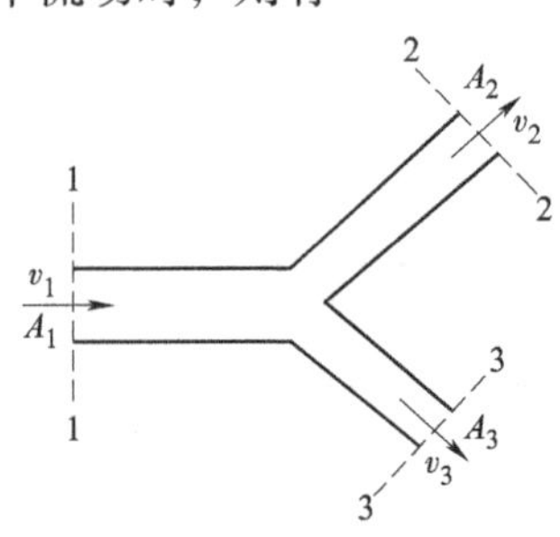

图 1-11 分支管道液流分配

$$A_1v_1 = A_2v_2 + A_3v_3 \tag{1-7}$$

$$Q_1 = Q_2 + Q_3 \tag{1-8}$$

3. 流动液体的能量方程——伯努利方程

对于流动的液体，若无能量的输入和输出，液体内的总能量是不变的。这就是流动液体的能量方程，又称为伯努利方程。

（1）理想液体稳定流动时的伯努利方程　图1-12所示为一液流管道，其内理想液体稳定流动，由能量守恒定律分析整理可得

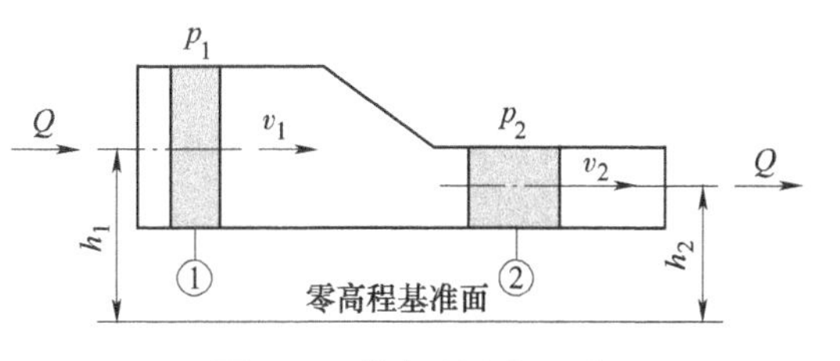

图1-12　伯努利方程示意

$$\frac{p}{\rho g} + \frac{v^2}{2g} + h = 常数 \tag{1-9}$$

式中　$\frac{p}{\rho g}$——单位质量液体所具有的压力能；

$\frac{v^2}{2g}$——单位质量液体所具有的动能；

h——单位质量液体所具有的位置势能。

其物理意义为：理想液体稳定流动时压力能、动能和位置势能总和是一定的。

（2）实际液体的伯努利方程　在实际液压传动中，由于油管位置高度所产生的位置势能、油液流速产生的动能变化和压力能相比很小，这两部分能量通常可以忽略不计，则有

$$\frac{p_1}{\rho g} = \frac{p_2}{\rho g} + h_{损} \tag{1-10}$$

式（1-10）说明实际液流在管道中的能量损失转变为压力损失，压力损失越小，传动效率就越高。

1.2.3　管路压力损失

液体在管道中流动时，克服由液体黏性而产生的管壁与流体的摩擦、流体分子间的摩擦及液体质点碰撞所损耗的能量，主要表现为液体的压力损失。

压力损失可分为沿程压力损失和局部压力损失。沿程压力损失是液体在等径直管中流动时因摩擦而产生的压力损失；局部压力损失是液体流经截面形状或大小突然变化的局部装置致使流速发生变化时而引起的因质点碰撞所产生的压力损失。

1. 流态与雷诺数

（1）层流和湍流　液体流动时，存在层流和湍流两种性质不同的流动状态，这可以通过雷诺实验证实，如图1-13所示。

图1-13a所示为雷诺实验装置，小水箱中装有红颜色水，出口开关打开后，红色水经细导管流入水平玻璃管中。

图1-13b所示，出口开关打开少许，红色水呈一条红色直线，这种流态称为层流。

图1-13c所示，出口开关逐渐开大，红色线发生抖动，呈波纹状，此时为过渡阶段。

图1-13d所示，出口开关继续开大，红色水与清水流相混，这种流态称为湍流。

（2）雷诺数　物理学家雷诺通过实验研究发现，流体在圆形管道中的流动状态取决于

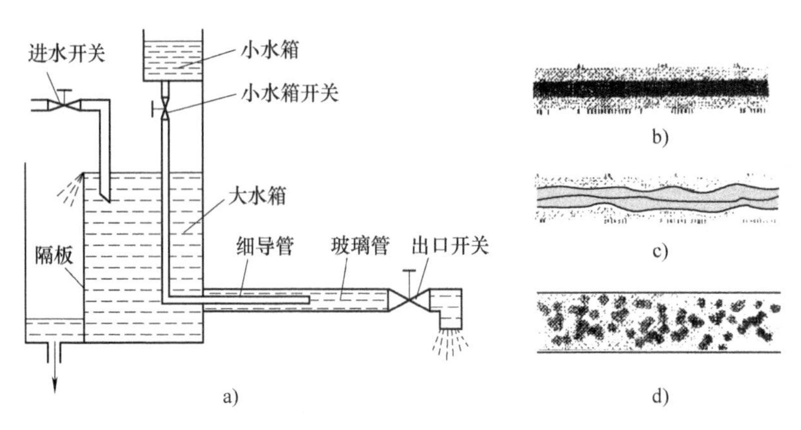

图 1-13 雷诺实验

平均流速 v、管道水力直径 d、液体的运动黏度 ν，这三者的无量纲组合称为雷诺数，以 Re 表示。

$$Re = \frac{vd}{\nu} \tag{1-11}$$

式中 v——平均流速；

d——管道水力直径；

ν——运动黏度。

工程中以临界雷诺数 Re_c 作为液流状态判断依据。当油液流动时的实际雷诺数 $Re<Re_c$ 时，流态为层流；当 $Re>Re_c$ 时，流态为湍流。常见管道的液流临界雷诺数见表 1-1。

表 1-1 常见管道的液流临界雷诺数

管道的形状	临界雷诺数 Re_c	管道的形状	临界雷诺数 Re_c
光滑的金属圆管	2320	带沉割槽的同心环状缝隙	700
橡胶软管	1600~2000	带沉割槽的编心环状缝隙	400
光滑的同心环状缝隙	1100	圆柱形滑阀阀口	260
光滑的偏心环状缝隙	1000	锥阀阀口	20~100

2. 沿程压力损失

沿程压力损失主要取决于管道的长度、内径，液体的流速和黏性，液流流态不同，沿程压力损失也不同。

（1）层流状态时的沿程压力损失　层流时液体质点做有规则的流动，其压力损失可用下式计算：

$$\Delta p_\lambda = \lambda \frac{l}{d}\frac{\rho v^2}{2} \tag{1-12}$$

式中 λ——沿程阻力系数，对于圆管层流，理论值 $\lambda=64/Re$，实际计算中对金属管取 $\lambda=75/Re$，橡胶软管取 $\lambda=80/Re$；

l——管道的长度（m）；

d——管道的内径（m）；

ρ——液体的密度（kg/m^3）；

v——液体的平均流速（m/s）。

（2）湍流状态时的沿程压力损失　液体在湍流状态下流动时的摩擦力远比层流间的摩擦力大，因此，湍流状态时的压力损失要比层流时的压力损失大。

湍流状态时的压力损失仍用式（1-12）计算，式中的沿程阻力系数 λ 除与雷诺数有关外，还与管壁的表面粗糙度有关，对于光滑圆管，λ 值可用下面经验公式计算：

$$\lambda = \frac{0.3164}{\sqrt[4]{Re}} \tag{1-13}$$

3. 局部压力损失

当液流经过管道突变的断面、弯头、阀口及接头等局部装置时，液流速度大小和方向发生急剧变化，形成涡流，使液体质点相互碰撞和摩擦而消耗能量，造成局部压力损失，如图1-14所示。

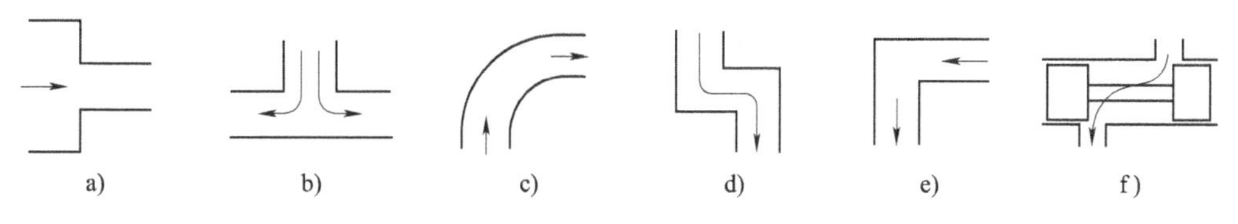

图1-14　局部压力损失

一般局部压力损失常用下面的经验公式进行计算：

$$\Delta p = \Delta p_{额}\left(\frac{Q}{Q_{额}}\right)^2 \tag{1-14}$$

式中　$\Delta p_{额}$——阀在额定流量下的压力损失（Pa）；

Q——阀的实际流量（m^3/s）；

$Q_{额}$——阀的额定流量（m^3/s）。

4. 减少压力损失的措施

液压传动中的压力损失会造成功率损耗、油液发热、泄漏增加，使传动效率降低，影响液压系统的工作性能。所以，在实际使用中一般采取以下措施来减少压力损失。

（1）限制油液流速　由压力损失的计算公式可知，液流流速是对压力损失影响最大的因素，流速越大，压力损失越大，故在不加大结构尺寸的情况下对流速应有一定的限制。

（2）减小液流阻力　在布置管道时采取缩短管道长度，避免不必要的弯头、接头和管道截面突变，降低管壁表面粗糙度值，合理选用阀类元件等措施，以减小液阻，从而减少压力损失。

1.2.4　油液流经孔口及缝隙的特性

液压传动中常利用液体流经阀的小孔或缝隙来控制压力和流量，以达到调速和调压的目的。另外，当缝隙或小孔两端压力不等时，就会有油液通过，形成泄漏。

1. 油液在小孔中的流动

在液压元件中，根据孔口的长径比不同，一般可将其分为薄壁小孔、短孔（又称为厚壁节流孔）和细长小孔三种类型、液体在不同的孔口中的流动特性是不同的。

（1）薄壁小孔　薄壁小孔是指长径比 $l/d \leq 0.5$ 的节流孔，一般孔口边缘做成刃口形式，如图1-15所示。

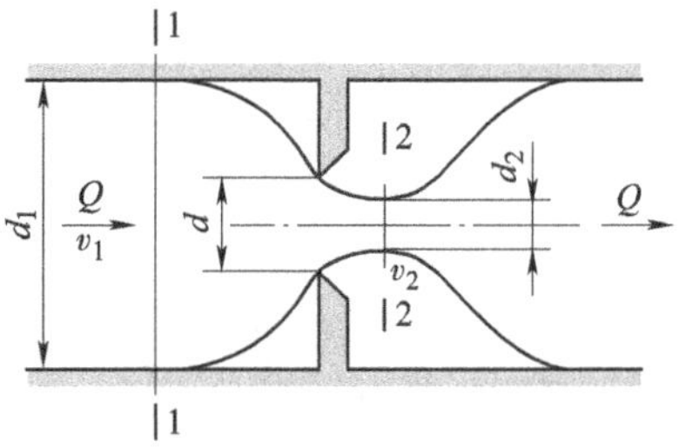

应用伯努利方程并综合考虑油液黏性等因素的影响，通过整理得液体流经薄壁小孔的流量公式为

$$Q = C_Q S \sqrt{\frac{2\Delta p}{\rho}} \tag{1-15}$$

图 1-15　通过薄壁小孔的液流

式中　C_Q——流量系数，可由实验确定，一般取0.60~0.65；

S——孔口节流面积（m^2）；

Δp——孔口前后压差（Pa）；

ρ——液体的密度（kg/m^3）。

由式（1-15）可知，液体流经薄壁小孔的流量与黏度无关，因此薄壁小孔的流量对油温的变化不敏感，且沿程压力损失小，不易堵塞，流量相对稳定，故常被用作液压系统调节流量的节流器。

（2）短孔　长径比 $0.5 < l/d \leq 4$ 的节流孔称为短孔或厚壁孔，其流量公式与薄壁孔流量计算公式相同，式中流量系数 C_Q 取0.82，短孔比薄壁孔容易加工，因此常用作固定节流器。

2. 泄漏和流量损失

液压系统中，由于间隙、压差等原因，部分液体超过容腔边界流出的现象称为泄漏。所有泄漏都是油液从高压区向低压区流动造成的。泄漏分为内泄漏和外泄漏。

泄漏引起的流量减少值称为流量损失，使液压泵输出的流量不能全部流入执行元件转变成工作机构的动力。泄漏得不到控制，将会造成液压系统压力调不高，执行机构速度不稳定，系统发热，容积效率低，能量、油液浪费，控制失灵等。

1.2.5　液压冲击与气穴现象

1. 液压冲击

在液压系统中，由于某种原因引起油液压力在某一瞬间急剧上升，产生很高的压力峰值，并形成压力波传播于充满油液的管道中的现象称为液压冲击。

（1）液压冲击的成因　液压系统中产生液压冲击的原因很多，如液流速度突变或改变液流方向等因素都会引起系统中油液压力的急剧升高而产生液压冲击。图1-16所示为突然关闭液压缸出油口时在电子示波器上显示的压力波动情况。

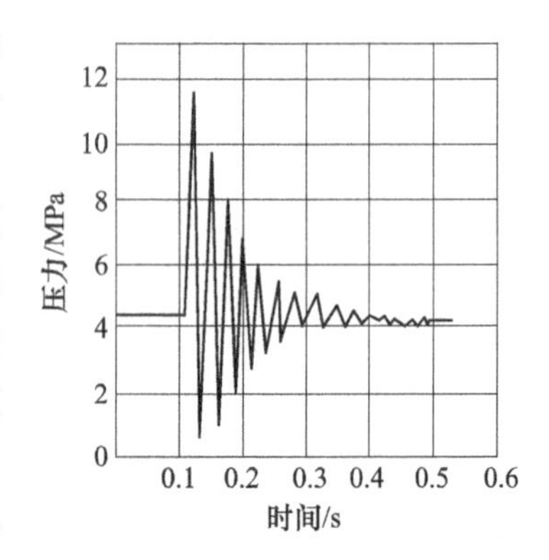

图 1-16　压力波动曲线

产生液压冲击的本质是动量变化。如设总质量为 $\sum m$ 的运动部件在制动时减速时间为 Δt，速度的减小值为 Δv，则根据动量定律可近似地求出冲击压力 Δp。

$$\Delta pA\Delta t = \sum m\Delta v$$

$$\Delta p = \frac{\sum m\Delta v}{A\Delta t} \tag{1-16}$$

式中　$\sum m$——运动部件的总质量；

A——有效工作面积；

Δt——运动部件制动时间；

Δv——运动部件速度的变化值，$\Delta v=v-v'$；

v——运动部件制动前的速度；

v'——运动部件经过 Δt 时间后的速度。

由式（1-16）可知，运动部件在制动时，质量越大、速度变化越大、制动时间越短，所造成的液压冲击越严重。

（2）液压传动系统常见的液压冲击现象

1）液流通道迅速关闭或液流迅速换向，使速度大小和方向突然变化引起的液压冲击。如突然关闭或开启阀门。

2）某些液压元件不灵敏或失灵，使系统压力升高而引起的液压冲击。系统过载时安全阀不能及时打开或根本打不开，会导致系统压力升高而引起液压冲击。

3）运动部件突然制动或换向时，因工作部件惯性引起的液压冲击。

（3）液压冲击的危害　当系统产生液压冲击时，瞬时冲击压力峰值有时可高达正常工作压力的好几倍，从而引起振动和噪声，使管接头松动；有时冲击会使某些液压元件（如压力继电器、顺序阀）等产生误动作，影响液压系统工作的稳定性和可靠性；冲击严重时会造成密封装置、油管及液压元件的损坏而造成重大事故。

（4）减小液压冲击的措施　液压冲击的有害影响是多方面的，可采取以下措施来减小液压冲击。

1）适当加大管径，减小管道液流速度。

2）延长阀门关闭和运动部件制动换向的时间。

3）尽量缩短管路长度，减少管路弯曲，采用橡胶软管，利用其弹性吸收液压冲击。

4）在易产生液压冲击的部位，设置限制压力升高的安全阀或吸收冲击压力的蓄能器。

2. 气穴现象

（1）气穴现象产生的原因　在常温和常压下，矿物油中可溶解容积比为6%～12%的空气。当油液在系统中流动时，如果系统中某一处的压力低于空气分离压（空气从油中分离的压力），则溶解于油液中的空气便迅速分离出来而形成气泡；如果该处压力继续降低至低于当时温度下的饱和蒸气压时，油液则汽化沸腾而产生大量微小气泡，并聚合长大，这些气泡混杂在油液中，使原来充满在管道和元件中的油液成为不连续状态，这种现象称为气穴现象。

（2）气穴现象的危害

1）引起液压冲击，使系统产生振动和噪声，冲击压力较大时可能造成元件的损坏。

2）产生汽蚀。如图 1-17 所示，当液压系统出现气穴现象时（表压力低于-0.03MPa，促进空气的分离，产生气泡），带有气泡的液流进入高压区时，气泡受到高压的作用被压破，周围液体质点以极大速度来填补这一空间，质点相互碰撞而产生局部高温和高压，接触气穴区的管壁和液压元件表面因反复受到液压冲击和高温的作用及油液中逸出气体较强的酸化作用，将产生腐蚀。这种因气穴而对金属表面产生腐蚀的现象称为汽蚀。汽蚀会严重损伤元件表面质量，大大缩短其使用寿命，因而必须加以防范。

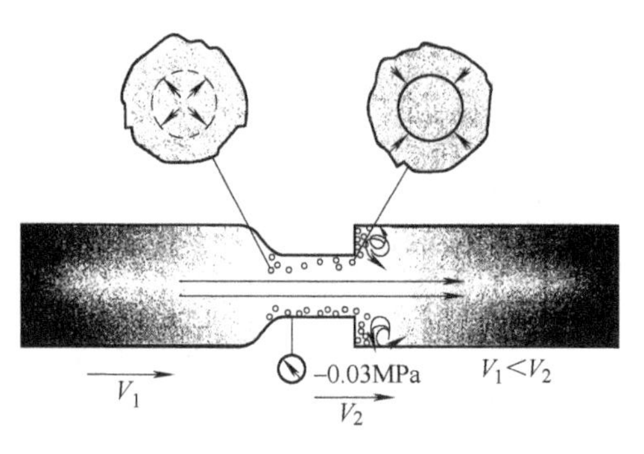

图 1-17　汽蚀现象

3）气穴现象分离出来的气泡有时聚集在管道的最高处或流道狭窄处形成气塞，使油液不通畅甚至堵塞，使系统不能正常工作。

4）液压泵发生气穴现象时除产生振动、噪声外，还会降低泵的吸油能力，增加泵的压力和流量的脉动，使其元件受到冲击载荷，降低工作寿命。

（3）防止气穴现象的措施　气穴是液压系统中常见的故障现象，危害较大，使用中应注意以下几点。

1）避免系统压力极端降低，减小阀孔前后压差，一般阀孔前后压力比 $p_1/p_2<3.5$。

2）液压系统各元部件的连接处，管路要密封可靠，严防空气侵入，当发现系统中有空气时，应及时排气。

3）选用适当的吸油过滤器，并要经常检查，及时清洗或更换滤芯，避免因阻塞造成液压泵吸油腔产生过大的阻力。

4）对于液压泵，应适当限制转速并注意吸油高度，尽量避免吸油管道狭窄和弯曲，以减少吸油管路中的阻力。

5）采用耐蚀性强的金属材料，提高零件的机械强度，降低零件表面粗糙度值，均可不同程度地提高零件的耐汽蚀能力。

1.3　液压传动的工作介质

在液压系统中，液压油是传递动力和信号的工作介质，同时它还起到润滑、冷却和防锈的作用，是液压系统不可缺少的组成部分。液压油质量的优劣，直接影响液压系统的工作性能。为了能够合理选择、正确使用液压油，首先应了解其基本性质、类型与工作性能。

1.3.1　液压油的物理性质

1. 密度

对于均质的液体来说，单位体积所具有的质量称为密度，用符号 ρ 表示。

$$\rho = \frac{m}{V} \tag{1-17}$$

式中　ρ——液体的密度（kg/m^3）；

m——液体质量（kg）；

V——液体体积（m^3）。

我国采用 20℃时的密度为液压油的标准密度，以 ρ_{20} 表示。计算时，液压油的密度常取

$\rho_{20}=900\text{kg/m}^3$，在一般条件下，温度和压力引起的密度变化很小，故实际应用中可近似认为液压油的密度是固定不变的。

2. 压缩性

液体受压力的作用发生体积变化的性质称为压缩性。液体压缩性的大小可用体积压缩系数β来表示，即液体所受的压力每增加一个单位压力时，其体积的相对变化量。

$$\beta=-\frac{1}{\Delta p}\frac{\Delta V}{V} \tag{1-18}$$

式中　Δp——液体压力的变化值（Pa）；

ΔV——在压力变化Δp时，液体体积的变化值（m^3）；

V——液体的初始体积（m^3）。

式（1-18）中负号是因为压力增大时，液体体积反而减小，反之则增大，为了使β为正值，故加一负号。液体体积压缩系数的倒数，即为液体体积弹性模量，用K表示。

$$K=\frac{1}{\beta} \tag{1-19}$$

常用液压油的压缩系数$\beta=(5\sim7)\times10^{-10}\text{m}^2/\text{N}$，故$K=(1.4\sim2)\times10^9\text{Pa}$。在液压传动中，如果液压油中混入一定量的处于游离状态的气体，会使实际的压缩性显著增加，也就是使液体的弹性模量降低。在实际液压系统中，一般可忽略油液的压缩性，但当压力较高或进行动态分析时，就必须考虑液体的压缩性。

3. 液压油的黏性

液压油在流动过程中，其微团间因有相对运动而产生内摩擦力。这种流动液体内产生内摩擦力的性质就称为黏性。黏性是流体固有的属性，但只有在流动时才呈现出来。黏性是液压油最重要的特性之一。

（1）液体的黏性　液体流动时，由于与固体之间的附着力以及自身的黏性，其内各液层间的速度大小不等。如图1-18所示，两平行平面内充满液体，上板以速度v_0运动，下板固定不动。由于液体与固体间的附着性及各层之间的吸附性，各液层速度呈线性分布。

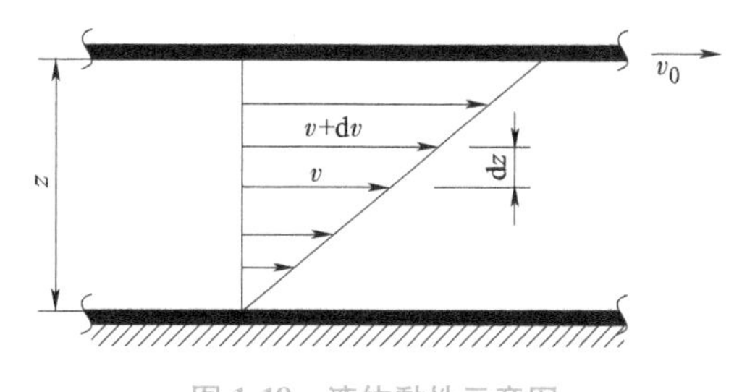

图1-18　液体黏性示意图

实验表明，各层间的内摩擦力F与下述因素有关：与层间速度$\mathrm{d}v$成正比，与层间距离$\mathrm{d}z$成反比，即F与$\mathrm{d}v/\mathrm{d}z$成正比。数学表达式为

$$F=\mu A\frac{\mathrm{d}v}{\mathrm{d}z} \tag{1-20}$$

这里，μ是黏度系数，速度梯度$\mathrm{d}v/\mathrm{d}z$表示由下层向上层速度变化的快慢程度；与两层液体的接触面积A成正比；与液体的品种有关，与压力无关。

（2）黏性的度量　黏性的大小用黏度表示，黏度是液体流动的缓慢程度的度量。当黏度较低时，液体较稀，很容易流动，液体的黏度较高时较难流动。液体黏度常用动力黏度、运动黏度和相对黏度三种方式来表示。按国家标准规定，液压油产品的牌号用黏度的等级表示，即用该液压油在40℃时的运动黏度中心值表示。

1）动力黏度。用液体流动时所产生的内摩擦力大小来表示的黏度就是动力黏度，通常用μ表示，其物理意义是：面积各为1cm^2，相距1cm的两层液体，以1cm/s的速度相对运动，此时产生的内摩擦力，称为动力黏度，在SI单位制中，动力黏度单位为帕·秒（Pa·s），即N·s/m^2。

2）运动黏度。由于许多流体力学方程中出现动力黏度与液体密度的比值，于是流体力学中把同一温度下这一比值定义为运动黏度，以ν表示，即

$$\nu=\frac{\mu}{\rho} \tag{1-21}$$

运动黏度ν的单位在SI单位制中为m^2/s，在工程上常用mm^2/s（厘斯，cSt）或cm^2/s（斯，St）表示，其换算关系为1m^2/s=10^{4}St=10^{6}cSt。

动力黏度和运动黏度是理论分析和推导中经常使用的黏度单位。因采用SI制及其倍数单位中的绝对单位制，故称为绝对黏度。两者都难以直接测量，一般用于理论分析与计算。

3）相对黏度。相对黏度又称为条件黏度，是指在规定条件下可以直接测量的黏度。其测定办法是在某个标准温度T下，将被测液体200cm^{3}装入恩氏黏度计的容器中，测定这些液体经容器底部小孔（直径ϕ2.8mm）流尽的时间t_1，然后在温度T时将200cm^{3}蒸馏水装入恩氏黏度计的同一容器中，测出这些水经容器底部小孔流尽的时间t_2，时间t_1和t_2的比值就是被测液体在该标准温度T下的恩氏黏度。

工业上用50℃作为测定恩氏黏度的标准温度，并相应地以符号$°E_{50}$来表示。

（3）压力对黏度的影响　一般说来，液压油的黏度随压力的增加而增大。但压力值在20MPa以下时变化不大，故可忽略不计。不同的油液有不同的黏度压力变化关系，这种关系称为油液的黏压特性。在实际应用中，当压力在0~50MPa的范围内变化时，可用下列公式计算油的黏度：

$$\nu_{\mathrm{p}}=\nu_0(1+bp) \tag{1-22}$$

式中　ν_{p}——压力为p时的运动黏度；

ν_0——一个大气压下的运动黏度；

p——油压力；

b——系数，对于一般液压油，b=0.002~0.003Pa^{-1}。

（4）温度对黏性的影响　液压油的黏性对温度的变化十分敏感，在低温范围内表现得特别强烈。不同的油液有不同的黏度温度变化关系，这种关系称为油液的黏温特性。液压油的黏温特性表现为温度升高黏性降低。液压油黏性变化会直接影响液压系统的工作性能，因此希望液压油的黏性随温度的变化越小越好。

液压油的黏性随温度变化而变化的程度可用黏度指数来衡量。它表示被试油液的黏性随温度变化的程度与标准液压油黏性随温度变化的程度之间的相对比较值。黏度指数越大的液压油其黏性随温度的变化越小，黏温特性越好。目前，液压油的黏度指数一般要求在90以上，优良的在100以上。

1.3.2 液压油的种类和性能

液压传动介质主要有石油型、乳化性和合成型三大类。工程机械液压系统常采用石油型液压油，即以矿物油为原料，精炼后加入适量添加剂而成。本节主要介绍液压系统通常采用

的石油型液压油。

按国家标准规定，液压油属于石油类产品L类（润滑剂及有关产品）中的H组（液压系统用油）。

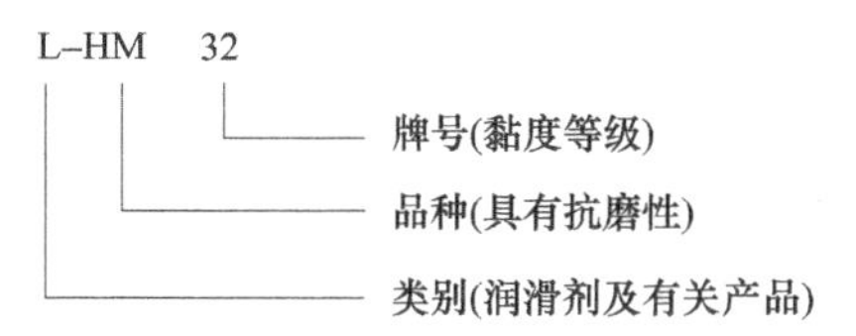

1. 普通液压油（L-HL液压油）

普通液压油采用精制矿物油做基础油，加入抗氧、抗腐、抗泡、防锈等添加剂调和而成，是供需量最大的品种，用于一般液压系统，但只适于0℃以上的工作环境，常用牌号有L-HL32、L-HL46、L-HL68。

2. 抗磨液压油（L-HM液压油）

抗磨液压油除具有防锈、抗氧性外，还添加抗磨剂、金属钝化剂、破乳化剂和抗泡沫添加剂等，适用于-15℃以上的中高压工程机械和车辆液压系统。常用牌号有L-HM32、L-HM46、L-HM68、L-HM100、L-HM150。

3. 低温液压油、稠化液压油和高黏度指数液压油（L-HV液压油）

低温液压油、稠化液压油和高黏度指数液压油用深度脱蜡的精制矿物油，加入抗氧、抗腐、抗泡、防锈、降凝和增黏等添加剂调和而成。其黏温特性好，有较好的润滑性，以保证不发生低速爬行和低速不稳定现象。适用于寒冷地区-30℃以上、环境温度变化大（-30~70℃）的室外作业中高压液压系统设备。常用牌号有L-HV32、L-HV46、L-HV68。

4. 低凝抗磨液压油（L-HS）

低凝抗磨液压油用高黏度指数基础油，加入抗氧、防锈、抗磨剂与黏温性能改进剂调和而成，应用同L-HV油。本产品比HV低温抗磨液压油的低温性能更好，特别适用于冬季严寒地区户外作业机械的润滑，但价格较高。适用于严寒地区-40℃以上、温度变化大（-40~90℃）的室外作业中高压液压系统设备。常用牌号有L-HS10、L-HS15、L-HS22、L-HS32、L-HS46。

5. 全损耗系统用油（L-AN）

全损耗系统用油是一种工业用润滑油，价格低廉，但精制程度较浅，化学稳定性差，使用时易生成胶性物质阻塞液压元件小孔，影响系统性能。系统的压力越高，问题越严重。因此只有在低压系统且压力要求很低时才可以应用全损耗系统用油。

1.3.3　液压油的选择

1. 对液压油的要求

液压油既是液压传动与控制系统的工作介质，又是各种液压元件的润滑剂，因此液压油的性能会直接影响系统的性能，如工作可靠性、灵敏性、稳定性、系统效率和元件寿命。

选用液压油时应满足下列要求：

1）合适的黏度，较好的黏温特性。

2）润滑性能好。

3）质地纯净，杂质少。

4）对金属和密封件有良好的相容性。

5）对热、氧化、水解和剪切都有良好的稳定性。

6）抗泡沫性和抗乳化性好，腐蚀性小，防锈性好。

7）体积膨胀系数低，比热容高。

8）流动点和凝固点低，闪点和燃点高。

9）对人体无害，成本低。

2. 液压油的选择

一般来说，选用液压油时最先考虑的是它的黏度，因为液压油黏度对液压装置的性能影响最大。黏度太大，则流动压力损失就会加大、油液发热，会使系统效率降低；黏度太小，则泄漏过多，使容积效率降低。因此在实际使用条件下应选用使液压系统能正常、高效和长时期运转的液压油黏度。

液压油的选择通常按下述三个步骤进行：

1）列出液压系统对液压油性能的变化范围要求，如黏度、密度、温度、压力、抗燃性、润滑性、空气溶解率、可压缩性和毒性等。

2）尽可能选出符合或接近上述要求的工作介质品种。从液压元件的生产厂及产品样品本中获得对工作介质的推荐资料。

3）最终综合、权衡、调整各方面的要求，决定采用合适的油液。在具体选择时可按照以下两种方法进行：一种方法是考虑系统压力、工作温度、运动速度及经济性等因素来选用合适的黏度，使液压泵和控制阀在最佳黏度范围内工作；另一种方法是按照液压泵的类型等要求来确定液压油的黏度及型号。

第一种选择方法的具体步骤为：

1）考虑液压系统的工作压力。当液压系统工作压力较高时，宜选用黏度较高的油，以免泄漏过多、效率过低；当工作压力较低时，宜采用黏度较低的油，以减少压力损失。

2）考虑液压系统的环境温度。液压油的黏度随着温度的变化较大，为保证工作温度下有适宜的黏度，就必须考虑周围环境的温度。环境温度高时，宜采用黏度较高的液压油；环境温度低时，宜采用黏度较低的液压油。

3）考虑液压系统中的运动速度。当液压系统中工作部件的运动速度较高时，油液的流速也高，压力损失增大，漏油率减少，因此宜采用黏度较低的液压油；当工作部件运动速度较低时，所需流量很小，漏油率增大，对系统的运动速度影响较大，所以宜采用黏度较高的液压油。

第二种选择方法见表 1-2。

表 1-2 液压泵适用油液黏度范围及推荐用油

名称	黏度范围/(mm^2/s)		工作压力/MPa	工作温度/℃	推荐用油
	允许	最佳			
叶片泵（1800r/min）	20~220	25~54	14 以上	5~40	L-HL32、L-HL46 液压油
				40~80	L-HL46、L-HL68 液压油

（续）

名称	黏度范围/(mm²/s)		工作压力/MPa	工作温度/℃	推荐用油
	允许	最佳			
齿轮泵	4~220	25~54	12.5以上	5~40	L-HL32、L-HL46 液压油
				40~80	L-HL46、L-HL68 液压油
			10~20	5~40	L-HL46、L-HL68 液压油
				40~80	L-HM46、L-HM68 抗磨液压油
			16~32	5~40	L-HM32、L-HM46 抗磨液压油
				40~80	L-HM46、L-HM68 抗磨液压油
径向柱塞泵	10~65	16~48	14~35	5~40	L-HM32、L-HM46 抗磨液压油
				40~80	L-HM46、L-HM68 抗磨液压油
轴向柱塞泵	4~76	16~47	35以上	5~40	L-HM32、L-HM46 抗磨液压油
				40~80	L-HM46、L-HM68 抗磨液压油

1.3.4　液压油的污染与防护

液压油是否清洁，不仅影响液压系统的工作性能和液压元件的使用寿命，而且直接关系到液压系统是否能正常工作。液压系统多数故障与液压油受到污染有关，因此控制液压油的污染是十分重要的。

1. 液压油污染的原因

1）液压系统的管道及液压元件内的型砂、切屑、磨料、焊渣、锈片、灰尘等污垢在系统使用前冲洗时未被洗干净，在液压系统工作时，这些污垢就进入到液压油里。

2）外界的灰尘、砂粒等，在液压系统工作过程中通过往复伸缩的活塞杆，流回油箱的泄漏油等进入液压油里。另外，在检修时稍不注意也会使灰尘、棉绒等进入液压油里。

3）液压系统本身也不断地产生污垢并进入液压油里，如金属和密封材料的磨损颗粒、过滤材料脱落的颗粒或纤维及油液因油温升高氧化变质而生成的胶状物等。

2. 液压油污染的危害

液压油污染严重时，直接影响液压系统的工作性能，使液压系统经常发生故障，使液压元件寿命缩短，造成这些危害的原因主要是污垢中的颗粒。对于液压元件来说，由于这些固体颗粒进入到元件里，会使元件的滑动部分磨损加剧，并可能堵塞液压元件里的节流孔、阻尼孔，或使阀芯卡死，从而造成液压系统的故障。水分和空气的混入使液压油的润滑能力降低并加速油液的氧化变质，还会产生汽蚀，加速液压元件腐蚀，使液压系统出现振动、爬行等。

3. 防止污染的措施

造成液压油污染的原因多而复杂。液压油自身又在不断地产生污染物，因此要彻底解决液压油的污染问题是很困难的。对液压油的污染控制工作，主要是从两个方面着手：一是防止污染物侵入液压系统，二是把已经侵入的污染物从系统中清除出去。为防止油液污染，在实际工作中应采取如下措施：

1）使液压油在使用前保持清洁。液压油在运输和保管过程中都会受到外界污染，新购买的液压油看上去很清洁，其实很“脏”，必须将其静置数天后经过滤再加入液压系统中使用。

2）使液压系统在装配后、运转前保持清洁。液压元件在加工和装配过程中必须清洗干净，液压系统在装配后、运转前应彻底进行清洗，最好用系统工作中使用的油液清洗，清洗时油箱除通气孔（加防尘罩）外必须全部密封，密封件不可有飞边、毛刺。

3）使液压油在工作中保持清洁。液压油在工作过程中会受到环境污染，因此应尽量防止工作中空气和水分的侵入。为完全消除水、气和污染物的侵入，应采用密封油箱，通气孔上加空气过滤器，经常检查并定期更换密封件和蓄能器中的胶囊。

4）采用合适的过滤器。这是控制液压油污染的重要手段。应根据设备的要求，在液压系统中选用不同的过滤方式、精度和结构的过滤器，并要定期检查和清洗过滤器和油箱。

5）定期更换液压油。更换新油前，油箱必须先清洗一次。系统较脏时，可用煤油清洗，排尽后注入新油。

4. 其他防护措施

（1）控制液压油的工作温度　液压系统的工作油温过高，将产生不良影响。如油液黏度降低，泄漏量增加，容积效率降低，润滑性能差变，磨损增加；加速油液的氧化变质；使元件受热膨胀，导致配合间隙减小；使密封圈老化变质，丧失密封性能等。因此，工作油温要适当。油箱理想的温度范围是30~45℃，液压泵入口温度应在55℃以下，油路中局部区段的最高温度不应超过120℃。

防止油温过高可采取强制冷却的方法，同时在使用中还应注意以下几点。

1）经常使油箱中油面处于所要求的高度，使油液有足够的循环冷却条件。

2）防止过载，防止和高温物体接近。

3）当发现液压系统油温过高时，应停止工作，查找原因并及时排除。

（2）防止空气进入

1）经常注意油箱内油面高度，保持足够的油量，防止油箱中的空气被油液带入系统中。

2）注意液压泵吸油管路的密封、管接头及液压元件接合面处的紧固螺钉是否拧紧。

3）及时排除进入液压系统中的空气，排气后再次检查油箱中的油面高度，发现不足时应添加到要求的油位。

思考与练习

1.1　填空题

1. 液压传动是以__________作为工作介质来进行能量传递的一种传动方式，它通过转换装置将原动机的__________转换为工作介质的__________。

2. 压力损失有________压力损失和_______压力损失两种。

3. 常用的黏度有三种，即________、_______和________。

4. 液体的压力分为__________压力和__________压力两种。

5. 液压系统的组成包括_______元件、_______元件、_______元件、辅助元件和工作介质五大部分。

1.2 选择题

1. 当液体在直径不变的直管中流过一段距离时，因摩擦而产生的能量损失称为（　　）。

A. 沿程压力损失　　B. 局部压力损失　　C. 总的压力损失　　D. 以上都不是

2. 液体压力的单位是（　　）。

A. Pa　　B. N　　C. kg　　D. N · m

3. 液压传动中常用的工作介质是（　　）。

A. 水　　B. 液压油　　C. 酒精　　D. 机油

4. 影响液压油黏度最显著的因素是（　　）。

A. 压力　　B. 温度　　C. 流量　　D. 液压泵的功率

5. 液体的相对压力度量基准是（　　）。

A. 大气压力　　B. 绝对压力　　C. 相对压力　　D. 以上都不是

1.3 判断题

1. 液压系统中的压力取决于流量，工作装置的速度取决于负载。（　　）
2. 流量不变，液体在管内流动时，管路越粗的地方流速越大。（　　）
3. 常用液压油动力黏度的大小来确定液压油的牌号。（　　）
4. 绝对压力又称为表压力。（　　）
5. 液压系统中，油液混入空气会产生噪声、振动和爬行。（　　）

1.4 问答题

1. 工程中有哪些传动形式？相对于其他传动形式，液压传动有哪些优点和缺点？
2. 液压传动系统主要有哪几部分组成？各组成部分的作用是什么？
3. 液压油的黏度有哪几种？液压油的牌号用哪种黏度标定？
4. 液压传动的介质污染主要来自哪几个方面？应该怎样控制介质的污染？
5. 什么是液压冲击？造成哪些危害？减小液压冲击的措施有哪些？
6. 什么是气穴现象？产生的原因有哪些？减小气穴现象的措施有哪些？

第2章 液压元件

☞ 目标与要求

了解液压缸、液压阀、液压泵、液压马达和液压辅助元件的作用，掌握它们的结构组成、工作原理与工作特性。

解释液压缸、液压阀、液压泵、液压马达和液压辅助元件的工作原理，以及在液压系统中的作用与特点。

☞ 重点与难点

液压系统一般包含液压泵、液压阀、液压缸或液压马达，以及必要的辅助元件等，其中，液压泵是动力元件，为液压系统提供液压力，其输出的压力与负载有关；液压阀是控制元件，控制液压系统中油液的压力、流量或方向；液压缸和液压马达是执行元件，其在压力油的驱动下产生动作，输出机械运动与动力。

液压缸按其结构形式可以分成活塞液压缸、柱塞液压缸和摆动液压缸三类，常见的是单杆活塞液压缸。

液压控制阀分为方向控制阀、压力控制阀和流量控制阀三类，依靠外力使阀芯移动产生相应的功能。换向阀主要有单向阀、液控单向阀、手动换向阀、机动换向阀、电磁换向阀、液动换向阀、电液换向阀等；压力控制阀主要有溢流阀、顺序阀、减压阀和压力继电器等；流量控制阀主要有节流阀、调速阀等。

液压泵是依靠密闭容积变化来产生压力的，应用中一般分为定量泵和变量泵，其中的齿轮泵、双作用叶片泵为定量泵；单作用叶片泵、径向柱塞泵和轴向柱塞泵均可以做成变量泵。液压马达的结构与同类型的液压泵基本相同，但是工作原理相反。

2.1 液压缸

液压缸是液压系统中的执行元件，将液体的压力能转换为往复直线运动形式或摆动形式的机械能，使运动部件实现往复直线运动或摆动。

液压缸按结构形式可以分成活塞式液压缸、柱塞式液压缸和摆动式液压缸三类。活塞式液压缸和柱塞式液压缸实现往复直线运动，输出推力或拉力的直线运动；摆动式液压缸则能实现小于360°的往复摆动，输出角速度（转速）和转矩。液压缸和其他机构相配合，可完成各种运动。

液压缸按不同的使用压力，又可分为中低压液压缸、中高压液压缸和高压液压缸。对于工程机械，一般采用中高压或高压液压缸。

液压缸按其作用方式不同可分为单作用式液压缸和双作用式液压缸两种。单作用式液压缸中液压力只能使活塞（或柱塞）单方向运动，反方向运动必须靠外力（如弹簧力或自重等）实现；双作用式液压缸可由液压力实现两个方向的运动。

2.1.1　液压缸的工作原理和特点

1. 活塞式液压缸

活塞式液压缸可分为单杆活塞式和双杆活塞式两种结构，其固定方式有缸体固定和活塞杆固定两种。

（1）单杆活塞式液压缸　如图2-1a所示，单杆活塞式液压缸主要由缸筒、活塞和活塞杆等零件组成。活塞和活塞杆固定在一起，装入缸筒圆柱形空腔内，将内腔分隔成左、右两部分，其中有活塞杆的容腔称为“有杆腔”（小腔）；没有活塞杆的容腔称为“无杆腔”（大腔）。有杆腔和无杆腔的端部各有一个外接油口。图2-1b所示为单杆活塞缸的图形符号。

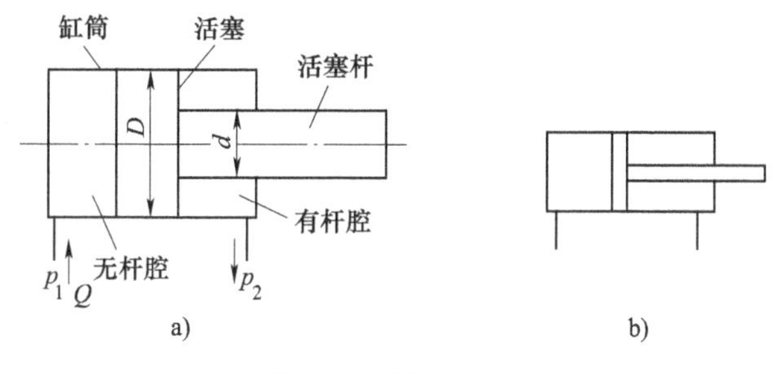

图2-1　单杆活塞缸

如图2-1a所示，压力为p_1、流量为Q的液压油从液压缸的一端进入无杆腔，活塞从左向右运动。而液压缸右腔的压力为p_2的油液从有杆腔的孔口流出。若改变液压油流进、流出的方向，则活塞的运动方向相反。

单杆活塞缸左右两腔的有效工作面积不相等，因此，左右腔所产生的推力和左右方向的速度也不相等。当液压油进入无杆腔时，则活塞的推力F_1为

$$F_1 = p_1A_1 - p_2A_2 = \frac{\pi}{4}[D^2p_1 - (D^2 - d^2)p_2]$$

若不计回油压力，则推力F_1为

$$F_1 = \frac{\pi}{4}D^2p_1 \tag{2-1}$$

式中　A_1、A_2——无杆腔、有杆腔的有效工作面积；

D、d——活塞、活塞杆的直径。

若输入的流量为Q，则速度v_1为

$$v_1 = \frac{Q}{\frac{\pi D^2}{4}} = \frac{4Q}{\pi D^2} \tag{2-2}$$

若压力油进入有杆腔，当进入有杆腔的油压为p_1，流量为Q时，则液压缸的推力F_2为

$$F_2 = p_1A_2 - p_2A_1 = \frac{\pi}{4}[(D^2 - d^2)p_1 - p_2D^2]$$

若不计回油压力，则推力F_2为

$$F_2 = \frac{\pi}{4}(D^2 - d^2)p_1$$

液压缸活塞的速度 v_2 为

$$v_2 = \frac{Q}{\frac{\pi(D^2 - d^2)}{4}} = \frac{4Q}{\pi(D^2 - d^2)}$$

如果把两个方向上的速度 v_2 和 v_1 的比值，称为速度比 φ，则

$$\varphi = \frac{v_2}{v_1} = \frac{D^2}{D^2 - d^2} \tag{2-3}$$

上式说明，活塞杆直径 d 越小，速度比越接近于 1，则两个方向的速度差值也就越小；反之，活塞杆直径越大，速度比则越大，两个方向的速度差值也就越大。

（2）双杆活塞式液压缸　图 2-2 所示为双杆活塞缸简图，液压缸两端都有活塞杆伸出。双杆活塞缸两端活塞直径常是相等的，因此它左右两腔的有效面积也是相等的。若进油腔（高压腔）的压力为 p_1，回油腔（低压腔）的压力为 p_2，则不论压力油是进入左腔，还是进入右腔，液压缸所产生的推力及活塞杆的速度都是相等的。

双杆活塞缸由于其结构尺寸大，在工程机械上很少应用。

2. 柱塞式液压缸

图 2-3 所示为柱塞式液压缸，这是一种单作用液压缸，即在液压油作用下单方向运动，它的回程需要有其他外力或自重的作用。柱塞缸的柱塞与缸筒不接触，运动时由导向套来导向，因此，缸筒内壁只需粗加工，故工艺性较好，维修方便，有的工程机械离合器助力机构采用这种液压缸。

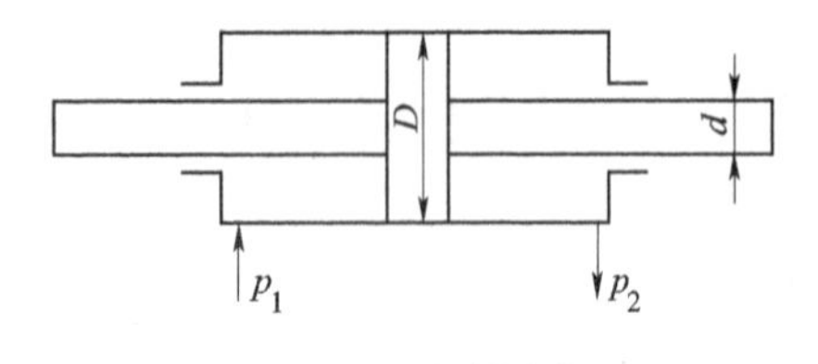

图 2-2　双杆活塞缸

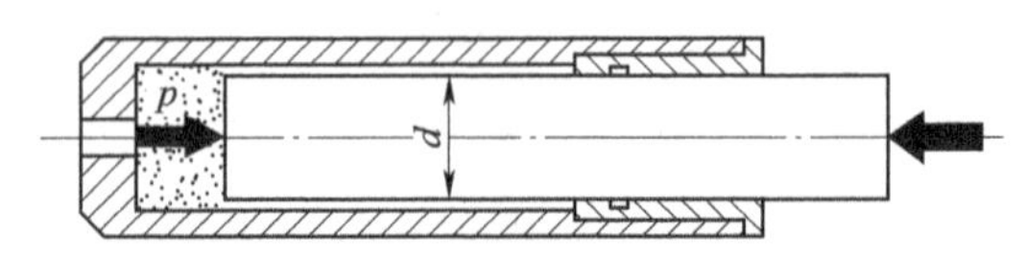

图 2-3　柱塞式液压缸

3. 摆动式液压缸

摆动式液压缸又称为回转式液压缸，也称为摆动液压马达。当它通入液压油时，主轴可以实现小于 360°的往复摆动，常用于夹紧装置、送料装置、转位装置以及需要周期性进给的系统。

摆动式液压缸根据结构主要分为叶片式和齿轮齿条式两大类。叶片式液压缸分为单叶片式和双叶片式两种；齿轮齿条式液压缸分为单作用齿轮齿条式、双作用齿轮齿条式和双缸齿轮齿条式。

图 2-4 所示为其工作原理图。摆动缸由缸体、叶片、定子块、叶片轴、两端支承盘及端盖（图中未画出）等零件组成。定子块固定在缸体上，叶片与输出轴连为一体。当两油口交替通入压力油（交替接通油箱）时，叶片即带动输出轴做往复摆动。

单叶片缸的摆动角一般不超过 280°，在其他结构尺寸相同的条件下，双叶片缸的输出转矩是单叶片缸的 2 倍，而摆动角度为单叶片缸的一半（一般不超过 150°）。

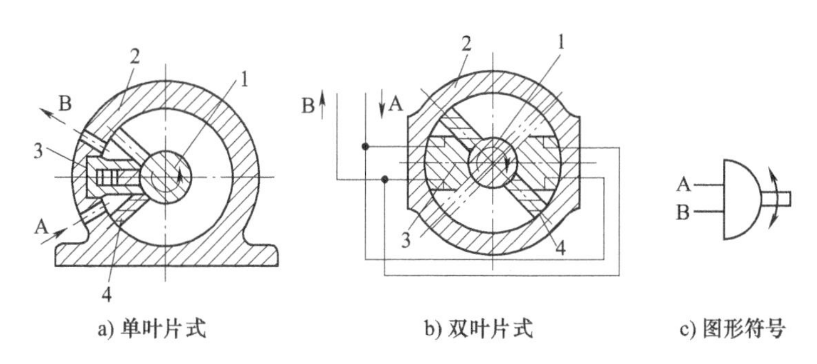

a) 单叶片式　　b) 双叶片式　　c) 图形符号

图 2-4　摆动式液压缸

1—叶片轴　2—缸体　3—定子块　4—回转叶片

摆动式液压缸结构紧凑，输出转矩大，但密封性较差，常用于工程机械回转机构的液压系统，也用于机床的送料装置、间歇送给机构、回转夹具、工业机器人手臂和手腕的回转装置液压系统中。

2.1.2　液压缸的结构

液压缸的类型很多，即使同一种类型液压缸，厂家不同、用途不同时，其结构也不尽相同。在各种类型的液压缸中，HSG 型双作用单杆活塞缸的构造最为典型，其结构如图 2-5 所示，它由缸筒、缸底、缸盖、活塞、活塞杆等主要零件组成。根据各零件在液压缸工作过程中的作用不同，将其分为 5 个组成部分，具体介绍如下。

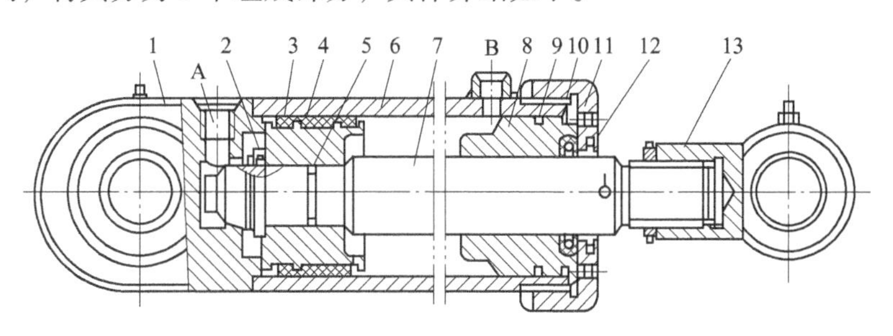

图 2-5　双作用单杆活塞缸

1—缸底　2—卡键　3、5、9、10—密封圈　4—活塞　6—缸筒　7—活塞杆
8—导向套　11—缸盖　12—防尘圈　13—耳环

1. 缸体组件

缸体组件主要由缸筒、缸底和缸盖等部分组成。缸筒一般采用铸钢、锻钢或无缝钢管制成。缸筒与缸底、缸盖的连接方式有法兰式、半环式、拉杆式、螺纹式和焊接式等，如图 2-6 所示。

2. 活塞组件

活塞组件主要包括活塞和活塞杆等零件。活塞一般采用铝合金材料，活塞杆采用合金钢锻造并镀铬。活塞与活塞杆的连接方式中最常用的有螺纹连接和卡键连接，如图 2-7 所示。螺纹连接结构简单，装拆方便，但一般需要配备螺母防松装置；半环连接多用在高压和振动较大的场合，这种连接强度高，但结构复杂，装拆不便。

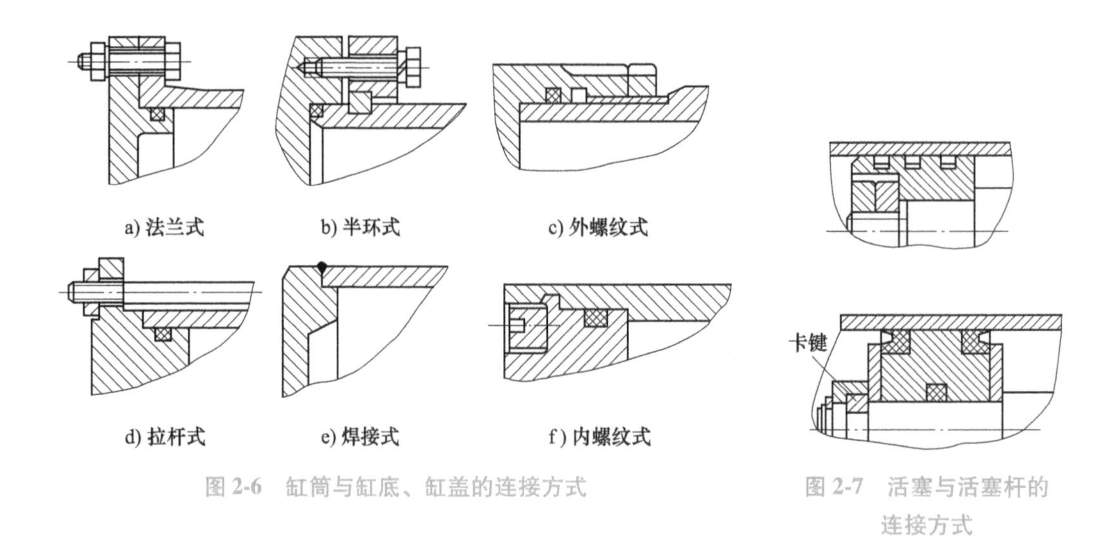

图 2-6 缸筒与缸底、缸盖的连接方式

图 2-7 活塞与活塞杆的连接方式

3. 密封装置

液压缸的密封主要指活塞与缸筒、活塞杆与端盖之间的动密封，以及缸筒与端盖间的静密封。

液压缸的泄漏会引起液压缸的容积效率降低和油液发热，降低液压缸的工作性能，并且外泄还会污染环境和增加油液的损耗。因此，要求液压缸选用的密封元件具有良好的密封性能并且密封性能随工作压力的提高而自动提高。防止油液的泄漏或外界杂质和空气侵入液压系统，影响缸的功能性能和效率。工程机械用液压缸的密封装置一般采取密封圈密封的形式。密封圈一般用耐油橡胶制成，按形状分为 O 形、Y 形、V 形等多种形式。

1）O 形密封圈。O 形密封圈的截面为圆形，它结构简单，制造容易，成本低廉，密封性能好，动摩擦阻力小，安装沟槽尺寸小，使用非常方便。

2）Y 形密封圈。Y 形密封圈用耐油橡胶制成，其断面呈 Y 形，属唇形密封圈。其密封原理是：利用油液的压力使两唇边紧贴在配合偶件的两结合面上实现密封，油液压力越高，唇边贴合越紧，并且在磨损后有一定的自动补偿能力。装配时应注意使唇边开口朝向压力油腔。Y 形密封圈有通用型、轴用型和孔用型 3 种类型。

3）V 形密封圈。V 形密封圈由多层涂胶织物压制而成。它由现状不同的支承环、密封环和压环组成。当压环压紧密封环时，支承环可使密封环产生变形而起密封作用。

V 形密封圈属唇形密封圈，其密封长度大，密封性能好，但摩擦阻力大。安装时应将密封环的开口方向朝向压力油腔一侧。调整压环压力时，应以不漏油为限，不可压得过紧，以防密封阻力过大。

4）滑环组合式密封圈。滑环组合式密封圈由滑环和 O 形密封圈组成，如图 2-8 所示。滑环采用聚四氟乙烯材料，与金属的摩擦系数小，因而耐磨；O 形密封圈用橡胶材料，弹性很好，装配后处于压紧状态，能从滑环内表面施加一向外的张力，从而使滑环产生微小变形而与配合件表面贴合，故其使用寿

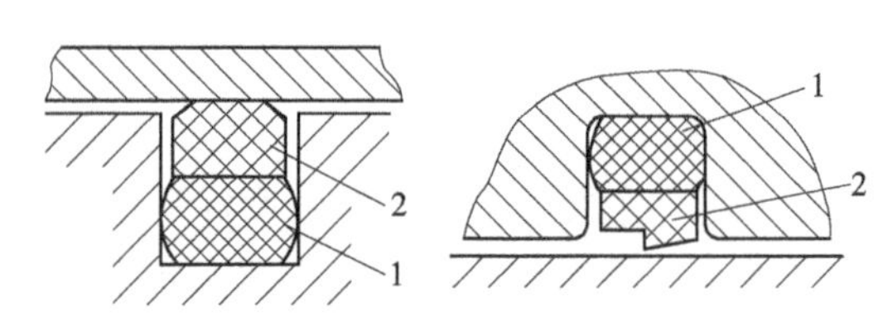

图 2-8 滑环组合式密封圈

1—O 形密封圈 2—滑环

命比单独使用O形密封圈提高很多倍。

5）防尘圈。防尘圈能将活塞杆上的污物刮除，使活塞杆退回有杆腔时能保持清洁。防尘圈一般用聚氨酯制造，有的防尘圈带钢制成的骨架，用以增加防尘圈的强度和刚度。

在液压缸活塞行程的终端，为防止活塞和缸底发生碰撞，往往设置有缓冲装置。常见的缓冲装置有圆柱形环隙式（图2-9a）、可调节流式（图2-9b）和可变节流式（图2-9c）三种。

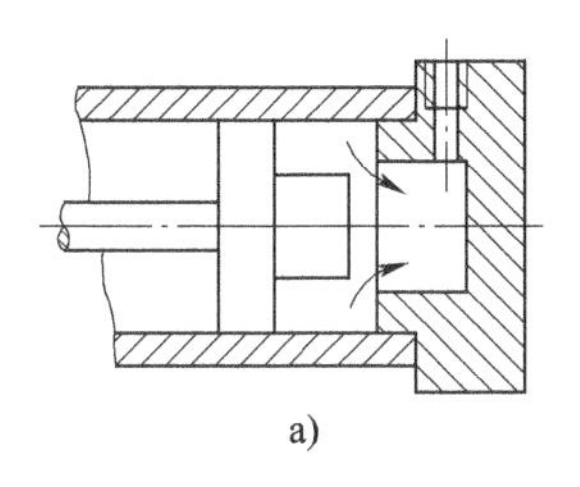
a)

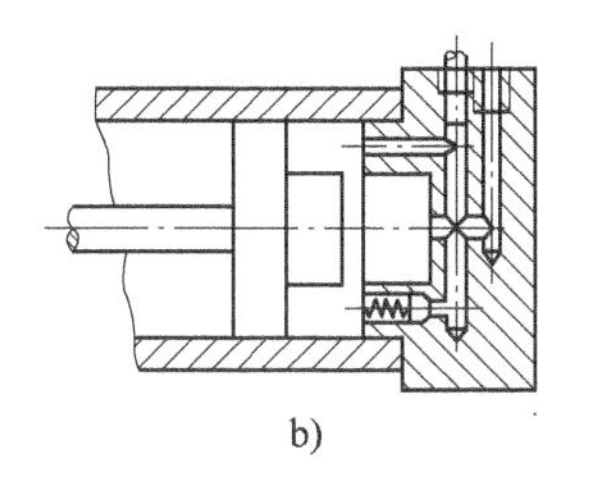
b)

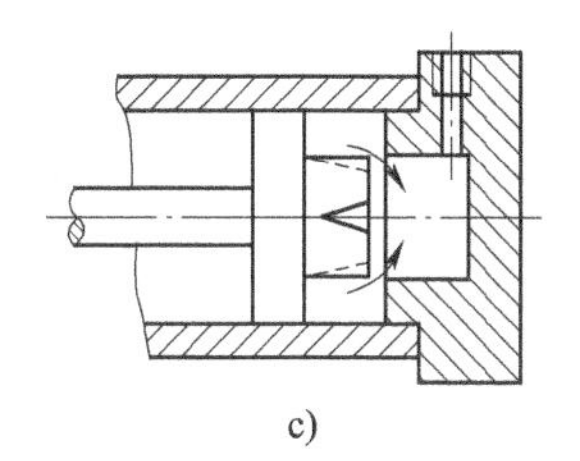
c)

图2-9　常见的缓冲装置

4. 排气装置

液压缸在安装时，其油腔内一般没有油液。安装后运行时，油液会进入到油腔中和空气混合在一起。液压系统中混入空气后会导致其工作不稳定，产生振动、噪声、低速爬行及起动时突然前冲等现象。因此液压缸需要排气装置。液压缸的排气装置布置在液压缸的最高位置。对速度稳定性要求不高的液压缸可以不设专门的排气装置。将液压缸的油口布置在缸筒的最高处，由流出的油液将空气带往油箱，空气从油箱中逸出。

2.1.3　液压缸的工作特性

液压缸在工程机械上应用十分广泛。其使用条件有以下特点：

1）工作强度高，经常承受作用在工作装置上及由液压缸驱动的惯性质量引起的冲击压力。

2）工作环境恶劣，经常在充满了泥水砂石及灰尘的环境中工作。

3）工程机械大都是移动式设备。安装在其上的液压缸，质量要轻、体积要小（这种要求是提高系统工作压力来达到的）。所以质量轻、体积小、压力高也就成了工程机械用液压缸的一个特点。

4）工程机械工作场所的环境温度变化大，要求液压缸所用材料能适应高温和低温。

2.2　液压控制阀

液压阀又称为液压控制阀，是液压系统中的控制调节元件，用来控制或调节液压系统中液流的方向、压力和流量，使执行元件及其驱动工作机构获得所需的运动方向，转矩及运动速度等以满足不同的动作要求。因此，液压阀性能的优劣，将影响整个液压系统的正常工作。

2.2.1　液压阀概述

液压阀主要用于控制液压系统油液的流动方向或调节其压力和流量，分为方向阀、压力阀和流量阀三大类。

尽管液压阀分为各种各样的类型，但彼此之间仍保持着一些共同点：

1）结构上，所有阀都由阀体、阀芯（转阀或滑阀）和驱使阀芯动作的元部件组成。

2）工作原理上，所有阀的开口大小，阀进、出口间压差以及流过阀的流量之间的关系都符合孔口流量公式，仅是参数不相同而已。

3）所有液压阀均可以看成是油路中一个液阻，只要有液体流过，就有压力损失和温度升高等现象。

1. 液压阀的分类

液压阀的分类见表 2-1。

表 2-1　液压阀的分类

分类方法	种类	详细分类
按机能分	压力控制阀	溢流阀、顺序阀、卸荷阀、平衡阀、减压阀、比例压力控制阀、缓冲阀、仪表截止阀、限压切断阀、压力继电器
	流量控制阀	节流阀、单向节流阀、调速阀、分流阀、集流阀、比例流量控制阀
	方向控制阀	单向阀、液控单向阀、换向阀、行程减速阀、充液阀、梭阀、比例方向阀
按结构分	滑阀	圆柱滑阀、旋转阀、平板滑阀
	座阀	锥阀、球阀、喷嘴挡板阀
	射流管阀	射流阀
按操作方法分	手动阀	手把及手轮、踏板、杠杆
	机动阀	挡块及碰块、弹簧、液压、气动
	电动阀	电磁铁控制、伺服电动机和步进电动机控制
按连接方式分	管式连接	螺纹式连接、法兰式连接
	板式及叠加式	单层连接板式、双层连接板式、整体连接板式、叠加阀
	插装式连接	螺纹式插装（二、三、四通插装阀）、法兰式插装（二通插装阀）
按控制方式分	电液比例阀	电液比例压力阀、电源比例流量阀、电液比例换向阀、电流比例复合阀、电流比例多路阀三级电液流量伺服
	伺服阀	单/两级（喷嘴挡板式、动圈式）电液流量伺服阀、三级电液流量伺服阀
	数字控制阀	数字控制压力/流量阀/方向阀

2. 液压阀基本性能参数

（1）公称通径　液压阀公称通径是指主油口的名义尺寸，单位为 mm，代表液压阀通流能力大小，对应阀的额定流量。与阀进、出油口相连接的油管规格应与阀的公称通径一致。液压阀工作的实际流量应小于或等于其额定流量，最大不得大于额定流量的 1.1 倍。

（2）额定压力　液压阀的额定压力指液压阀长期工作允许的最高工作压力。

3. 液压系统对液压阀的基本要求

1）动作灵敏性能稳定，工作可靠且冲击振动小，噪声小。

2）阀口全开时，液体通过阀的压力损失小；阀口关闭时，密封性能好。

3）被控参数稳定，受外部干扰时变化量小。

4）结构紧凑，安装、调整、使用、维护方便，通用性大。

2.2.2　方向控制阀

方向控制阀用在液压系统中控制液流的方向，包括单向阀和换向阀两种类型。

1. 单向阀

液压系统中常见的单向阀有普通单向阀和液控单向阀两种。

（1）普通单向阀　普通单向阀的作用是使油液只能沿一个方向流动，不许它反向倒流。图 2-10a 所示是一种管式普通单向阀的结构。压力油从阀体左端的通口 P_1 流入时，克服弹簧 3 作用在阀芯 2 上的力，使阀芯向右移动，打开阀口，并通过阀芯 2 上的径向孔 a、轴向孔 b 从阀体右端的通口流出。但是压力油从阀体右端的通口 P_2 流入时，它和弹簧力一起使阀芯锥面压紧在阀座上，使阀口关闭，油液无法通过。图 2-10b 所示是单向阀的图形符号。

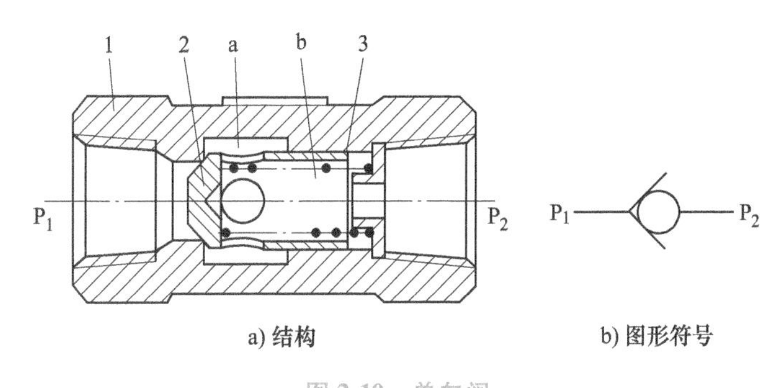

图 2-10　单向阀

1—阀体　2—阀芯　3—弹簧　a—径向孔　b—轴向孔

（2）应用

1）与其他液压阀并联构成复合阀。

2）作为过滤器堵塞时的旁通阀。

3）装在泵的出口保护泵。

4）用于双泵供油回路。

2. 液控单向阀

图 2-11a 所示是液控单向阀的结构。当控制口 K 处无压力油通入时，它的工作机制和普通单向阀一样；压力油只能从通口 P_1 流向通口 P_2，不能反向倒流。当控制口 K 有控制压力油时，因控制活塞 1 右侧 a 腔通泄油口，活塞 1 右移，推动顶杆 2 顶开阀芯 3，使通口 P_1 和 P_2 接通，油液就可在两个方向自由通流。图 2-11b 所示为液控单向阀的图形符号。

液控单向阀的主要应用：

1）锁定液压缸。

2）确保垂直安装并悬挂重物的液压缸保持在停止位置上，防止其因自重下落。

3）作充液阀用。

4）作排液阀用。

5）用于蓄能器保压。

6）用于增压回路。

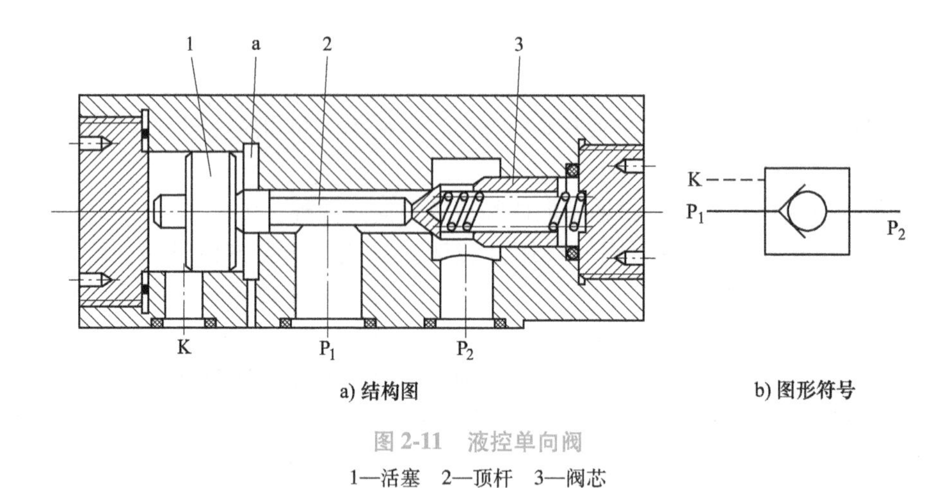

a) 结构图　　　b) 图形符号

图 2-11　液控单向阀

1—活塞　2—顶杆　3—阀芯

2.2.3　换向阀

换向阀依靠阀芯相对于阀体的相对运动，使油路接通、关断，或变换油流的方向，从而使液压执行元件起动、停止或变换运动方向。换向阀应满足：

1）油液流经换向阀时的压力损失要小。

2）互不相通的油口间的泄漏量要小。

3）换向要平稳、迅速且可靠。

换向阀按阀芯结构形式分为滑阀、转阀和锥阀等，一般所说换向阀均为滑阀式换向阀。

1. 转阀

如图 2-12a 所示，转阀由阀体 1、阀芯 2 和使阀芯转动的操作手柄 3 组成，在图示位置，油口 P 和 A 相通、B 和 T 相通；当操作手柄转换到“止”位置时，油口 P、A、B 和 T 均不相通，当操作手柄转换到另一位置时，则油口 P 和 B 相通，A 和 T 相通。图 2-12b 所示为转阀的图形符号。

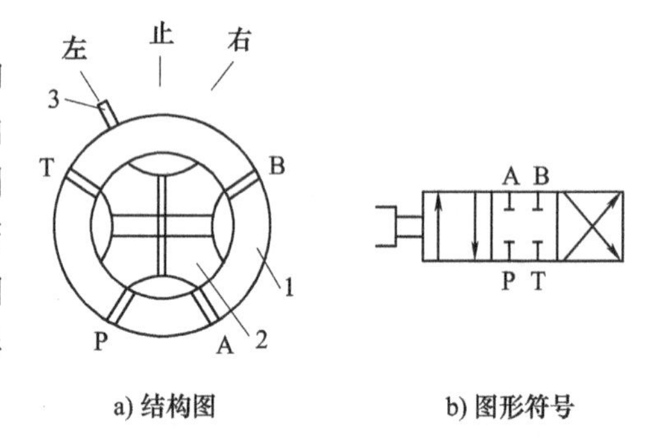

a) 结构图　　　b) 图形符号

图 2-12　转阀

1—阀体　2—阀芯　3—手柄

2. 滑阀式换向阀

滑阀式换向阀在液压系统中远比转阀式用得广泛。

（1）工作原理　图 2-13 所示为一滑阀结构图，阀芯在阀体中有三个工作位置：阀芯处于中间位置，P、T、A、B 互不相通；阀芯被推到右端位置，P 与 B 通，A 与 T 通；阀芯被推到左端位置，P 与 A 通，B 与 T 通。

（2）换向阀的图形符号　换向阀按阀芯在阀体中的可变位置数分为两位、三位、四位等。将阀芯的位置称为“位”，通常用一个方框表示一个位置；阀上各种接油管的进、出油口，称为“通”进油口通常标为 P，回油口则标为 R 或 T，出油口则以 A、B 来表示。例如：图 2-14 所示有三个位置，4 个油口，称为三位四通换向阀。图 2-15 所示为两位五通换向阀。

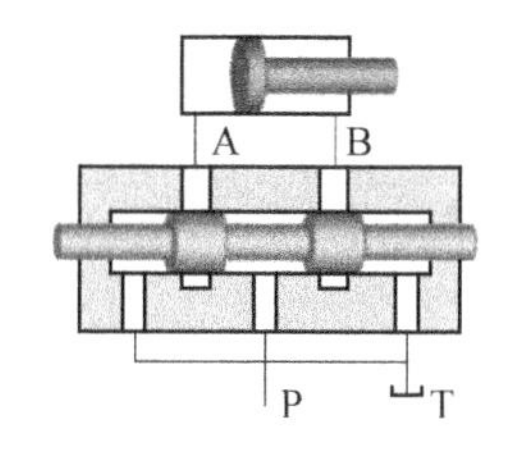

图 2-13　滑阀工作原理

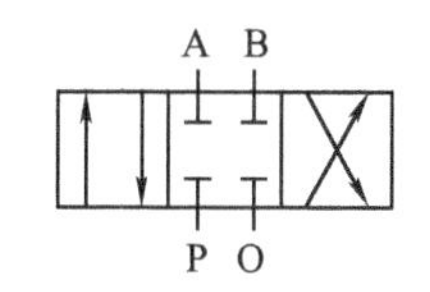

图 2-14　三位四通换向阀

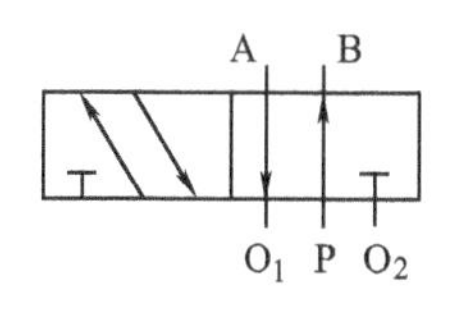

图 2-15　两位五通换向阀

（3）结构形式　表 2-2 是滑阀式换向阀主体结构形式，换向阀的阀体上开有多个油口，阀芯移动后可以停留在不同的工作位置上。

表 2-2　滑阀式换向阀主体结构形式

名　称	结构原理图	图形符号	适用场合
两位两通	A　P	A P	控制油路的接通与断开
两位三通	A　P　B	A　B P	控制油液流动方向
两位四通	B　P　A　O	A B P O	控制执行元件换向，不能使执行元件在任一位置上停止运动
两位五通	O_1　A　P　B　O_2	A　B O_1 P O_2	控制执行元件换向，不能使执行元件在任一位置上停止运动
三位四通	A　P　B　O	A B P O	控制执行元件换向，能使执行元件在任一位置上停止运动
三位五通	O_1　A　P　B　O_2	A B O_1 P O_2	控制执行元件换向，能使执行元件在任一位置上停止运动

（4）滑阀的操纵方式　常见的滑阀操纵方式如图 2-16 所示，主要有手动、机动、电磁动、弹簧控制、液动、液压先导控制和电液控制等。

1）手动换向阀。图 2-17 所示为自动复位式手动换向阀，放开手柄 1，阀芯 2 在弹簧 3 的作用下自动回复中位，该阀适用于动作频繁、工作持续时间短的场合，操作比较简单，常用于工程机械的液压传动系统中。

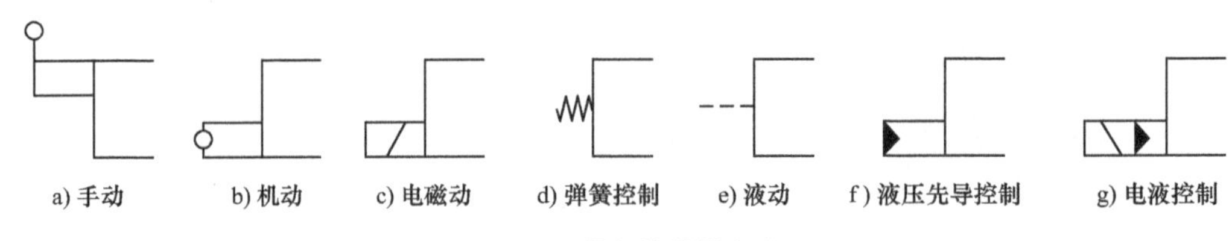

图 2-16 滑阀的操纵方式

如果将该阀阀芯右端弹簧 3 的部位改为可自动定位的结构形式，即成为可在三个位置定位的手动换向阀。

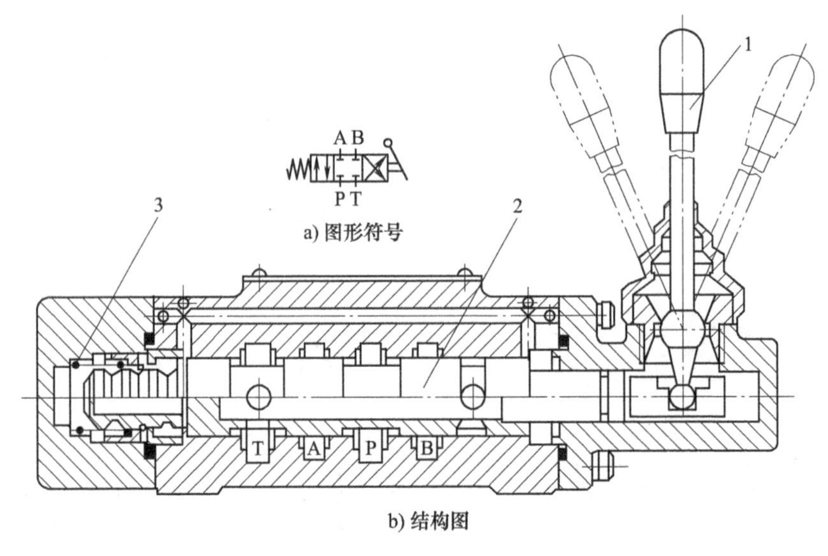

图 2-17 自动复位式手动换向阀

1—手柄 2—阀芯 3—弹簧

2）机动换向阀。机动换向阀又称为行程阀，它主要用来控制机械运动部件的行程，借助安装在工作台上的挡铁或凸轮来迫使阀芯移动，从而控制油液的流动方向，机动换向阀通常是二位的，有二通、三通、四通和五通几种，其中二位二通机动阀又分常闭和常开两种。图 2-18a 所示为滚轮式二位三通常闭式机动换向阀，在图示位置，阀芯 2 被弹簧 1 压向上端，油腔 P 和 A 通，B 关闭。当挡铁或凸轮压住滚轮 4，使阀芯 2 移动到下端时，就使油腔 P 和 A 断开，P 和 B 接通，A 关闭。图 2-18b 所示为其图形符号。

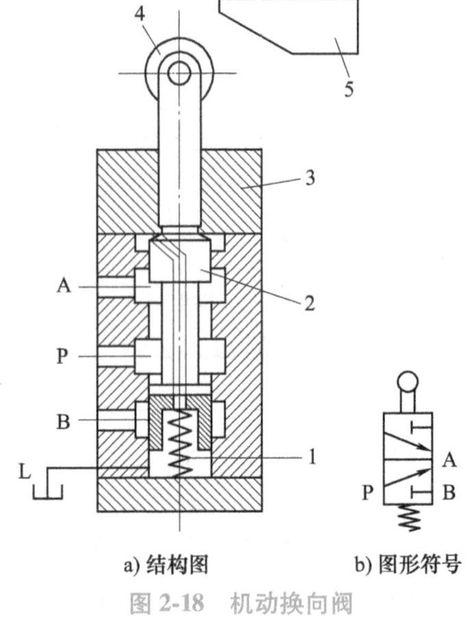

图 2-18 机动换向阀

1—弹簧 2—阀芯 3—阀体 4—滚轮 5—挡铁

3）电磁换向阀。电磁换向阀是利用电磁铁的通电吸合与断电释放而直接推动阀芯来控制液流方向的。它是电气系统与液压系统之间的信号转换元件。

电磁铁按使用电源的不同，可分为交流和直流两种。按衔铁工作腔是否有油液又可分为“干式”和“湿式”。图 2-19 所示为一种三位五通电磁换向阀的结构和图形符号。

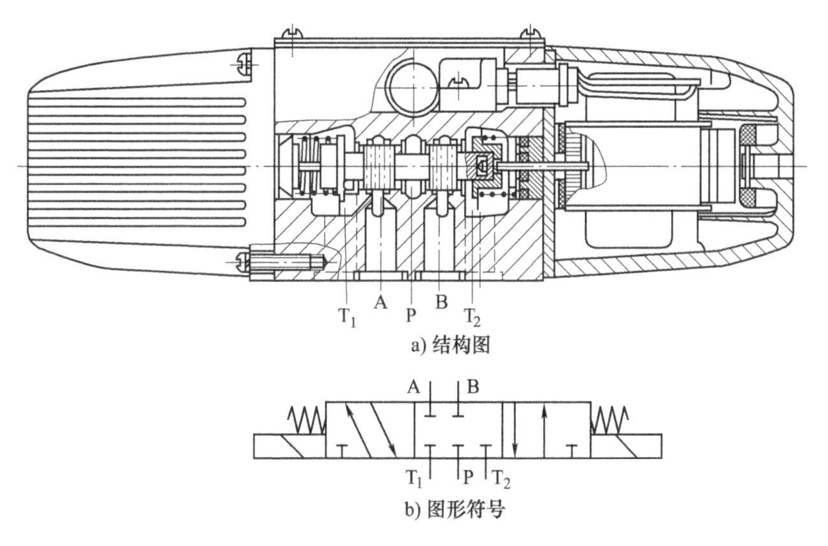

图 2-19 三位五通电磁换向阀

4）液动换向阀。液动换向阀是利用控制油路的压力油来改变阀芯位置的换向阀，图 2-20 所示为三位四通液动换向阀的结构和图形符号。阀芯是由其两端密封腔中油液的压差来移动的，当控制油路的压力油从阀右边的控制油口 K_2 进入滑阀右腔时，K_1 接通回油，阀芯向左移动，使压力油口 P 与 B 相通，A 与 T 相通；当 K_1 接通压力油，K_2 接通回油时，阀芯向右移动，使得 P 与 A 相通，B 与 T 相通；当 K_1、K_2 都通回油时，阀芯在两端弹簧和定位套作用下回到中间位置。

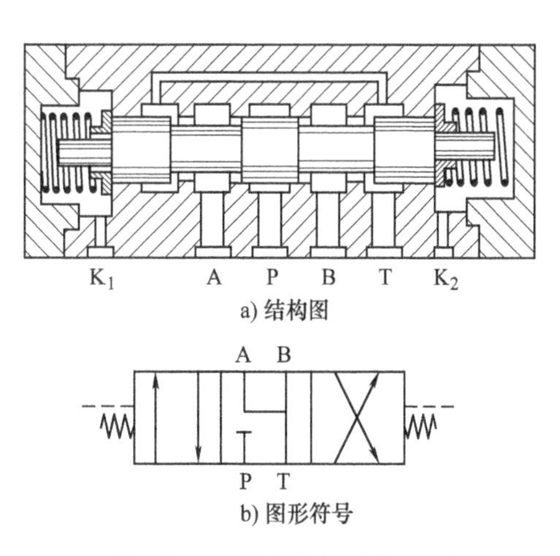

图 2-20 三位四通液动换向阀

5）电液换向阀。在大中型液压设备中，当通过阀的流量较大时，作用在滑阀上的摩擦力和液动力较大，此时电磁换向阀的电磁铁推力相对地太小，需要用电液换向阀来代替电磁换向阀。电液换向阀由电磁滑阀和液动滑阀组合而成。电磁滑阀起先导作用，它可以改变控制液流的方向，从而改变液动滑阀阀芯的位置。由于操纵液动滑阀的液压推力可以很大，所以主阀芯的尺寸可以做得很大，允许有较大的油液流量通过。这样用较小的电磁铁就能控制较大的液流。图 2-21 所示为弹簧对中型三位四通电液换向阀。

（5）换向阀的中位机能　三位换向阀的阀芯在中间位置时，各通口间有不同的连通方式，可满足不同的使用要求。这种连通方式称为换向阀的中位机能。三位四通换向阀常见的中位机能见表 2-3。

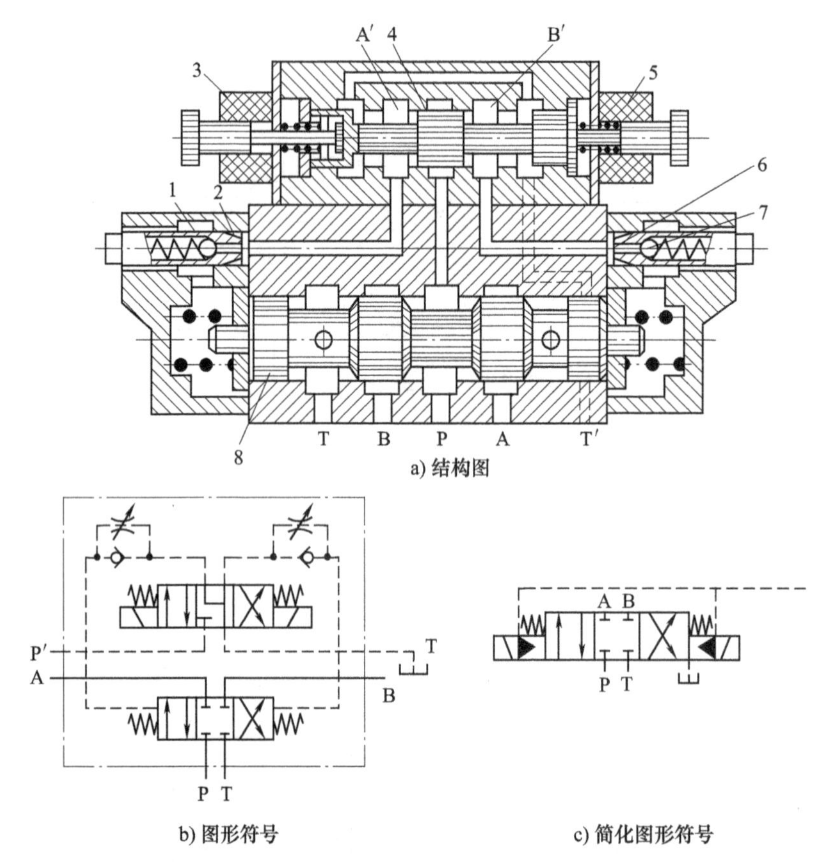

a) 结构图

b) 图形符号　　c) 简化图形符号

图 2-21　电液换向阀

1、6—节流阀　2、7—单向阀　3、5—电磁铁　4—电磁阀阀芯　8—主阀阀芯

表 2-3　滑阀中位机能

滑阀机能	滑阀状态	中位符号		特点及应用
		四通	五通	
O	$T(T_1)$ A P B $T(T_2)$	A B P T	A B T_1 P T_2	各油口全封闭，液压缸两腔闭锁，泵不卸载，可用于多个换向阀并联工作
H				各油口互通，液压缸活塞浮动，泵卸载
Y				油口 A、B 通回油 T、油口 P 封闭，活塞浮动，泵不卸载
J				系统不卸荷，缸一腔封闭，另一腔与回油连通
C				油口 P 与 A 通，B 和 T 封闭，液压泵不卸载，液压缸一腔闭锁

（续）

滑阀机能	滑阀状态	中位符号		特点及应用
		四通	五通	
P				压力油P与A、B油口连通、T口封闭可组成液压缸的差动回路
K				油口P、A、T互通，油口B封闭，液压缸一腔闭锁，泵卸载
X				各油口半开启接通，液压泵压力油在一定压力下回油箱
M				油口P与T通，油口A、B封闭，液压泵卸载，液压缸两腔闭锁
U				系统不卸荷，缸两腔连通，回油封闭
N				系统不卸荷，缸一腔与回油连通，另一腔封闭

在分析和选择阀的中位机能时，通常考虑以下几点：

1）系统保压。当P被堵塞时，系统保压，液压泵能用于多缸系统。当P不太通畅地与T接通时（如X型），系统能保持一定的压力供控制油路使用。

2）系统卸荷。P通畅地与T接通时，系统卸荷。

3）起动平稳性。阀在中位时，液压缸某腔如通油箱，则起动时该腔内因无油液起缓冲作用，起动不太平稳。

4）液压缸“浮动”和在任意位置上的停止，阀在中位，当A、B互通时，卧式液压缸呈“浮动”状态，可利用其他机构移动工作台，调整其位置。当A、B堵塞或与P连接时（在非差动情况下），则可使液压缸在任意位置处停下来。

（6）工作特性　换向阀工作特性主要包括以下几项：

1）工作可靠性。工作可靠性指电磁铁通电后能否可靠地换向，而断电后能否可靠地复位。液动力和液压夹紧力的大小对工作可靠性影响很大，而这两个力与通过阀的流量和压力有关。所以电磁阀也只有在一定的流量和压力范围内才能正常工作，如图2-22所示。

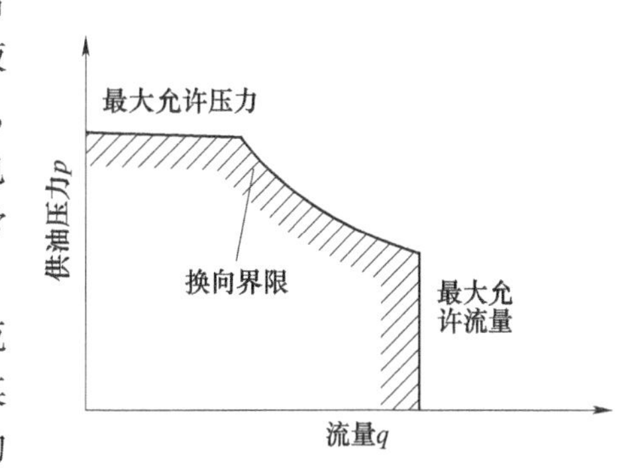

图2-22　电磁阀的换向界限

2）压力损失。因电磁阀开口很小，故液流流过阀口时产生较大的压力损失。图2-23所示为某电磁阀的压力损失曲线。一般阀体铸造流道中的压力损失比机械加工流道中的损失小。

3）内泄漏量。在各个不同的工作位置，在规定的工作压力下，从高压腔漏到低压腔的泄漏量称为内泄漏量。过大的内泄漏量不仅会降低系统的效率，引起过热，而且会影响执行机构的正常工作。

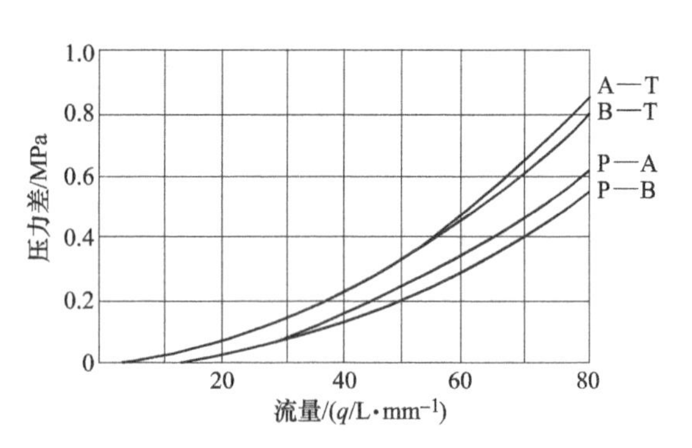

图 2-23　电磁阀的压力损失曲线

4）换向时间和复位时间。换向时间指从电磁铁通电到阀芯换向终止的时间；复位时间指从电磁铁断电到阀芯回复到初始位置的时间。减小换向和复位时间可提高机构的工作效率，但会引起液压冲击。交流电磁阀的换向冲击较大；而直流电磁阀的换向冲击较小。

5）使用寿命。使用寿命指使用到电磁阀某一零件损坏，不能进行正常的换向或复位动作，或使用到电磁阀的主要性能指标超过规定指标时所经历的换向次数。

电磁阀的使用寿命主要决定于电磁铁。湿式电磁铁的寿命比干式的长，直流电磁铁寿命比交流电磁铁的长。

2.2.4　压力控制阀

在液压传动系统中，控制油液压力高低的液压阀称为压力控制阀，简称压力阀。这类阀的共同点是利用作用在阀芯上的液压力和弹簧力相平衡的原理工作的。

1. 溢流阀

溢流阀的主要作用是对液压系统定压或进行安全保护。几乎在所有的液压系统中都需要用到它，其性能好坏对整个液压系统的正常工作有很大影响。

（1）溢流阀的作用　在液压系统中维持定压是溢流阀的主要用途。它常用于节流调速系统中，和流量控制阀配合使用，调节进入系统的流量，并保持系统的压力基本恒定。如图 2-24a 所示，溢流阀 2 并联于系统中，进入液压缸 4 的流量由节流阀 3 调节。由于定量泵 1 的流量大于液压缸 4 所需的流量，油压升高，将溢流阀 2 打开，多余的油液经溢流阀 2 流回油箱。因此，此溢流阀的功用就是在不断的溢流过程中保持系统压力基本不变。

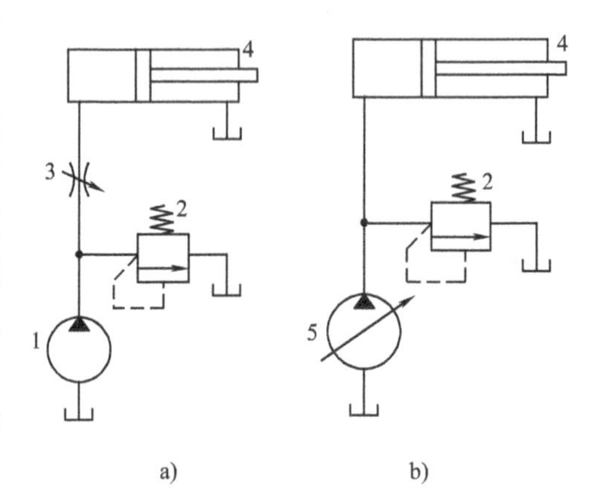

图 2-24　液溢流阀的作用

1—定量泵　2—溢流阀　3—节流阀　4—液压缸　5—变量泵

用于过载保护的溢流阀一般称为安全阀。如图 2-24b 所示的变量泵调速系统。在正常工作时，溢流阀 2 关闭，不溢流，只有在系统发生故障，压力升至溢流阀的调整值时，阀口才打开，使变量泵排出的油液经溢流阀 2 流回油箱，以保证液压系统的安全。

常用的溢流阀按其结构形式和基本动作方式可分为直动式和先导式两种。

（2）直动式溢流阀　直动式溢流阀依靠系统中的压力油直接作用在阀芯上与弹簧力相

平衡，以控制阀芯的启闭动作，图2-25a所示是一种低压直动式溢流阀，P是进油口，T是回油口，进口压力油经阀芯4中间的阻尼孔作用在阀芯的底部端面上，当进油压力较小时，阀芯在弹簧2的作用下处于下端位置，将P和T两油口隔开。当油压力升高，在阀芯下端所产生的作用力超过弹簧的压紧力时，阀芯上升，阀口被打开，将多余的油液排回油箱，阀芯上的阻尼孔用来对阀芯的动作产生阻尼，以提高阀的工作平衡性，调整螺母1可以改变弹簧的压紧力，这样也就调整了溢流阀进口处的油液压力。图2-25b所示为直动式溢流阀的图形符号。

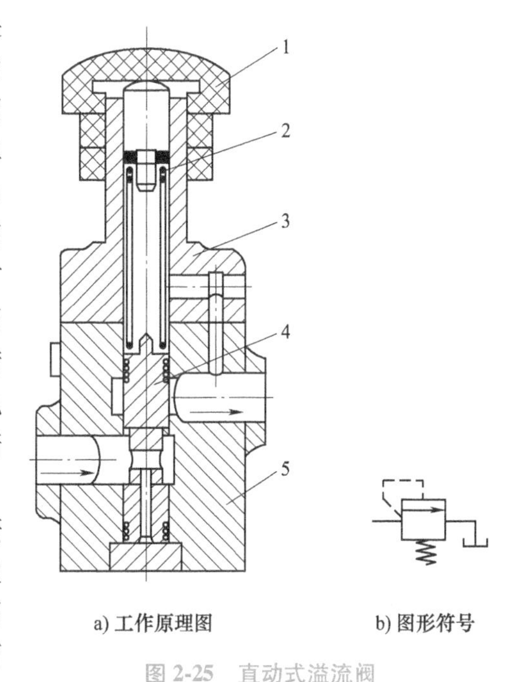

图2-25　直动式溢流阀

1—螺母　2—调压弹簧　3—上盖　4—阀芯　5—阀体

溢流阀是利用被控压力作为信号来改变弹簧的压缩量，从而改变阀口的通流面积和系统的溢流量来达到定压目的的。当系统压力升高时，阀芯上升，阀口通流面积增加，溢流量增大，进而使系统压力下降。溢流阀内部通过阀芯的平衡和运动构成的这种负反馈作用是其定压作用的基本原理，也是所有定压阀的基本工作原理。溢流阀的弹簧力大小与控制压力成正比，因此如果提高被控压力，一方面可用减小阀芯的面积来实现，另一方面则需增大弹簧力，因受结构限制，需采用大刚度的弹簧。这样，在阀芯相同位移的情况下，弹簧力变化较大，因而该阀的定压精度较低。所以，这种低压直动式溢流阀一般用于压力小于2.5MPa的小流量场合。由图2-25a还可看出，在常位状态下，溢流阀进、出油口之间是不相通的，而且作用在阀芯上的液压力是由进口油液压力产生的，经溢流阀芯的泄漏油液经内泄漏通道进入回油口T。

直动式溢流阀采取适当的措施也可用于高压大流量，其中较为典型的直动式锥型溢流阀如图2-26所示。

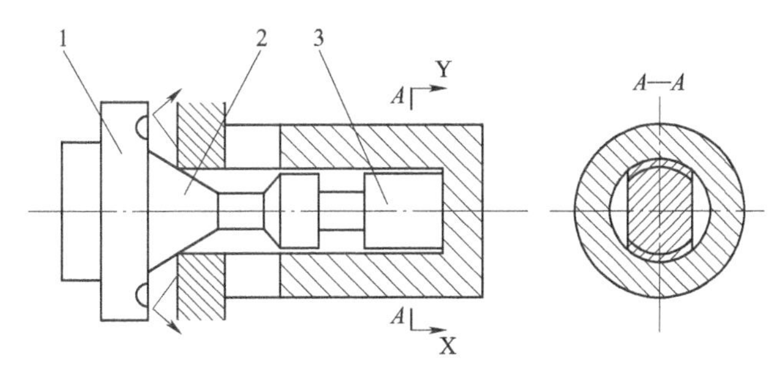

图2-26　直动式锥型溢流阀

1—偏流盘　2—锥阀　3—活塞

在锥阀的下部有一阻尼活塞3，该活塞除了能增加运动阻尼以提高阀的工作稳定性外，还可以使锥阀导向而在开启后不会倾斜。此外，锥阀上部有一个偏流盘1，盘上的环形槽用来改变液流方向，一方面可以补偿锥阀2的液动力；另一方面由于液流方向的改变，产生一个与弹簧力相反方向的射流力，当通过溢流阀的流量增加时，由于与弹簧力方向相反的射流力同时增加，结果抵消了弹簧力的增量，有利于提高阀的通流流量和工作压力。

（3）先导式溢流阀　图 2-27a 所示为先导式溢流阀的结构示意图，压力油从 P 口进入，通过阻尼孔 3 后作用在导阀阀芯 4 上，当进油口压力较低，导阀上的液压作用力不足以克服导阀弹簧 5 的作用力时，导阀关闭，没有油液流过阻尼孔，所以主阀芯 2 两端压力相等，在较软的主阀弹簧 1 作用下，主阀芯 2 处于最下端位置，溢流阀阀口 P 和 T 隔断，没有溢流。

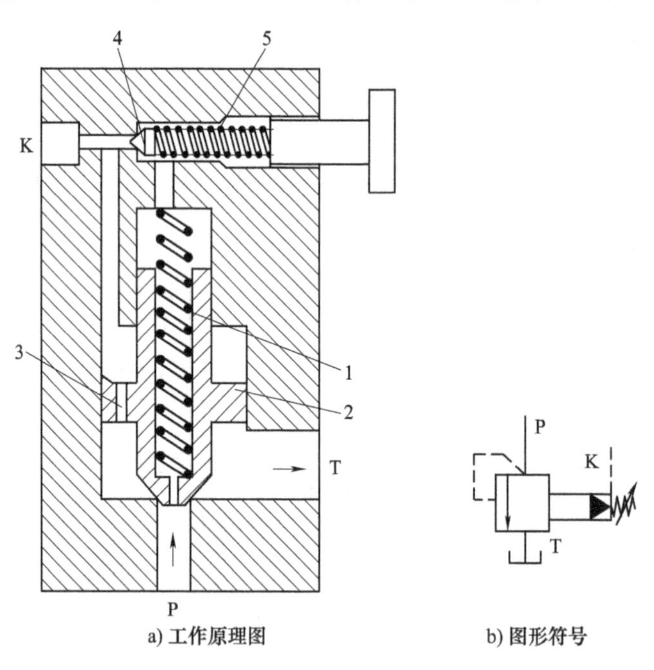

a) 工作原理图　　b) 图形符号

图 2-27　先导式溢流阀

1—主阀弹簧　2—主阀芯　3—阻尼孔　4—导阀阀芯　5—导阀弹簧

当进油口压力升高到作用在导阀阀芯 4 上的液压力大于导阀弹簧 5 的作用力时，导阀打开，压力油就可通过阻尼孔、经导阀流回油箱，由于阻尼孔的作用，使主阀芯 2 上端的液压力 p_2 小于下端压力 p_1，当这个压差作用在面积为 A_B 的主阀芯上的力等于或超过主阀弹簧力 F_s、轴向稳态液动力 F_{bs}、摩擦力 F_f 和主阀芯 2 自重 G 时，主阀芯 2 开启，油液从 P 口流入，经主阀阀口由 T 流回油箱，实现溢流，即

$$\Delta p = p_1 - p_2 \geqslant F_s + F_{bs} + G \pm F_f / A_B \tag{2-4}$$

由于油液通过阻尼孔而产生的 p_1 与 p_2 之间的压差值不太大，所以主阀芯 2 只需一个小刚度的软弹簧即可；而作用在导阀阀芯 4 上的液压力 p_2 与其作用面积的乘积即为导阀弹簧 5 的调压弹簧力，由于导阀阀芯一般为锥阀，受压面积较小，所以用一个刚度不太大的弹簧即可调整较高的开启压力 p_2，用螺钉调节导阀弹簧的预紧力，就可调节溢流阀的溢流压力。图 2-27b 所示为先导式溢流阀的图形符号。

先导式溢流阀有一个远程控制口 K，如果将 K 用油管接到另一个远程调压阀（远程调压阀的结构和溢流阀的先导控制部分一样），调节远程调压阀的弹簧力，即可调节溢流阀主阀芯上端的液压力，从而对溢流阀的溢流压力实现远程调压。当远程控制口 K 通过二位二通阀接通油箱时，主阀芯上端的压力接近于零，主阀芯上移到最高位置，阀口开得很大。由于主阀弹簧较软，这时溢流阀P处压力很低，系统的油液通过溢流阀流回油箱，实现卸荷。

（4）溢流阀的性能　溢流阀的性能包括静态性能和动态性能，在此作一简单的介绍。

1）静态性能主要有压力调节范围、启闭特性和卸荷压力。

压力调节范围是指调压弹簧在规定的范围内调节时，系统压力能平稳地上升或下降，且压力无突跳及迟滞现象时的最大和最小调定压力。溢流阀的最大允许流量为其额定流量，在额定流量下工作时，溢流阀应无噪声、溢流阀的最小稳定流量取决于它的压力平稳性要求，一般规定为额定流量的15%。

启闭特性是指溢流阀在稳态情况下从开启到闭合的过程中，被控压力与通过溢流阀的溢流量之间的关系。它是衡量溢流阀定压精度的一个重要指标，一般用溢流阀开始溢流时的开启压力 p_k 以及停止溢流时的闭合压力 p_b 与公称流量下的调定压力 p_s 的比值的百分比来衡量。前者称为开启压力比 η_k，后者称为闭合压力比 η_b。即

$$\eta_k=\frac{p_k}{p_s}\times 100\% \tag{2-5}$$

$$\eta_b=\frac{p_b}{p_s}\times 100\% \tag{2-6}$$

其中，p_s 可以是溢流阀调压范围内的任何一个值，显然上述两个百分比越大，则两者越接近，溢流阀的启闭特性就越好，一般应使 $\eta_k \geqslant 90\%$，$\eta_b \geqslant 85\%$，直动式和先导式溢流阀的启闭特性曲线如图2-28所示。

当溢流阀的远程控制口K与油箱相连时，额定流量下的压力损失称为卸荷压力。

2）动态性能。当溢流阀在溢流量发生由零至额定流量的阶跃变化时，它的进口压力，也就是它所控制的系统压力，将迅速升高并超过额定压力的调定值，然后逐步衰减到最终稳定压力，从而完成其动态过渡过程，图2-29所示为流量阶跃变化时溢流阀的进口压力响应特性曲线。

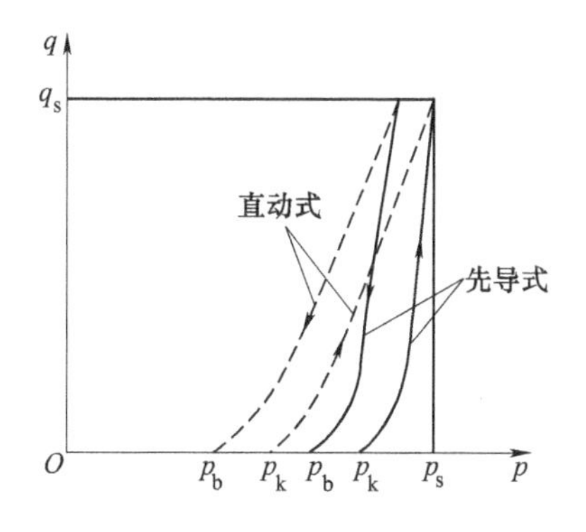

图2-28　溢流阀的启闭特性曲线

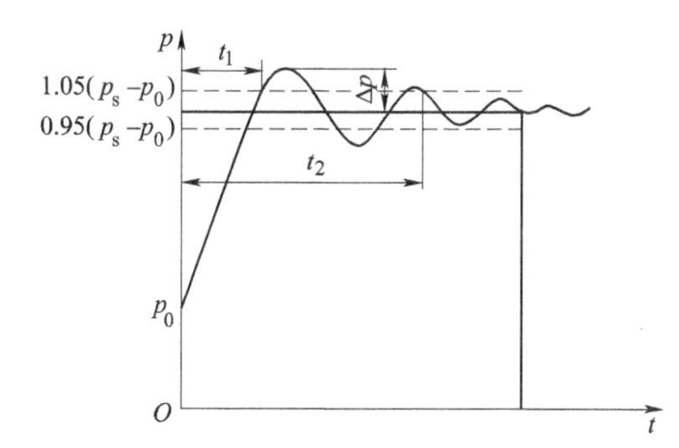

图2-29　溢流阀的进口压力响应特性曲线

定义最高瞬时压力峰值与额定压力调定值 p_s 的差值为压力超调量 Δp，则压力超调率 $\overline{\Delta p}$ 为

$$\overline{\Delta p}=\frac{\Delta p}{p_s}\times 100\% \tag{2-7}$$

压力超调率是衡量溢流阀动态定压误差的一个性能指标。一个性能良好的溢流阀，其$\overline{\Delta p}$为 10%~30%。图 2-29 中所示 t_1 称为响应时间；t_2 称为过渡过程时间。显然，t_1 越小，溢流阀的响应越快；t_2 越小，溢流阀的动态过渡过程时间越短。

2. 减压阀

减压阀是使出口压力（二次压力）低于进口压力（一次压力）的一种压力控制阀，其作用是降低液压系统中某一回路的油液压力，使用一个油源能同时提供两个或多个不同压力的输出。减压阀在各种液压设备的夹紧系统、润滑系统和控制系统中应用较多。此外，当油液压力不稳定时，在回路中串入一减压阀可得到一个稳定的较低压力。根据减压阀所控制的压力不同，它可分为定值减压阀、定差减压阀和定比减压阀三种。

（1）定值减压阀　定值减压阀有直动式和先导式两种形式，比较常见的是先导式减压阀。图 2-30a 所示为先导式减压阀的结构示意图。P_1 口是进油口，P_2 口是出油口，阀不工作时，主阀芯在弹簧作用下处于最下端位置，阀的进、出油口是相通的，即阀是常开的。出口压力油的一部分油经过阻尼孔到达先导阀口，若出口压力增大，大于先导阀调定压力时，先导阀开启，主阀芯上腔油经先导阀泄油口 L 流回油箱，主阀芯两端产生压差，使主阀芯上移，关小阀口，这时阀处于工作状态。

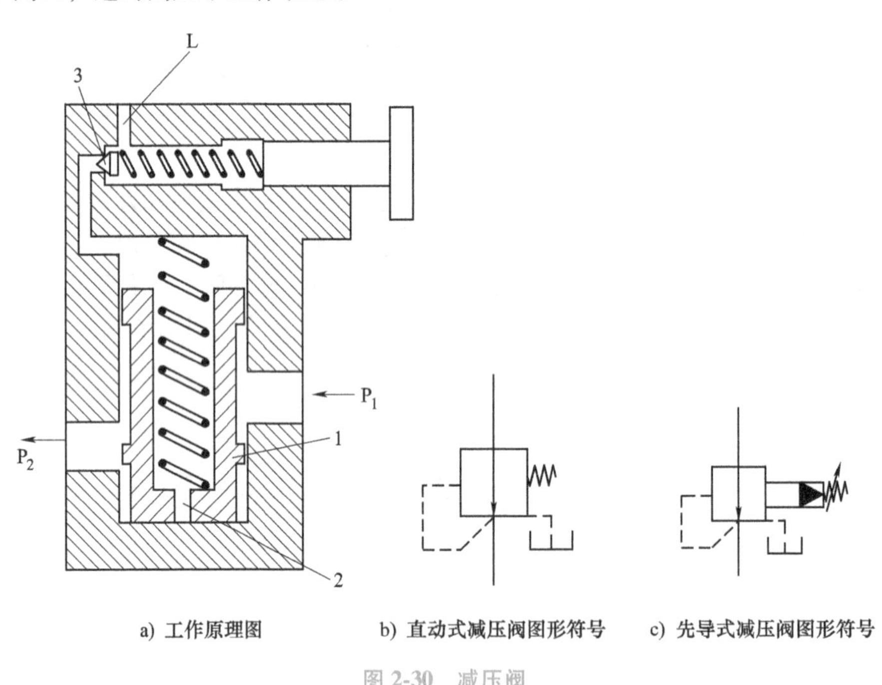

a) 工作原理图　b) 直动式减压阀图形符号　c) 先导式减压阀图形符号

图 2-30　减压阀

1—主阀芯　2—阻尼孔　3—先导阀芯　L—泄油口

若忽略其他阻力，仅考虑作用在阀芯上的液压力和弹簧力相平衡的条件，则可以认为出口压力基本上维持在某一调定值上。这时如出口压力减小，阀芯就下移，开大阀口，阀口处阻力减小，压差减小，使出口压力回升到调定值；反之，若出口压力增大，则阀芯上移，关小阀口，阀口处阻力加大，压差增大，使出口压力下降到调定值。图 2-30b、c 所示分别为直动式减压阀、先导式减压阀的图形符号。

将先导式减压阀和先导式溢流阀进行比较，它们之间有如下几点不同之处：

1）减压阀保持出口压力基本不变，而溢流阀保持进口处压力基本不变。

2）在不工作时，减压阀进、出油口互通，而溢流阀进出油口不通。

3）为保证减压阀出口压力调定值恒定，它的导阀弹簧腔需通过泄油口单独外接油箱；而溢流阀的出油口是通油箱的，所以它的导阀的弹簧腔和泄漏油可通过阀体上的通道和出油口相通，不必单独外接油箱。

理想的减压阀在进口压力、流量发生变化或出口负载增加时，其出口压力 p_2 总是恒定不变的。但实际上，p_2 是随 p_1、q 的变化，或负载的增大而有所变化的。当忽略阀芯的自重和摩擦力，稳态液动力为 F_{bs}时，阀芯上的力平衡方程为

$$p_2A_R + F_{bs} = k_s(x_c + x_R) \tag{2-8}$$

式（2-8）中，k_s 为弹簧刚度；x_c 为当阀芯开口 $x_R=0$ 时弹簧的预压缩量，即

$$p_2 = k_s(x_c + x_R) - F_{bs}/A_R \tag{2-9}$$

若忽略液动力 F_{bs}，且 $x_R \leqslant x_c$ 时，则有

$$p_2 \approx k_sx_c/A_R = 常数 \tag{2-10}$$

这就是减压阀出口压力可基本上保持定值的原因。

减压阀的 p_2-q 特性曲线如图 2-31 所示，当减压阀进油口压力 p_1 基本恒定时，若通过的流量 q 增加，则阀口缝隙 x_R 加大，出口压力 p_2 略微下降。

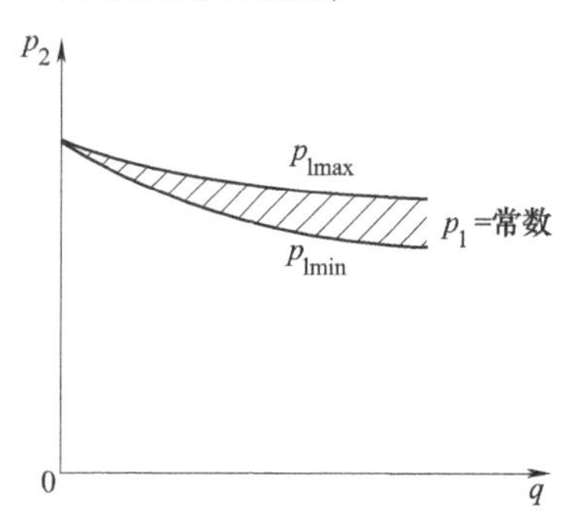

图 2-31　减压阀的特性曲线

在图 2-30a 所示的先导式减压阀中，出油口压力的压力调整值越低，其受流量变化的影响就越大。当减压阀的出油口不输出油液时，它的出口压力基本上仍能保持恒定，此时有少量的油液通过减压阀阀口经先导阀和泄油口流回油箱，保持该阀处于工作状态。

（2）定差减压阀　定差减压阀是使进、出油口之间的压差恒定或近似于不变的减压阀，其工作原理如图 2-32 所示。高压油 p_1 经节流口减压后以低压 p_2 流出，同时，低压油经阀芯中心孔将压力传至阀芯上腔，则其进、出油液压力在阀芯有效作用面积上的压差与弹簧力相平衡。图 2-32a、b 所示分别为定差减压阀的工作原理图和图形符号。

$$\Delta p = p_1 - p_2 = k_s(x_c + x_R)/[\pi/4(D^2 - d^2)] \tag{2-11}$$

其中，x_c 为当阀芯开口 $x_R=0$ 时弹簧（其弹簧刚度为 k_s）的预压缩量。

由式（2-11）可知，只要尽量减小弹簧刚度 k_s 和阀口开度 x_R，就可使压差 Δp 近似地保持为定值。

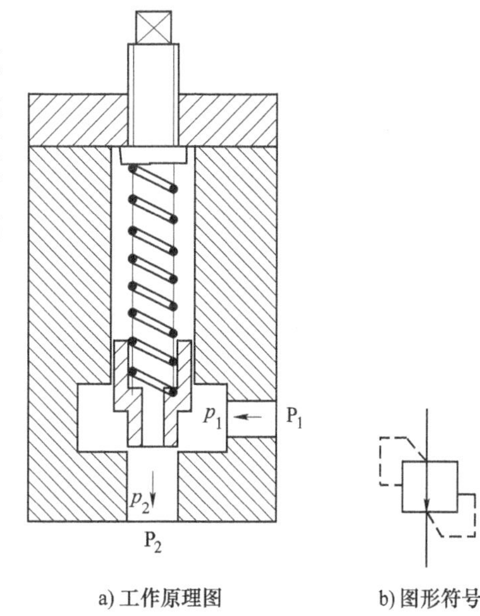

图 2-32　定差减压阀

（3）定比减压阀　定比减压阀能使进、出油口压力的比值维持恒定。图 2-33a 所示为其工作原理图，阀芯在稳态时忽略稳态液动力、阀芯的自重和摩擦力时可得到力平衡方程为

$$p_1A_1 + k_s(x_c + x_R) = p_2A_2 \quad (2\text{-}12)$$

其中，k_s 为阀芯下端弹簧刚度；x_c 为阀口开度 $x_R=0$ 时的弹簧的预压缩量。若忽略弹簧力（刚度较小），则减压比为

$$p_2/p_1 = A_1/A_2 \quad (2\text{-}13)$$

由式（2-13）可见，选择阀芯的作用面积 A_1 和 A_2，便可得到所要求的压力比，且比值近似恒定。定比减压阀的图形符号如图 2-33b 所示。

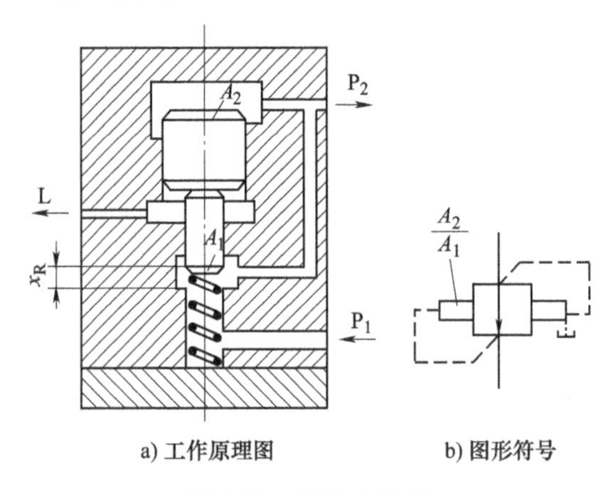

图 2-33　定比减压阀

3. 顺序阀

顺序阀用来控制液压系统中各执行元件动作的先后顺序。依控制压力的不同，顺序阀又可分为内控式和外控式两种。前者用阀的进口压力控制阀芯的启闭，后者用外来的控制压力油控制阀芯的启闭（即液控顺序阀）。顺序阀也有直动式和先导式两种，前者一般用于低压系统，后者用于中高压系统。

图 2-34 所示为直动式内控顺序阀的工作原理图，当进油口压力 p_1 较低时，阀芯在弹簧作用下处于下端位置，进油口和出油口不相通。当作用在阀芯下端的油液压力 p_1 大于弹簧的预紧力时，阀芯向上移动，阀口打开，油液便经阀口从出油口流出，从而操纵另一执行元件或其他元件动作。

顺序阀和溢流阀的结构基本相似，不同的只是顺序阀的出油口通向系统的另一压力油路，而溢流阀的出油口通油箱。此外，由于顺序阀的进、出油口均为压力油，所以它的泄油口 L 必须单独外接油箱。

图 2-35 所示为外控顺序阀，与内控顺序阀的差别仅仅在于其下部有一控制油口 K，阀芯的启闭是利用通入控制油口 K 的外部控制油来控制。

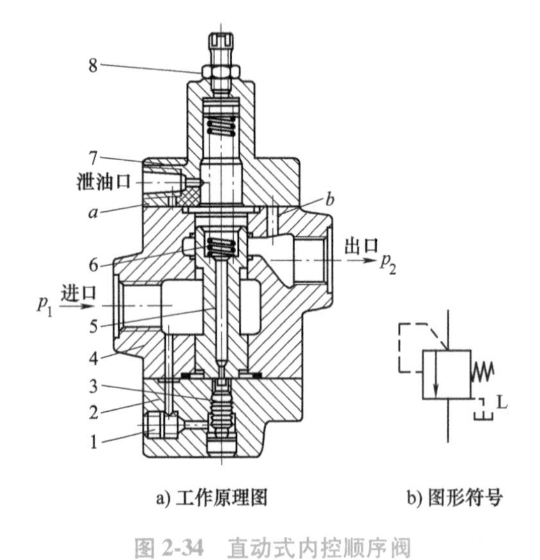

图 2-34　直动式内控顺序阀

1—堵头　2—下阀盖　3—控制柱塞　4—阀体　5—阀芯　6—弹簧　7—上阀盖　8—高调压螺钉

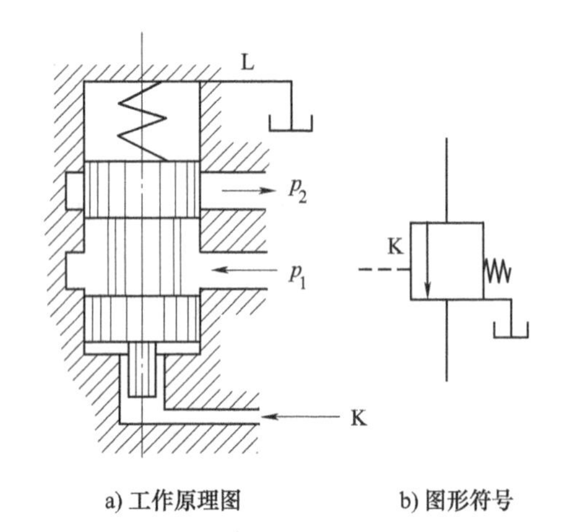

图 2-35　直动式外控顺序阀

图 2-36 所示为先导式顺序阀的工作原理图和图形符号，其工作原理与先导式溢流阀基本相同，区别在于先导阀弹簧腔的泄漏油单独回油箱。

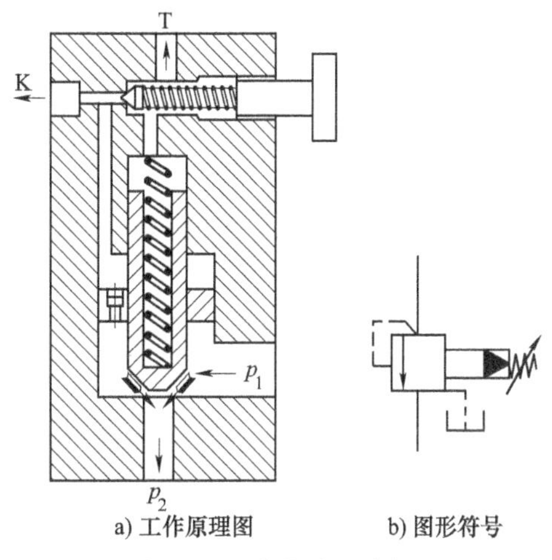

a) 工作原理图　　b) 图形符号

图 2-36　先导式顺序阀

将先导式顺序阀和先导式溢流阀进行比较，它们之间有以下不同之处：

1）溢流阀的进口压力在通流状态下基本不变。而顺序阀在通流状态下其进口压力由出口压力而定，如果出口压力 p_2 比进口压力 p_1 低得多时，p_1 基本不变，而当 p_2 增大到一定程度时，p_1 也随之增加，则 $p_1=p_2+\Delta p$，Δp 为顺序阀上的损失压力。

2）溢流阀为内泄漏，而顺序阀需单独引出泄漏通道，为外泄漏。

3）溢流阀的出口必须回油箱，顺序阀出口可接负载。

4. 压力继电器

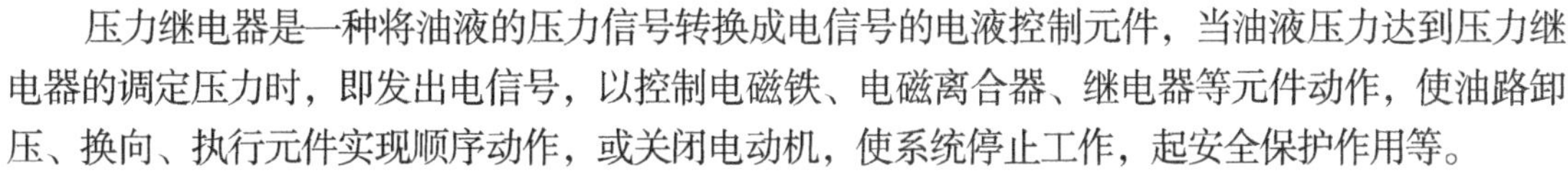

压力继电器是一种将油液的压力信号转换成电信号的电液控制元件，当油液压力达到压力继电器的调定压力时，即发出电信号，以控制电磁铁、电磁离合器、继电器等元件动作，使油路卸压、换向、执行元件实现顺序动作，或关闭电动机，使系统停止工作，起安全保护作用等。

图 2-37 所示为常用柱塞式压力继电器的结构图和图形符号。当从压力继电器下端进油口通入的油液压力达到调定压力值时，推动柱塞 1 上移，此位移通过杠杆 2 放大后推动开关 4 动作。改变弹簧 3 的压缩量即可以调节压力继电器的动作压力。

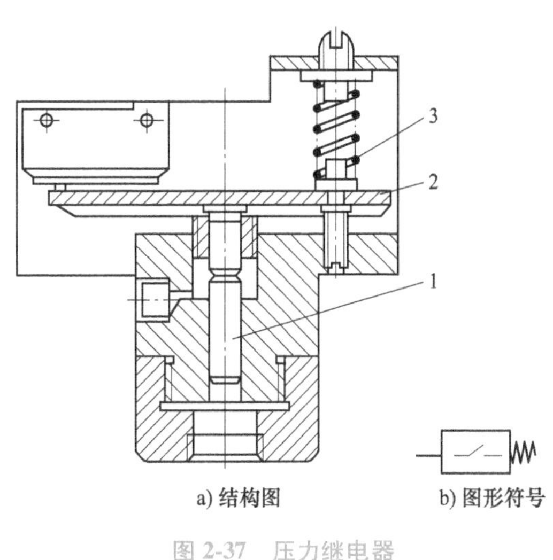

a) 结构图　　b) 图形符号

图 2-37　压力继电器

1—柱塞　2—杠杆　3—弹簧

2.2.5　流量控制阀

液压系统中执行元件运动速度的大小，由输入执行元件的油液流量的大小来确定。流量控制阀就是依靠改变阀口通流面积（节流口局部阻力）的大小或通流通道的长短来控制流量的液压阀。常用的流量控制阀有普通节流阀、压力补偿和温度补偿调速阀、溢流节流阀和分流集流阀等。

1. 流量控制原理及节流口形式

节流阀节流口通常有三种基本形式：薄壁小孔、细长小孔和厚壁小孔，但无论节流口采用何种形式，通过节流口的流量 q 及其前后压差 Δp 的关系均可用式 $q=KA\Delta p^m$ 来表示，三种节流口的流量特性曲线如图 2-38 所示，由图可知：

1）压差对流量的影响。节流阀两端压差 Δp 变化时，通过它的流量要发生变化，三种结构形式的节流口中，通过薄壁小孔的流量受到压差改变的影响最小。

2）温度对流量的影响。油温影响油液黏度，对于细长小孔，油温变化时，流量也会随之改变。对于薄壁小孔，黏度变化对流量几乎没有影响，故油温变化时，流量基本不变。

3）节流口的堵塞。节流阀的节流口可能因油液中的杂质或由于油液氧化后析出的胶质、沥青等而局部堵塞，这就改变了原来节流口通流面积的大小，使流量发生变化，尤其是当开口较小时，这一影响更为突出，严重时会完全堵塞而出现断流现象。因此节流口的抗堵塞性能也是影响流量稳定性的重要因素，尤其会影响流量阀的最小稳定流量。一般节流口通流面积越大、节流通道越短和水力直径越大，越不容易堵塞，当然油液的清洁度也对堵塞产生影响。一般流量控制阀的最小稳定流量为 0. 05L/min。

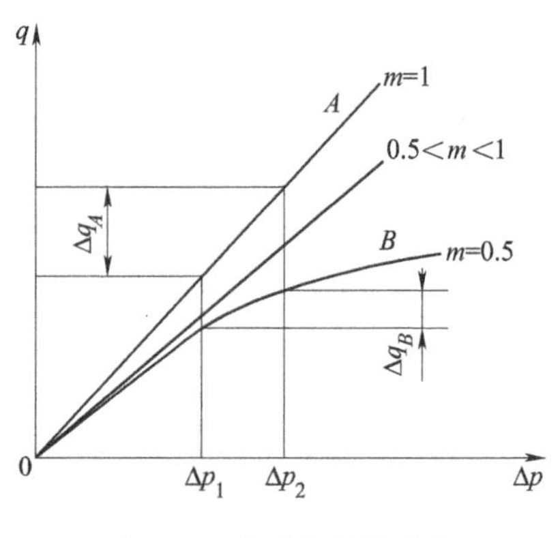

图 2-38 节流阀特性曲线

综上所述，为保证流量稳定，节流口的形式以薄壁小孔较为理想。图 2-39 所示为几种常用的节流口形式。图 2-39a 所示为针阀式节流口，它通道长，湿周大，易堵塞，流量受油温影响较大，一般用于对性能要求不高的场合；图 2-39b 所示为偏心槽式节流口，其性能与针阀式节流口相同，但容易制造，其缺点是阀芯上的径向力不平衡，旋转阀芯时较费力，一

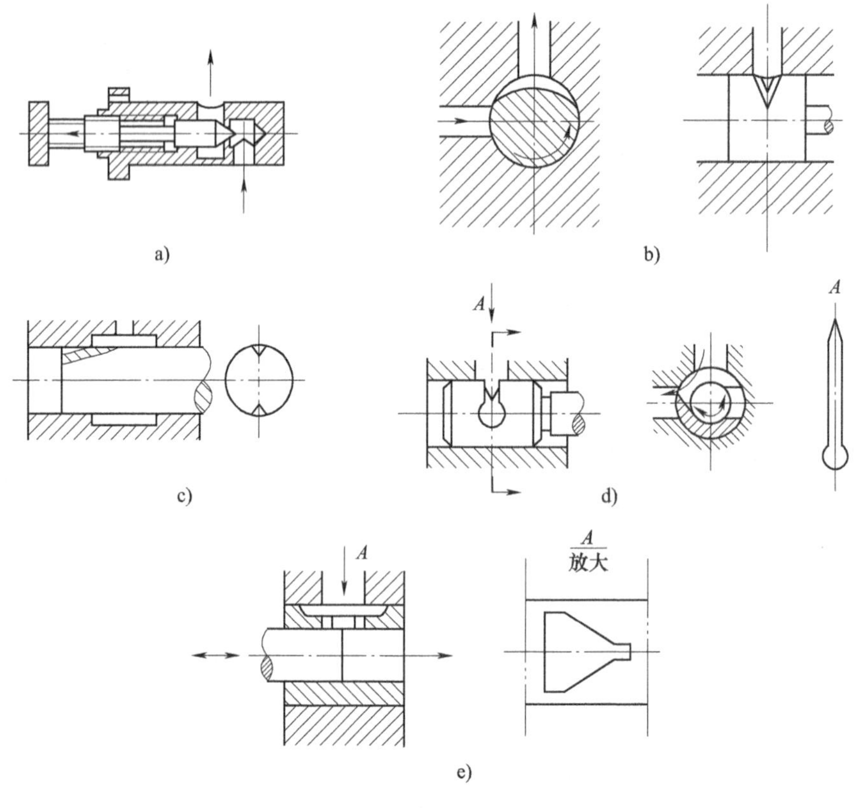

图 2-39 典型节流口的结构形式

般用于压力较低、流量较大和流量稳定性要求不高的场合；图2-39c所示为轴向三角槽式节流口，其结构简单，水力直径中等，可得到较小的稳定流量，且调节范围较大，但节流通道有一定的长度，油温变化对流量有一定的影响，目前被广泛应用；图2-39d所示为周向缝隙式节流口，沿阀芯周向开有一条宽度不等的狭槽，转动阀芯就可改变开口大小。阀口做成薄刃形，通道短，水力直径大，不易堵塞，油温变化对流量影响小，因此其性能接近于薄壁小孔，适用于低压小流量场合；图2-39e所示为轴向缝隙式节流口，在阀孔的衬套上加工出图示薄壁阀口，阀芯做轴向移动即可改变开口大小，其性能与图2-39d所示节流口相似。为保证流量稳定，节流口的形式以薄壁小孔较为理想。

在液压传动系统中，节流元件与溢流阀并联于液泵的出口，构成恒压油源，使泵出口的压力恒定。如图2-40a所示，此时节流阀和溢流阀相当于两个并联的液阻，液压泵输出流量q_p不变，流经节流阀进入液压缸的流量q_1和流经溢流阀的流量Δq的大小由节流阀和溢流阀液阻的相对大小来决定。若节流阀的液阻大于溢流阀的液阻，则$q_1<\Delta q$；反之则$q_1>\Delta q$。节流阀是一种可以在较大范围内以改变液阻来调节流量的元件。因此可以通过调节节流阀的液阻，来改变进入液压缸的流量，从而调节液压缸的运动速度。

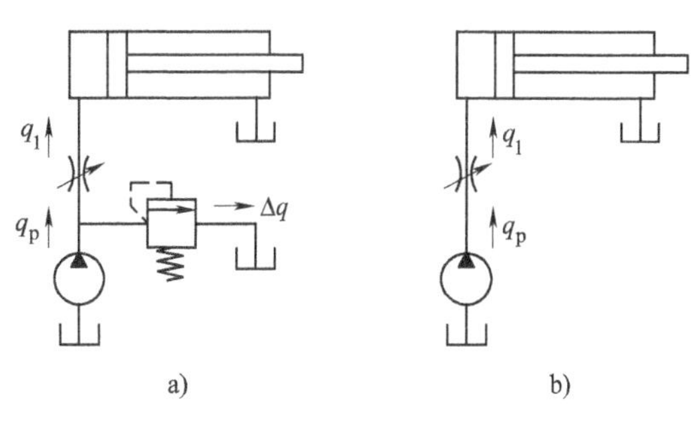

图2-40　节流元件的作用

但若在回路中仅有节流阀而没有与之并联的溢流阀，如图2-40b所示，则节流阀就起不到调节流量的作用。液压泵输出的液压油全部经节流阀进入液压缸。改变节流阀节流口的大小，只是改变液流流经节流阀的压差。节流口小，流速快；节流口大，流速慢，而总的流量是不变的，因此液压缸的运动速度不变。所以，节流元件用来调节流量是有条件的，即要求有一个接受节流元件压力信号的环节（与之并联的溢流阀或恒压变量泵）。通过这一环节来补偿节流元件的流量变化。

液压传动系统对流量控制阀的主要要求有：

1）较大的流量调节范围，且流量调节要均匀。

2）当阀前、后压差发生变化时，通过阀的流量变化要小，以保证负载运动的稳定。

3）油温变化对通过阀的流量影响要小。

4）液流通过全开阀时的压力损失要小。

5）当阀口关闭时，阀的泄漏量要小。

2. 普通节流阀

图2-41所示为一种普通节流阀的结构和图形符号。这种节流阀的节流通道呈轴向三角槽式。压力油从进油口P_1流入孔道a和阀芯1左端的三角槽进入孔道b，再从出油口P_2流出。调节手柄3，可通过推杆2使阀芯做轴向移动，以改变节流口的通流截面面积来调节流量。阀芯在弹簧的作用下始终贴紧在推杆上，这种节流阀的进出油口可互换。

节流阀的刚性表示它抵抗负载变化的干扰，保持流量稳定的能力，即当节流阀开口量不变时，由于阀前后压差Δp的变化，引起通过节流阀的流量发生变化的情况。流量变化越小，节流阀的刚性越大，反之，其刚性则小，如果以T表示节流阀的刚度，则有

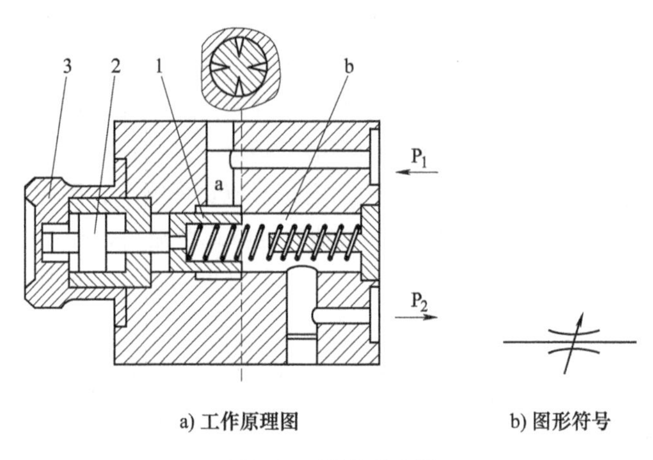

a) 工作原理图　　b) 图形符号

图 2-41　普通节流阀

1—阀芯　2—推杆　3—调节手柄

$$T = \mathrm{d}\Delta p/\mathrm{d}q \tag{2-14}$$

由 $q=KA\Delta p^m$，可得

$$T = \Delta p^{m-1}KAm \tag{2-15}$$

从图 2-42 可以发现，节流阀的刚度 T 相当于流量曲线上某点的切线和横坐标夹角 β 的余切，即

$$T = \cot\beta \tag{2-16}$$

由图 2-42 和式（2-15）可以得出如下结论：

1）同一节流阀，阀前后压差 Δp 相同，节流开口小时，刚度大。

2）同一节流阀，在节流开口一定时，阀前后压差 Δp 越小，刚度越低。为了保证节流阀具有足够的刚度，节流阀只能在某一最低压差 Δp 的条件下，才能正常工作，但提高 Δp 将引起压力损失的增加。

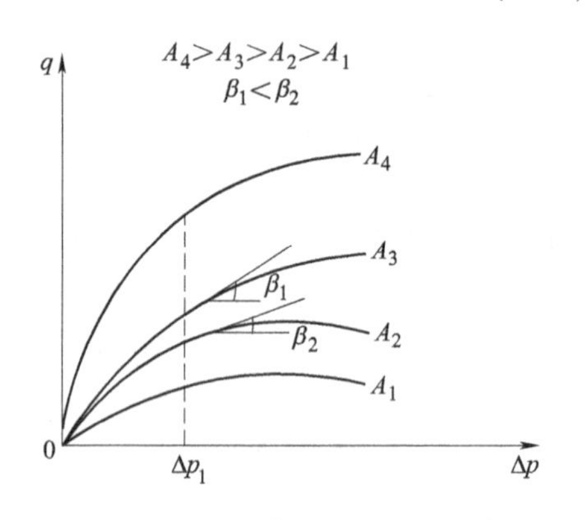

图 2-42　不同开口节流阀的流量特性曲线

3）取小的指数 m 可以提高节流阀的刚度，因此在实际使用中多希望采用薄壁小孔式节流口，即 $m=0.5$ 的节流口。

3. 调速阀

普通节流阀由于刚性差，在节流开口一定的条件下通过它的工作流量受工作负载（即其出口压力）变化的影响，不能保持执行元件运动速度的稳定，因此只适用于工作负载变化不大和速度稳定性要求不高的场合，由于工作负载的变化很难避免，为了改善调速系统的性能，通常是对节流阀进行补偿，即采取措施使节流阀前、后压差在负载变化时始终保持不变。

由 $q=KA\Delta p^m$ 可知，当 Δp 基本不变时，通过节流阀的流量只由其开口量大小来决定，使 Δp 基本保持不变的方式有两种：一种是将定压差式减压阀与节流阀并联起来构成调速阀；另一种是将稳压溢流阀与节流阀并联起来构成溢流节流阀。这两种阀是利用流量的变化所引起的油路压力的变化，通过阀芯的负反馈动作来自动调节节流部分的压差，使其保持不变。

（1）普通调速阀 如图2-43所示，普通调速阀是在节流阀2前面串接一个定差减压阀1组合而成。液压泵的出口（即调速阀的进口）压力 p_1 由溢流阀调整基本不变，而调速阀的出口压力 p_3 则由液压缸负载 F 决定。油液先经减压阀产生一次压差，将压力降到 p_2，p_2 经通道e、f作用到减压阀的d腔和c腔；节流阀的出口压力 p_3 又经反馈通道a作用到减压阀的上腔b，当减压阀的阀芯在弹簧力 F_s、油液压力 p_2 和 p_3 作用下处于某一平衡位置时（忽略摩擦力和液动力等），则有

$$p_2A_1 + p_2A_2 = p_3A + F_s \tag{2-17}$$

其中，A、A_1 和 A_2 分别为b腔、c腔和d腔内压力油作用于阀芯的有效面积，且 $A = A_1 + A_2$，故

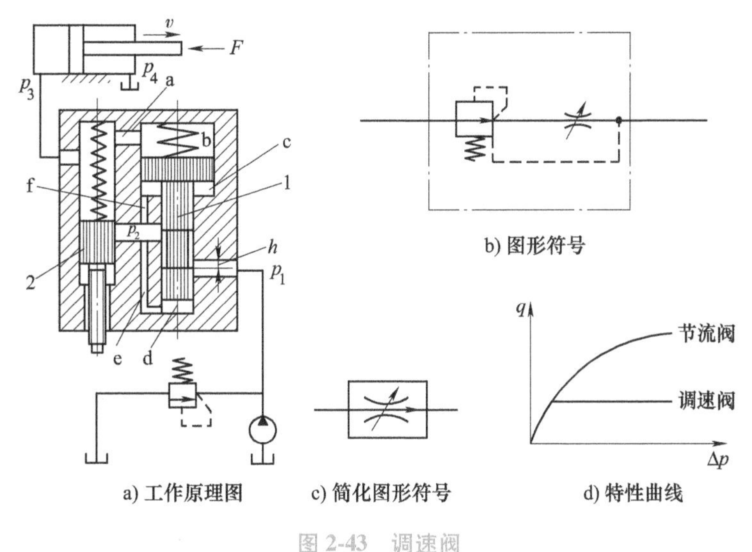

图2-43 调速阀

1—定差减压阀 2—节流阀

$$p_2 - p_3 = \Delta p = F_s/A \tag{2-18}$$

因为弹簧刚度较低，且工作过程中减压阀阀芯位移很小，可以认为 F_s 基本保持不变。故节流阀两端压差 $p_2 - p_3$ 也基本保持不变，这就保证了通过节流阀的流量稳定。

（2）温度补偿调速阀 油温的变化也将引起油液黏度的变化，从而导致通过节流阀的流量发生变化，为此出现了温度补偿调速阀。

普通调速阀的流量虽然已能基本上不受外部负载变化的影响，但是当流量较小时，节流口的通流面积较小，这时节流口的长度与通流截面水力直径的比值相对地增大，因而油液的黏度变化对流量的影响也增大，所以当油温升高后油的黏度变小时，流量仍会增大，为了减小温度对流量的影响，可以采用温度补偿调速阀，如图2-44所示。

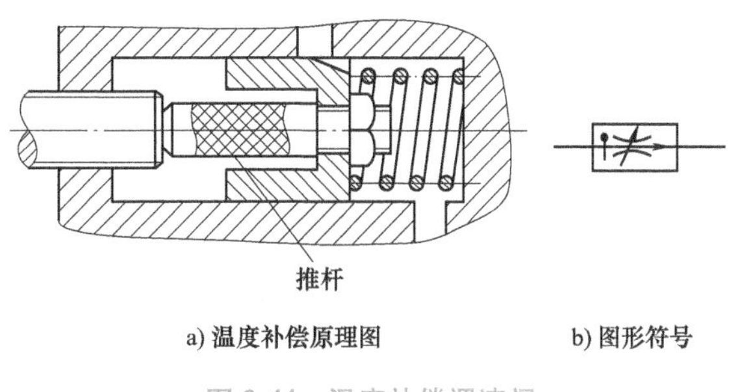

图2-44 温度补偿调速阀

温度补偿调速阀的压力补偿原理部分与普通调速阀相同，据 $q=\Delta KAp^m$ 可知，当 Δp 不变时，由于黏度下降，K 值（$m\neq0.5$ 的孔口）上升，此时只有适当减小节流阀的开口面积才能保证 q 不变。如图 2-44a 所示，在节流阀阀芯和调节螺钉之间放置一个温度膨胀系数较大的聚氯乙烯推杆，当油温升高时，流量增加，这时温度补偿杆伸长使节流口变小，从而补偿了油温对流量的影响。

（3）溢流节流阀（旁通型调速阀）　溢流节流阀也是一种压力补偿型节流阀，如图 2-45 所示，从液压泵输出的油液一部分从节流阀 4 进入液压缸左腔推动活塞向右运动，另一部分经溢流阀的溢流口流回油箱，溢流阀阀芯 3 的上端 a 腔同节流阀 4 上腔相通，其压力为 p_2；腔 b 和下端腔 c 同溢流阀阀芯 3 前的油液相通，其压力即为泵的压力 p_1，当液压缸活塞上的负载 F 增大时，压力 p_2 升高，a 腔的压力也升高，使阀芯 3 下移，关小溢流口，这样就使液压泵的供油压力 p_1 增加，从而使节流阀 4 的前、后压差（p_1-p_2）基本保持不变。这种溢流阀一般附带一个安全阀 2，以避免系统过载。

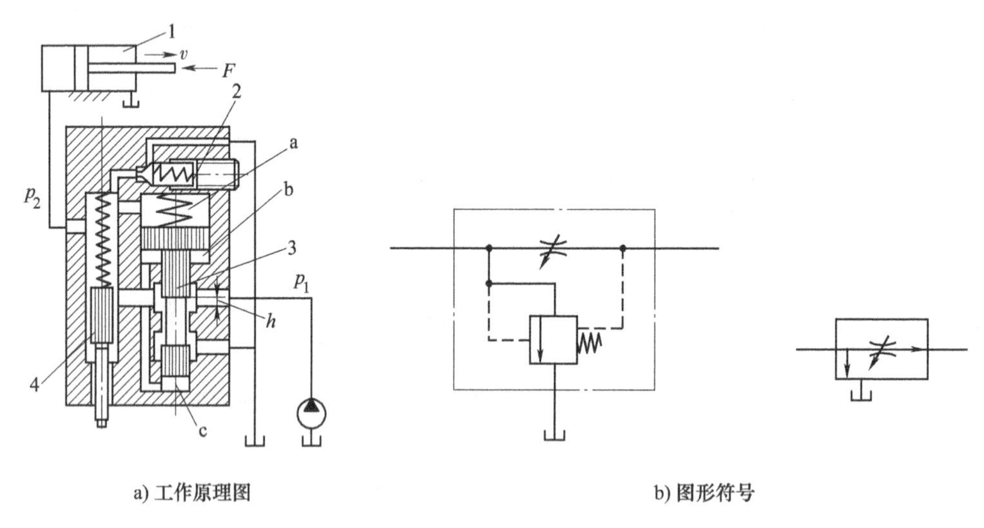

图 2-45　溢流节流阀

1—液压缸　2—安全阀　3—溢流阀阀芯　4—节流阀

溢流节流阀与调速阀虽都具有压力补偿的作用，但其组成调速系统时是有区别的，调速阀无论在执行元件的进油路上还是回油路上，执行元件上负载变化时，泵出口处压力都由溢流阀保持不变，而溢流节流阀是通过 p_1 随 p_2（负载的压力）的变化来使流量基本上保持恒定的。因而溢流节流阀具有功率损耗低，发热量小的优点。但是，溢流节流阀中流过的流量比调速阀大（一般是系统的全部流量），阀芯运动时阻力较大，弹簧较硬，其结果使节流阀前后压差 Δp 加大（需达 0.3~0.5MPa），因此它的稳定性稍差。

2.2.6　其他控制阀

1. 叠加阀

叠加阀是在板式阀集成化基础上发展起来的一种元件。每个叠加阀不仅起到单个阀的功用，还起到油流通道的作用。由叠加阀组成的液压系统，只要将相应的叠加阀叠合在底板与标准板式换向阀之间，用螺栓连接即成，如图 2-46a 所示。

单个叠加阀的工作原理与普通阀相同，所不同的是每个叠加阀都有四个油口 P、A、B、T，它除了具有液压阀的功能外，还具有阀与阀之间油路通道的作用。按液压系统图的一定顺序叠加起来，即组成叠加阀系统，如图 2-46b 所示。

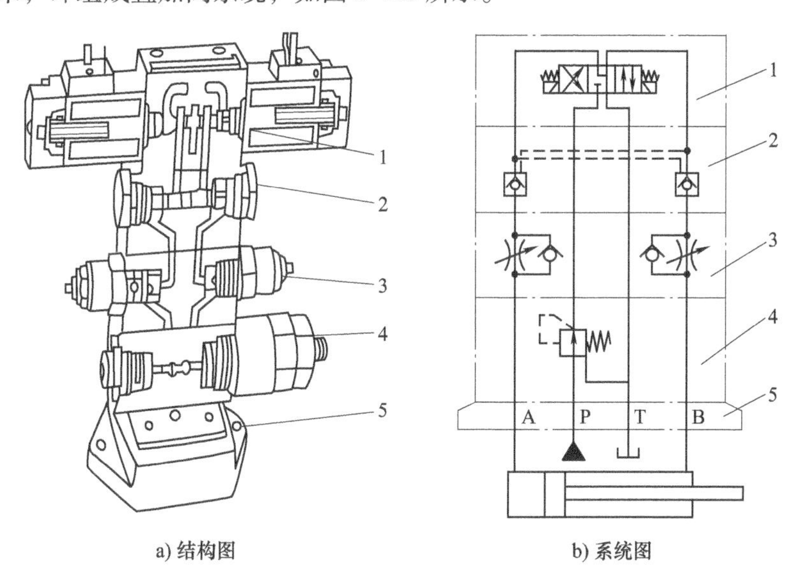

a) 结构图　　b) 系统图

图 2-46　叠加阀

1—换向阀阀块　2—锁定阀阀块　3—单向节流阀阀块　4—减压阀阀块　5—底座

叠加阀的结构有单功能和复合功能。优点是结构紧凑、占地面积小、系统设计制造周期短，系统更改时增减元件方便迅速，配置灵活，工作可靠。缺点是因其结构限制，所能构成的液压回路功能有限，超出叠加阀构成范围的液压系统，还要由板式液压阀组成的集成块完成。

2. 插装阀

插装式锥阀，简称插装阀，因其安装方式而得名，因为它的主要元件均采用插入式的连接方式，并且大部分采用锥面密封切断油路，故又称为逻辑阀。插装阀在高压大流量的液压系统中应用很广。其元件已标准化，将几个插装式元件组合一下便可组成复合阀。与普通液压阀相比，它有如下优点：

1）通流能力大，特别适用于大流量场合，它的最大通径可达 200~250mm，通过的最大流量可达 10000L/min。

2）阀芯动作灵敏、抗堵塞能力强。

3）密封性好，泄漏小，油液流经阀口的压力损失小。

4）结构紧凑、简单，易于实现标准化。特别是在一些大流量及介质为非矿物油的场合，优越性更为突出。

（1）结构与工作原理　插装阀基本组件由控制盖板、阀芯、阀套、弹簧和密封圈组成，如图 2-47 所示。插装主阀采用插装式连接，阀芯为锥形。根据不同的需要，阀芯的锥端可开阻尼孔或节流三角槽，也可以是圆柱形阀芯。

就工作原理而言，插装阀相当于一个液控单向阀。A、B 是分别与两个主油路相连的油腔，C 是控制腔。A_c、A_a、A_b 分别是控制油压 p_c、A 腔油压 p_a 和 B 腔油压 p_b 的有效承压面积，且 $A_c=A_a+A_b$。改变控制油压 p_c 的大小，就可以控制阀的开启。插装阀的接通和切断油路的作用相当于一个液控单向阀。

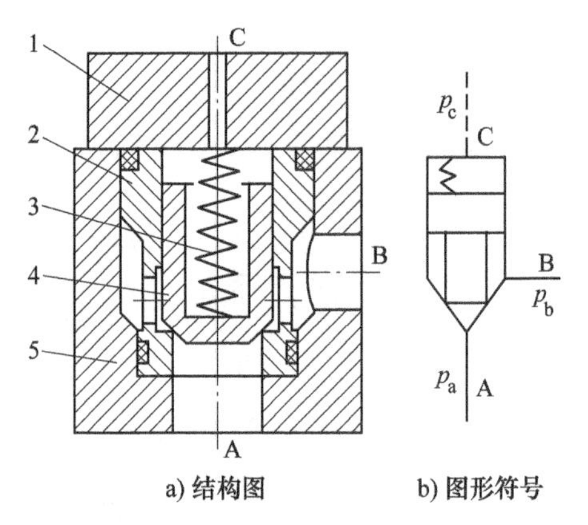

图 2-47 插装阀结构及图形符号

1—控制盖板 2—阀套 3—弹簧 4—阀芯 5—插装阀体

根据其用途不同分为方向阀组件、压力阀组件和流量阀组件三种，三种组件均有两个主油口 A 和 B、一个控制油口 C。

（2）插装式方向阀

1）插装式单向阀。将方向阀组件的控制油口 C 通过阀块和盖板上的通道与油口 A 或 B 直接沟通，可组成单向阀。

图 2-48a 中，C 与 B 连通，当 $p_A<p_B$ 时，锥阀关闭，A 与 B 不通；当 $p_A>p_B$ 时，锥阀开启，油液由 A 流向 B。

图 2-49b 中，C 与 A 连通，当 $p_A>p_B$ 时，锥阀关闭，A 与 B 不通；当 $p_A<p_B$ 时，锥阀开启，油液由 B 流向 A。

图 2-49c 相当于液控单向阀，先导控制油路 K 失压时（图示位置），即为单向阀功能；当先导控制油路 K 有压时，控制油腔 C 失压，可使 B 口反向与 A 口导通。

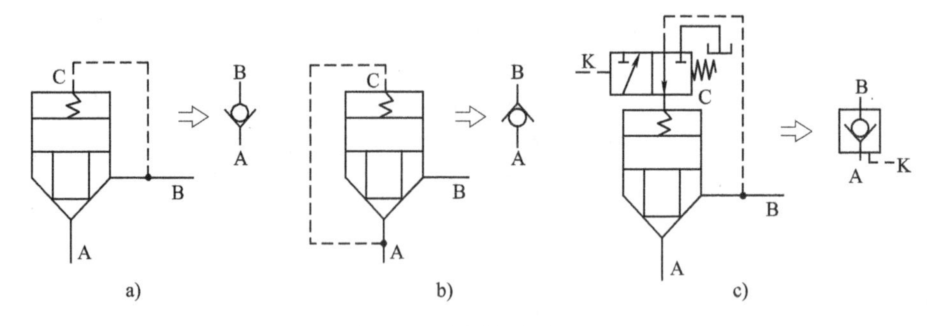

图 2-48 插装阀单向阀

2）插装式二位二通阀。如图 2-49a 所示，由二位三通先导电磁滑阀控制方向阀组件控制腔的通油方式。当电磁铁失电时，锥阀控制腔 C 通过二位三通阀的常位通油箱，此时 $p_C=$

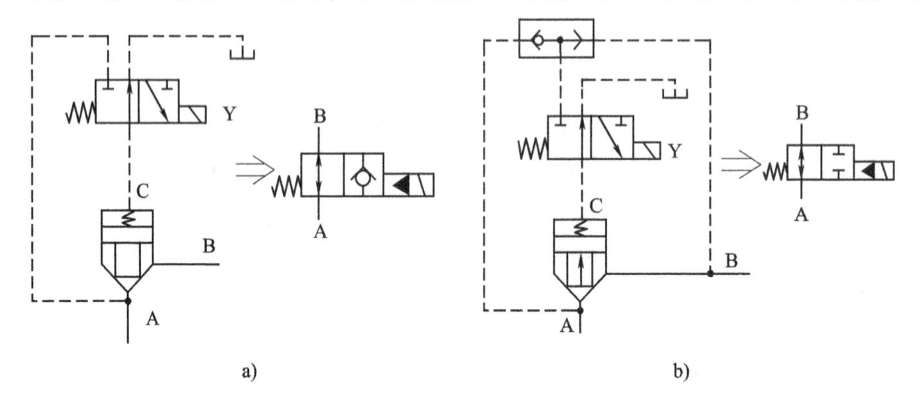

图 2-49 二位二通阀

0，因此，无论A口来油，还是B口来油，均可将阀口开启通油。电磁铁得电，二位三通阀右位工作，控制腔C与油口A接通，从B口来油可顶开阀芯通油，而A口来油则阀口关闭，相当于B→A的单向阀。

图2-49b所示结构为另外一种二位二通阀，在二位三通阀处于右位工作时，因梭阀的作用，控制腔C的压力始终为A、B两油口中压力较高者。因此，无论是A口来油，还是B口来油，阀口均处于关闭状态，油口A与B不通。

3）插装式二位三通阀。三通插装阀由两个方向阀组件并联而成，对外形成一个压力油口P、一个工作油口A和一个回油口T，如图2-50所示。两组件的控制腔C通油方式由一个二位四通电磁滑阀（先导阀）控制。在电磁铁失电时，二位四通阀右位（常位）工作，左侧锥阀的控制腔C接回油箱，阀口开启，此时T→A；右侧锥阀的控制腔C接压力油P，阀口关闭。于是油口A与T通，油口P不通。

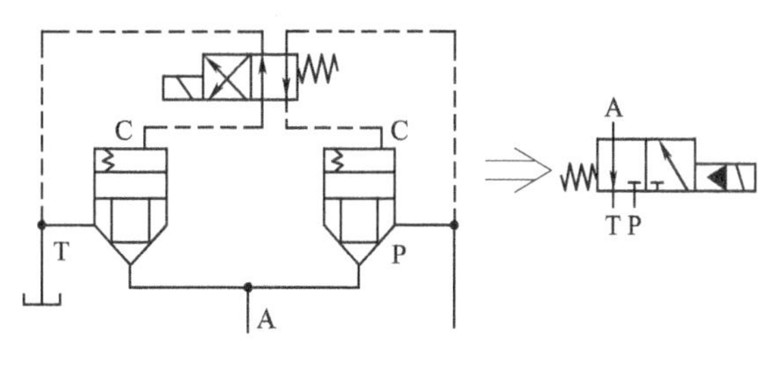

图2-50 二位三通阀

4）插装式二位四通阀。如图2-51a所示，用一个二位四通电磁阀分别控制四个插装阀组件的开启和关闭，就得到四通阀。电磁阀失电时，A→T，P→B；电磁阀得电时，B→T，P→A。

图2-51b所示为四个二位三通电磁阀分别控制四个方向阀组件的开启和关闭，可以得到图示十二种机能。实际应用最多的是一个三位四通电磁阀与控制阀1~4组成的开启和关闭的三位四通阀。

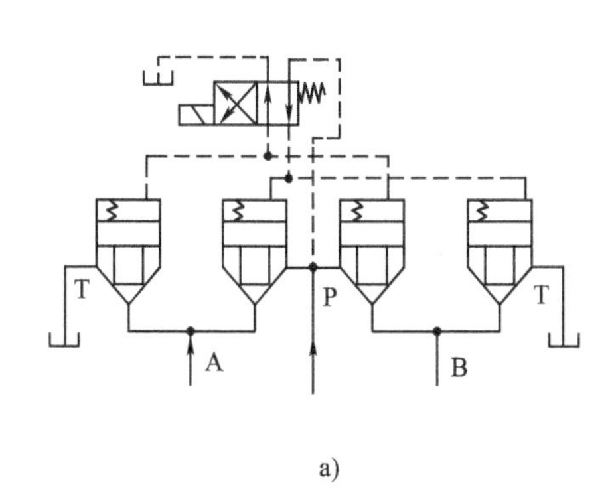

a)

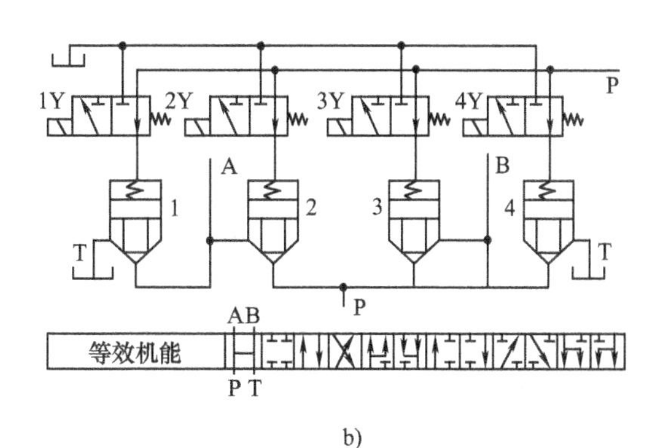

b)

图2-51 四通阀

（3）插装式压力阀 用小型的直动式溢流阀作先导阀来控制插装组件，采用不同的控制油路，就可组成各种用途的压力控制阀。

图2-52a所示为由先导式溢流阀和内设阻尼孔的插装组件组成的溢流阀，其工作原理与普通的先导式溢流阀相同。

图2-52b所示为由外设阻尼孔的插装组件和先导式溢流阀组成的先导式顺序阀。其工作原理与普通的先导式顺序阀相同。

图2-52c所示的插装阀芯是常开的滑阀结构，B口为进油口，A口为出油口，A口压力

经内设阻尼孔与C腔和先导压力阀相通。当A口压力上升达到或超过先导压力阀的调定压力时，先导压力阀开启，在阻尼孔压差作用下，滑阀阀芯上移，关小阀口，控制出口压力为一定值，所以构成了先导式定值减压阀的功能。

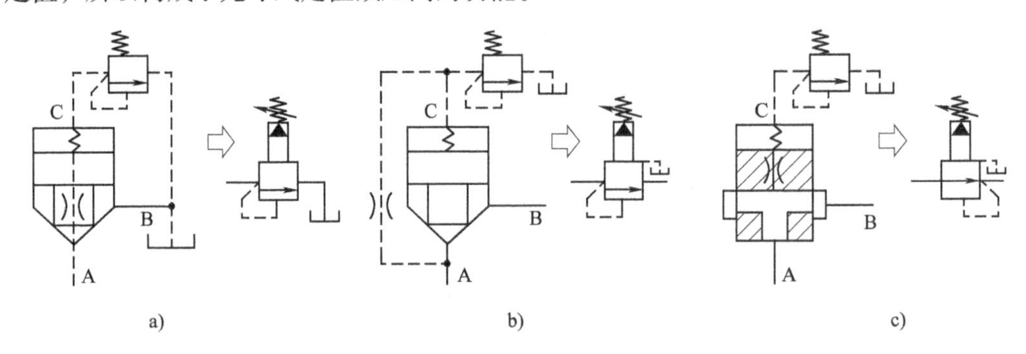

图 2-52 插装阀压力阀

（4）插装式流量阀 作流量控制阀的插装组件在锥阀阀芯的下端带有台肩尾部，其上开有三角形或梯形节流槽。在控制盖板上装有行程调节器（调节螺杆），以调节阀芯行程的大小，即控制节流口的开口大小，从而构成节流阀，如图 2-53a 所示。

将插装式节流阀前串接一插装式定差减压阀，减压阀芯两端分别与节流阀进出口相通，就构成了调速阀，如图 2-53b 所示。和普通调速阀的原理一样，利用减压阀的压力补偿功能来保证节流阀进出口压差基本为定值，使通过节流阀的流量不受负载压力变化的影响。

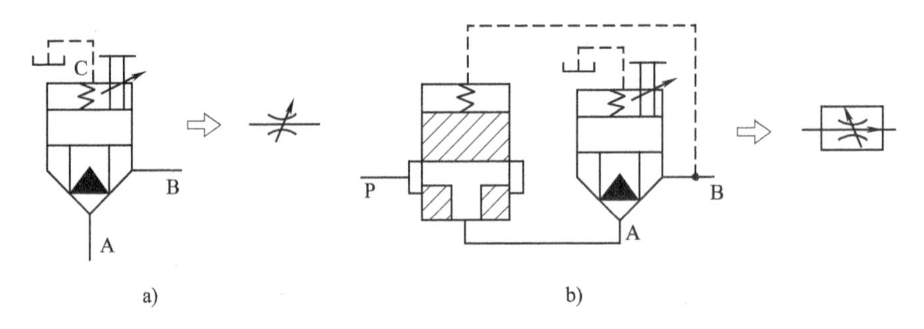

图 2-53 插装阀流量阀

3. 电液伺服阀

喷嘴挡板式电液伺服阀的结构与工作原理如图 2-54 所示，主阀芯两端的容腔可以看成是一个驱动主滑阀的对称液压缸，且由先导级的双喷嘴挡板阀控制。挡板 6 的下部延伸一个反馈弹簧杆 5，通过钢球与主阀芯 8 相连。主阀的位移通过反馈弹簧杆转化为弹性变形力作用在挡板上与电磁力矩相平衡。当线圈 4 中没有电流通过时，力矩液压马达无力矩输出，挡板 6 处于两喷嘴的中间位置。当线圈通入电流后，衔铁 3 因受到电磁力矩的作用偏转的角度为 θ，由于衔铁固定在弹簧管 5 上，此时，弹簧管上的挡板也相应偏转 θ 角，使挡板与两喷嘴间的间隙发生变化，如右侧间隙增加，则左侧喷嘴腔内的压力升高，右腔内的压差降低，主阀芯 8 在此压差的作用下向右移动。

由于挡板的下端为反馈弹簧杆，反馈弹簧杆的下端是球头，球头嵌放在主阀芯 8 的凹槽内，在主阀芯移动的同时，球头通过反馈弹簧杆带动上部的挡板一起向右移动，使右侧喷嘴与挡板间的间隙逐渐减小。当作用在衔铁挡板组件上的电磁力矩与作用在挡板下端因球头移动而产生的反馈弹簧杆变形力矩（反馈力）达到平衡时，滑阀便不再移动，并使其阀口一直保持在这一开度上。该阀通过反馈弹簧杆的变形将主阀芯的位移反馈到衔铁挡板组件上，并与电磁力矩进行比较而构成反馈，故称为力反馈式电液伺服阀。

通过线圈的控制电流越大，使衔铁偏转的转矩、挡板的挠曲变形、滑阀两端的压差以及滑阀的位移量越大，伺服阀输出的流量也就越大。

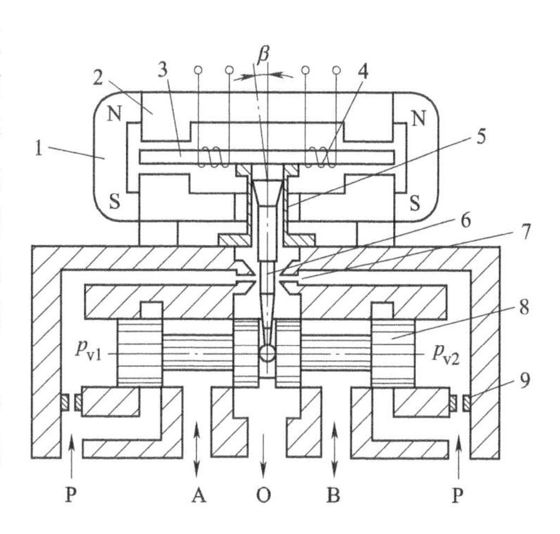

图 2-54 喷嘴挡板式电液伺服阀结构与工作原理图

1—永久磁铁 2—导磁体 3—衔铁 4—线圈 5—弹簧杆 6—挡板 7—喷嘴 8—主阀芯 9—固定节流孔

4. 电液比例阀

电液比例阀是一种性能介于普通液压控制阀和电液伺服阀之间的阀，它既可以根据输入的电信号大小连续地成比例地对液压系统的参量（压力、流量及方向）实现远距离控制、计算机控制，又在制造成本、抗污染等方面优于电液伺服阀。但其控制性能和精度不如电液伺服阀，广泛应用于要求不是很高的液压系统中。

（1）电液比例压力阀 图 2-55 所示为电液比例压力先导阀，它与普通溢流阀、减压阀、顺序阀的主阀组合可构成电液比例溢流阀、电液比例减压阀和电液比例顺序阀。它与普通压力先导阀不同的是通过调节输入电磁铁的电流大小，即可改变电磁吸力，从而改变先导阀的前腔压力，即主阀上腔压力，对主阀的进口或出口压力实现控制。

图 2-56 所示为一种压力直接检测反馈的电液比例溢流阀的结构原理图。

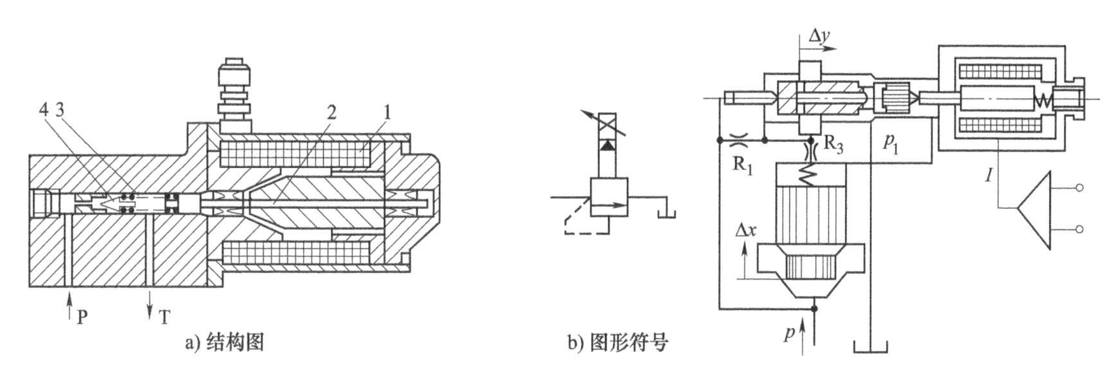

图 2-55 电液比例压力先导阀结构及图形符号

1—比例电磁铁 2—衔铁 3—传力弹簧 4—阀芯

图 2-56 直接检测式比例溢流阀

（2）电液比例流量阀 比例流量控制阀的流量调节作用在于改变节流口的开度。它是用电-机械转换器取代普通节流阀的手调机构，调节节流口的通流面积，使输出流量与输入信号成比例。比例流量阀分为比例节流阀和比例调速阀。直动式比例节流阀应用较少。由于比例方向阀具有节流功能，实际使用中常以两位四通比例方向阀代替比例节流阀。电液比例流量阀是将流量阀的手调部分改换为比例电磁铁而成，如图 2-57 和图 2-58 所示。

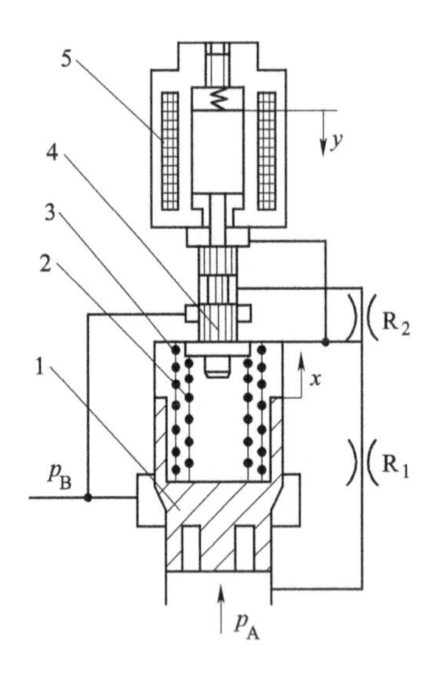

图 2-57 电液比例二通节流阀结构示意图
1—主阀 2、3—传力弹簧
4—可变节流口 5—比例电磁铁

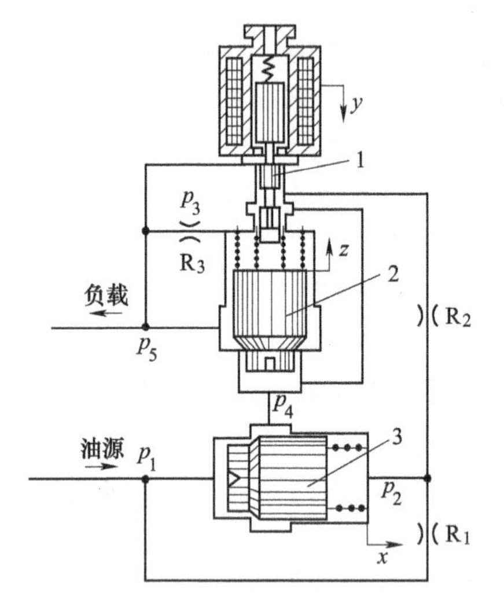

图 2-58 电液比例流量阀工作原理
1—先导阀 2—流量传感器
3—调节器

(3) 电液比例换向阀 电液比例换向阀由前置级（电液比例双向减压阀）和放大级（液动比例双向节流阀）两部分组成，如图 2-59 所示。

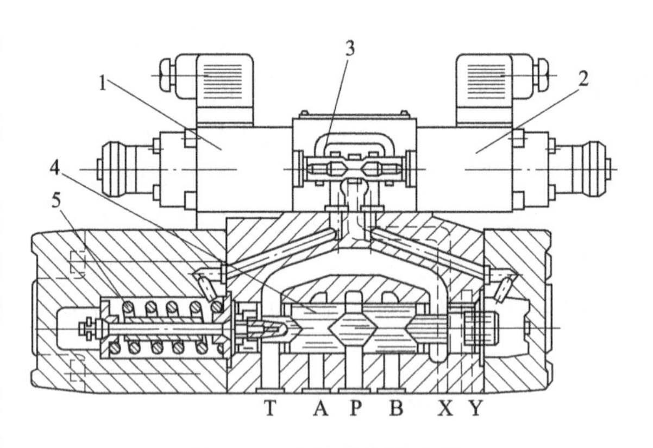

图 2-59 电液比例换向阀
1、2—比例电磁铁 3—减压阀阀芯 4—主阀芯 5—弹簧

前置级由两端比例电磁铁 1、2 分别控制双向减压阀阀芯 3 的位移。如果左端比例电磁铁 1 输入电流 I_1，则产生一电磁吸力 F_{E1}使减压阀阀芯 3 右移，右边阀口开启，供油压力 p 经阀口后减压为 p_C(控制压力)。因 p_C 经油道 3 反馈作用到阀芯右端面（阀芯左端通回油 p_d），形成一个与电磁吸力 F_{E1}方向相反的液压力 F_1，当 $F_1=F_{E1}$时，阀芯停止右移，稳定在一定的位置，减压阀右边阀口开度一定，压力 p_C 保持一个稳定值。显然压力 p_C 与供油压力 p 无关，仅与比例电磁铁的电磁吸力即输入电流大小成比例。同理，当右端比例电磁铁 2 输入电流 I_2 时，减压阀阀芯 3 将左移，经左阀口减压后得到稳定的控制压力。

5. 电液数字阀

用数字信息直接控制阀口的开启和关闭，从而实现液流压力、流量、方向控制的液压控制阀，称为电液数字阀，简称数字阀。

(1) 电液数字阀的工作原理与组成 增量控制数字阀采用步进电动机—机械转换器，通过步进电动机，在脉数（PNM）信号的基础上，使每个采样周期的步数在前一个采样周期步数上增加或减少步数，以达到需要的幅值，由机械转换器输出位移，控制液压阀阀口的开启和关闭。图 2-60 所示为增量式数字阀用于液压系统的框图。

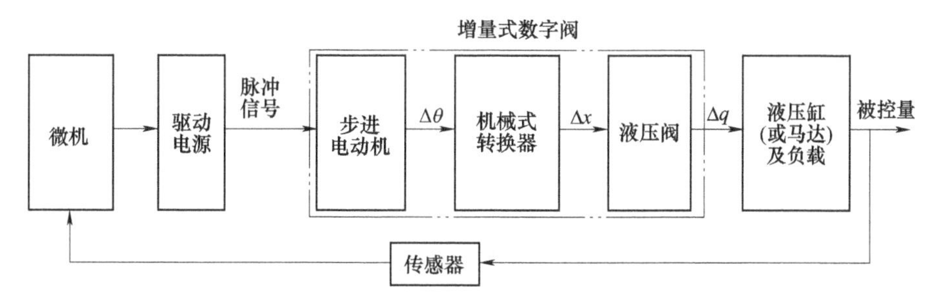

图 2-60 增量式数字阀控制系统框图

脉宽调制式数字阀通过脉宽调制放大器将连续信号调制为脉冲信号并放大，然后输送给高速开关数字阀，以开启时间的长短来控制阀的开口大小，控制系统的框图如图 2-61 所示。

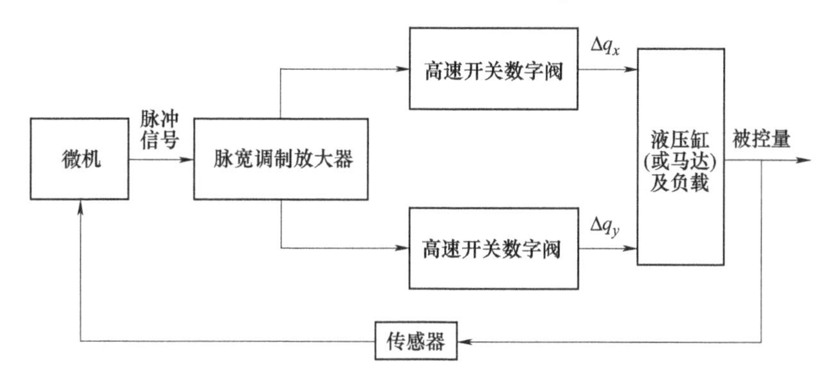

图 2-61 脉宽调制式数字阀控制系统方框图

（2）电液数字阀的典型结构 图 2-62 所示为数字式流量控制阀，当电磁铁不通电时，衔铁在左端弹簧的作用下使锥阀关闭；当电磁铁有脉冲信号通过时，电磁吸力使衔铁带动右端的锥阀开启。

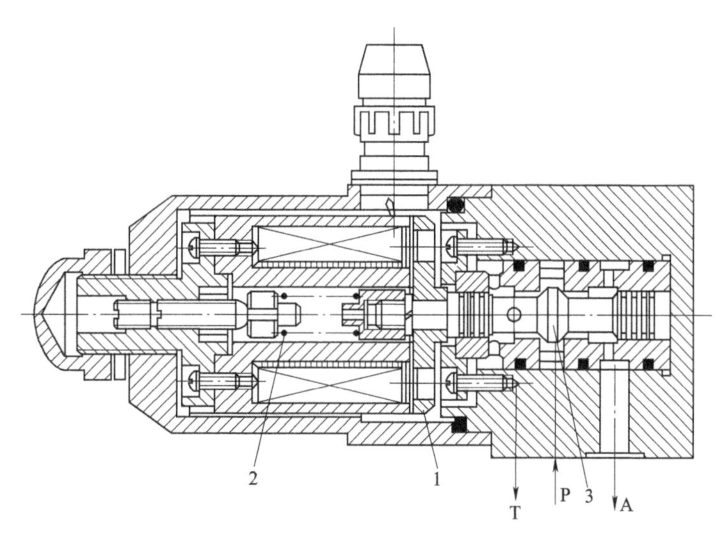

图 2-62 数字式流量控制阀

1—盘式电磁铁 2—弹簧 3—锥阀阀芯

2.3 液压泵

液压泵是液压系统中的动力元件。它在外动力的带动下，依靠密封容积变化来压缩液体，使液体具有压力能。压力油经管路输送到执行元件，使执行元件产生运动与动力。因此，可以认为液压泵是将机械能转化为液压能，向执行元件提供压力油的装置。液压泵功能示意如图 2-63 所示。

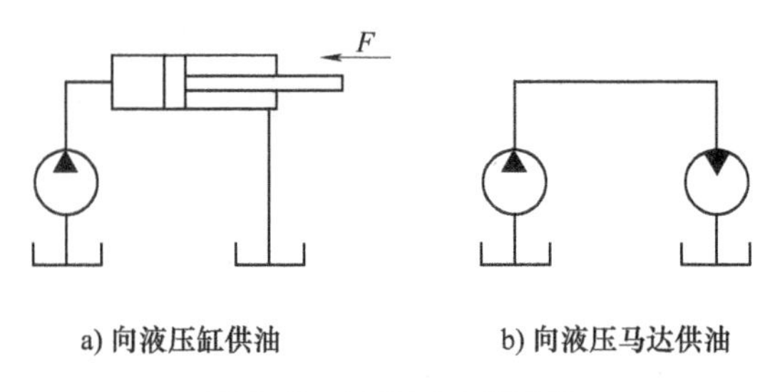

图 2-63 液压泵功能示意

2.3.1 液压泵概述

液压泵的分类方法有多种。按照输出排量是否可调节，分为变量泵和定量泵两种。输出排量可以根据需要来调节的称为变量泵，排量不能调节的称为定量泵。

按照泵的结构来分，可分为齿轮泵、叶片泵和柱塞泵三种。齿轮泵又可分为外啮合齿轮泵、内啮合齿轮泵；叶片泵分为单作用叶片泵、双作用叶片泵和多作用叶片泵；柱塞泵分为轴向柱塞泵和径向柱塞泵。

按照泵的输出压力来分可以分为低压泵、中压泵和高压泵等。压力等级中对低、中、高压力的界定并没有固定的标准，在不同的应用场合有不同的分类要求。

按照泵的输出油液流动方向来分可以分为单向泵和双向泵。单向泵的转动方向是固定的，进、出油口一般不能接反，而双向泵既可以正转，也可以反转。

在液压系统工作原理图中，一般只标明液压泵的图形符号，如图 2-64 所示。

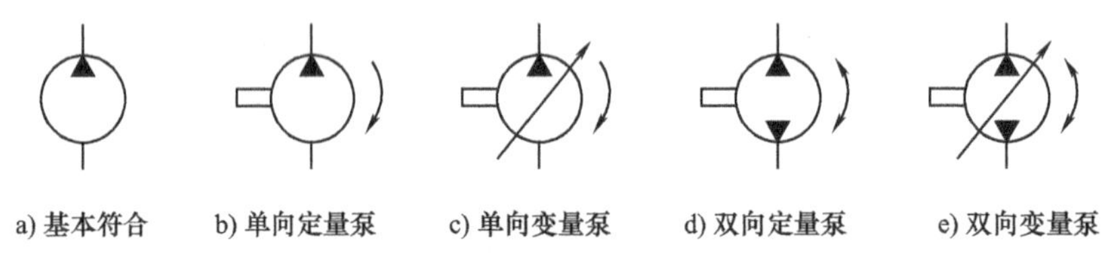

图 2-64 液压泵的图形符号

1. 液压泵的工作原理

以单柱塞泵为例说明液压泵的工作原理。如图 2-65 所示，偏心轮 2 由发动机带动绕 O 点旋转。当偏心轮 2 推动柱塞 3 往左运动时，柱塞 3 和缸体 1 形成的密封容腔增大，此时密封腔内部产生负压，吸油阀 5 打开，油液从油箱进入密闭容腔。而当偏心轮 2 推动柱塞 3 往右运动时，柱塞 3 和缸体 1 形成的密闭容腔减小，油液从密闭容腔中挤出，经排油阀 6 输出。可以看出，在偏心轮

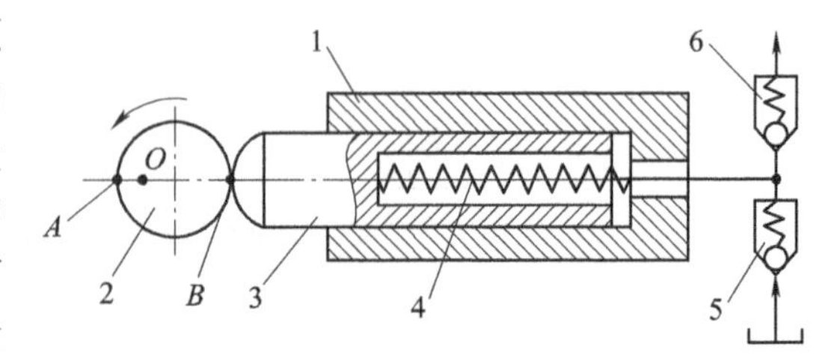

图 2-65 液压泵工作原理示意

1—缸体 2—偏心轮 3—柱塞 4—弹簧 5—吸油阀 6—排油阀

由 B 点所在位置旋转至 A 点所在位置时，弹簧迫使柱塞向左运动，密闭容腔内形成一定的真空度，油箱中的油液在大气压力的作用下进入密闭容腔。偏心轮使柱塞不断地往复运动，密封容积周期性地减小和增大，液压泵就不断吸油和排油。吸油阀5和排油阀6起到分隔进油和排油的作用。

由此可见，液压泵正常工作，需要具备以下条件：

（1）密封容腔 容积式泵必定有一个或若干个周期变化的密封容积。密封容积的变换量以及变化频率决定了液压泵的流量。

（2）容积变化 密封容腔由小变大时形成一定真空度，油液被液面大气压力通过吸油管压入密封容腔。密封容腔由大变小时，油液被挤出，形成高压油。

（3）配流装置 吸油道与压油道分开，才能实现液压泵的吸油和压油。不同形式的液压泵，配流装置在结构形式上有所不同，但所起作用是相同的，并且对液压泵而言是必不可少的。

2. 液压泵的主要性能参数

（1）压力 p 工作压力是指泵的输出压力，其数值决定于外负载。如果负载是串联的，泵的工作压力是这些负载压力之和；如果负载是并联的，则泵的工作压力决定于并联负载中最小的负载压力。

额定压力是指在额定条件下或根据实验结果而推荐的可连续使用的最高压力，它反映了泵的能力（一般为泵铭牌上所标的压力）。在额定压力下运行时，泵有足够的流量输出，并且能保证较高的效率和寿命。

最高压力比额定压力稍高，可看作是泵的能力极限。一般不希望泵长期在最高压力下运行，所以在液压系统中，均设置有溢流阀来限定液压泵输出的最高工作压力。

（2）排量 q 液压泵每转一周或每一行程，其容积变化量称为排量，单位为L/r。排量与液压泵的密闭容腔变化量有关。定量泵在每个周期内的密闭容腔变化量是固定的，所以排量固定；而变量泵可以通过调节密闭容腔的有大小，实现排量的变化。

（3）流量 Q 液压泵在单位时间内排出的液体量，称为流量，单位为L/min。额定转速和额定压力下，泵输出的流量，称为额定流量。

设定液压马达的排量为 q，转速为 n，泄漏量 ΔQ，则流量 $Q=nq+\Delta Q$；容积效率 η_{mv}=理论流量/实际流量$=nq/(nq+\Delta Q)$。可见，排量和容积效率影响液压泵的输出实际流量。液压泵总是存在内泄漏的。

（4）转矩与功率 液压泵的理论输出功率 $N=pQ_T$；输入功率为 $2n\pi M_T$，相当于原动机的输出功率。不考虑损失，根据能量守恒，有

$$pQ_T = 2n\pi M_T \tag{2-19}$$

式中 p——泵的出口压力；

M_T——驱动泵所需要的理论转矩。

将 $Q_T=nq$ 代入式（2-19），消去 n 得理论转矩

$$M_T = pq/2\pi \tag{2-20}$$

液压泵的效率 η 为输出功率与输入功率之比，总效率 η_P 为泵的实际输出功率 pQ 与实际驱动泵所需的功率 $2n\pi M_P$ 之比，即 $\eta_P=pQ/2n\pi M_P$。总功率过低将使能耗增加并因此引起系统发热。

2.3.2 齿轮泵

1. 外啮合齿轮泵

外啮合齿轮泵是应用十分广泛的一种齿轮泵，它的结构如图 2-66 所示，主要由主动齿轮、从动齿轮、传动轴、壳体、端盖等组成。壳体、端盖和两个轮齿之间的齿槽构成的密封空间就是齿轮泵的一个工作容腔。多个密闭容腔就组成了齿轮泵总的工作容腔。两个齿轮的轮轴分别装在两泵盖的轴承孔内，主动齿轮轴伸出泵体，由外动力带动旋转。

（1）齿轮泵的工作原理　齿轮泵是依靠泵体内腔与啮合齿轮间所形成的工作容积变化来完成吸油和压油的。两个齿轮的轮齿、泵体与前后盖组成多个封闭空间，当齿轮转动时，齿轮脱开侧的空间体积由小变大，形成真空，将液体吸入；齿轮啮合侧的空间体积则由大变小，而将液体挤入管路中去。吸油腔与排油腔是靠两个齿轮的啮合线来隔开的。

如图 2-67 所示，齿轮泵工作时，主动轮随外动力装置一起旋转并带动从动轮跟着旋转。当吸油腔一侧的啮合轮齿逐渐分开时，吸油腔的容积增大，压差低，形成负压，油液便进入吸油腔。齿轮转动时，油液被储存在齿槽内从吸油腔分两路沿壳体圆弧面被输送到另一侧的压油腔。液体进入压油腔后，由于两个齿轮的轮齿不断啮合，使油液受挤压而从压油腔被排出。主动齿轮和从动齿轮不停地旋转，齿轮泵就能连续不断地吸油和排油。

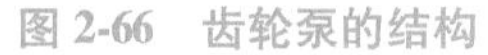

图 2-66　齿轮泵的结构

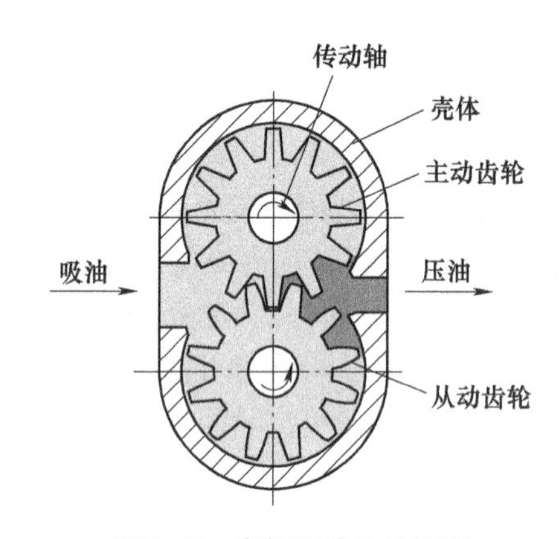

图 2-67　齿轮泵的工作原理

（2）齿轮泵的排量　齿轮泵每转一周把两个齿轮上齿槽中的存油排出。如果液压泵采用标准齿轮，并取齿腔的容积等于齿部的体积，则齿轮每转一周排出的体积可近似等于外径为（$mz+2m$），内径为（$mz-2m$），厚度为 B 的圆环体积，即排量

$$q=\frac{\pi}{4}[(mz+2m)^2-(mz-2m)^2]B=2\pi m^2zB$$

式中　q——排量；

m——模数；

z——齿数；

B——齿轮厚度。

实际上，由于齿腔的体积大于齿部，实际几何排量还要大一些。一般来说，根据经验，取齿轮泵的实际流量为 $Q=6.66m^2zB\eta n$。

（3）齿轮泵的特点　优点是结构简单紧凑、体积小、质量轻、工艺性好、价格便宜、自吸力强、对油液污染不敏感、转速范围大、能耐冲击性负载，维护方便、工作可靠。缺点是径向力不平衡、流动脉动大、噪声大、效率低，零件的互换性差，磨损后不易修复，不能作变量泵用。

（4）齿轮泵的特性　齿轮泵在结构上存在一些缺陷，主要是困油、径向力不平衡、内部泄漏、压力与流量脉动等。

1）困油。齿轮泵的吸、压油腔是由啮合的一对齿轮分隔开来的。为了保证齿轮泵工作平稳，齿轮啮合系数必须大于1，也就是要同时有两对齿轮在啮合，这样一来，就会总有一部分油被困在两对啮合齿轮形成的封闭空间之内，这种现象就是困油。困油对齿轮泵的正常工作产生不良影响。

困油是因为齿轮啮合过程中，有一部分油被围困在啮合封闭腔内，如图2-68所示。在压油区一侧的封闭容积Ⅰ逐步变小，受困油液被挤压，压力超高，就会从缝隙被挤出，产生喷射现象，导致油液发热。而在吸油区一侧的封闭容积Ⅱ逐步变大，产生空穴，导致油液中的空气分离形成汽化现象。这样会造成齿轮泵工作不稳定，影响齿轮泵使用寿命，十分有害。

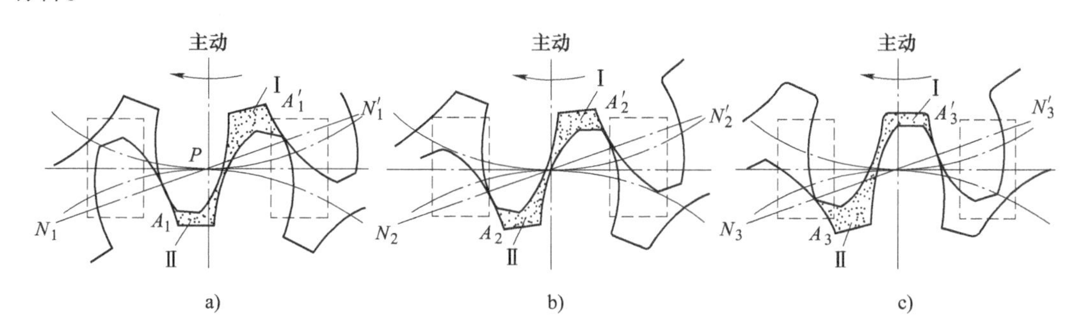

图2-68　齿轮泵的困油现象与卸荷槽

解决困油的措施是在前后盖板或浮动轴套上开卸荷槽，图2-69所示为几种结构的卸荷槽，左侧为低压区，右侧为高压区。多数齿数泵在吸油侧和压油侧分别开设卸荷槽，也有齿轮泵只在压油侧开设卸荷槽。卸荷槽的结构形状有多种形式，有对称结构，也有不对称结构。如果齿轮泵为正反转形式，卸荷槽宜采用对称结构，否则反转时性能会变差。

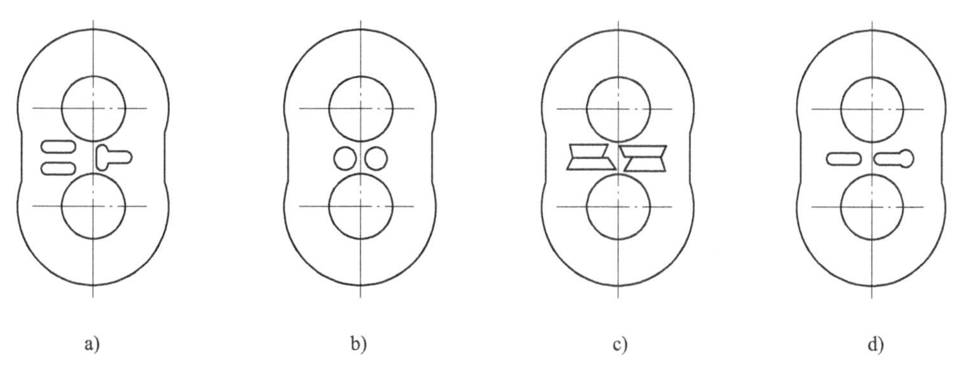

图2-69　齿轮泵的卸荷槽

总地来说，两槽间距为最小闭死容积，而使闭死容积由大变小时与压油腔相通，闭死容积由小变大时与吸油腔相通。根本目的是为了将困油分别引流到吸油腔和压油腔，从而避免受困的液压油产生高压或空穴现象。

2）径向力不平衡。齿轮泵工作过程中，吸油腔和压油腔的油液压力都会作用在齿轮和转轴上，由于压油腔和吸油腔存在压差，并且由于齿顶间隙的存在，沿齿轮外圆周从吸油腔到压油腔的压力是逐渐增高的，这样就造成转轴和轴承受到一个由压油腔往吸油腔方向的径向力作用。另一方面，齿轮在啮合时产生的啮合力也作用在齿轮和转轴上。压力分布如图 2-70 所示，两腔的不均衡压力作用在齿轮和转动轴上，这个不均衡力称为径向不平衡压力。图中 F 为主动齿轮受到的液压力 F_1 与啮合力 F_2 的不平衡力，F' 为被动齿轮受到的液压力 F_1' 与啮合力 F_2' 的不平衡力。显然 F' 大于 F。

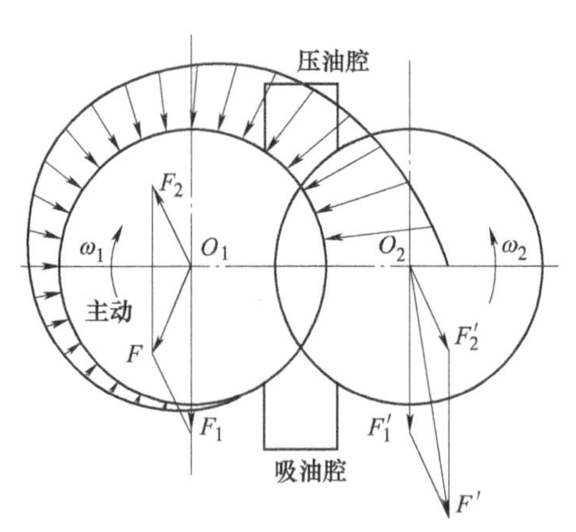

图 2-70 齿轮泵的径向受力

油压越高，不平衡力越大。不平衡力会加速轴承磨损，降低轴承寿命，使转动轴弯曲，加大齿顶与轴孔磨损，也会使齿轮和转轴产生振动。

解决径向不平衡力的通常做法是采用压力平衡槽或缩小压油口，使压力油径向作用在齿轮的面积减小，还可以在吸油区刮削扫膛，通过扩大吸油区包角来平衡径向力。

3）泄漏现象。为了保证齿轮顺利转动，齿顶、齿侧均预留有一定间隙，这些间隙会导致油液从高压腔泄漏到低压腔。

齿轮泵的泄漏较大，外啮合齿轮运转时泄漏途径有以下三点：沿圆周的齿轮顶隙、齿轮两侧的间隙和两齿轮之间的啮合间隙。侧面间隙泄漏量占齿轮泵总泄漏量的 75%~80%，齿顶间隙引起的泄漏量占 15%~20%，两齿轮啮合线漏油量占 4%~5%。

泄漏造成压力和流量的损失，高压液流冲刷零件表面也引起表面的磨损。外啮合齿轮泵由于泄漏的原因，容积效率较低，故不适合用作高压泵。

为了减少泄漏量，一般采用端面间隙补偿，即静压平衡措施，在齿轮和盖板之间增加一个补偿零件，如浮动轴套、浮动侧板等。此外，还有提高制造精度、提高材料强度、采用径向密封块和吸油区刮削扫膛等。

2. 渐开线齿形内啮合齿轮泵

渐开线齿形内啮合齿轮泵带月牙形隔板，将压、吸油腔隔开。如图 2-71 所示，在一对相互啮合的具有渐开线齿形的主动齿轮 1 和从动齿轮 2 之间有月牙板 3，月牙板 3 将吸油腔 4 与压油腔 5 隔开。当主动齿轮按图示方向旋转时，从动齿轮也以相同方向旋转。上半部轮齿脱开啮合处齿间容积逐渐扩大，形成真空，油液在大气压力作用下，进入吸油腔，填满各齿间；在图中下半部轮齿进入啮合处，齿间容积逐渐缩小，油液被挤压出去。图 2-72 所示为渐开线齿形内啮合齿轮泵实物结构示意图。

与外啮合齿轮泵相比，渐开线内啮合齿轮泵的工作平稳。由于吸油区大，流速更低，吸入性更好，所以流量脉冲很小，脉动量不足外啮合齿轮泵的十分之一，困油现象不明显，噪声也小。

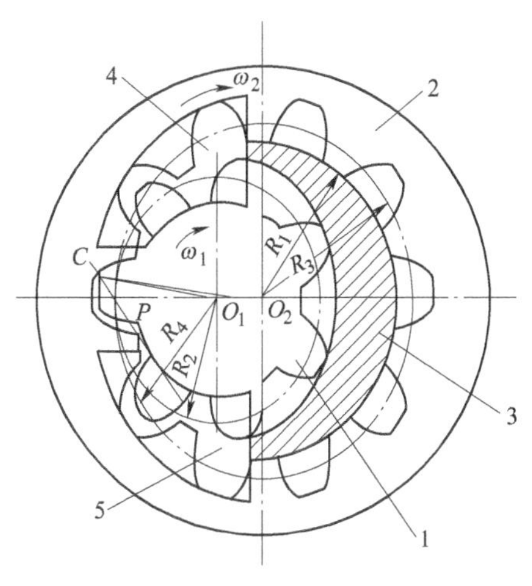

图 2-71　渐开线内啮合齿轮泵

1—主动齿轮　2—从动齿轮　3—月牙板

4—吸油腔　5—压油腔

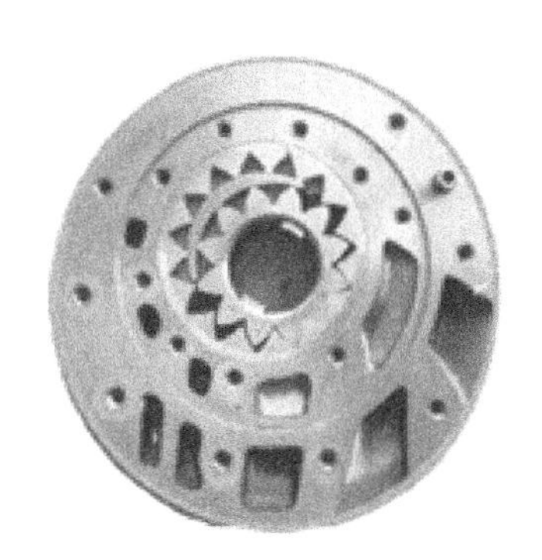

图 2-72　渐开线内齿轮泵实物示意

3. 摆线齿形内啮合齿轮泵

摆线内啮合齿轮泵，又称为摆线转子泵，由小齿轮（内转子）、内齿轮（外转子）、压油腔、吸油腔、泵体和转轴等组成。两个齿轮均为摆线齿轮，小齿轮比内齿轮只少一个齿，如图 2-73 所示。内、外转子啮合时齿槽与齿顶之间形成密闭容腔，密闭工作容腔的数量为外转子的齿数，如图 2-74 所示。

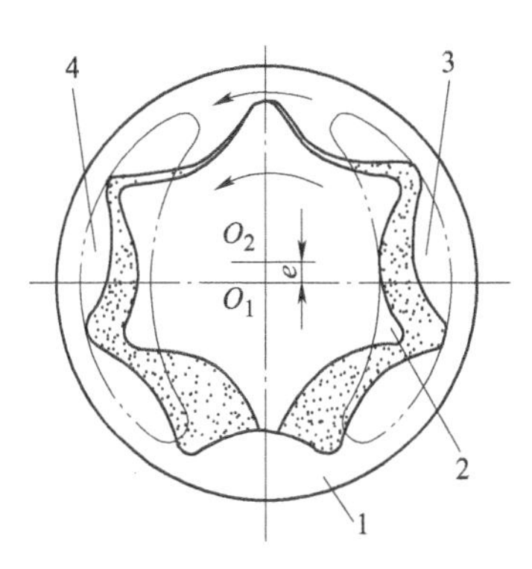

图 2-73　摆线内齿轮泵结构示意

1—外转子　2—内转子　3—压油腔　4—吸油腔

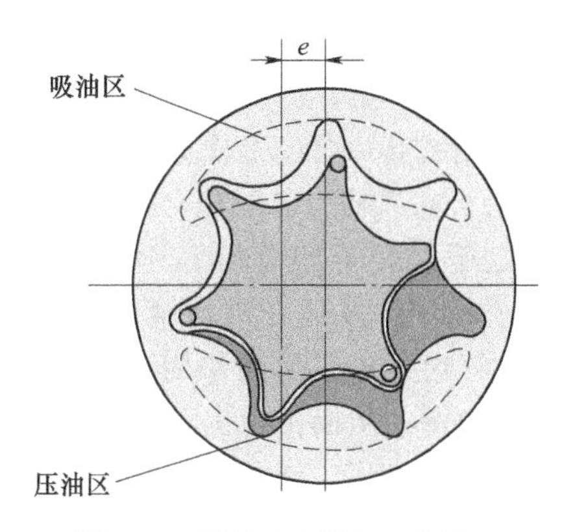

图 2-74　摆线内齿轮泵工作原理

e—偏心距

以图 2-75 所示为例，当内转子带动外转子按顺时针方向旋转时，内、外转子的轮齿与两侧板一起形成若干个密闭工作容腔，左半部轮齿逐渐退出啮合，密闭工作容积逐渐增大，形成局部真空，通过吸油腔从液压油箱里吸油，填满各齿间的油液被带到压油腔，右半部轮齿逐渐进入啮合，密闭工作容积逐渐减小，油液被挤压，从压油腔排出进入液压传动系统中。在一个工作循环内，摆线齿轮泵每一个容积腔的工作过程都经历吸油和压油。

摆线内啮合齿轮泵有许多优点，如结构紧凑、体积小、转速可高达 5000r/min 以上、啮合重叠系数大、运动平稳、自吸能力好；缺点是转子的制造工艺复杂、流量脉动大、高压低

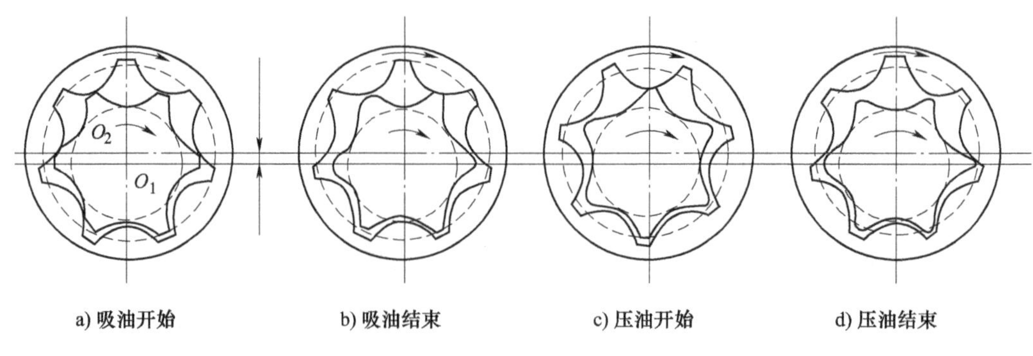

图 2-75 摆线内齿轮泵工作过程

速时容积率较低。所以这种液压泵一般用在低压系统，作为补液压泵、润滑泵、转向泵使用。

2.3.3 叶片泵

叶片泵是通过转子的旋转，使转子槽内的叶片与泵壳组成的密封腔体积发生变化，将吸入的液体由进油侧压向排油侧的工作装置。常见的叶片泵有单作用式叶片泵和双作用式叶片泵两种。

1. 单作用式叶片泵

单作用式叶片泵主要由转子、定子、叶片、配流盘和泵体等结构组成。当转子旋转时，叶片在离心力和压力油的作用下，顶部紧贴在定子内表面上。这样两个叶片与转子和定子内表面所构成的工作容积，先由小到大吸油后再由大到小排油，叶片旋转一周时，完成一次吸油与排油。

（1）单作用式叶片泵的工作原理 如图 2-76 所示，叶片泵的定子具有圆柱形内表面，定子和转子间有偏心距 e，叶片装在转子槽中，并可在槽内滑动，当转子旋转时，由于离心力的作用，叶片紧靠在定子内壁并从槽中甩出顶在内圆表面上，这样在定子、转子、叶片和两侧配流盘之间就形成若干个密封的工作区间。

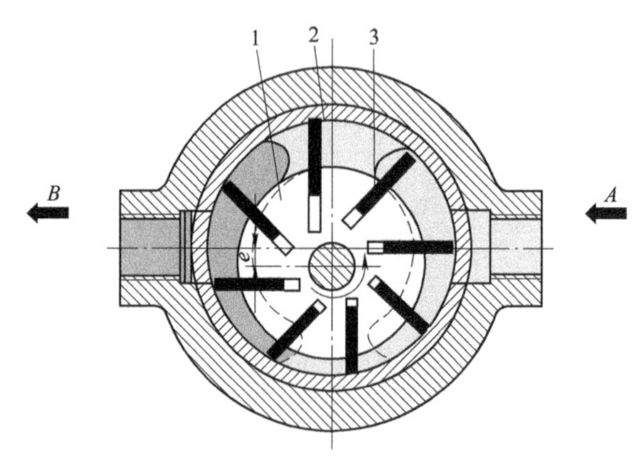

图 2-76 单作用式叶片泵工作原理

1—转子 2—定子 3—叶片 A—吸油 B—压油

当转子按图 2-76 所示的方向回转时，在图的右半部，叶片逐渐伸出，叶片间的工作空间逐渐增大，形成吸油腔。在图的左半部，叶片在定子内壁逐渐压进槽内，工作空间逐渐减小，将油液从压油口压出。在吸油腔和压油腔间有一段封油区，把吸油腔和压油腔隔开，叶片泵转子每转一周，每个工作空间完成一次吸油和压油，故称为单作用式叶片泵。配流盘上有吸油和压油两个配流口，转子及轴承上受到径向不平衡力作用，因此限制了液压泵工作压力的提高。

为了保证叶片顶部压紧定子内圈，在滑槽腔内叶片的根部通有压力油。

（2）排量和流量的计算　当叶片泵的转速为 n，泵的容积效率为 η_v 时，理论流量和实际流量分别为

$$Q_t = Vn = 4\pi ReBn \tag{2-21}$$

$$Q = Q_t\eta_v = 4\pi ReBn\eta_v \tag{2-22}$$

式中　B——叶片宽度；

R——定子内径；

e——偏心距。

（3）结构与应用特点　为了改善叶片泵的运动性能，叶片往后稍倾斜一定角度。转子上受有不平衡径向力，压力增大，不平衡力增大，所以不宜用于高压系统。单作用式叶片泵的流量是有脉动的，理论分析表明，泵内叶片数越多，流量脉动率越小，奇数叶片泵的脉动率比偶数叶片泵的脉动率小，所以单作用式叶片泵的叶片数均为奇数，一般为 13 或 15 片。

（4）排量调节　对于单作用式叶片泵而言，改变定子和转子间的偏心距 e，就能改变泵的输出排量，调节方式有手调和自调两种。

2. 双作用式叶片泵

（1）结构和原理　双作用式叶片泵的工作原理如图 2-77 所示，它是由配流盘 1、转轴 2、转子 3、定子 4、叶片 5 等组成。转子和定子中心重合，定子内表面近似为椭圆柱形，该椭圆形由两段长半径圆弧 R、两段短半径圆弧 r 和四段过渡曲线组成。定子与转子的前、后各安置一个配流盘。

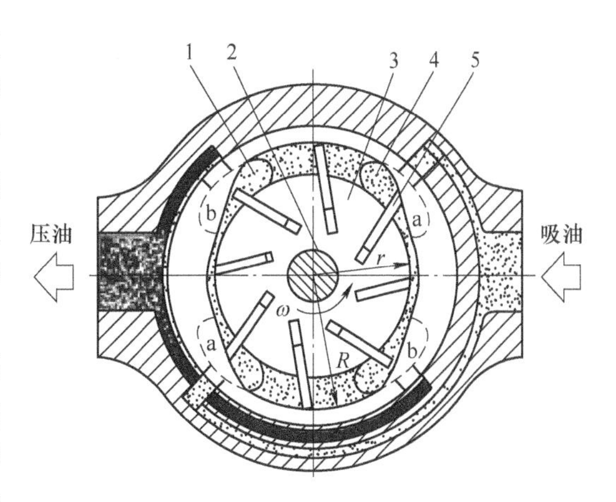

图 2-77　双作用式叶片泵工作原理

1—配流盘　2—转轴　3—转子　4—定子　5—叶片

当转子转动时，叶片在离心力和根部压力油的作用下，在转子槽内向外移动而压向定子内表面，由叶片、定子的内表面、转子的外表面和两侧配流盘间就形成若干个密封空间，当转子按图 2-77 所示方向顺时针方向旋转时，处在小圆弧上的密封空间经过渡曲线而运动到大圆弧的过程中，叶片外伸，密封空间的容积增大，要吸入油液；在从大圆弧经过渡曲线运动到小圆弧的过程中，叶片被定子内壁逐渐压入槽内，密封空间容积变小，将油液从压油口压出。

转子每转一周，每个工作空间要完成两次吸油和压油，所以称为双作用式叶片泵。这种叶片泵由于有两个吸油腔和两个压油腔，并且各自的中心夹角是对称的，作用在转子上的油液压力相互平衡。因此双作用叶片泵又称为卸荷式叶片泵，为了使径向力完全平衡，密封空间数（即叶片数）应当是双数。

（2）排量和流量　双作用式液压泵输出排量不可调整，为定量泵。由于转子在转一周的过程中，每个密封空间完成两次吸油和压油，当定子的大圆弧半径为 R，小圆弧半径为 r，定子宽度为 B，两叶片间的夹角为弧度 $\beta=2\pi/z$ 时，每个密封容积排出的油液体积为半径为 R 和 r、扇形角为 β、厚度为 B 的两扇形体积之差的两倍，在不考虑叶片的厚度和倾角影响

时双作用叶片泵的排量为

$$q_v = 2B(R^2 - r^2) - 2zbs(R - r)/\cos\beta$$

如果考虑不去除叶片的体积，其排量公式为

$$q_v = 2\pi(R^2 - r^2)B \tag{2-23}$$

（3）结构与应用特点

1）叶片沿旋转方向前倾10°~14°，以减小压力角。

2）叶片底部通以压力油，防止压油区叶片内滑。

3）转子上的径向负荷平衡。

4）防止压力跳变，配流盘上开有三角槽（眉毛槽），同时避免困油。

5）双作用泵不能改变排量，只作定量泵用。

6）噪声低，压力脉动小，流量均匀。

7）径向力平衡，轴承受力小，寿命长。

8）对液压油清洁度要求高。

2.3.4 柱塞泵

柱塞泵是依靠柱塞在缸体中往复运动，使密封工作容腔的容积发生变化来实现吸油、压油的。与叶片泵相比，柱塞泵能以最小的尺寸和最小的重量供给最大的动力，是一种高效率的泵，但其制造成本相对较高，适用于高压、大流量、大功率的场合。

柱塞泵具有额定压力高、结构紧凑、效率高和流量调节方便等优点，被广泛应用于高压、大流量和流量需要调节的机械，如液压机、工程机械和船舶。

柱塞泵按柱塞的排列和运动方向不同，可分为径向柱塞泵和轴向柱塞泵；按配流方式不同，可分为阀式配流、轴式配流和端面配流。

轴向柱塞泵的优点是结构紧凑、径向尺寸小，惯性小，容积效率高，输出压力更高，一般用于工程机械、压力机等高压系统中。但其轴向尺寸较大，轴向作用力也较大，结构比较复杂。

1. 斜盘式轴向柱塞泵

斜盘式轴向柱塞泵是靠斜盘推动活塞产生往复运动，进而改变缸体柱塞腔内容积，进行吸油和排油的。它的传动轴中心线和缸体中心线重合，柱塞轴线和主轴平行。

通过改变斜盘的倾角大小或倾角方向，就可改变液压泵的排量或改变吸油和压油的方向，成为双向变量泵。

（1）结构与原理　如图2-78所示，斜盘式轴向柱塞泵主要由斜盘3、滑靴板4、滑靴6、柱塞8、缸体9、配流盘10和转轴11等组成，斜盘3与缸体转轴11倾斜一定角度γ。缸体9随转轴11一起转动，柱塞8的头部通过滑靴6紧压在滑靴板4上并相对滑靴板做圆周滑动。滑靴板、配流盘和斜盘固定不转。由于斜盘3与缸体之间存在倾斜角度γ，迫使柱塞8在缸体孔内往复运动，并通过配流盘10的配流窗口进行吸油和压油。

如图2-79所示，转轴5带动缸体3旋转，由于斜盘1固定不动，柱塞2头部通过滑靴紧压在斜盘面上，当缸体3旋转时，柱塞2一方面随缸体3旋转，另一方面在缸体孔内做往复运动。如果缸体做顺时针方向旋转，在缸体3带动柱塞2从下往上旋转过程中，向外伸出，柱塞孔内密闭容积由小变大，形成局部真空，油箱中的油液被吸入密闭容腔，这就是吸油过

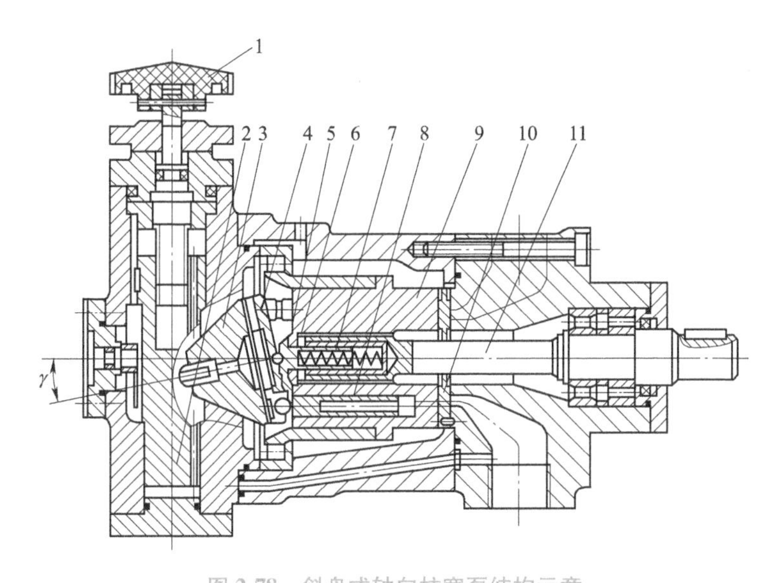

图 2-78　斜盘式轴向柱塞泵结构示意

1—调节手轮　2—变量柱塞　3—斜盘　4—滑靴板　5—球形衬套　6—滑靴
7—中心弹簧　8—柱塞　9—缸体　10—配流盘　11—转轴

程。当缸体 3 带动柱塞 2 从最上方位置向下转动时，柱塞 2 被斜盘 1 压入柱塞孔，柱塞孔内密闭容积减小，孔内油液被挤出，这就是压油过程。缸体每旋转一周，每个柱塞密闭容腔都完成一次吸油和压油的过程。图中 a、b 为配油窗口。

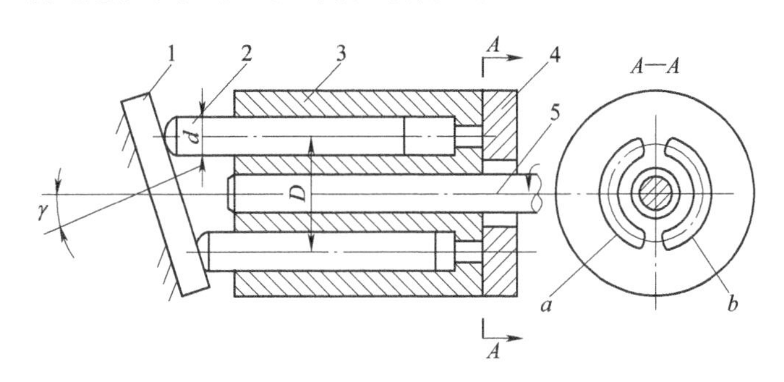

图 2-79　斜盘式轴向柱塞泵工作原理

1—斜盘　2—柱塞　3—缸体　4—配流盘　5—转轴

如果改变斜盘倾角 γ 就能改变柱塞行程长度，即改变液压泵的排量。改变斜盘倾角方向，就能改变吸油和压油的方向，成为双向变量泵。

（2）排量　柱塞泵的理论排量为

$$q = (\pi d^2/4)sz = (\pi d^2/4)Dz\tan\gamma \tag{2-24}$$

式中　d——柱塞直径；

s——柱塞行程；

D——柱塞孔所在圆中心的直径；

z——柱塞数量；

γ——斜盘倾角。

（3）性能与特点

1）斜盘与转轴成一角度，使得柱塞沿着斜盘做圆周运动的同时，做轴向伸缩运动，周而复始地改变密封容腔的变化，实现吸油和压油。

2）泵的排量可调，改变斜盘角度，就可以调节柱塞在缸体孔内直线运动的行程，从而改变泵的排量。

3）运动件之间配合精度高，柱塞与缸体孔之间的配合间隙很小，使得容积腔内的油液能够产生很高的压力。

4）为了减小压力和流量脉动，柱塞一般为奇数，常为 7 或 9。

2. 斜轴式轴向柱塞泵

斜轴式轴向柱塞泵的传动轴与缸体轴线倾斜了一个角度 γ，故称为斜轴式泵。它也是变量泵，设置有变量机构对排量进行调节。

（1）结构与原理　斜轴式轴向柱塞泵主要由传动轴 4、连杆 5、柱塞 7、缸体中心轴 6、缸体 14、配流盘 13 和泵体等结构组成，如图 2-80 所示。

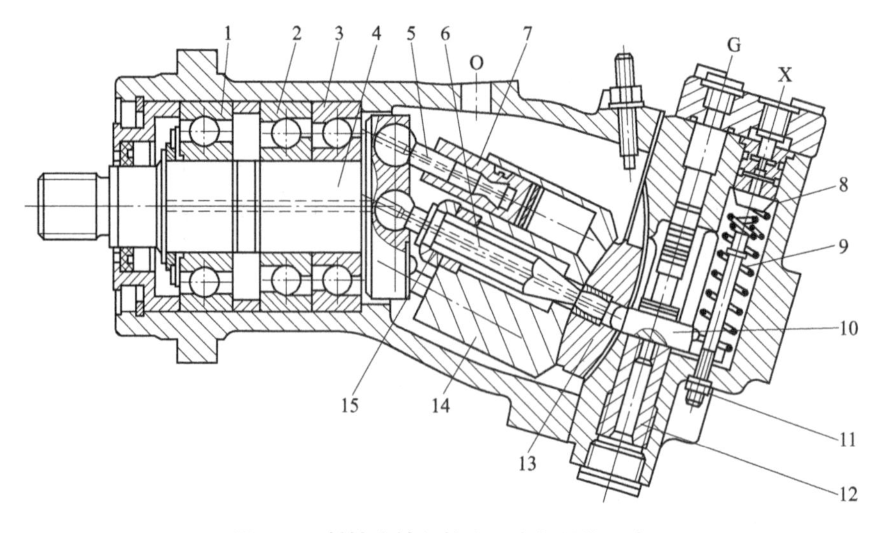

图 2-80　斜轴式轴向柱塞泵内部结构示意

1～3—轴承　4—传动轴　5—连杆　6—缸体中心轴　7—柱塞　8—后盖　9—弹簧　10—拔销　11—调整螺钉　12—变量柱塞　13—配流盘　14—缸体　15—碟形弹簧　G—同步外控油口　O—泄油口　X—外控油口

连杆 5 两端为球头，一端铰接于柱塞 7 上，另一端与法兰式传动轴 4 形成球铰，它既是连接件又是传动件，利用连杆的锥体部分与柱塞内的接触带动缸体旋转。

配流盘固定不动，中心轴起支承缸体的作用。轴向柱塞泵也有恒压变量和恒功率变量两种方式。对于恒压变量泵，通过调整弹簧 9 的预紧力就能改变恒压变量。它可以使泵的流量自动地与需要的流量相适应，能最大限度地节约能量。

如图 2-81 所示，当传动轴 1 沿图示方向旋转时，连杆 2 就带动柱塞 3 连同缸体 4 一起转动，柱塞同时也在孔内做直线往复运动，使柱塞孔底部的密封腔容积不断发生增大和缩小的周期性变化，再通过配流盘 5 上的窗口 a 和 b 实现吸油和压油。改变角度 γ 可以改变泵的排量。

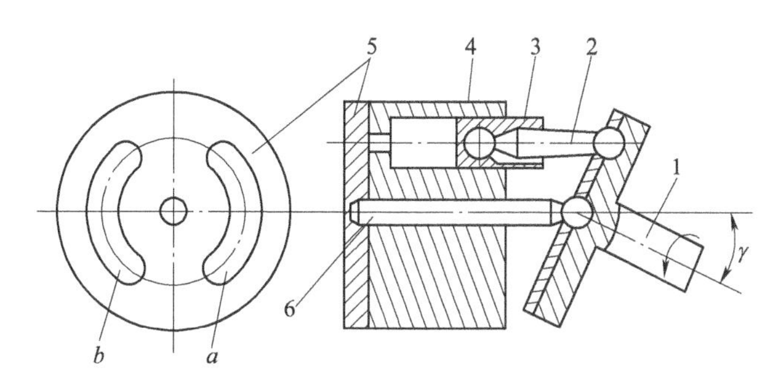

图 2-81 斜轴式柱塞泵工作原理

1—传动轴 2—连杆 3—柱塞 4—缸体 5—配流盘 6—中心轴

与斜盘式柱塞泵不同，斜轴式柱塞泵的回转缸体与泵轴不直接发生转矩传递关系，而是通过连杆接触柱塞推动回转缸体克服摩擦阻力旋转。配流盘的结构与斜盘式柱塞泵的配流盘相似，有弧形进、出油口，但配流盘与缸体配流端面是球面，背面也是球面，使得滑动时有很好的密封和减阻作用。

斜轴式泵与斜盘式泵相比，其转速较高，自吸性能好，结构强度较高，允许的倾角 γ 较大，变量范围较大。一般斜盘式泵的最大斜盘角度为20°左右，而斜轴式泵的最大倾角可达40°。但斜轴式泵体积较大，结构更为复杂。

轴向柱塞泵由于柱塞和柱塞孔都是圆形零件，加工时可以达到很高的精度配合，因此具有容积效率高、运转平稳、流量均匀性好、噪声低、工作压力高等优点，但对液压油的污染较敏感，结构较复杂，造价较高。

（2）性能与特点　斜轴式柱塞泵的传动轴线与缸体的轴线相交为一个夹角。柱塞通过连杆与主轴盘铰接，并由连杆的强制作用使柱塞产生往复运动，从而使柱塞腔的密封容积变化而输出液压油。这种柱塞泵变量范围大，且泵的强度大；运动件之间配合精度高，输出压力高，缸体受径向不平衡力小，应用比斜盘式柱塞泵广，但结构较复杂，外形尺寸和重量都较大。

3. 曲轴式径向柱塞泵

柱塞沿泵轴径向并排布置的柱塞泵称为曲轴式径向柱塞泵，如图2-82所示。泵体3和柱塞2构成一个密封容积，偏心轮（或曲轴）1由原动机带动旋转，当偏心轮由图示位置向下转半周时，柱塞在弹簧6的作用下向下移动，密封容积逐渐增大，形成局部真空，油箱内的油液在大气压作用下，顶开吸油阀4进入密封腔中，实现吸油；当偏心轮继续再转半周时，它推动柱塞向上移动，密封容积逐渐减小，油液受柱塞挤压而产生压力，使吸油阀4关闭，油液顶开压油阀5而输入系统，这就是压油。液压泵的供油压力为 p，供油流量为 Q。偏心轮（或曲轴）连续转动，柱塞泵便交替吸油和

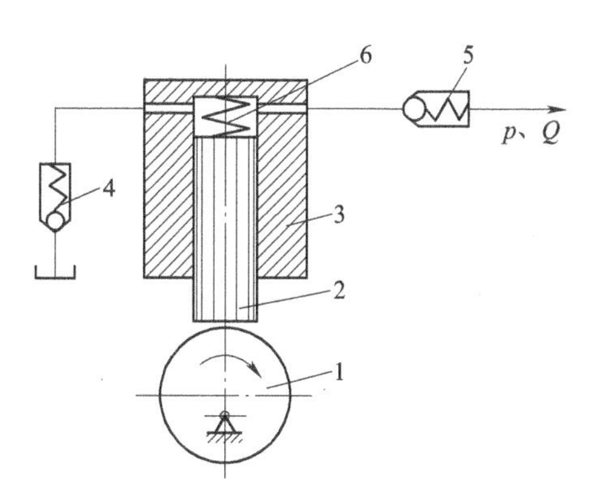

图 2-82 曲轴式径向柱塞泵工作原理

1—偏心轮 2—柱塞 3—泵体 4—吸油阀 5—压油阀 6—弹簧

压油。

4. 回转式径向柱塞泵

（1）结构与原理　柱塞沿泵轴径向在缸体内呈辐射状布置的柱塞泵称为回转式径向柱塞泵，如图 2-83 所示。径向柱塞泵主要由定子 1、配流轴 2、转子 3、柱塞 4 和衬套等组成。

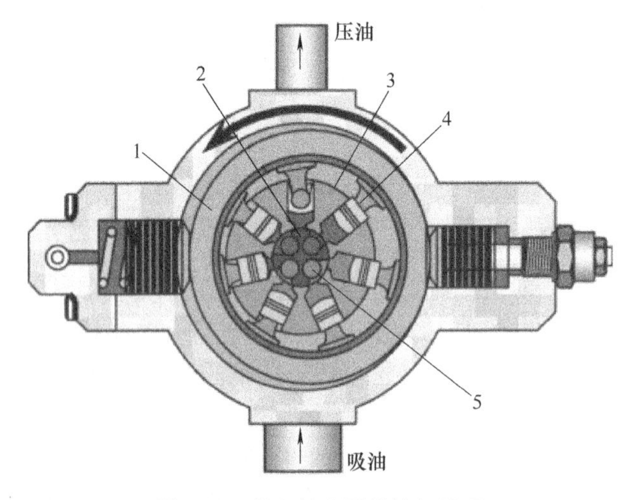

图 2-83　径向柱塞泵结构与原理

1—定子　2—配流轴　3—转子　4—柱塞　5—轴向孔

转子 3 上均匀地分布着几个径向排列的孔，柱塞 4 可在孔中自由地滑动。配流轴 2 把衬套的内孔分隔为上下两个分油室，这两个分油室分别通过配流轴 2 上的轴向孔与泵的吸、压油口相通。定子 1 与转子 3 偏心安装。当转子 3 按图示方向逆时针方向旋转时，柱塞 4 在下半周时逐渐向外伸出，柱塞孔的容积增大形成局部真空，油箱中的油液经过配流轴 2 上的吸油口和油室进入柱塞孔，这就是吸油过程。当柱塞 4 运动到上半周时，定子 1 将柱塞 4 压入柱塞孔中，柱塞孔的密封容积变小，孔内的油液通过油室和排油口压入系统，这就是压油过程。转子 3 每转一周，每个柱塞各吸、压油一次。

如图 2-84 所示，径向柱塞泵的输出流量由定子与转子间的偏心距决定。若偏心距为可调的，就成为变量泵。若偏心距的方向改变后，进油口和压油口也随之互相变换，则变成双向变量泵。吸油区和压油区的分界线位于定子中心与转子中心连线上。容腔由小变大的区域为吸油区，容腔由大变小的区域为压油区。

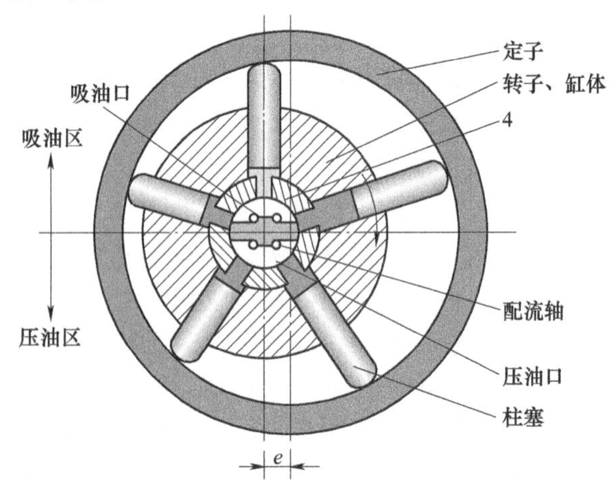

图 2-84　径向柱塞泵变量调节

（2）性能与特点

1）改变转子与定子之间的偏心距，就可以改变泵的排量。

2）偏心距数值可正、可负，故吸油口与排口油可调换，可做成双向变量泵。

3）外形尺寸大，结构复杂，自吸能力差。

4）配流轴受径向不平衡力作用，容易磨损，限制了转速和压力的提高。

5）噪声低，工作压力高，但柱塞泵对液压油的污染较敏感，造价较高。

6）径向柱塞泵应用不多，逐渐被轴向柱塞泵所代替。

2.4 液压马达

液压马达是将液压能转换为机械能，输出旋转运动与转矩的执行元件。从原理上讲，液压马达与液压泵是可逆的，但实际上由于功用不同，因而在结构上还是有些差别的，所以在一般情况下，液压泵和液压马达是不能互换使用的。

按结构来分，与液压泵一样，液压马达也主要分为齿轮液压马达、叶片液压马达和柱塞液压马达三大类。按油液流向和排量变化来分，液压马达可以分为单向液压马达、双向液压马达、定量液压马达和变量液压马达。按配流方式分，有轴配流液压马达、端面配流液压马达和阀配流液压马达。按转速来分，可以分为低速液压马达、中速液压马达和高速液压马达。液压马达图形符号如图 2-85 所示。

a) 基本符号　b) 单向定量液压马达　c) 单向变量液压马达　d) 双向定量液压马达　e) 双向变量液压马达

图 2-85　液压马达图形符号

2.4.1 液压马达的主要性能参数

跟液压泵一样，液压马达用压力、转速、排量、流量、功率等表示其性能。

只有进油与出油存在压差，并且压差大于某一特定值时，液压马达才能被压力油驱动旋转起来，输出动力与转矩。

在同等压力条件下，转速随液压马达排量减小而增加，到最小排量（不一定是零排量）与全排量之间的某一排量时达到极限值不再增加。在小排量最高转速下，液压马达的旋转组件惯性力附加载荷极大，可能使液压马达转动副形成极限润滑状态而加剧磨损。

液压马达每转一转，由其密封容积几何尺寸变化计算而得的输入液体的体积，称为排量。它只与液压马达内部结构有关，与转速无关。

2.4.2 齿轮液压马达

1. 外啮合齿轮液压马达

外啮合齿轮液压马达的结构与外啮合齿轮泵在结构上基本相同，也主要由一对啮合的齿轮、转轴、壳体、轴套等结构组成，如图 2-86 所示。齿轮液压马达在结构上为了适应正反转要求，进出油口、卸荷槽、轴套密封区等具有对称性，有单独外泄油口，将轴承部分的泄漏油引出壳体外。为了减少转矩脉动，齿轮液压马达的齿数比泵的齿数要多。由于密封性差、容积效率较低，齿轮液压马达输入油压不能过高，也不能产生较大转矩。

对于齿轮液压马达而言，输入压力油，泵壳内相互啮合的两个齿轮就转动起来，压力油产生压差后从出油口流出。

如图 2-87 所示，当高压油从左侧进入齿轮液压马达的进油腔之后，由于齿轮啮合点半径小于齿顶圆半径，因而在齿轮 A、B 的 1 号齿齿面上，便产生如箭头所示的不平衡的液压力。该液压力就相对于轴线 O_1 和 O_2 产生转矩。在该转矩的作用下，齿轮液压马达就按图示箭头方向旋转，带动外负载做功。

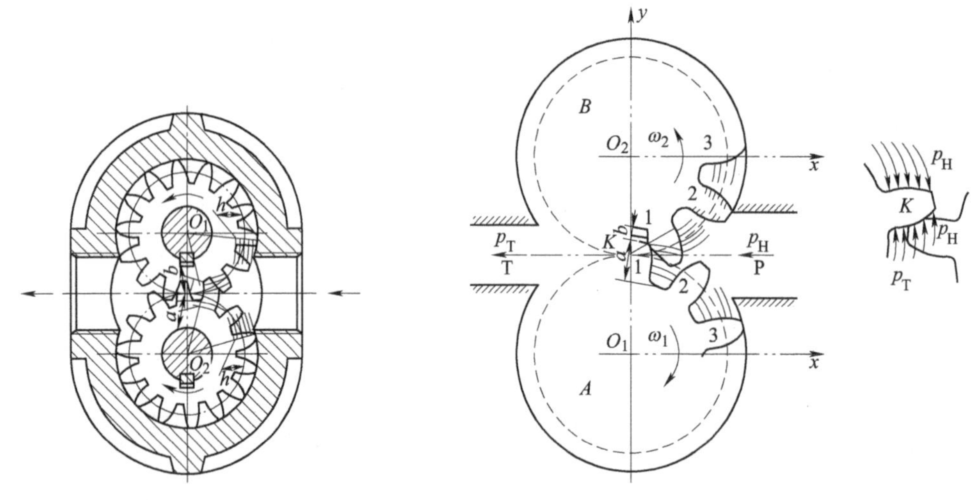

图 2-86　齿轮液压马达结构示意　　图 2-87　齿轮液压马达工作原理

随着啮合齿的不断变化，进油腔的容积不断增加，高压油便不断进入，同时又被不断地输送到回油腔并排出。这就是齿轮液压马达按容积变化进行工作的原理。

在齿轮液压马达的排量一定时，液压马达的输出转速只与输入流量有关，而输出转矩随外负载而变化。随着齿轮的旋转，齿轮啮合点在不断变化的，这就是即使输入的瞬时流量一定时，也造成齿轮液压马达输出转速和输出转矩产生脉动的原因。所以齿轮液压马达的低速性能并不好。

具体而言，设齿轮液压马达的齿轮 A 的 1 号齿与齿轮 B 的 1 号齿在 K 点啮合。K 点到齿轮 A 根部的间距为 a，到齿轮 B 根部的间距为 b，从进油口 P 供入高压油液压力为 p_{H}。齿轮 A 的 2 号齿在高压油液内，两侧周向液压力平衡，1 号齿在高压油液中的浸距为 a，而齿轮 A 的 3 号齿在高压液内浸距为齿高 h，故产生顺时针方向转矩 $T_1=p_{\mathrm{H}}B(h-a)R_1$。同样，齿轮 2 产生的逆时针方向转矩 $T_2=p_{\mathrm{H}}B(h-b)R_2$。在上述转矩作用下，齿轮 1 顺时针方向转动，齿轮 2 逆时针方向转动，高压侧的轮齿逐渐脱离啮合，密封容积变大，高压油液不断进入；低压侧的轮齿逐渐进入啮合，密封容积变小，低压油液不断被排出，齿轮液压马达做连续回转运动。

2. 内啮合摆线齿轮液压马达

内啮合齿轮摆线液压马达简称为摆线液压马达。摆线液压马达与摆线转子泵的主要区别是前者的内齿轮固定不动，并且一般是将输出轴与配流阀做成一体。

图 2-88 所示为配流轴式摆线液压马达，具有 z_1 个齿的摆线转子 14 与具有 z_2 个圆弧齿形

的定子13相啮合，形成z_2个密闭容积。配流轴（输出轴）7上的横槽a、b与进油口相通，配流轴表面均布有两组纵向油槽$2z_1$条，一组（z_1条）与a相通，另一组（z_1条）与b相通。壳体6中有z_2个孔c，这些孔经辅助配流板10的相应z_2个孔d分别与定子的齿底相通，即分别与z_2个密封容积相通。转子在压力油的作用下，密封腔容积变大的部分通过配流轴通以高压油，使液压马达转子旋转，再通过花键联轴器8将自转传递给输出轴。而另一些容积变小的密封腔通过配流机构排出低压油。如此循环，液压马达连续工作，输出转矩和转速。改变液压马达的进出油方向，则液压马达输出轴的旋转方向也改变。

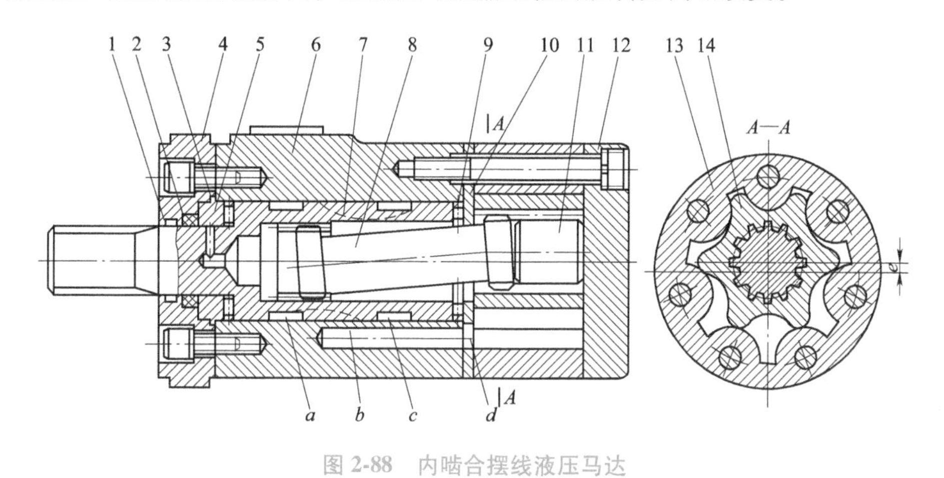

图2-88 内啮合摆线液压马达

1~3—密封 4—前盖 5、9—止推轴承 6—壳体 7—配流轴 8—花键联轴器 10—配流盘 11—限制块 12—后盖 13—内齿轮定子 14—摆线齿轮转子 a、b—横槽 c、d—孔

这种液压马达由于配流轴兼作输出轴，故结构简单、外形尺寸小、重量轻、输出转速和转矩的适应范围宽，效率通常比渐开线齿轮液压马达高。但输出轴在工作中难免要承受径向力，径向力使配流部分与壳体配合面偏心和磨损，将使容积效率下降，传动误差也会影响配流精度。

摆线液压马达通常采用6-7或8-9齿啮合。此处以转子齿数$z_1=6$，定子齿数$z_2=7$为例来说明其配流原理。如图2-89所示，两个相互啮合的齿轮形成7个密闭容腔。转子在压力油作用下，在绕自身轴线O_1自转的同时，转子中心O_1还绕定子中心O_2做高速反向公转。当转子公转即转子沿定子滚动时，其吸、压油腔不断改变，但始终以连心线O_1O_2为界，一侧的齿间容积增大即为吸油腔，另一侧的齿间容积缩小即为排油腔。转子公转一周，反向自转一个齿，也就是转子公转6周时才自转1周，此时齿间容积完成一次进、回油循环。转子的自转运动通过花键联轴器（图中未画出）传递给输出轴，随连心线O_1O_2的旋转而同步旋转。

当转子逆时针方向自转1/6周，即自转一个齿时，高压腔按顺时针方向旋转一周，7个齿间油腔分别完成一次进油和一次排油。此时，高压腔按（5、6、7）→(6、7、1）→(7、1、2）→(1、2、3）→(2、3、4)→(3、4、5)→(4、5、6)→(5、6、7）的顺序依次循环下去。转子自转一周时，7个齿间油腔分别进油、排油6次。

摆线液压马达输出转矩大，结构紧凑，质量轻，额定压力一般为10~12MPa，适合应用在低速大转矩的场合，在汽车和工程机械上主要用于转向机构。

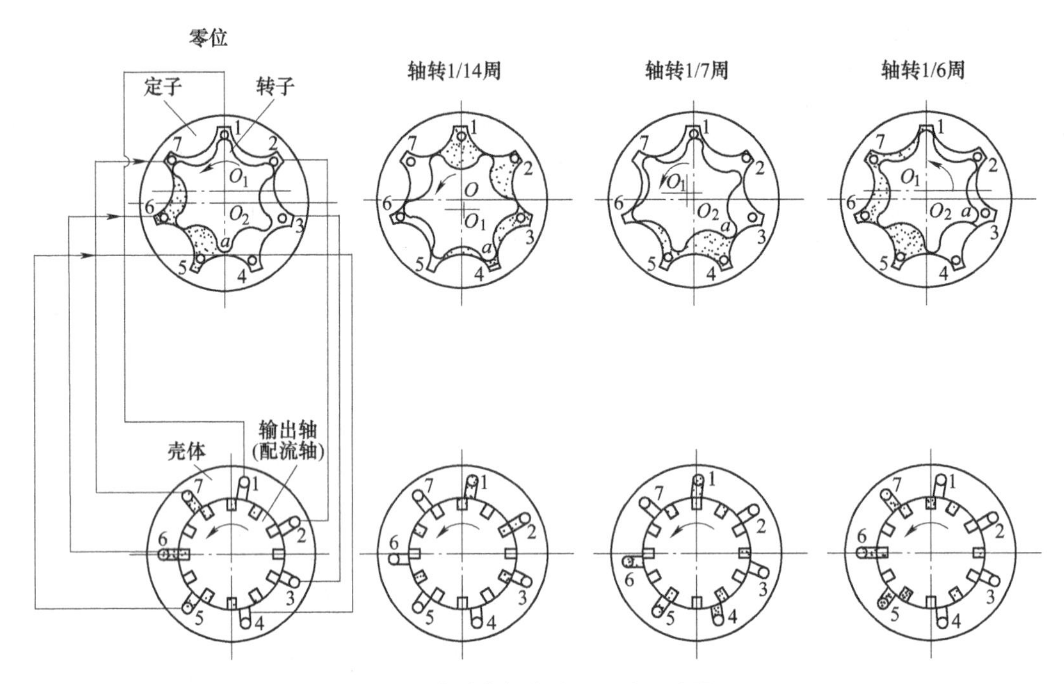

图 2-89 内啮合摆线液压马达配流原理

2.4.3 叶片液压马达

叶片液压马达一般都是双作用定量的。它体积小，转动惯量小，允许换向频率较高。但其泄漏量大，低速稳定性差，一般适用于低转矩、高转速的场合。

1. 工作原理

叶片式液压马达的原理是在压力油的作用下，叶片受力不平衡使转子产生转矩。叶片式液压马达的输出转矩与液压马达的排量、进出油口之间的压差有关，其转速由输入液压马达的流量大小来决定。如图 2-90 所示，当压力油进入压力腔，充满叶片 1-2、2-3、5-6、6-7 之间的密闭容腔时，分别作用在叶片侧面，其中叶片 1、3、5、7 的一面有高压油，另一面与出油口相通，无压力油作用。叶片 2、6 两面均受压力油作用，受力平衡，不产生转矩。由于叶片 3、7 的受力面积分别大于叶片 1、5 的受力面积，所以液压马达叶片受到的作用力之差构成力矩推动叶片和转子做逆时针方向旋转。

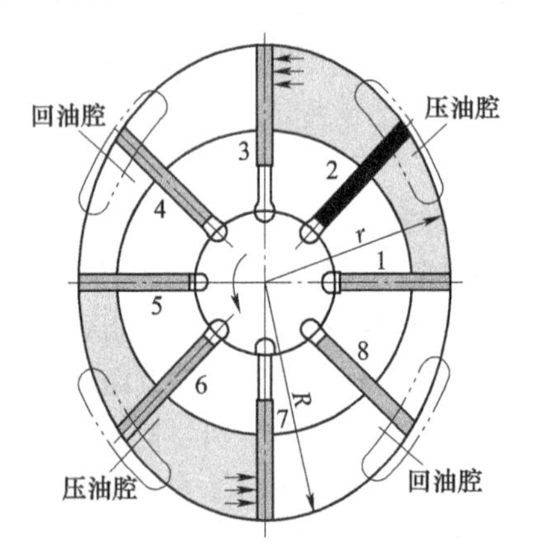

图 2-90 叶片液压马达工作原理

2. 性能特点

1）叶片底部有预紧弹簧或接通压力油，以保证在初始条件下叶片能紧贴在定子内表面上，以形成密封工作腔。否则进油腔和回油相通，则无法形成油压，也无法输出转矩。

2）叶片槽是径向的，可以双向旋转。

3）在壳体中装有两个单向阀，以使叶片底部能始终接通压力油，让叶片和定子内表面压紧，而不受叶片液压马达回转方向的影响。

2.4.4　柱塞液压马达

1. 斜盘式轴向柱塞液压马达

斜盘式轴向柱塞液压马达主要由斜盘1、柱塞2、回转缸体3、转轴4、配流盘5、缸体内弹簧等组成，如图2-91所示。斜盘1和配流盘5固定不动，柱塞2在缸体3中做往复直线运动，回转缸体3通过花键与转轴4连接，并一起旋转。

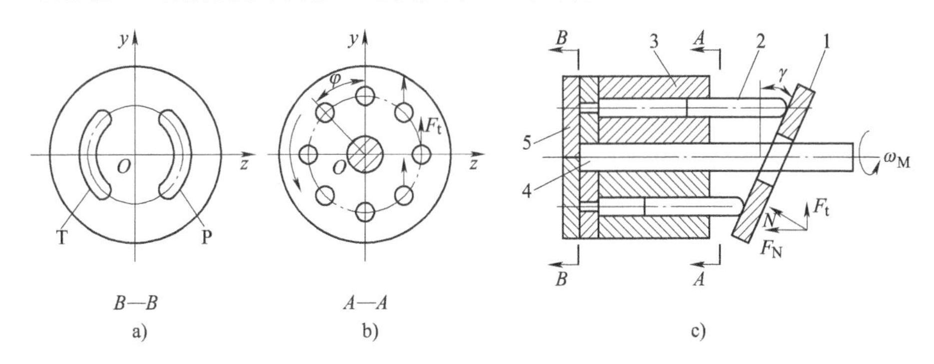

图2-91　斜盘式轴向柱塞液压马达工作原理

1—斜盘　2—柱塞　3—回转缸体　4—转轴　5—配流盘

斜盘的中心线和缸体的中心线相交一个倾角γ，当压力油经配流盘进入柱塞腔后，使处于进油区的柱塞被顶出，压向斜盘。因此，斜盘对柱塞产生一法向反力F，该力可分解为平行于轴线的分力F_N和垂直于轴线的分力F_t。力F_N与压力油作用于柱塞上的力相平衡，力F_t通过柱塞传到缸体上，使缸体产生旋转的转矩，带动液压马达轴旋转，输出转矩，驱动负载回转。

如果连续向液压马达提供压力油，液压马达将带动负载连续回转。液压马达转速受斜盘角度影响，若减小斜盘的倾斜角度γ，液压马达的排量将减小，当输入流量不变时，液压马达转速将提高，但是若负载力不变时，系统压力也将提高。如果改变液压马达压力油的输入方向，即向图示配流盘右侧的配流窗口通入压力油，液压马达就做反向旋转。

2. 斜轴式轴向柱塞液压马达

斜轴式轴向柱塞液压马达的工作原理如图2-92所示。当压力油进入液压马达的高压腔之后，工作柱塞便受到油压作用力，通过滑靴压向斜盘，其反作用力为F_N。作用力F_N可分解成两个分力，沿柱塞的轴向分力F_p，与柱塞所受液压力平衡；另一分力F_f，与柱塞轴线垂直向上，它与缸体中心线的距离为r，这个力便产生驱动液压马达旋转的力矩，各个柱塞的合力矩通过柱塞缸体驱动传动轴转动。所以，液压马达产生的转矩应为所有处于高压腔的柱塞产生的转矩之和。斜轴式轴向柱塞液压马达可实现较大范围的排量变化。

3. 径向柱塞液压马达

图2-93所示为曲轴连杆式径向柱塞液压马达。它是一种单作用低速大转矩液压马达。缸体1内沿径向均匀布置了5个柱塞缸，形成星形缸体结构。每个柱塞缸内装有一个柱塞2。柱塞中心是球窝，与连杆3的球头铰接。连杆大端做成鞍形圆柱面，紧贴在曲轴4的偏心轮上。曲轴4的回转中心为O，也就是缸体中心，而几何中心为O_1。液压马达的配流轴5通过

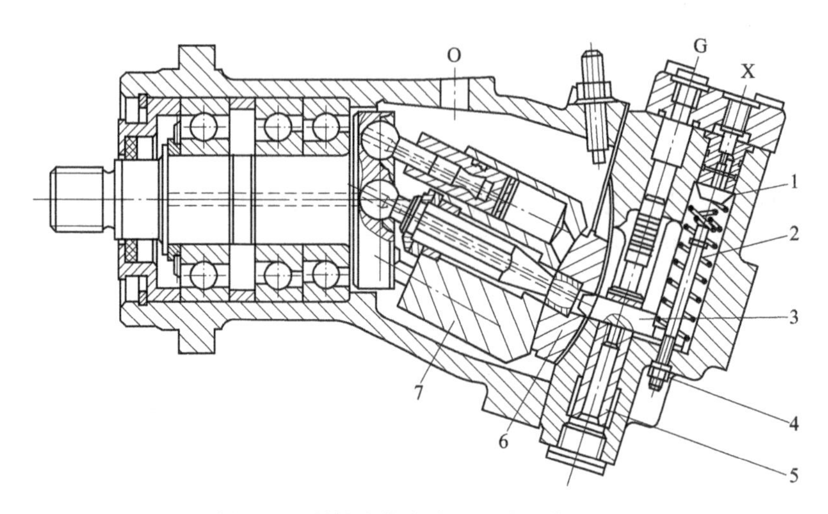

图 2-92　斜轴式柱塞液压马达工作原理

1—后盖　2—弹簧　3—拨销　4—调整螺钉　5—变量活塞　6—配流盘　7—缸体
G—同步、外控油口　O—泄油、排气口　X—外控油口

十字接头与曲轴连接在一起。

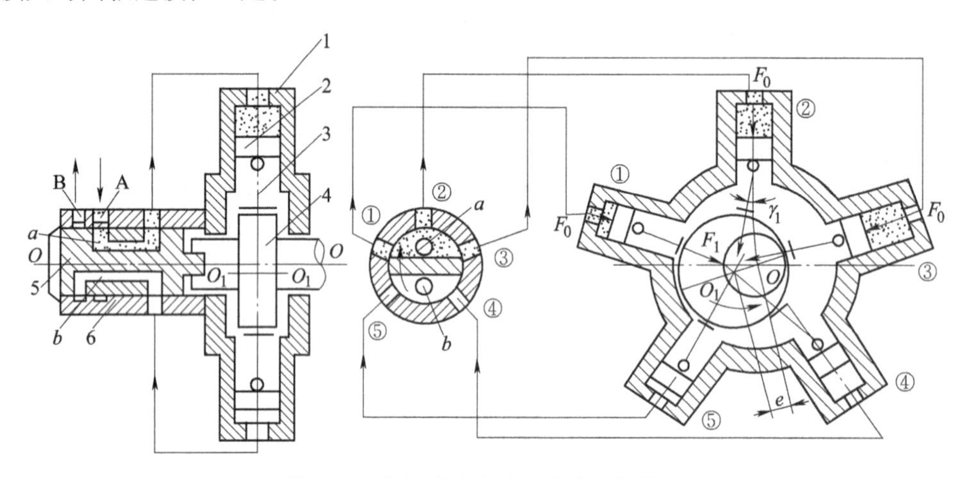

图 2-93　径向式柱塞液压马达工作原理

1—缸体　2—柱塞　3—连杆　4—曲轴　5—配流轴　6—配流套

曲轴转动时，配流轴随着曲轴一起转动。配流套 6 与缸体 1 固定在一起，上面开有进油口 A、回油口 B。油口通过套内的环形槽和配流轴 5 上的通道 a、b 分别与进、回油腔相通，进、回油腔之间被隔套密封。配流套 6 上的 5 个径向孔①至⑤分别与配流轴 5 上的进、回油腔的位置相对应，并与缸体孔①至⑤对应相通。隔套的宽度等于或稍大于配流套上的径向孔直径。

高压油由配流套上的 A 口输入，通过配流轴上 U 形孔道和配流套上①、②、③径向孔，进入相应的①、②、③号缸孔的顶部。于是，这三个缸孔中的活塞上均作用有液压力 F_0。F_0 力沿连杆轴心线方向的分力为 F_1，通过连杆作用至曲轴的圆柱表面，并指向曲轴的几何中心 O_1。各 F_1 力都对曲轴的回转中心 O 产生转矩，使曲轴克服负载而逆时针方向旋转。

曲轴旋转时，缸孔①、②、③的容积增大，流入液压油。缸孔④、⑤里的活塞在曲轴、连杆的作用下缩回，容积减小，并经配流套上的孔④、⑤回油。当配流轴随曲轴转过一个角度后，配流套上的孔③便被配流轴的隔套封闭。这时缸孔③中的活塞和连杆轴线连线重合，缸孔③的容积达到最大。此时缸孔③既不进油，也不回油。但曲轴在①、②号缸孔的活塞推动下仍继续旋转，转过很小的角度后，缸孔③便与回油腔接通开始回油，然后缸孔⑤由回油工况变为进油工况。如此不停地循环下去，使液压马达不停地旋转，并输出转矩。

必须指出，曲轴回转中心 O（壳体中心）与其几何中心 O_1 的连线 $O\text{-}O_1$，将液压马达分为两部分，一边为进油侧，另一边为回油侧。而恰好处在 $O\text{-}O_1$ 线上的缸孔，则既不进油，也不回油。装配时，配流轴上的U形进、回油腔在隔套上的对称线和连线 $O\text{-}O_1$，应处于一个平面内，以保证缸孔容积增大或减小与配流装置上的进、回油同步。

2.5　液压系统辅助元件

液压系统除动力元件、执行元件、控制元件及传动介质外还需要一些必要的辅助元件以保证液压系统可靠、稳定、持久地工作。液压辅助元件主要包括油箱、油管、管接头、过滤器、蓄能器、冷却器、密封装置、压力计、压力开关等。

2.5.1　油箱

1. 油箱的功用

油箱的用途是储油、散热、分离油中的空气，沉淀油中的杂质。在液压系统中，油箱有总体式和分离式两种。

2. 油箱的结构

图2-94所示为分离式油箱的结构。油箱的壳体用钢板焊接而成，内部用隔板6、8将吸油管1与回油管3隔开。顶部、侧部和底部分别装有空气过滤器2、液位计5和排放污油的放油阀7。吸油管1的下端安装过滤器9。安装液压泵及其驱动电动机的箱盖4则固定在油箱顶面上。

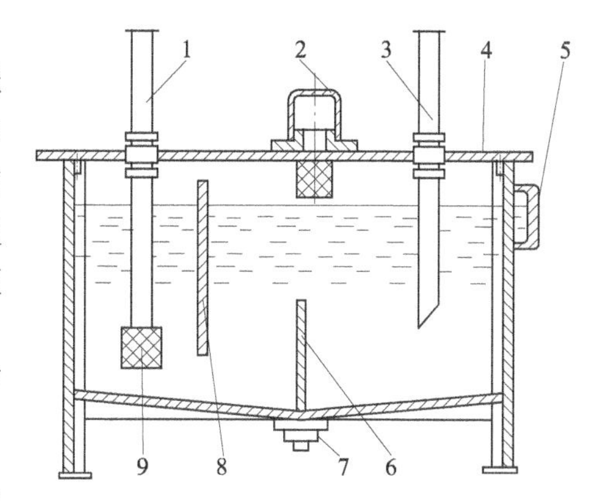

图2-94　液压油箱结构

1—吸油管　2—空气过滤器　3—回油管　4—箱盖　5—液位计　6、8—隔板　7—放油阀　9—过滤器

为了保证油箱的功能，在结构上应注意以下几个方面：

1）应便于清洗。油箱底部应有适当斜度，并在最低处设置放油阀，换油时可使油液和污物顺利排出。

2）在易见的油箱侧壁上设置液位计，以指示油位高度。

3）油箱加油口应装滤油网，口上应有带通气孔的盖。

4）吸油管与回油管之间的距离要尽量远些，并采用多块隔板隔开，分成吸油区和回油区，隔板高度约为油面高度的3/4。

5）吸油管口离油箱底面距离应大于2倍油管外径，离油箱箱边距离应大于3倍油管外径。吸油管和回油管的管端应切成45°的斜口，回油管的斜口应朝向箱壁。

6）油箱的有效容积（油面高度为油箱高度 80%时的容积）一般按液压泵的额定流量估算。在低压系统中取液压泵每 min 排油量的 2~4 倍，中压系统为 5~7 倍，高压系统为 6~12 倍。

7）要注意检查和更换液压油，防止油液污染变质而造成液压系统损伤。

油箱正常工作温度应在 30~65℃之间，最高不要超过 70℃，最低不应低于 15℃，在环境温度变化较大的场合要安装冷却器或加热器等来交换热量。

2.5.2 过滤器

1. 过滤器的功用

过滤器的功用是清除油液中的各种杂质，以免其划伤、磨损、甚至卡死有相对运动的零件，或堵塞零件上的小孔及缝隙，影响系统的正常工作，降低液压元件的寿命，甚至造成液压系统的故障。

过滤器一般安装在液压泵的吸油口、压油口及重要元件的前端、回油路上。通常，液压泵吸油口安装粗过滤器，压油口与重要元件前装精过滤器。

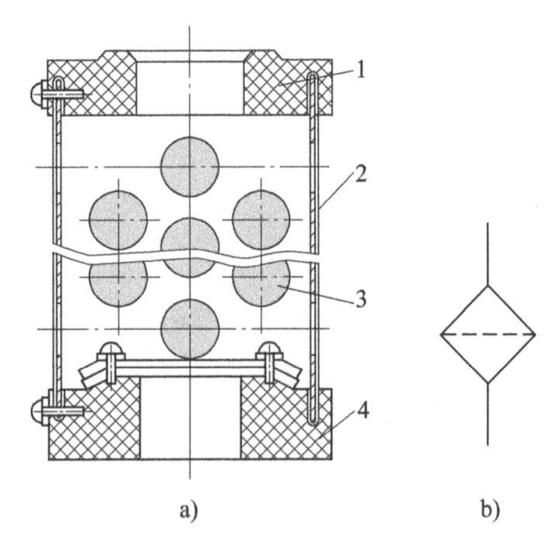

图 2-95 网式过滤器

1—上盖 2—骨架 3—滤网 4—下盖

2. 过滤器的类型

（1）网式过滤器 如图 2-95a 所示，网式过滤器由筒形骨架 2 上包一层或两层铜丝滤网 3 组成。其特点是结构简单，通油能力大，清洗方便，但过滤精度较低。常用于泵的吸油管路，对油液进行粗过滤。粗过滤器的图形符号如图 2-95b 所示。

（2）纸芯式过滤器 如图 2-96 所示，纸芯式过滤器的滤芯由微孔滤纸 1 组成，滤纸制成折叠式，以增加过滤面积。滤纸用骨架 2 支承，以增大滤芯强度。其特点是过滤精度高，压力损失小，但不能清洗，需定期更换滤芯。主要用于低压小流量的精过滤，一般用在泵的吸油管路上。

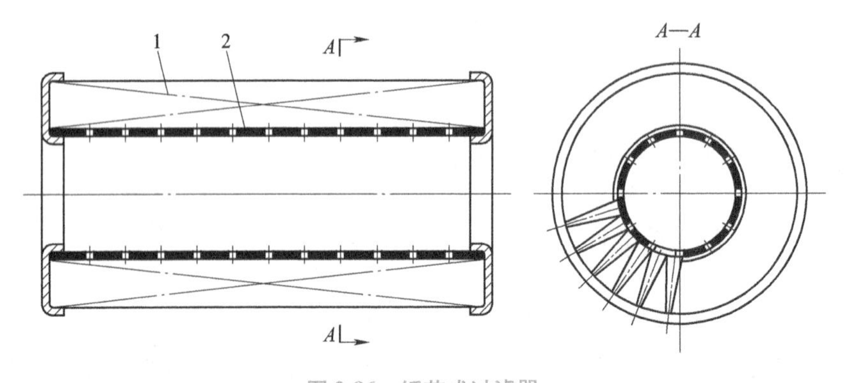

图 2-96 纸芯式过滤器

1—微孔滤纸 2—骨架

（3）线隙式过滤器　如图 2-97 所示，线隙式过滤器的滤芯由铜线或铝线绕在筒形骨架 2 上而形成（骨架上有许多纵向槽和径向孔），依靠线间缝隙过滤。其特点是结构简单，通油能力大，过滤精度比网式过滤器高，但不易清洗，滤芯强度较低。一般用于中、低压系统，用在回油管路或泵的吸油管路上。

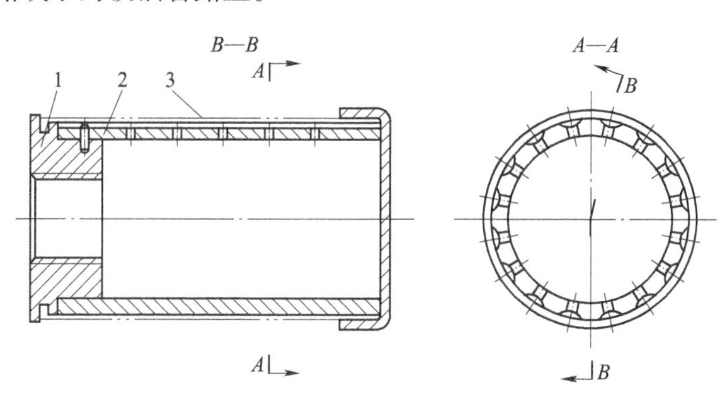

图 2-97　线隙式过滤器

1—端盖　2—骨架　3—金属线

（4）烧结式过滤器　如图 2-98a 所示，烧结式过滤器的滤芯通常由青铜等颗粒状金属烧结而成，工作时利用颗粒间的微孔进行过滤。该过滤器的过滤精度高，耐高温，抗腐蚀性强，滤芯强度大，但易堵塞，难于清洗，颗粒易脱落。适用于高温、过滤精度高、有腐蚀介质的场合。图 2-98b 所示为精过滤器的图形符号。

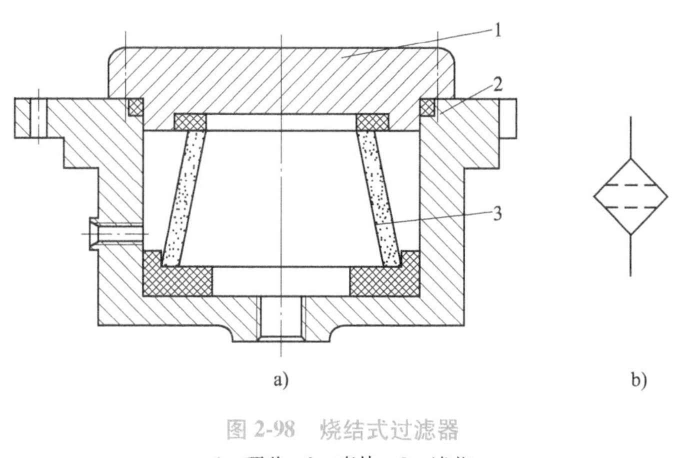

图 2-98　烧结式过滤器

1—顶盖　2—壳体　3—滤芯

（5）磁性过滤器　磁性过滤器用于过滤油液中的铁屑。

3. 过滤器的选用

过滤器按其过滤精度（滤去杂质的颗粒大小）的不同，有粗过滤器、普通过滤器、精密过滤器和特精过滤器四种，它们分别能滤去大于 100μm、10~100μm、5~10μm 和 1~5μm 大小的杂质。

过滤器应根据液压系统的技术要求，按过滤精度、通流能力、工作压力、油液黏度、工作温度等条件选定其型号。

4. 过滤器的安装注意事项

1）安装在吸油管路上。采用粗滤器，滤去较大的杂质微粒以保护液压泵，此外过滤器的过滤能力应为泵流量的两倍以上，压力损失小于0.02MPa。

2）安装在压油管路上，用来滤除可能侵入阀类等元件的污染物。其过滤精度应为10～15μm，且能承受油路上的工作压力和冲击压力，压差应小于0.35MPa。同时应安装安全阀以防过滤器堵塞。

3）安装在回油管路上，起间接过滤作用。一般与过滤器并连安装一背压阀，当过滤器堵塞达到一定压力值时，背压阀打开。

4）安装在系统的分支（旁油路）油管路上。

5. 过滤器的安装位置

如图2-99所示，过滤器可以安装在液压泵的进口、出口或液压回油路上。

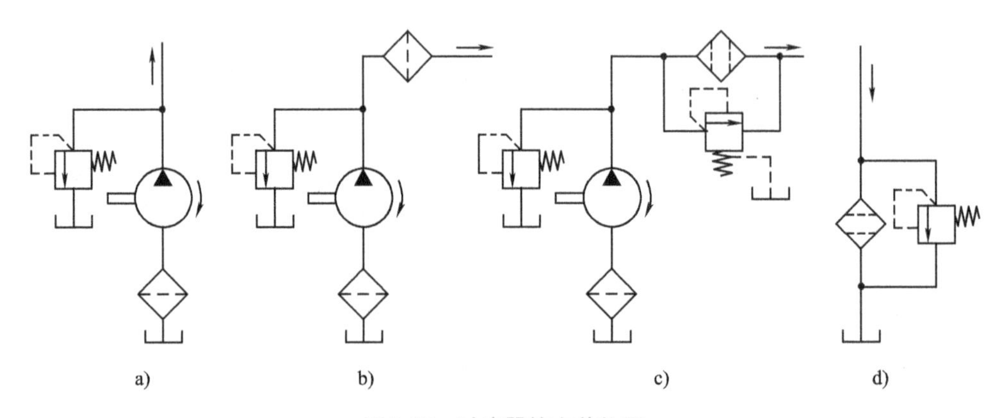

图2-99　过滤器的安装位置

注意，一般过滤器只能单方向使用，即进出油口不可反接，以利于滤芯清洗和安全。必要时可增设单向阀和过滤器，以保证双向过滤。目前已有双向过滤器。

2.5.3　蓄能器

1. 蓄能器的功用

蓄能器是用来储存和释放液体压力能的装置，它的功用主要有以下几个方面：

1）短期大量供油。当执行元件需快速运动时，由蓄能器与液压泵同时向液压缸供给压力油。

2）维持系统压力。当执行元件停止运动的时间较长，并且需要保压时，为降低能耗，使泵卸荷，可以利用蓄能器储存的液压油来补偿油路的泄漏损失，维持系统压力。

3）缓和冲击，吸收脉动压力。当液压泵起动或停止、液压阀突然关闭或换向、液压缸起动或制动时，系统中会产生液压冲击。设置蓄能器，可以起缓和冲击和吸收脉动的作用。

2. 蓄能器的结构特点

图2-100a所示为囊式蓄能器。它由充气阀1、壳体2、气囊3、提升阀4等组成。气囊用耐油橡胶制成，固定在壳体2的上部，囊内充入气体（一般为氮气）。提升阀是一个用弹簧加载的具有菌形头部的阀，压力油由该阀通入。在液压油全部排出时，该阀能防止气囊膨

胀挤出油口。

图 2-100b 所示为蓄能器的图形符号。

这种蓄能器气囊惯性小，反应灵敏，容易维护，所以较为常用。其缺点是容量较小，气囊和壳体的制造比较困难。

除了囊式蓄能器，此外还有活塞式、重力式、弹簧式和隔膜式等蓄能器。

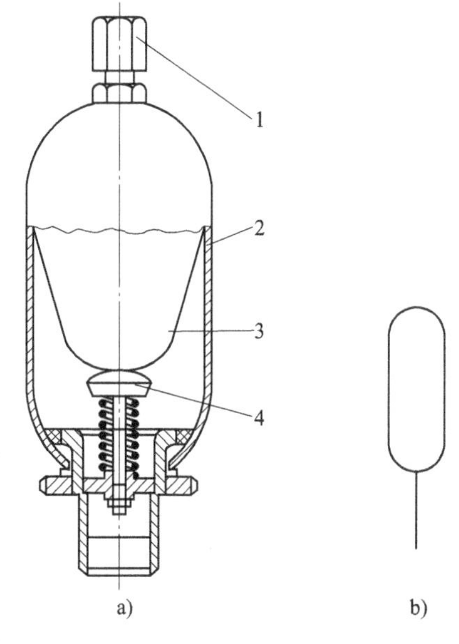

图 2-100　蓄能器

1—充气阀　2—壳体

3—气囊　4—提升阀

3. 蓄能器安装注意事项

1）充气式蓄能器中应使用稳定性高的气体（一般为氮气）。

2）蓄能器与管路之间应安装截止阀，供充气或检修时用，与液压泵之间应安装单向阀，防止油液倒流，保护泵与系统。

3）蓄能器一般应垂直安装，油口向下。

4）必须用支架或支板将蓄能器固定，且便于检查、维修的位置，并远离热源。

5）用作降低噪声、吸收脉动和冲击的蓄能器应尽可能靠近振源。

6）搬运和拆装时应排出压缩气体，注意安全。

2.5.4　油管与管接头

1. 油管

液压系统中常用的油管有钢管、纯铜管、橡胶管、尼龙管、塑料管等多种类型，见表 2-4。考虑到配管和工艺的方便，在高压系统中常用无缝钢管；中、低压系统一般用纯铜管；橡胶软管的主要优点是可用于两个相对运动件之间的连接；尼龙管和塑料管价格便宜，但承压能力差，可用于回油路、泄油路等处。

表 2-4　液压油管的种类

种类		特点和适用场合
硬管	钢管	能承受高压，价格低廉，耐油，耐蚀，刚性好，但装配时不能任意弯曲，常在装拆方便处用作压力管道，中、高压用无缝管，低压用焊接管
	纯铜管	易弯曲成各种形状，但承压能力一般不超过 6.5MPa，抗振能力较弱，易使油液氧化。通常用在液压装置内配接不便之处
软管	尼龙管	乳白色半透明，加热后可以随意弯曲成形或扩口，冷却后又能定形不变，承压能力因材质而异，一般为 2.5~8MPa
	塑料管	质轻耐油，价格便宜，装配方便，但承压能力低，长期使用会变质老化。只宜用作压力低于 0.5MPa 的回油管、泄油管等
	橡胶管	高压管由耐油橡胶夹几层钢丝编织网制成，钢丝网层数越多，耐压越高，可用作中、高压系统中两个相对运动件之间的压力管道。低压管由耐油橡胶夹帆布制成，可用作回油管道

2. 管接头

管接头是油管与油管、油管与液压元件间的连接件，管接头的种类很多，主要有扩口式管接头、焊接式管接头、卡套式管接头和扣压式管接头等。

2.5.5 冷却器

1. 冷却器的功用

液压系统中的功率损失几乎全部转换成能量，使油液温度升高。当散热面积不够时，就需要采用冷却器，使油液的平衡温度降低到合适的范围内。

2. 冷却器的分类与结构

冷却器按冷却介质分类可分为风冷、水冷、氨冷等形式。

（1）水冷式冷却器　水冷却器的结构如图 2-101 所示，一般有蛇形管式、多管式和翅片管式等，多安装在液压系统回油路或溢流阀溢流油路上。

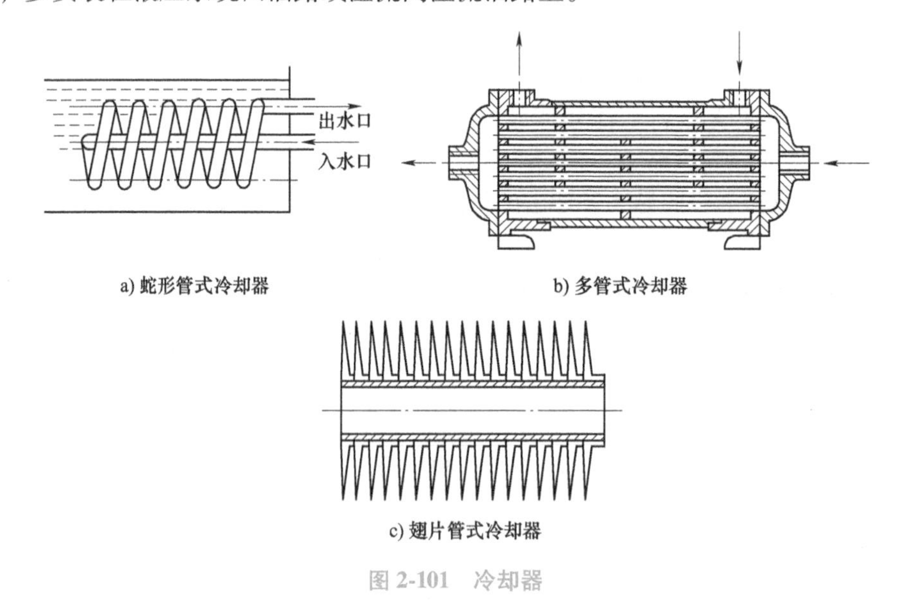

图 2-101　冷却器

水冷却器特点主要有：

1）蛇形管式冷却器效果较差，耗水量大，费用高，但结构简单。

2）多管式冷却器效果好，但结构复杂。

3）翅片管式冷却器效果更好，但结构更复杂。

（2）风冷式冷却器

组成：油散热器+风扇，也可用发动机上的散热器代替。

特点：结构简单，缺水或不便用水处皆可冷却，但冷却效果较差。

2.5.6 加热器

液压系统的加热一般采用结构简单、能按需要自动调节最高和最低温度的电加热器。这种加热器的安装方式是用法兰盘横装在箱壁上，发热部分全部浸在油液内。加热器应安装在箱内油液流动处，以有利于热量的交换。由于油液是热的不良导体，单个加热器的功率容量不能太大，以免其周围油液过度受热后发生变质现象。加热器结构如图 2-102 所示。

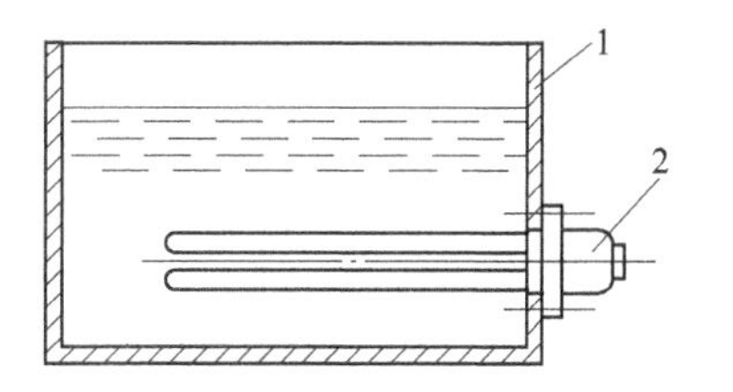

图 2-102 加热器的安装形式

1—油箱 2—加热器

2.5.7 压力表及压力表开关

1. 压力表

压力表用于观察液压系统中各工作点（如液压泵出口、减压阀之后等）的压力，以便于操作人员把系统的压力调整到要求的工作压力。

压力表的种类很多，最常用的是弹簧管式压力表，如图 2-103a 所示。当压力油进入扁截面金属弯管 1 时，弯管变形而使其曲率半径加大，端部的位移通过杠杆 4 使齿扇 5 摆动。于是与齿扇 5 啮合的小齿轮 6 带动指针 2 转动，此时就可在刻度盘 3 上读出压力值。

图 2-103b 所示为压力表的图形符号。

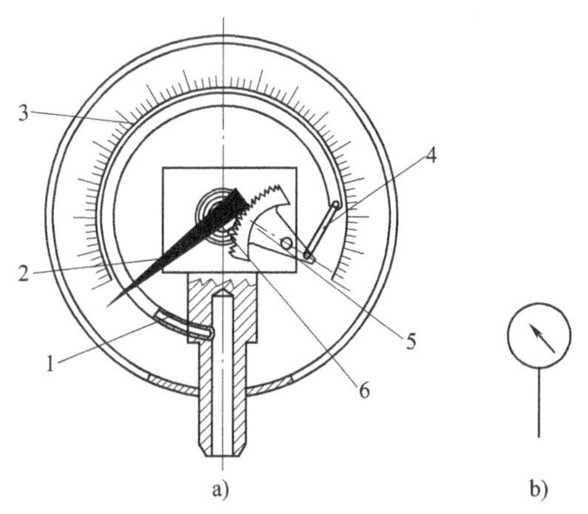

图 2-103 压力表

1—弯管 2—指针 3—刻度盘

4—杠杆 5—齿扇 6—小齿轮

2. 压力表开关

压力表开关用于接通或断开压力表与测量点油路的通道。压力表开关有一点式、三点式、六点式等类型。多点压力表开关可按需要分别测量系统中多点处的压力。

图 2-104 所示为六点式压力表开关，图示位置为非测量位置，此时压力表油路经小孔 a、沟槽 b 与油箱接通；若将手柄向右推进去，沟槽 b 将把压力表与测量点接通，并把压力表通往油箱的油路切断，这时便可测出该测量点的压力。如将手柄转到另一个位置，便可测出另一点的压力。

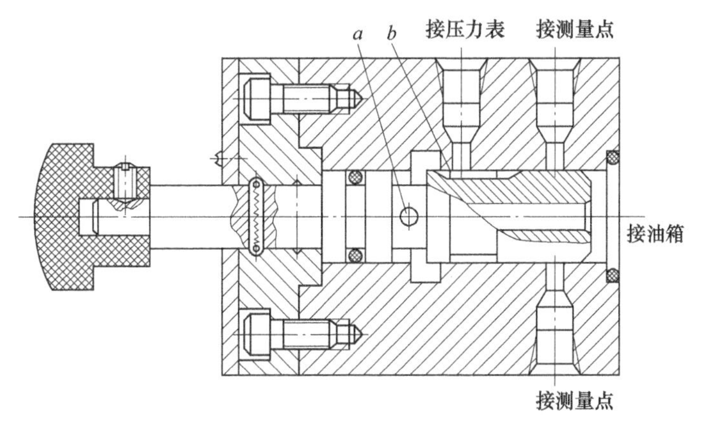

图 2-104 压力表开关

2.5.8 密封装置

液压系统的密封装置用来防止油液的泄漏，常用的密封方法有间隙密封和密封圈密封。

1. 间隙密封

密封原理：利用相对运动零件配合面之间的微小间隙来防止泄漏。

应用特点：如图 2-105 所示，因为结构简单，摩擦阻力小，耐高温，但泄漏较大，并且随着时间的增加而增加，加工要求高，所以主要用于尺寸小，压力低，速度高的液压缸或各种阀。

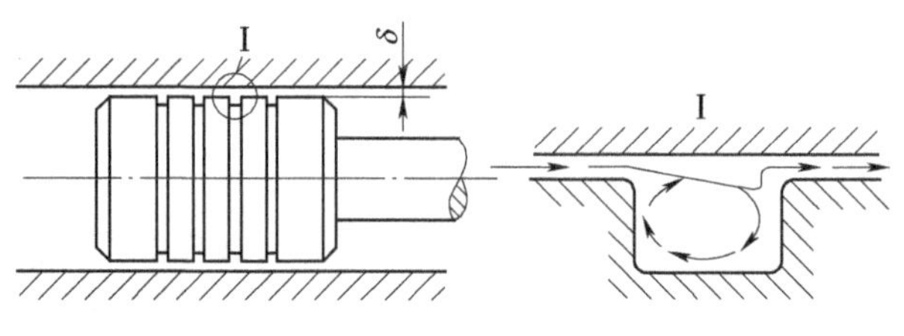

图 2-105　间隙密封原理

2. O 形密封圈

密封原理：利用密封圈的安装变形来密封，如图 2-106 所示。

应用特点：结构简单，密封性能好，动摩擦阻力小，制造容易，成本低，使用方便。工作压力为 70MPa，工作温度为-40～120℃，广泛用于各种机械设备。O 形密封圈即可用于动密封，又可用于静密封。

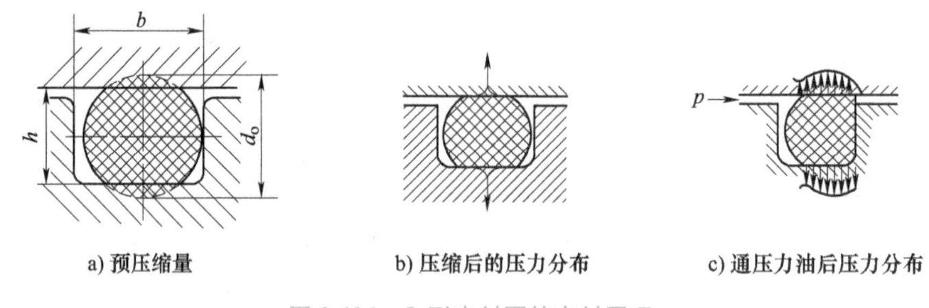

图 2-106　O 形密封圈的密封原理

为了防止 O 形密封圈被挤入缝隙发生永久变形而失效，可以使用挡圈，如图 2-107 所示。

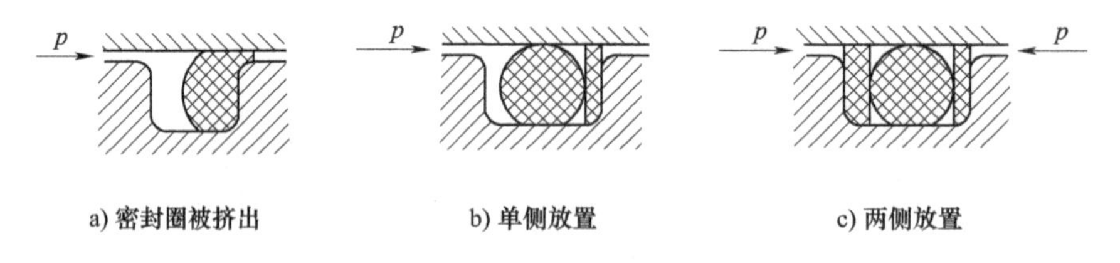

图 2-107　O 形密封圈的应用

O 形密封圈的安装沟槽有矩形、V 形、燕尾形、半圆形、三角形等，实际应用中可查阅有关手册及国家标准。

3. Y 形密封圈

密封原理：密封圈受油压作用使两唇张开并贴紧在轴或孔的表面实现密封，如图 2-108 所示。

根据截面长宽比例不同分类宽断面和窄断面。

应用特点：安装时唇边必须对着压力油腔；工作压力低于 20MPa，工作温度范围为−30~80℃，一般用于轴、孔做相对移动，且速度较高的场合。

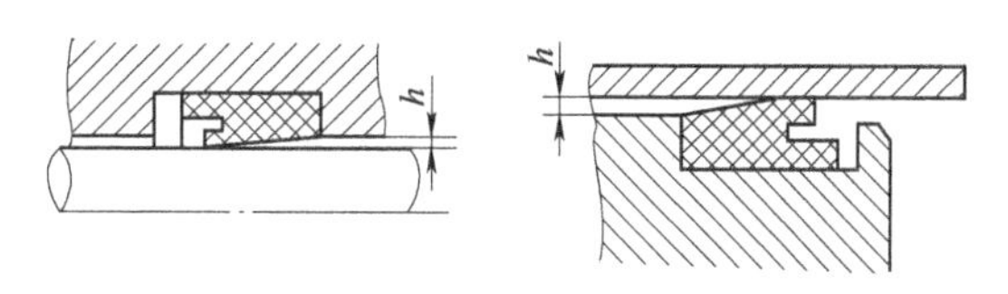

图 2-108　Y 形密封圈的密封原理

4. V 形密封圈

结构：截面为 V 形，由支承环、密封环、压紧环叠合而成，开口面向高压侧，如图 2-109 所示。

密封原理：当压紧环压紧密封环时，支承环使密封环产生变形而实现密封。

应用特点：V 形密封圈是组合装置，密封效果良好，耐高压，寿命长，增加密封环可提高密封效果，但摩阻力增大，尺寸大，成本高。常用于压力较高（$p<50$MPa），温度为−40~80℃，运动速度较低的场合。

5. 组合密封圈

由两个以上元件组成的密封件称为组合密封圈。常见的组合式密封圈是由钢和耐油橡胶压制成的。另外还有聚四氟乙烯与耐油橡胶组成的橡塑组合同轴密封圈，它能满足耐高压、高温、低摩擦系数、长寿命的要求。图 2-110 所示为工程机械上常用的两种组合密封圈，其中图 2-110a 所示为格莱圈，可以双向受压，一般用在液压缸的活塞上；图 2-110b 所示为斯特封，只能单向受压，并可起到对外防尘，对内防漏，一般用在液压泵、液压马达的轴伸出端或液压缸活塞杆伸出端。

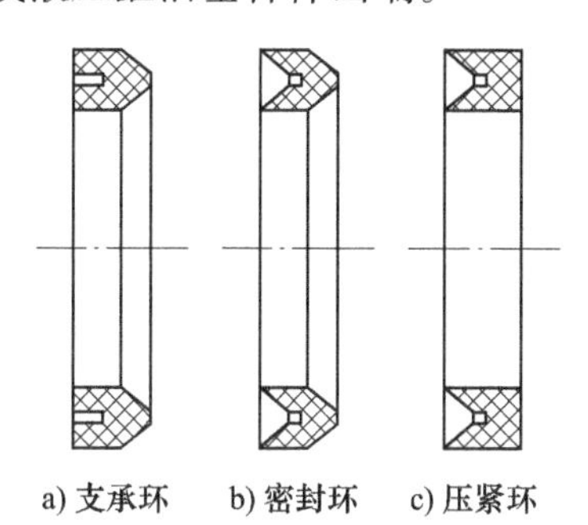

a) 支承环　b) 密封环　c) 压紧环

图 2-109　V 形密封圈的结构

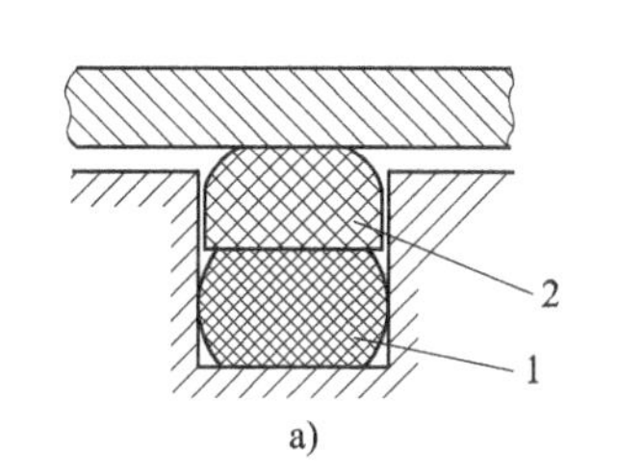

a)

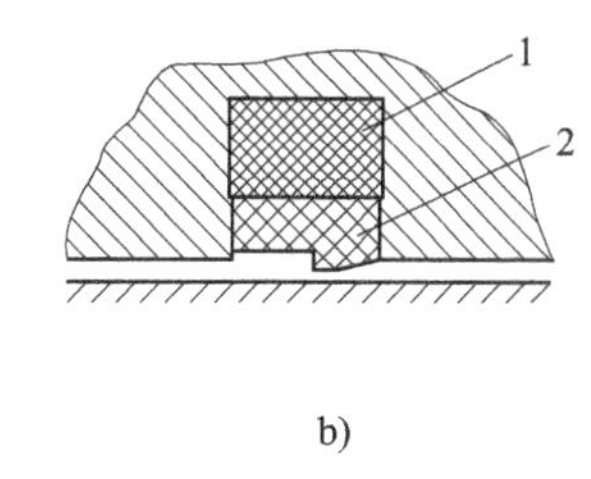

b)

图 2-110　组合密封圈

1—密封体　2—耐磨体

思考与练习

2.1　填空题

1. 单杆活塞缸内部共有两个腔，分别是有杆腔和__________。

2. 液压阀分为压力控制阀、__________控制阀和________控制阀三类。

3. 溢流阀分为直动式和____________两种形式，若溢流阀调定的压力为 12MPa，它的出口压力为 0.5MPa，则此时其进口压力约为________MPa。

4. 电液换向阀中作为先导阀的是__________，它是以________驱动阀芯移动的。

5. 调速阀可以看成是以__________和________串联而成的组合阀。
6. 液压泵每转一周或每一行程，其容积变化量称为__________，单位为 L/r。
7. 齿轮泵的固有特性是困油、__________和________。
8. 叶片泵分为__________和__________两种。
9. 液压马达是液压系统的________元件，它将______能转换为_______能。
10. 冷却器分为________和________两种。

2.2 选择题

1. 在输入流量稳定的情况下，单杆活塞缸伸出速度与缩回速度相比，结果是（　　）。
A. 伸出速度比缩回速度快　　B. 伸出速度比缩回速度快慢
C. 伸出速度与缩回速度一样　　D. 两者无法比较
2. 液压缸爬行的主要原因是（　　）。
A. 活塞及活塞杆运动摩擦力过大　　B. 缸内混入空气过多
C. 内部发生泄漏　　D. 上述均对
3. 为（　　）。
A. 二位四通阀　　B. 三位两通阀　　C. 三位四通阀　　D. 四位三通阀
4. 电磁换向阀的驱动力是（　　）。
A. 液压力　　B. 电磁力　　C. 电力　　D. 机械力
5. 三位四通换向阀的 H 型中位机能是（　　）。
A. 出油口卸荷　　B. 进油口卸荷
C. 两个工作油口卸荷　　D. 所有油口均卸荷
6. 在液压系统中，一般需要出口接油箱的压力控制阀是（　　）。
A. 压力继电器　　B. 溢流阀　　C. 顺序阀　　D. 减压阀
7. 解决齿轮泵或齿轮液压马达困油的措施是（　　）。
A. 提高齿轮制造精度　　B. 采用压力补偿
C. 缩小压油口　　D. 开卸荷槽
8. 下述为定量泵的是（　　）。
A. 齿轮泵　　B. 单作用叶片泵　　C. 轴向柱塞泵　　D. 径向柱塞泵
9. 斜盘式轴向柱塞泵中用于调节排量的部件是（　　）。
A. 滑靴板　　B. 柱塞　　C. 斜盘　　D. 配流盘
10. 液压马达的理论流量与实际流量相比，结果是（　　）。
A. 理论流量大于实际流量　　B. 理论流量小于实际流量
C. 理论流量等于实际流量　　D. 两者无法比较

2.3 判断题

1. 在输入压力恒定的情况下，单杆活塞缸的伸出作用力比缩回作用力大。（　　）
2. 液压泵在工作时，密闭容腔由小变大过程中，压力逐渐变小。（　　）
3. 液压泵的排量与转速无关，只与其结构有关。（　　）
4. 减压阀的出口接油箱，所以输出压力为零。（　　）
5. 单向阀具有单向导通、反向不通的功能。（　　）

6. 油箱的用途是储油、散热、分离油中的空气，沉淀油中的杂质。（　　）
7. 液压过滤器的功能是过滤液压油中的水分。（　　）
8. 安装在液压泵吸油口处的过滤器一般为精过滤器。（　　）
9. 蓄能器是用来储存和释放液体压力能的装置。（　　）
10. 充气式蓄能器中一般使用空气作为压缩气体。（　　）

2.4　问答题

1. 液压缸活塞杆的运动速度、作用力分别与液压油的哪些特性有关?
2. 液压阀分为哪几类？分别有什么作用?
3. 为什么溢流阀用来调定进口压力，而减压阀却用来调定出口压力?
4. 液压泵有哪些类型？它们共同的工作原理是什么?
5. 为什么说液压马达与液压泵在工作原理上是互逆的?
6. 过滤器是怎样过滤液压油中的固体颗粒物的？过滤的精度与什么有关?
7. 工程机械液压系统中为什么要用到橡胶软管？全部改用钢管是否可行?

本章微课

液压缸的运动特性分析

齿轮泵的结构

液压缸拆装与检修

液压缸的结构

齿轮泵的困油及解决措施

齿轮泵的径向力不平衡及解决措施

第3章 液压基本回路

☞ 目标与要求

掌握压力控制回路、方向控制回路、速度控制回路以及其他一些常见回路的基本组成、工作原理及作用。

按照要求搭建基本液压回路，并分析它的工作原理、特性。

☞ 重点与难点

液压系统可以看成是由若干液压回路组成，一般有压力控制回路、速度控制回路和方向控制回路等。压力控制回路是通过控制和调节液压系统或某一支路的压力来满足执行机构对力或力矩要求的回路；速度控制回路是控制和调节液压执行元件运动速度的回路；方向控制回路是控制液压系统油路中液流的通、断或流向的回路。另外，还有先导液压回路、同步液压回路和顺序液压回路等。

液压回路是液压系统的基本单元，其包括动力元件、控制元件和执行元件。分析液压回路时，一定要弄清楚液压元件在回路中的作用和工作原理。

3.1 压力控制回路

压力控制回路是通过控制和调节液压系统或某一支路的压力来满足执行机构对力或力矩要求的回路。压力控制回路种类较多，一般可分为调压回路、减压回路、增压回路、卸荷回路、保压回路和缓冲补油回路等。

3.1.1 调压回路

调压回路的作用是控制液压系统整体或某一支路的压力，使其保持恒定或不超过某个数值，以防止系统过载。在液压系统中，常用溢流阀来调定供油压力或限制系统的最高压力。

1. 按功用分

（1）定压溢流回路　在定量泵节流系统中，溢流阀用来保持液压系统的压力，并使液压泵多余的油液溢流回油箱，此时溢流阀作定压阀使用。当执行元件工作时，由于节流阀的限流作用，溢流阀常开溢流，如图 3-1 所示。

（2）限压、安全回路　如图 3-2、图 3-3 所示的液压回路中，系统压力由负载决定，正常情况下，溢流阀处于关闭状态，只有在超载、制动、行程终了时溢流阀才开启溢流，对系统起过载保护作用。

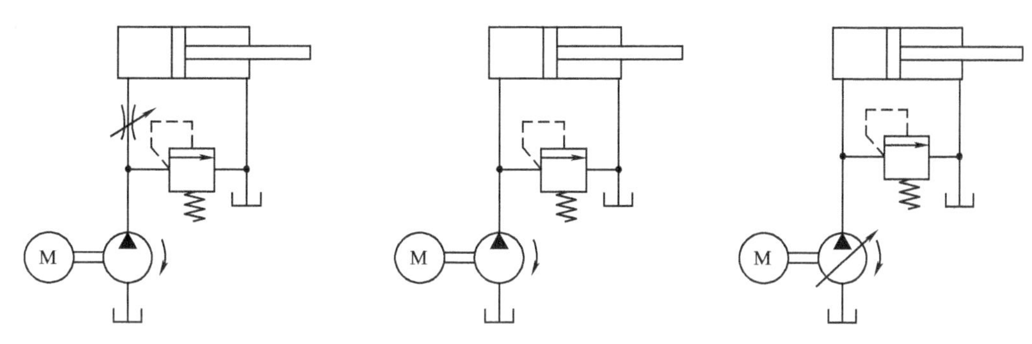

图 3-1 溢流、稳压和调压回路　　图 3-2 定量泵限压回路　　图 3-3 变量泵限压回路

2. 按调定压力分

(1) 单级调压回路　图 3-4a 所示为单级调压回路，该回路是在液压泵出口处并联安装一个溢流阀而成。液压系统工作时，通过调节溢流阀，得到相应的输出压力，使液压泵在溢流阀的调定压力下工作，从而实现了对液压系统进行调压和稳压控制。

如图 3-4b 所示，如果将液压泵改为变量泵，则当液压泵的工作压力低于溢流阀的调定压力时，没有油液通过溢流阀，溢流阀不工作，起不到调压作用。但当系统负载过大或出现故障，液压泵的工作压力上升并达到溢流阀的调定压力时，溢流阀将开启，并将液压泵的工作压力限制在溢流阀的调定压力下，使液压系统不会因过载而受破坏，从而保护了液压系统，此时，溢流阀起安全阀的作用，用于限定变量泵的最大供油压力。

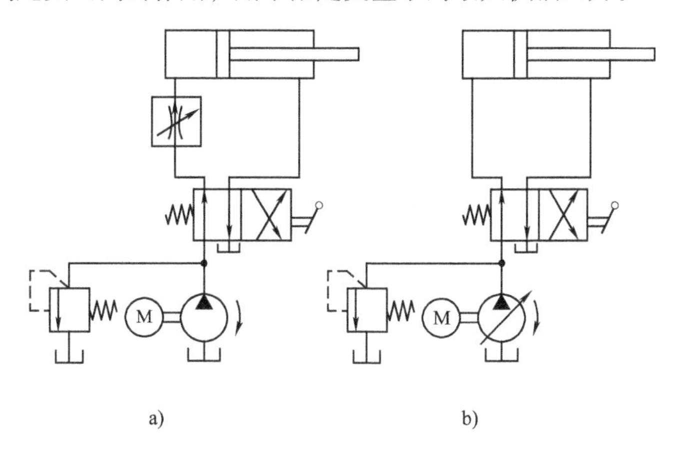

图 3-4 单级调压回路

(2) 二级调压回路　如图 3-5 所示，先导式溢流阀 2 和直动式溢流阀 4 各调一级压力，当二位二通电磁阀 3 处于图示位置时，系统压力由先导式溢流阀 2 调定，当阀 3 得电后处于下位时，系统压力由直动式溢流阀 4 调定。

(3) 多级调压回路　如图 3-6 所示，三级压力分别由溢流阀 1、2、3 调定。

(4) 无级调压回路　无级调压回路是在液压泵 1 的出口处并联一个比例电磁溢流阀 2。系统工作时，调节比例电磁溢流阀 2 的输入电流 I，即可实现系统压力的无级调节，如图 3-7 所示。

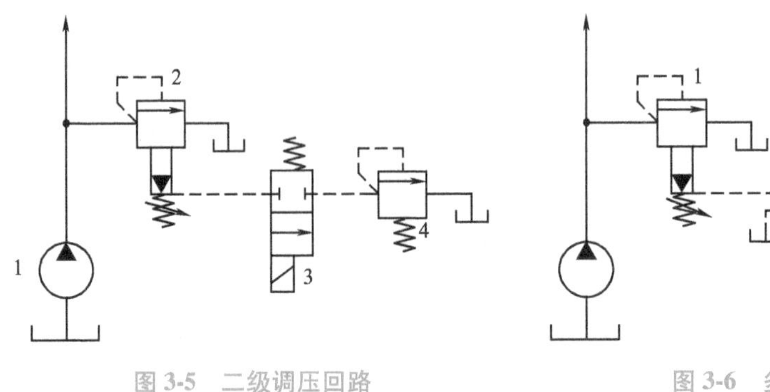

图 3-5 二级调压回路

1—液压泵 2—先导式溢流阀

3—二位二通电磁阀 4—直动式溢流阀

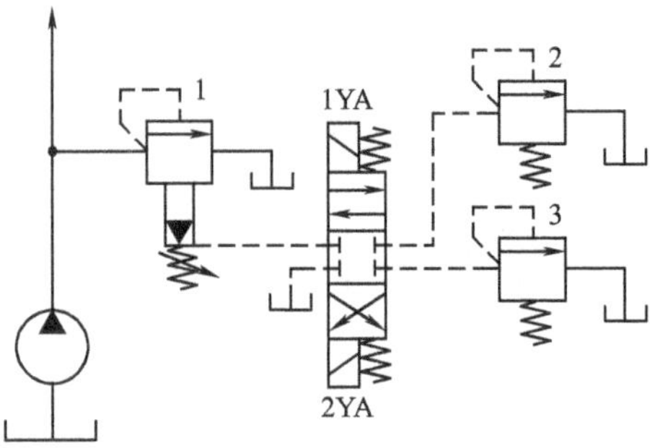

图 3-6 多级调压回路

1~3—溢流阀

3.1.2 减压回路

在单泵供油的多支路液压系统中，不同的支路需要有不同的、稳定的、可以单独调节的较主油路低的压力，如液压系统中的控制油路、夹紧回路、润滑油路等压力较低，因此液压系统中必须设置减压回路，其功用是使系统中的某一部分油路具有较系统压力低的稳定压力。常用的减压方法是在需要减压的液压支路前串联减压阀。

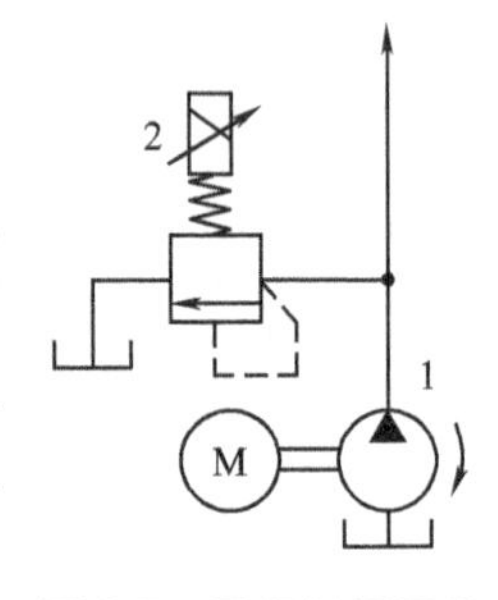

图 3-7 无级调压回路

1—液压泵

2—比例电磁溢流阀

1. 单级减压回路

如图 3-8 所示，单级减压回路的主油路的压力由溢流阀 2 设定，减压支路的压力根据负载由减压阀 3 调定。

2. 二级减压回路

如图 3-9 所示，二级减压回路中的先导式减压阀的遥控口通过二位二通电磁阀 5 与调压阀 6 相连接，通过调压阀的压力调整获得预定的二次减压。

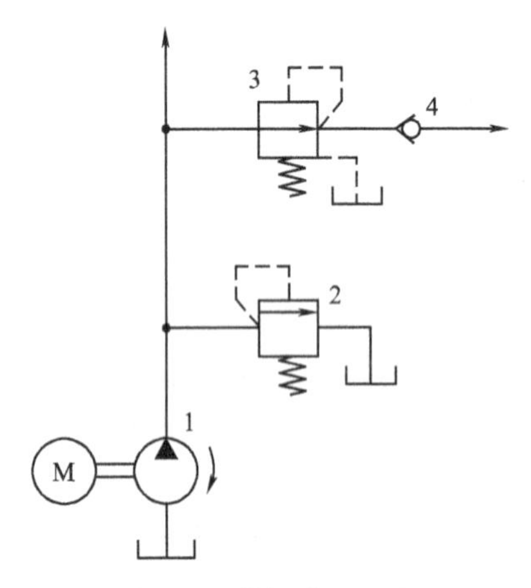

图 3-8 单级减压回路

1—液压泵 2—溢流阀

3—减压阀 4—单向阀

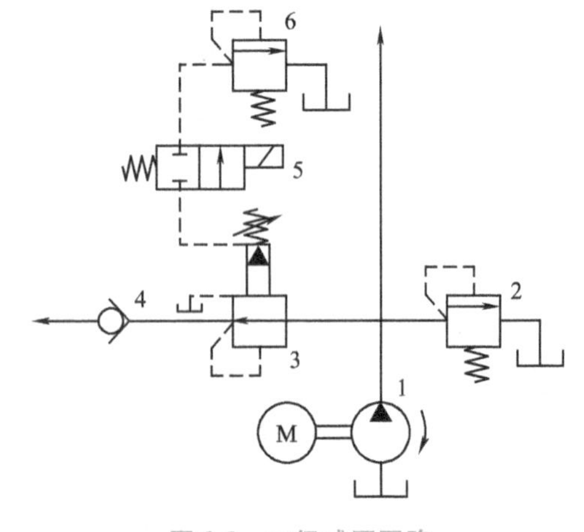

图 3-9 二级减压回路

1—液压泵 2—溢流阀 3—减压阀 4—单向阀

5—二位二通电磁阀 6—调压阀

3.1.3　增压回路

当液压系统中的某一支路需要较高压力而流量却较小的压力油时，若采用高压泵则会增加成本，甚至有时采用高压泵也很难达到所要求的压力，这时往往采用增压回路。增压回路就是使系统或者局部某一支路上获得比液压泵的供油压力还高的压力回路，而系统其他部分仍然在较低的压力下工作。采用增压回路可以减少能源耗费，降低成本，提高效率。

1. 单向增压回路

如图 3-10 所示，当系统的供油压力 p_1 进入增压缸的大活塞左腔，此时在小活塞右腔即可得到所需的较高压力 p_2，增压倍数等于增压缸大、小活塞工作面积之比。

2. 双向增压回路

如图 3-11 所示，双向增压回路能连续输出高压油。

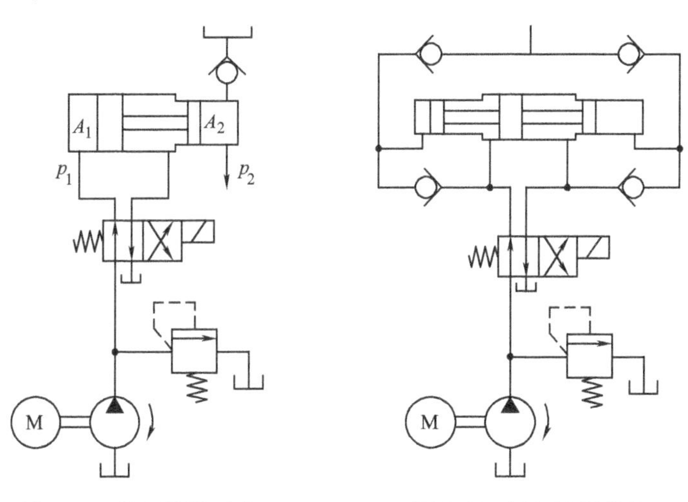

图 3-10　单向增压回路　　图 3-11　双向增压回路

3.1.4　卸荷回路

卸荷回路是指使液压泵在输出功率接近于零的情况下运转，其输出的油液在很低的压力下直接流回油箱，或者以最小的流量排出压力油，以减小功率损耗，降低系统发热，延长泵使用寿命的液压回路。常见的卸荷方式有压力卸荷和流量卸荷。

1. 利用二位二通阀的卸荷回路

如图 3-12 所示，当二位二通阀左位工作时，泵排出的液压油以接近零压状态流回油箱以节省动力并避免油温上升。

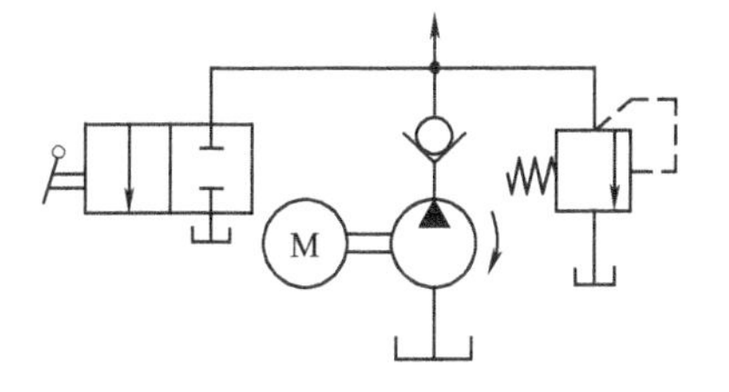

图 3-12　二位二通阀的卸荷回路

2. 利用换向阀中位机能的卸荷回路

如图 3-13 所示，当三位四通换向阀位处于中位时，泵排出的液压油直接经换向阀流回油箱，泵的工作压力接近于零。回路中三位四通换向阀中位机能是 M、H 或 K 型时都可以实现卸荷。

3. 利用先导式溢流阀的卸荷回路

如图 3-14 所示，当电磁阀通电，二位二通换向阀右位工作，先导式溢流阀的远程控制口与油箱相通，这时先导式溢流阀主阀阀口在很低的压力下打开，泵排出的液压油全部流回油箱，泵出口压力几乎是零。

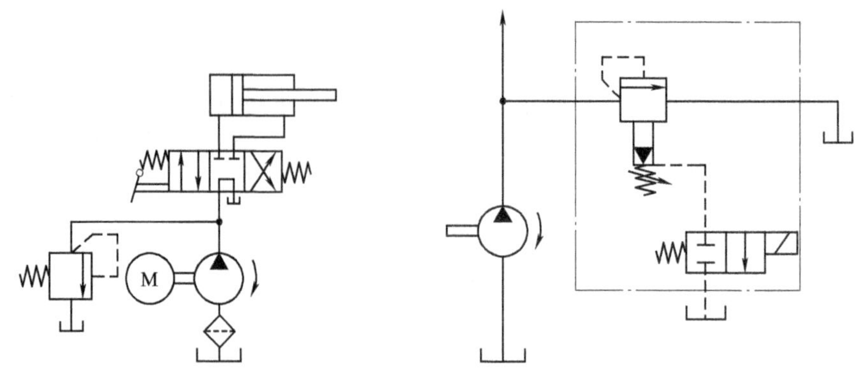

图 3-13 换向阀中位卸荷回路　　图 3-14 溢流阀的卸荷回路

4. 利用多路阀的卸荷回路

如图 3-15 所示，当多路阀中的换向阀都处于中位时，液压泵排出的液压油直接经多路阀流回油箱，泵实现卸荷。

3.1.5 保压回路

保压回路是当执行元件停止运动时，使系统稳定地保持一定压力的回路。保压回路需要满足压力稳定、工作可靠、保压时间和经济等方面的要求。如果保压性能要求较高，则应该采用补油的办法弥补回路的泄漏，从而维持回路的压力稳定。下面介绍几种常用的保压回路。

1. 自动补油保压回路

如图 3-16 所示，系统正常工作时，液压泵供给的液压油经过电磁换向阀左位进入液压缸无杆腔。当压力达到压力表的上限值时，压力表发出信号使电磁铁 1YA 断电，换向阀回到中位；当压力下降到下限值时，压力表发出信号又使电磁铁 1YA 通电，液压泵又开始向液压缸供油，使液压缸无杆腔压力上升从而保持一定的压力。

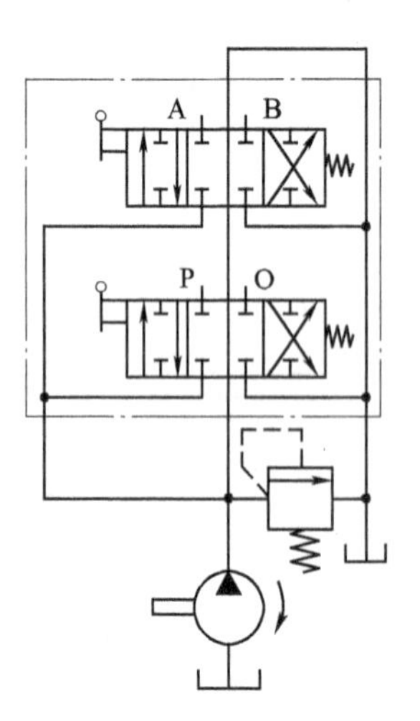

图 3-15 多路阀卸荷回路

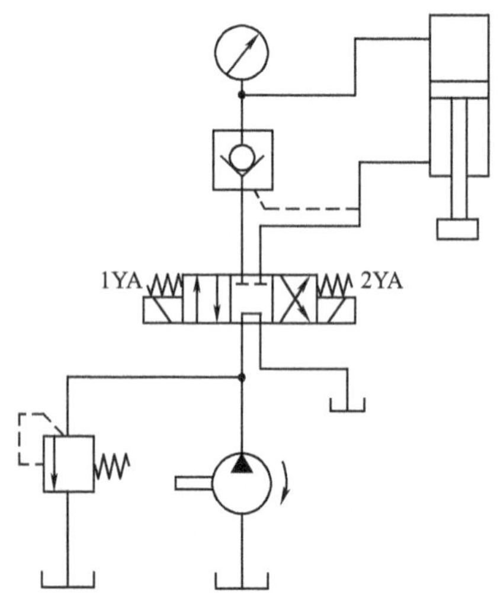

图 3-16 自动补油保压回路

2. 蓄能器保压回路

如图3-17所示，当主换向阀7在左位工作时，液压缸向前运动且压紧工件，进油路压力升高至调定值，压力继电器动作使二位二通阀3通电，泵即卸荷，单向阀4自动关闭，液压缸则由蓄能器6保压。当缸内压力不足时，压力继电器复位使泵重新工作。

3. 液压泵保压回路

如图3-18所示，当系统压力较低时，低压大流量泵1和高压小流量泵2同时向系统供油。当系统压力升高到卸荷阀4的调定压力时，泵1卸荷，此时高压小流量泵2使系统压力保持为溢流阀3的调定值。

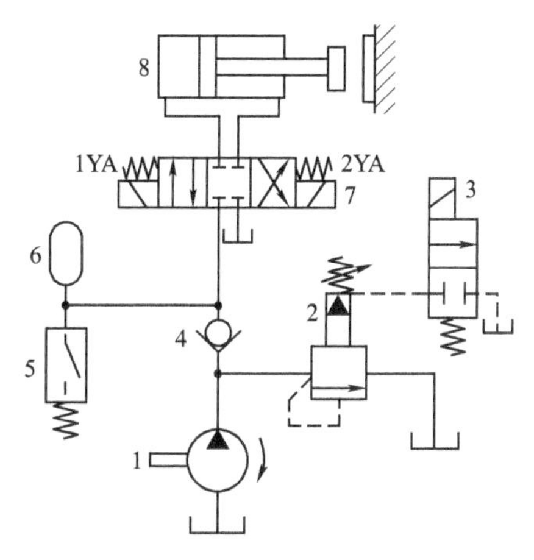

图3-17 蓄能器保压回路

1—液压泵 2—溢流阀 3—二位二通阀
4—单向阀 5—压力继电器 6—蓄能器
7—主换向阀 8—液压缸

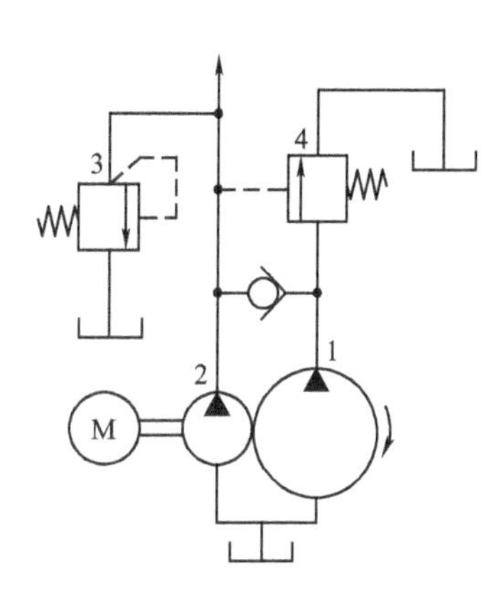

图3-18 液压泵保压回路

1—低压大流量泵 2—高压小流量泵
3—溢流阀 4—卸荷阀

3.2 速度控制回路

速度控制回路是控制和调节液压执行元件运动速度的回路。根据被控制执行元件的运动状态、方式以及调节方法，速度控制回路可分为调速回路、限速回路、同步回路、增速回路等。

3.2.1 调速回路

调速回路用于调节执行元件的运动速度。在该回路中，执行元件的运动速度由下式确定：

液压缸直线运动速度

$$v = Q/A \tag{3-1}$$

液压马达旋转速度

$$w = Q/q \tag{3-2}$$

式中 Q——输入执行元件工作腔的实际流量（m^3/s）；

q——液压马达的排量（m^3/rad）；

A——液压缸活塞的有效作用面积（m^2）。

由以上公式可知，实现执行元件速度调节的基本途径如下：改变输入液压执行元件的流量 Q，如液压缸调速；改变有效工作容积，如液压马达调速。因此，液压传动系统速度调节的方法可分为节流调速和容积调速两类。挖掘机上同时采用节流调速和容积调速。

改变液压缸的有效作用面积 A 或液压马达的排量 q，均可以达到改变速度的目的。但改变液压缸有效作用面积的方法在实际中不容易实现，只能用改变进入液压执行元件的流量或用改变液压马达的有效工作容积即排量的方法来调速。

1. 节流调速回路

原理：定量泵同时向两条油路供油，调节流量控制阀的阀口大小，改变两条油路的流量分配，实现速度调节。

特点：调节简便，但有较大的溢流损失和节流损失，发热大，效率低。

（1）节流阀节流调速回路　图 3-19 所示为节流调速回路，执行元件的运动速度通过节流阀调定，但也受到载荷变化的影响。

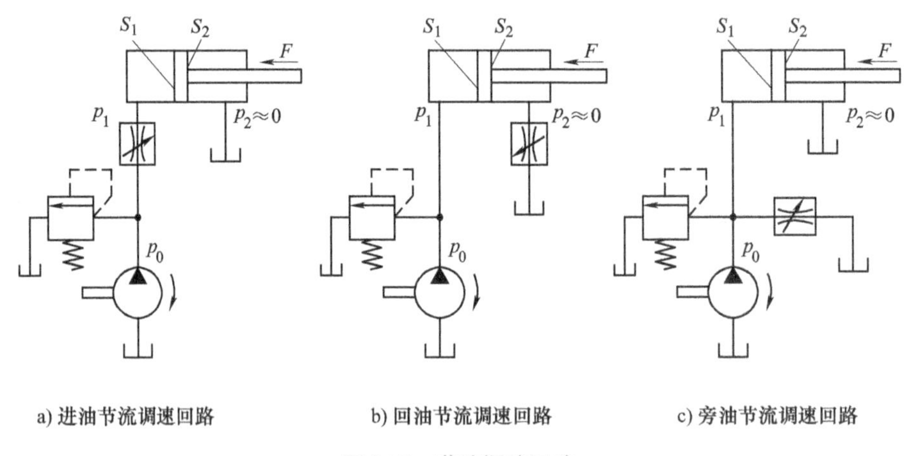

图 3-19　节流调速回路

节流阀进油、回油节流调速回路特点：溢流阀中等松紧，常开有溢流。节流阀口开度越大，执行元件速度越快。

节流阀旁路节流调速回路特点：溢流阀较紧，常闭无溢流，作安全阀用；节流阀口开度越大，执行元件速度越小。

（2）调速阀节流调速回路　执行元件的运动速度基本不受载荷变化的影响。根据调速阀在液压回路中的位置，可分为进油节流调速回路、回油节流调速回路和旁油节流调速回路，如图 3-20 所示。

（3）换向阀调速　对于换向阀调速回路来说，实质就是移动换向阀阀芯，使阀芯处在不同的位置，从而改变阀口大小来调节油路的流量。

2. 容积调速回路

原理：液压泵向一条油路供油，调节变量泵或变量液压马达的排量，实现速度调节。

特点：无节流损失和溢流损失，发热小，效率高，但调节不方便（与节流调速相反）。

图 3-21a 所示为依靠合流阀 3 来改变泵组连接的有级调速回路。若换向阀 4 控制的执行

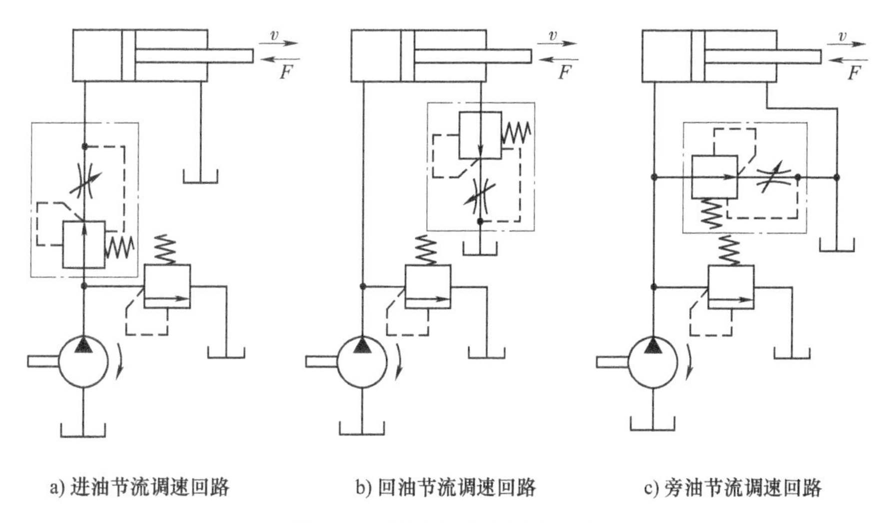

a) 进油节流调速回路　　b) 回油节流调速回路　　c) 旁油节流调速回路

图 3-20　调速阀节流调速回路

元件不工作，则可将合流阀 3 置于右位工作，使液压泵 1、2 共同向换向阀 5 控制的执行元件供油，此时为高速状态。

图 3-21b 所示为分流阀 8 控制的调速回路。常态下，两个相同的液压马达 6 和 7 并联工作，为低速状态；分流阀 8 换向后两液压马达转入串联工作则为高速状态。

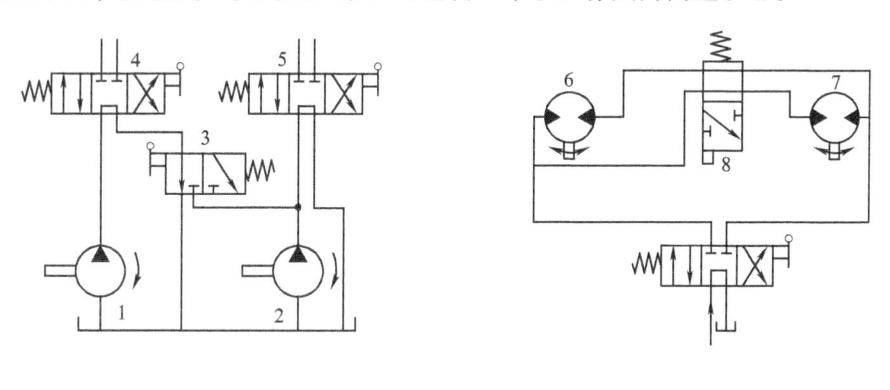

a) 合流阀控制的调速回路　　b) 分流阀控制的调速回路

图 3-21　定量泵限压回路

1、2—液压泵　3—合流阀　4、5—换向阀　6、7—液压马达　8—分流阀

1）变量泵和定量液压马达（或液压缸）组成的容积调速回路，通过改变液压泵排量来调节液压马达（或缸）的运动速度，如图 3-22 所示。

2）定量泵-变量液压马达的调速回路通过改变液压马达的排量来进行无级调速，如图 3-23 所示。

3）变量泵-变量液压马达的调速回路，使调速范围也进一步扩大，如图 3-24 所示。

3. 容积节流调速回路（联合调速回路）

原理：变量泵往一条油路供油，调节流量控制阀的阀口大小，即可改变变量叶片泵的排量和流量，实现速度调节。系统无溢流阀或溢流阀作安全阀用。

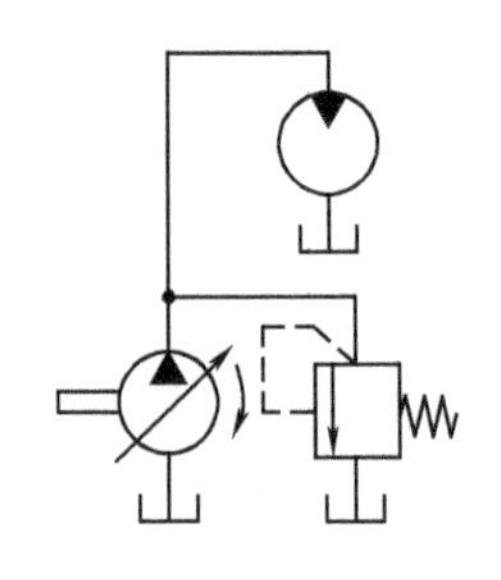

a) 变量泵-定量液压马达调速回路

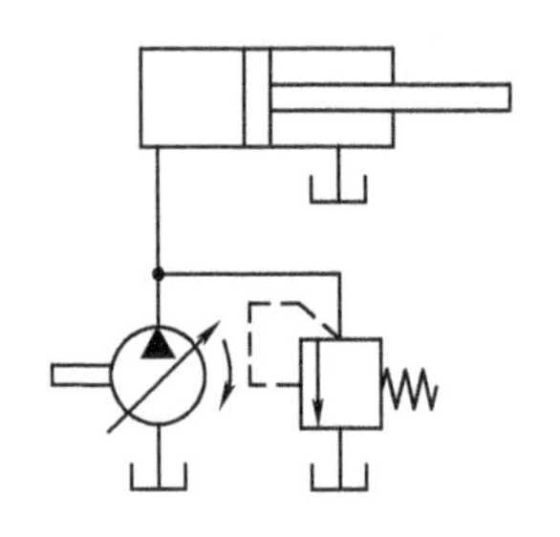

b) 变量泵-液压缸调速回路

图 3-22 变量泵容积调速回路

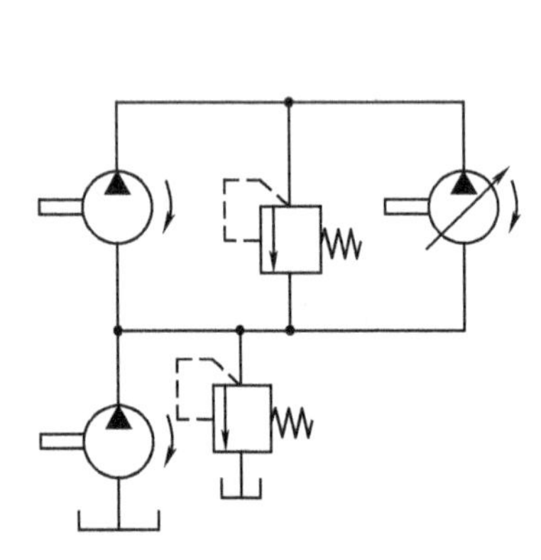

图 3-23 定量泵-变量液压马达调速回路

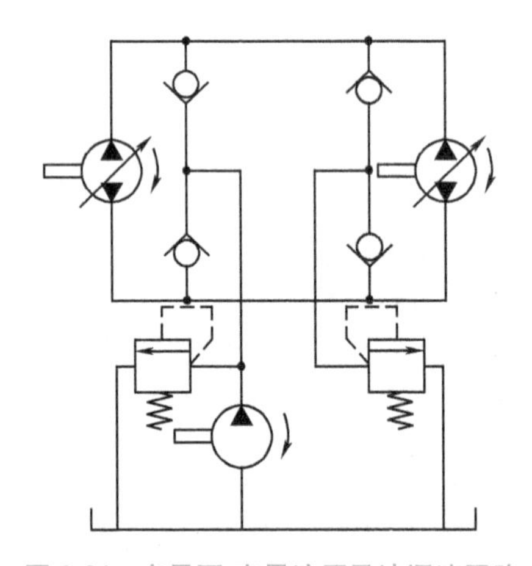

图 3-24 变量泵-变量液压马达调速回路

特点：若将流量控制阀的阀口减小，则油路阻力增大，泵的出口压力增大，泵的排量自动减小，泵的输出流量减小，执行元件运动速度下降。

图 3-25 所示为定压式容积节流调速回路，电磁换向阀 3 得电时，液压缸的速度由调速阀 2 调定，液压泵输出流量自动减小。

1）定压式：调速阀+限压式叶片泵。

2）变压式：节流阀+恒流量式叶片泵。

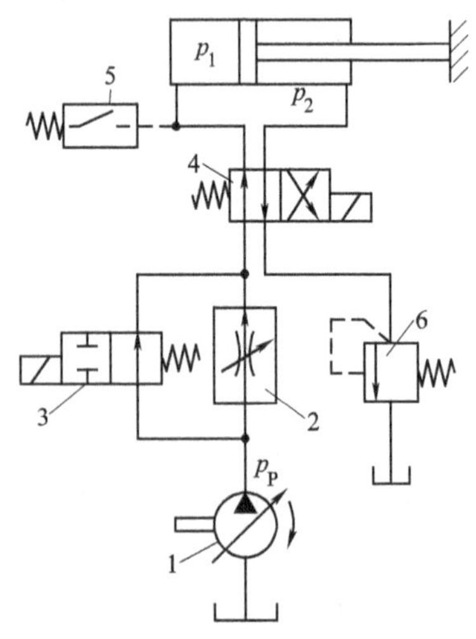

图 3-25 定压式容积节流调速回路

1—限压式变量泵 2—调速阀

3、4—电磁换向阀

5—压力继电器 6—背压阀

3.2.2 限速回路

如图 3-26 所示，当提升动臂时，压力油从单向阀进入液压缸下腔，推动活塞上升，故动臂可按要求速度提升。下降时，液压缸下腔的回油经过节流阀，节流阻力使液压缸下腔建立背压，使动臂降落速度变慢，避免由于载荷及自重的作用而使下降速度越来越快以至超过控制速度。

图 3-27 所示为液压马达控制的起重回路，当下放重物时换向阀左位接入回路，压力油

从左侧油路进入液压马达。若液压马达在重物的重力作用下发生超速运转，即转速超过系统的控制速度时，左侧油路由于泵供油不及时而压力下降，平衡阀2（限速液压锁）便在弹簧力作用下关小阀口增加回油阻力，消除超速现象，保证工作安全。

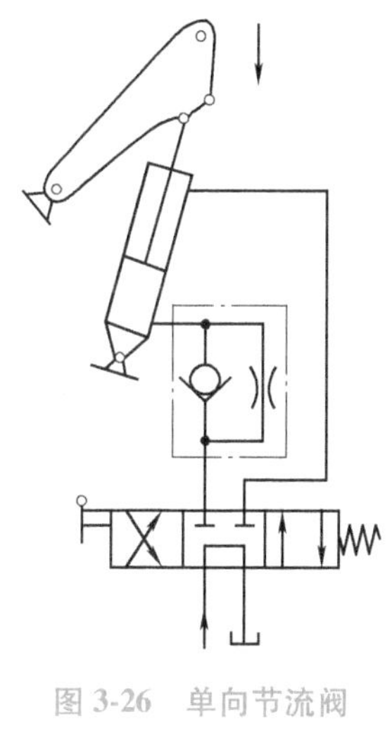

图3-26　单向节流阀调速回路

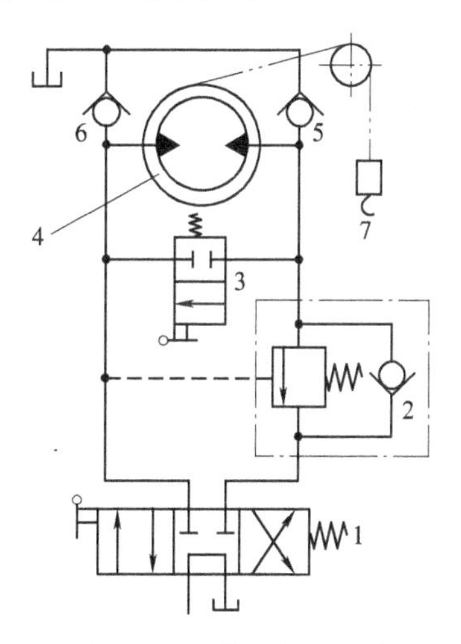

图3-27　平衡阀调速回路

1、3—换向阀　2—平衡阀　4—液压马达　5、6—单向阀　7—吊钩

3.2.3　速度换接回路

1. 快慢速运动的换接

如图3-28所示，该油路通过行程阀4控制液压缸3有杆腔的回油路，可以实现“快进-工进-快退”工况。

（1）快进　液压缸活塞杆伸出时，回油路未串接节流阀，油路阻力小，产生压力小，溢流阀未能打开，液压缸获得了泵的全部流量。

（2）工进　活挡铁压下行程阀4，油路串接节流阀，产生压力大，溢流阀打开，液压缸获得了泵的部分流量。在工进时，调节节流阀的阀口大小，还可实现节流阀回油节流调速。

（3）快退　快退原理与快进原理相似。但快退时是液压缸有杆腔进油，因而快退速度比快进速度还要快。

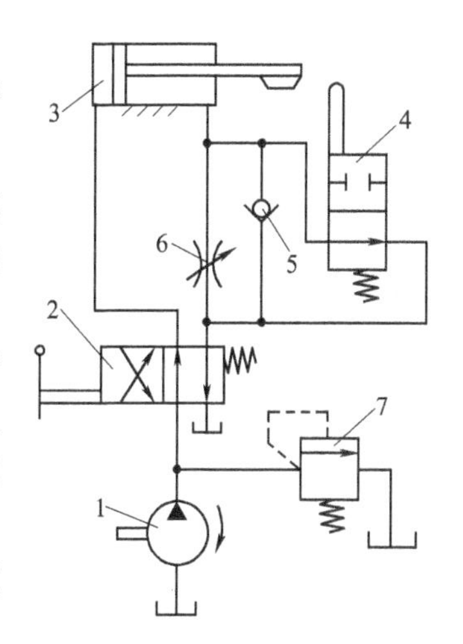

图3-28　行程阀控制的换接回路

1—液压泵　2—换向阀　3—液压缸　4—行程阀　5—单向阀　6—节流阀　7—溢流阀

2. 两种慢速运动的换接

图3-29所示为使用两个调速阀实现两种慢速运动的换接调速回路。图3-29a所示为两个调速阀并联，由换向阀3实现速度换接。该回路中，当一个调速阀工作时，另一个调速阀无油液流过，阀中的减压阀处于最大开口位置，速度换接时瞬时流过较大流量，使工作部件产生突然前冲现象，故它不宜用于工作过程中的速度换接。图3-29b所示为两个调速阀串联，由换向阀 *C* 实现速度换接。该回路中，调速阀 *A* 工作时调速阀 *B* 被换向阀 *C* 短接，液

压缸速度由调速阀 A 控制，速度换接后，液压缸速度由调速阀 B 控制。在该回路中，要求调速阀 B 的开口量要调得比调速阀 A 的小。由于调速阀 A 一直处于工作状态，在速度换接时限制了进入调速阀 B 的流量，所以其速度换接较平稳。

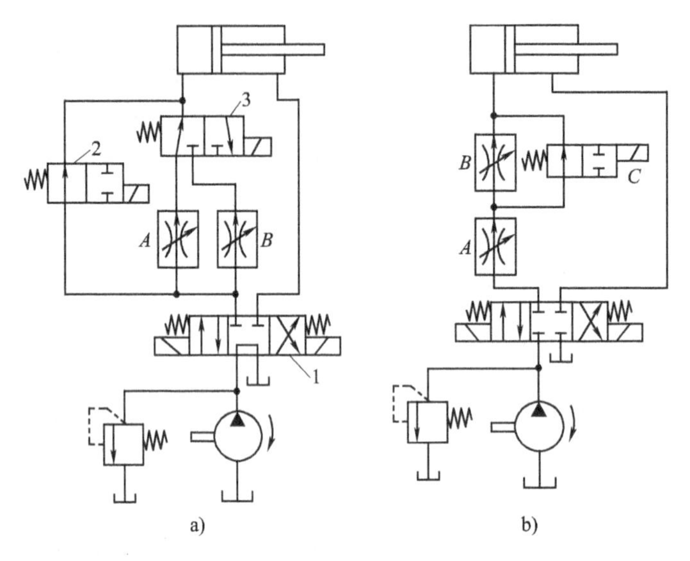

图 3-29 慢速换接回路

3.3 方向控制回路

方向控制回路是用来控制液压系统油路中液流的通、断或流向的回路，从而来控制执行元件的起动、停止和改变运动方向等。常用的方向控制回路有换向回路、顺序回路、锁紧回路和浮动回路。

3.3.1 换向回路

换向回路是用来改变执行元件运动方向的油路，使液压缸和与之相连的运动部件在其行程终端处变换运动方向。换向回路可以通过采用各种换向阀或改变双向变量泵的输油方向来实现。

1. 三位四通换向阀的换向回路

图 3-30 所示为采用 M 型中位机能三位四通电磁换向阀的换向回路。当电磁阀 3 的电磁铁 1YA 通电时，该阀切换至左位，液压泵 1 的液压油经电磁阀 3 左位进入液压缸 4 的无杆腔，液压缸的活塞杆伸出，有杆腔的油液经电磁阀 3 左位流回油箱。行程终了，发信装置（如行程开关）发信，电磁铁 1YA 断电，2YA 通电，此时，电磁阀 3 切换至右位，液压泵 1 的液压油经电磁阀 3 进入液压缸 4 的有杆腔，液压缸的活塞杆缩回，无杆腔的油液经电磁阀 3 右位流回油箱，实现了液压缸的换向。当电磁铁 1YA 和 2YA 均断电时，电磁阀 3 处于中位，液压泵的油液直接经电磁阀 3 流回油箱，实现卸荷。

2. 变量泵的换向回路

图 3-31 所示为采用双向变量泵的换向回路。当活塞右行时，其进油流量大于排油流量，

可用辅助液压泵2通过单向阀3向系统补油；而当双向变量液压泵1油流换向、活塞左行时，排油流量大于进油流量，回油路多出的流量通过进油路的压力操纵二位二通液动换向阀4排回油箱。溢流阀6可以防止液压缸活塞左行回程时超速。

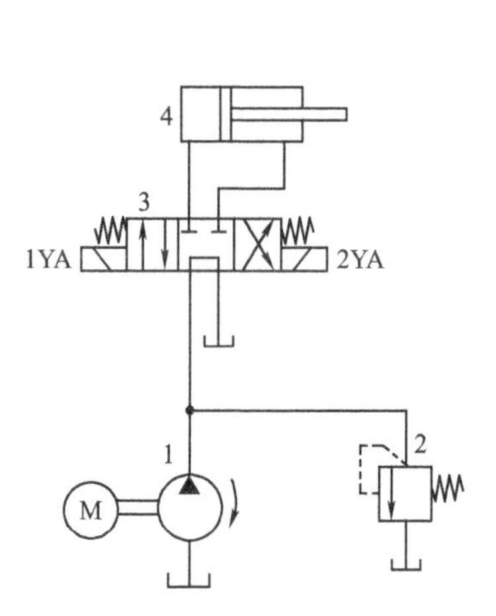

图3-30 换向阀的换向回路

1—液压泵 2—溢流阀

3—电磁阀 4—液压缸

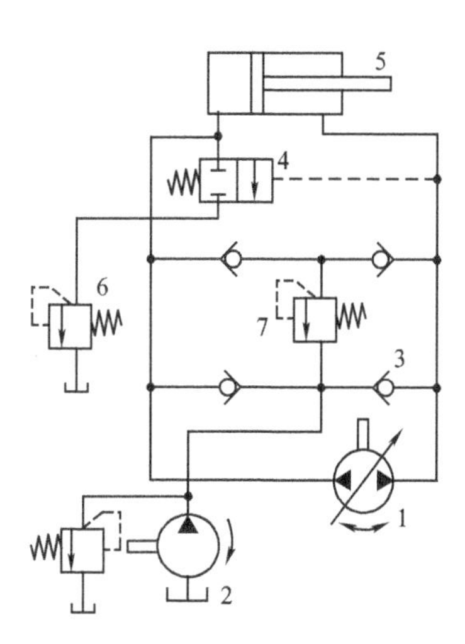

图3-31 双向变量泵的换向回路

1、2—液压泵 3—单向阀 4—换向阀

5—液压缸 6、7—溢流阀

3.3.2 锁紧回路

某些液压设备在工作中要求工作部件能在任意位置停留，以及在此位置停止工作时，具有防止在受力的情况下发生移动的功能，这些要求可以采用锁紧回路实现。常用的锁紧回路有以下几种。

1. 采用单向阀的锁紧回路

如图3-32所示，当液压泵1停止工作后，在外力作用下，液压缸4活塞只能向右运动，向左则被单向阀3锁紧。这种锁紧回路一般只能单向锁紧，锁紧精度受单向阀泄漏影响，精度不高。

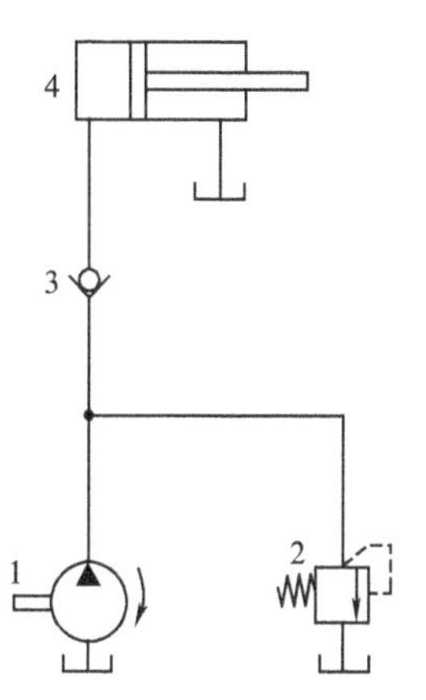

图3-32 单向阀锁紧回路

1—液压泵 2—溢流阀

3—单向阀 4—液压缸

2. 采用换向阀的锁紧回路

如图3-33所示，在活塞运动过程中，当其达到预定位置时，电磁阀3断电回到中位，将液压缸的进、出油口同时封闭。这样，无论外力作用方向向左还是向右，活塞均不会发生位移，从而实现双向锁紧，但由于泄漏，锁紧精度不高。可采用的换向阀中位有O型、M型，锁紧效果不理想，只能短时锁紧。

3. 采用液控单向阀的单向锁紧回路

如图3-34所示，当电磁换向阀3通电右位工作时，液压泵1卸荷，液控单向阀4关闭，从而使活塞被锁紧不能下行。该锁紧回路的优点是液控单向阀密封性好，锁紧可靠，不会因工作部件的自重导致活塞下滑。

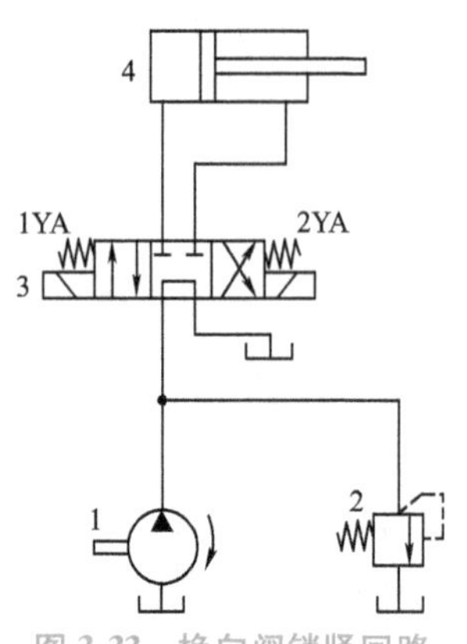

图 3-33　换向阀锁紧回路

1—液压泵　2—溢流阀

3—电磁阀　4—液压缸

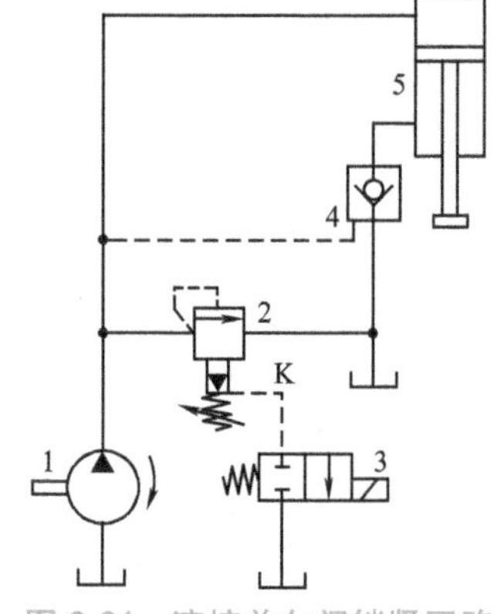

图 3-34　液控单向阀锁紧回路

1—液压泵　2—溢流阀　3—电磁换向阀

4—液控单向阀　5—液压缸

4. 双向液压锁的双向锁紧回路

如图 3-35 所示，电磁换向阀 3 处于中位，液压泵 1 卸荷，两个液控单向阀 4 和 5 均关闭，因此活塞被双向锁住。该回路的优点是活塞可在任意位置被锁紧。

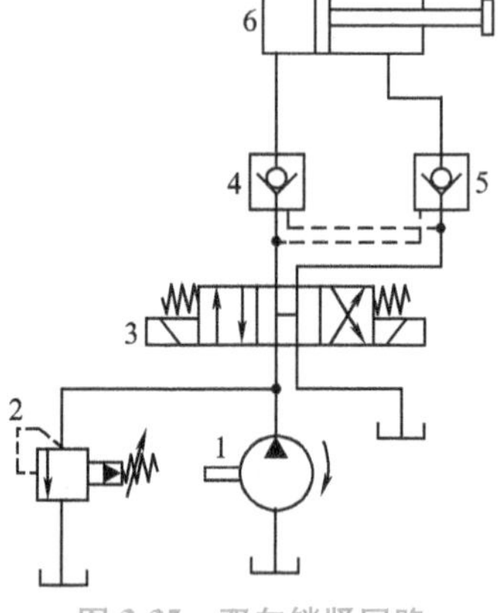

图 3-35　双向锁紧回路

1—液压泵　2—溢流阀　3—电磁换向阀

4、5—液控单向阀　6—液压缸

3.3.3　浮动回路

1. 中位机能的浮动回路

如图 3-36 所示，采用 H 型（P 型、Y 型）中位机能的三位四通电磁换向阀，处于中位时，可使液压马达 4 处于浮动状态，同时使液压泵 1 卸载。

2. 二位二通换向阀的浮动回路

如图 3-37 所示，当二位二通电磁换向阀 4 通电接通液压马达 5 进出油口时，利用吊钩自重快速下降实现“抛钩”。

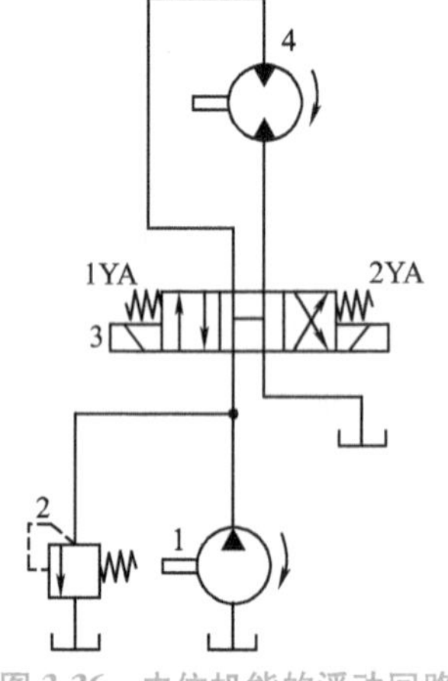

图 3-36　中位机能的浮动回路

1—液压泵　2—溢流阀

3—电磁换向阀　4—液压马达

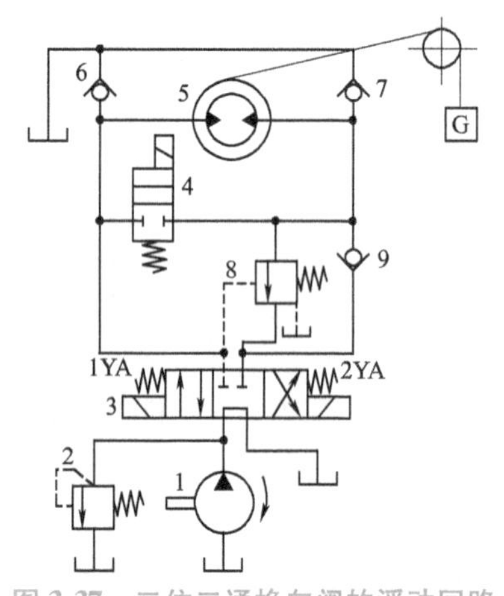

图 3-37　二位二通换向阀的浮动回路

1—液压泵　2、8—溢流阀　3、4—电磁换向阀

5—液压马达　6、7、9—单向阀

3.4 其他控制回路

3.4.1 顺序回路

顺序回路的功能是使多个液压缸按照预定顺序依次动作。这种回路常用的控制方式有压力控制和行程控制两种。

1. 压力控制顺序回路

在液压系统中布置顺序阀或压力继电器，利用系统工作过程中压力的变化使执行元件按顺序先后动作。

（1）采用顺序阀控制的顺序动作回路 如图 3-38 所示，单向顺序阀 4 用来控制两液压缸向右运动的先后次序，单向顺序阀 3 是用来控制两液压缸向左运动的先后次序。

（2）采用压力继电器控制的顺序动作回路 如图 3-39 所示，压力继电器 1KP 用于控制两液压缸向右运动的先后顺序，压力继电器 2KP 用于控制两液压缸向左运动的先后顺序。

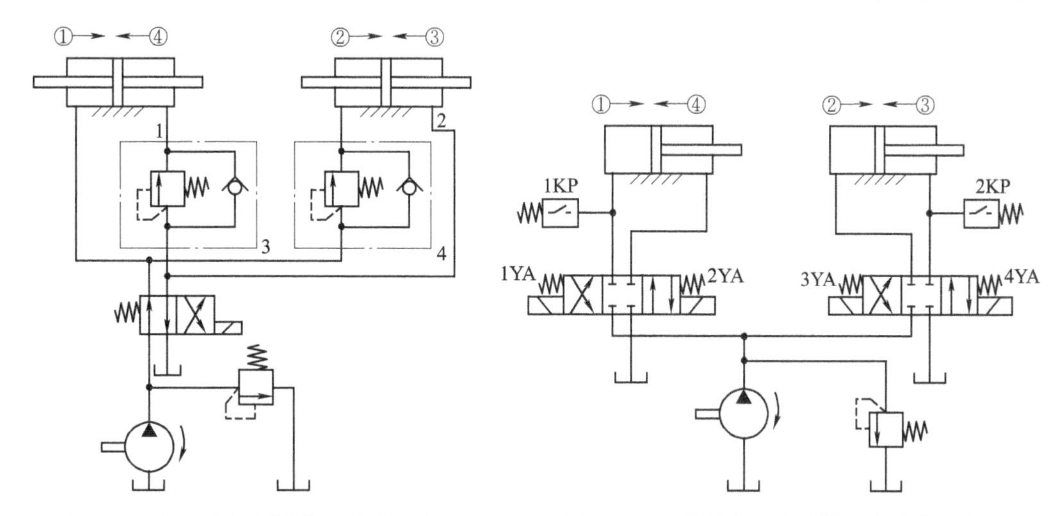

图 3-38 顺序阀控制的顺序动作回路
1、2—液压缸 3、4—单向顺序阀

图 3-39 压力继电器控制的顺序动作回路

2. 行程控制的顺序动作回路

（1）采用行程阀 如图 3-40 所示，将行程阀安装在运动行程的某一位置，当活挡铁压下行程阀时，后动作缸开始运动。特点：换接平稳可靠，换接位置准确，但行程阀必须安装在运动部件附近，改变运动顺序较困难。

两个液压缸的活塞均退至左端点，换向阀 3 左位接通，液压缸 1 的活塞先向右运动，同时活塞杆的挡块压下行程阀 4 后，液压缸 2 左腔进油，活塞向右运动。

（2）采用行程开关 如图 3-41 所示，将行程开关安装在运动行程的某一位置。当活挡铁压下行程开关时，对应的电磁换向阀电磁铁通、断电，后动作缸开始运动。

在电气行程开关控制顺序动作回路中，当电磁铁 1YA 通电时，液压缸 1 的活塞向右运动；当缸 1 的挡块随活塞右行到行程终点并触动电气行程开关 2S 时，电磁铁 2YA 通电，液压缸 2 的活塞向右运动，动作依次类推，实现顺序动作。

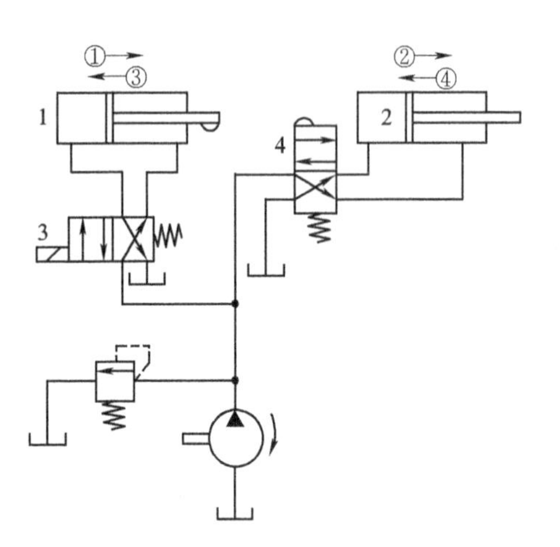

图 3-40 行程阀控制的顺序回路

1、2—液压缸 3—换向阀 4—行程阀

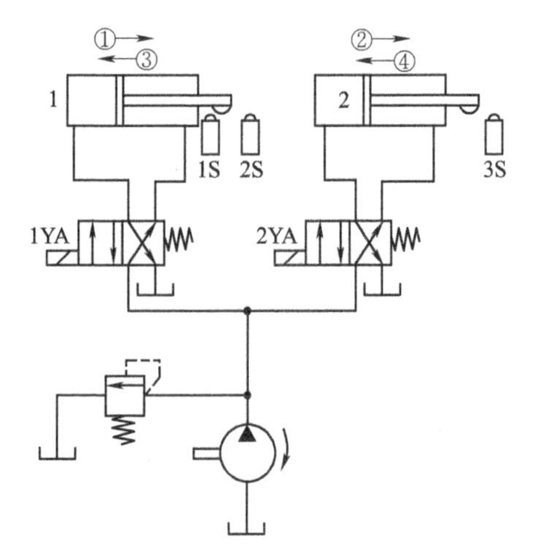

图 3-41 行程开关控制的顺序回路

1、2—液压缸

3.4.2 同步回路

1. 机械控制同步回路

如图 3-42 所示，两液压缸利用刚性梁机械连接，靠连接刚度强行实现同步位移。

2. 采用分流阀的同步回路

图 3-43 所示为采用分流阀的同步回路，在图示位置时，压力油经过节流孔 2 和 3 至分流阀的左右两腔，然后经环槽 a 和 b 分别进入液压缸 4、5，使两个活塞右移。

3. 采用调速阀控制同步回路

如图 3-44 所示两个液压缸并联，两个调速阀分别调节两个液压缸活塞的运动速度，只需调整两个调速阀开口的大小，就能使两个液压缸保持同步。

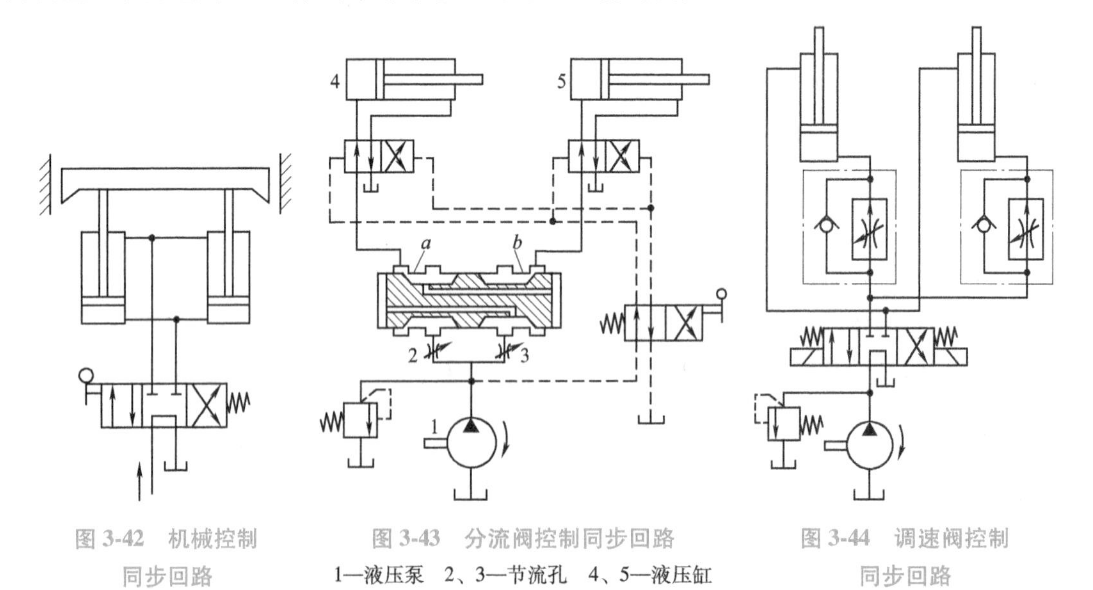

图 3-42 机械控制同步回路

图 3-43 分流阀控制同步回路

1—液压泵 2、3—节流孔 4、5—液压缸

图 3-44 调速阀控制同步回路

3.4.3　多缸快慢速互不干扰回路

在如图 3-45 所示的多缸系统中，为防止其压力、速度互相干扰，采用独立控制。如组合机床液压系统中，若用同一个液压泵供油，当某缸快速运动时，因其负载压力小，其他缸就不能工作进给。

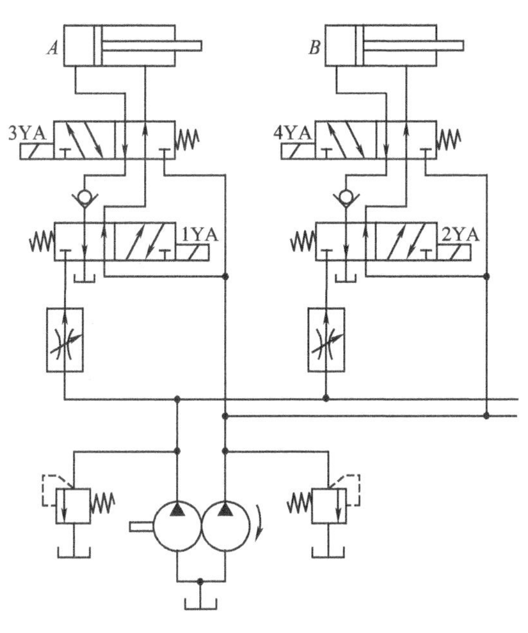

图 3-45　多缸独立回路

思考与练习

3.1　填空题

1. 在压力回路中，通常在液压泵出口处旁接____________用来限定液压系统的压力。

2. 为了使液压系统中的某一部分油路具有比系统压力低的稳定压力，可以在回路中串接____________阀。

3. 根据被控制执行元件的运动状态、方式以及调节方法，速度控制回路可分为调速回路、____________、____________和____________等。

4. 调速回路可以分为____________、____________和____________三种。

5. 换向回路是用来改变________元件运动方向的油路，可以通过采用________或改变____________的输油方向来实现。

6. 在液压回路中，____________的功能是使多个液压缸按照预定顺序依次动作，常用的控制方式有__________控制和__________控制两种。

7. 浮动回路常采用 P 型、________型和______型中位机能的换向阀。

3.2　选择题

1. 在压力控制回路中，当液压泵停止工作后，用来提供保压功能的元件是（　　）。

A. 溢流阀　　B. 减压阀　　C. 蓄能器　　D. 压力继电器

2. 增压回路的关键液压元件是（　　）。

A. 液压泵　　B. 溢流阀　　C. 换向阀　　D. 增压液压缸

3. 具备保压功能的三位四通换向阀是（　　）。

A. 中位 H 型　　B. 中位 O 型　　C. 中位 Y 型　　D. 中位 P 型

4. 在节流调速回路中，用于调节液压缸回油流量的回路是（　　）。

A. 回油节流调速回路　　B. 进油节流调速回路

C. 旁油节流调速回路　　D. 泄油节流调速回路

5. 可以实现液压马达无级调速的回路是（　　）。

A. 定量泵-定量液压马达回路　　B. 定量泵-变量液压马达回路

C. 变量泵-定量液压马达回路　　D. 变量泵-变量液压马达回路

6. 在限速回路中，起到调节液压缸运动速度的控制阀是（　　）。

A. 溢流阀　　B. 换向阀　　C. 节流阀　　D. 单向阀

7. 双向锁紧回路是在液压缸的两个油口油路中安装（　　）。

A. 单向阀　　B. 液控单向阀　　C. 顺序阀　　D. 减压阀

8. 不具备作为顺序回路中用来控制顺序动作的液压元件是（　　）。

A. 顺序阀　　B. 压力继电器　　C. 行程阀　　D. 减压阀

9. 对于液压回路中压力的描述，不正确的是（　　）。

A. 液压回路的最高压力是由溢流阀决定的

B. 液压回路的工作压力是由液压泵决定的

C. 液压回路的工作压力是由外负载决定的

D. 液压回路的工作压力并不一定等于最高压力

10. 对于液压回路中流量的描述，正确的是（　　）。

A. 液压回路的工作流量是由液压泵决定的

B. 液压回路的工作流量是由液压缸决定的

C. 液压回路的工作流量是由溢流阀决定的

D. 液压回路的工作流量是由换向阀决定的

3.3 判断题

1. 在液压泵出口处并联安装一个溢流阀，可以实现调压和稳压控制。（　　）
2. 常见的减压回路是在需要减压的液压支路前串联一个顺序阀。（　　）
3. 卸荷回路是指使液压泵在额定功率的状态下运转。（　　）
4. 保压回路是当执行元件停止运动时，使系统稳定地保持一定压力的回路。（　　）
5. 调速回路用于调节动力元件的运动速度。（　　）
6. 节流阀进油节流调速回路的特点是对液压缸进油路进行流量调节。（　　）
7. 先导换向阀调速的特点是利用先导油驱动或限定换向阀阀芯的移动。（　　）
8. 变量泵和定量液压马达组成的调速回路属于容积调速回路。（　　）
9. 在液压缸差动连接增速回路中，液压缸活塞杆的伸出速度大于缩回速度。（　　）
10. 平衡调速回路中，平衡阀起到防止重物超速下降的作用。（　　）

3.4　分析题

1. 在图3-46所示的多级压力控制回路中，在二位二通电磁阀失电、得电的两种情况下，液压系统的最高压力分别是多少？

2. 在图3-47所示的先导控制回路中，换向阀2、溢流阀5、调速阀6、减压阀8分别有什么作用？如果电磁换向阀3的1YA得电，液压缸1活塞杆如何运动？为什么电磁换向阀3采用Y型中位机能，能否改用O型中位机能？

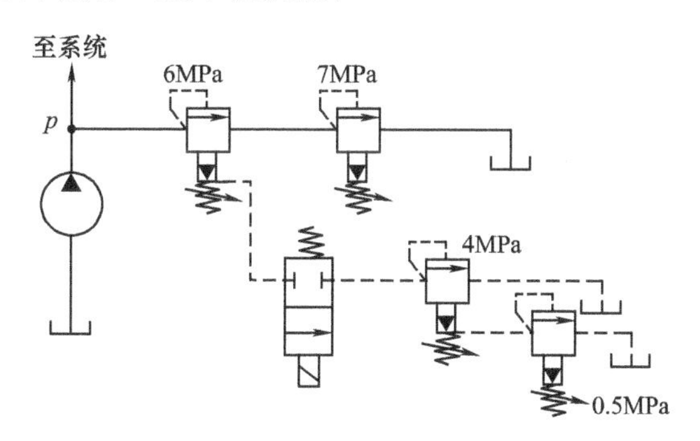

图3-46　分析题1图

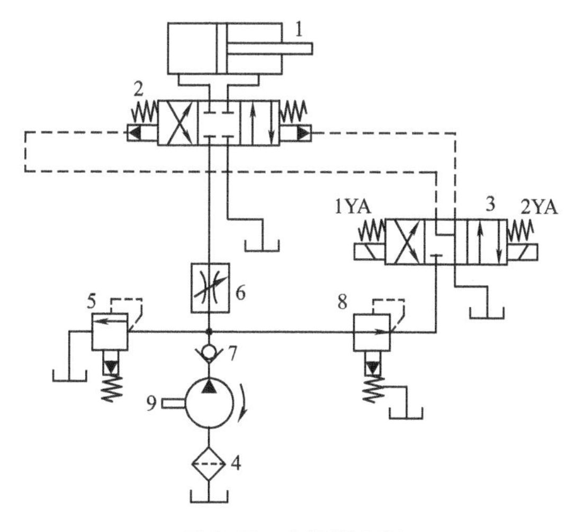

图3-47　分析题2图

1—液压缸　2、3—换向阀　4—过滤器　5—溢流阀　6—调速阀
7—单向阀　8—减压阀　9—液压泵

第4章 工程机械液压系统的形式

☞ 目标与要求

了解开式液压系统、闭式液压系统、定量系统和变量系统，了解变量系统中的负流量控制、正流量控制、负荷敏感控制的区别与应用特性。

能够分析液压系统的工作原理及特点。

☞ 重点与难点

液压系统按结构形式可分为开式系统和闭式系统；按液压泵输出排量是否可调，可分为定量系统和变量系统。常见的液压系统多为开式系统，闭式系统多为液压马达的控制系统。

工程机械变量液压系统中，对于变量泵的控制主要有三种方式，分别是负流量控制、正流量控制和负荷传感控制。三种控制方式各有优缺点，但是正流量控制和负荷传感控制正在得到重点发展。

4.1 液压系统的类型

随着液压元件逐步实现了标准化、系列化、通用化，其在国民经济及军事工业中发挥的作用也越来越大。从不同的角度出发，可以把液压系统分成不同的类型。

4.1.1 开式循环液压系统和闭式循环液压系统

按油液在液压系统中的循环方式不同，液压系统可分为开式循环液压系统和闭式循环液压系统，分别简称为开式系统和闭式系统。

1. 开式系统

开式系统是指液压泵从油箱吸油，油经各种控制阀后，驱动液压执行元件，执行元件的回油再经过各种途径最终回到油箱，形式如图4-1所示。这种系统的结构较为简单，可以充分利用油箱的散热、沉淀杂质作用，但也因油液在油箱内常与空气接触，空气易渗入系统中，导致系统工作不平稳等后果。开式液压系统油箱较大，液压泵的自吸性能好。

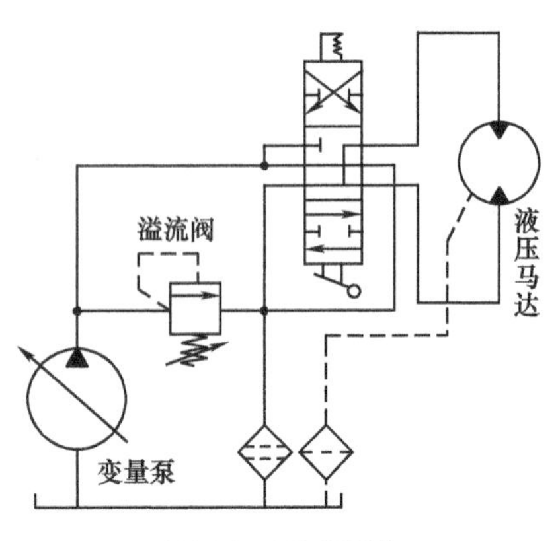

图4-1　开式系统

开式系统的主要特点：

1）由于系统工作油液流回油箱，因此可以发挥油箱的散热、沉淀杂质作用。但因油液常与空气接触，使空气易渗入系统，可在回油路上设置背压阀或节流阀。

2）在开式系统中，采用的液压泵为定量泵或单向变量泵，考虑到泵的自吸能力和避免产生吸空现象，对自吸能力差的液压泵，通常将其工作转速限制在额定转速的 75%以内，或增设一个辅助泵进行补油。

3）工作机构的换向由换向阀实现，换向阀换向时，除了产生液压冲击外，运动部件的惯性能将转变为热能，从而使液压油的温度升高。

4）由于开式系统结构简单，在工程机械中应用较多。

2. 闭式系统

闭式系统是指液压泵的进油管直接与执行元件的回油管相连，工作油液在系统的管路中进行封闭循环，形式如图 4-2 所示。闭式系统的主要特点如下。

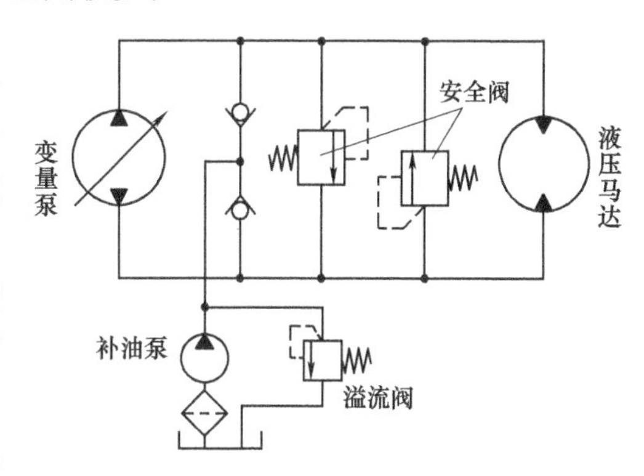

图 4-2　闭式系统

1）在闭式系统中，液压泵的进油管直接与执行元件的回油管相连，工作液体在系统的管路中进行封闭循环。

2）闭式系统结构较为紧凑，油液与空气接触机会较少，空气不易渗入系统，故传动的平稳性好。

3）工作机构的变速和换向靠调节泵或液压马达的变量机构实现，避免了在开式系统换向过程中出现的液压冲击和能量损失。

4）闭式系统较开式系统复杂，由于闭式系统工作完的油液不回油箱，油液的散热和过滤条件较开式系统差。

5）为了补偿系统中的泄漏，通常需要一个小容量的补油泵进行补油和散热，因此这种系统实际上是一个半闭式系统。

6）一般情况下，闭式系统中的执行元件为液压马达。

在发热量较大的闭式系统中，为改善系统散热状况，还需增加补油泵，并增设低压选择阀等，使系统有部分低压热油通过选择阀流回油箱冷却，这就成为一个半闭式系统。

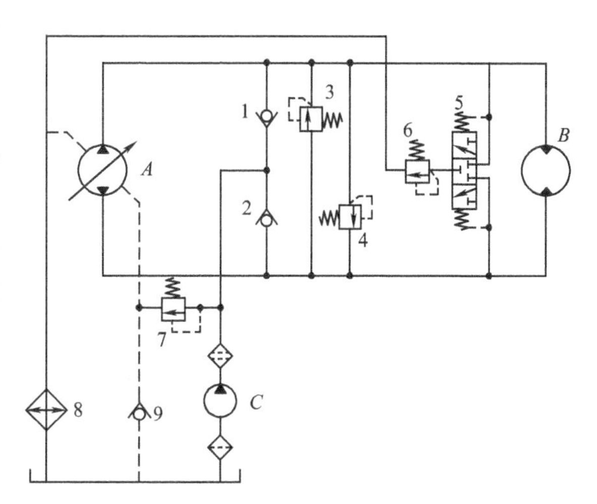

图 4-3　半闭式系统
1、2、9—单向阀　3、4、7—溢流阀
5—液控换向阀　6—背压阀　8—冷却器

在图 4-3 所示的半闭式系统中，溢流阀 3、4 组成双向安全阀，起防止过载作用；单向阀 1、2 组成补油阀；液控换向阀 5 为低压选择阀。辅助泵 *C* 输出的液压油经单向阀 1 或 2 向系统的低压油管补充冷却油，高压油从控制油路（图中虚线所示）推动液控换向阀 5，则低压油管多余热油经液控换向阀 5、背压阀 6 和冷却器 8 流回油箱；低压溢流阀 7 的溢油冷却泵壳后，再经冷却器 8 流回油箱。单向阀 9 的进口压力略高于泵壳体内的压力，以保证经溢流阀 7 的油液流入壳体。显然，在半闭式系统中，液压系统工作时，总有一部分油液流回油箱，这是半闭式系统与闭式系统的最大区别。

4.1.2 定量系统与变量系统

按液压系统所选用的液压泵形式的不同，可分为定量系统和变量系统。

1. 定量系统

定量系统就是系统中的动力元件都为定量泵，例如齿轮泵、双作用叶片泵等。

定量泵的转速确定后，根据功率公式 $N=PQ$ 可知，当流量 Q 恒定，功率 N 随着压力 P 的变化而变化。在液压系统中，负载总是变化的，并不总在最大负载范围，所以压力 P 也在随时变化，这就造成了定量泵的功率平均利用率并不高。据统计，挖掘机液压系统中，定量泵功率平均利用率为 55%左右。

2. 变量系统

变量系统就是系统中的动力元件至少有 1 台变量泵；变量系统的优势是在变量泵的调节范围之内，可以充分利用原动机的功率，变量泵的输出流量可以根据系统的压力变化，即外负载的大小，自动地调节流量，就是压力高时输出流量小，压力低时输出流量大，这样可以节省液压元件的数量，从而简化油路系统，而且可以减少发热。

4.2 变量系统中变量泵的控制方式

变量液压系统中变量泵是通过变量机构来实现流量改变的，变量机构控制技术的优劣是变量系统获得较高传递效率的主要因素。

变量泵的控制方式就是变量泵的排量调节机构如何获得信号、依据何种规律来控制变量系统的流量变化。

按控制方式可分为手动控制、机械控制、液压控制、气压控制、电磁控制、电液比例控制等。

按变化规律可分为恒压控制、恒功率控制、恒流量控制、恒速度控制、恒转矩控制、功率匹配控制等。

按照液压控制信号的获取途径可分为负流量控制、正流量控制、负荷传感控制等。

变量泵的控制方式多种多样，常用的有电液比例控制、功率控制、负流量控制、正流量控制和负载传感控制等基本控制方式。

数字控制液压泵能够接收数字量的控制信号，以改变液压泵的输出参数，实现对液压系统的控制和调整。目前主要有变频控制和变排量控制两种方式。

数字控制变量泵的电-机转换可以通过多种方式来实现，如采用步进电动机、高速开关阀、高响应比例阀、伺服阀等元件。在目前的技术水平下，采用比例阀的形式较多。比例放大器接收数字控制信号，输出 PWM 信号控制比例阀的动作，由比例阀驱动变量活塞的运动实现变量，同时将变量活塞的运动反馈回控制器实现闭环控制。图 4-4 所示为 A4VSO 数字泵控制系统工作原理图。

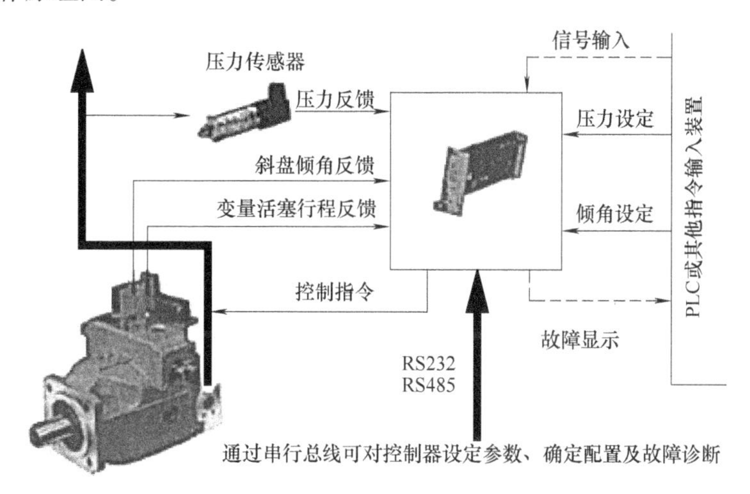

图 4-4　A4VSO 数字泵控制系统工作原理图

下面介绍几种常见的控制方式。

4.2.1　负流量控制系统

负流量控制是指在液压系统中，液压泵的输出流量与控制系统的压力信号成反比例的控制方式。当先导油路压力增大，主泵的排量随之成比例减小；相反，当先导油路压力减小时，主泵的排量就会随之成比例增大。

1. 工作原理

如图 4-5 所示，当液压系统的换向阀都处于中位时，变量泵输出的油液会通过中央油路流回油箱。在油箱前的回油路上设计有一个节流阀，在节流阀处并联一个溢流阀（设定较小的压力，例如 3MPa 左右）。

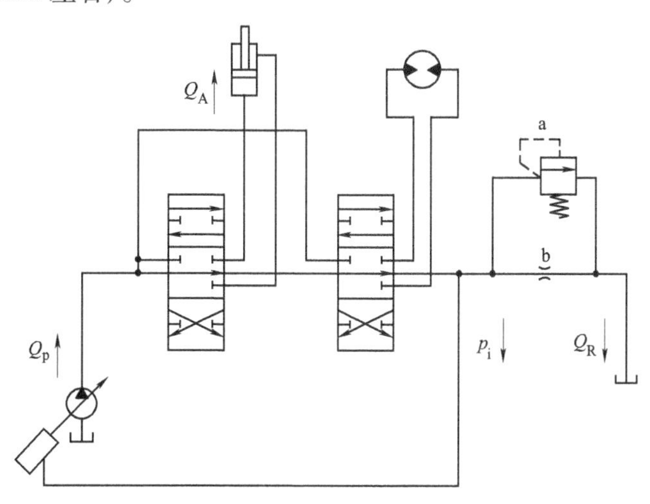

图 4-5　负流量控制原理图

在转速一定的情况下，泵流量 Q_p 随控制压力信号 p_i 的增大而减小，反之，泵流量 Q_p

随控制压力信号 p_i 的减小而增大。其中，控制压力信号 p_i 是泵的回油经过回油节流孔 b 产生的，p_i 的大小取决于回油量 Q_R，回油量 Q_R 大，控制压力信号 p_i 大，回油量 Q_R 小，控制压力信号 p_i 小。原理分析：

1）起动前，没有控制压力信号 p_i，加上液压泵内部弹簧的作用，液压泵处于最大排量状态。

2）起动时，由于起动瞬间，回油量 Q_R 最大，此时控制压力信号 p_i 最大，在 p_i 的作用下，液压泵处于最小排量状态。

3）当操作手柄时，操作手柄角度越大，p_i 越小，液压泵的排量越大，泵的流量 Q_p 越大，执行元件的运动速度越快。反之，操作手柄角度越小，p_i 越大，液压泵的排量越小，泵的流量 Q_p 越小，执行元件的运动速度越慢。

由以上分析可知，负流量控制泵，其输出流量与控制压力成反比。

4）当 p_i 的值上升到溢流阀开启压力时，此时 p_i 的值为最大，变量泵的排量为最小。

2. 主要特点

负流量控制系统的优点是结构简单，技术成熟，能有效减少系统的能量损失。

负流量控制系统的缺点也是明显的，主要有：

1）压力控制信号采集自主控阀的回油口处，因此，从手柄发出控制动作信号，到主控阀有动作，最后到回油节流口处的控制信号变化，控制信号传输耗费了较多的时间。

2）当一泵供多个执行器同时动作时，因液压油是向负载轻的执行器流动，需要对负载轻的执行器控制阀杆进行节流，特别是像挖掘机这类机械，各执行器的负荷时刻在变化，但又要合理地分配油量，以便相互配合实现所要求的复合动作，控制较为困难。

3）要满足工程机械各种作业工况要求，同时实现理想的复合动作，较为困难。例如，挖掘机在实际工作中，有时要求合流，但有时要求不合流，对于中心油路来说是难以实现的。

4）挖掘机工作过程中的负载压力是不稳定的，随时变化着的，液压泵的流量也在不断变化，因此使其调速性能很不稳定，操纵困难。

3. 应用

对于变量泵的负流量控制，在工程机械上都有应用，例如中、大型挖掘机的液压系统就多用负流量控制。

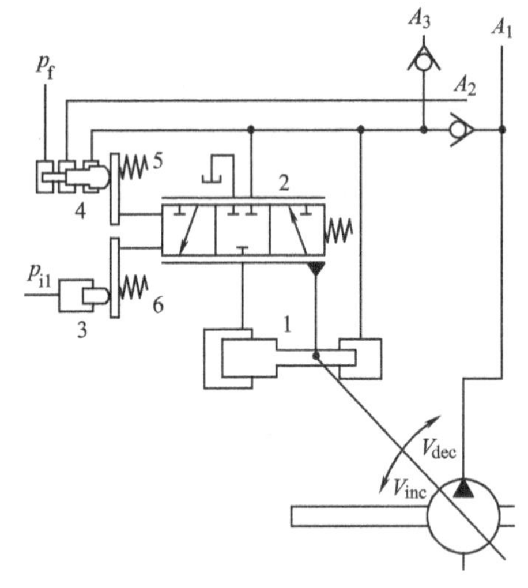

图 4-6 前泵负流量控制工作原理图

1—伺服活塞 2—伺服阀 3—负流量控制柱塞 4—功率控制柱塞 5—功率控制弹簧 6—负流量控制弹簧 A_1—前泵出油口 A_2—接后泵出油口 A_3—接先导泵出油口 p_{i1}—接前泵负流量压力信号 p_f—接比例电磁阀压力信号

以川崎 K3V112DT 变量泵为例，该泵总成由两个主泵、一个先导齿轮泵和相应的比例电磁阀及排量调节机构等组成。图 4-6 所示为前泵的负流量控制工作原理图，其中的 p_{i1} 便是负流量控制压力信号。当 p_{i1} 增大时，克服负流量控制柱塞 3 的负流量控制弹簧 6 的压缩力，使负流量控制柱塞 3 往右移动，推动伺服阀 2 阀芯右移，来自前泵的压力油

A_1 经单向阀后从伺服阀2左位进入伺服活塞1的大腔，由于活塞两端面积差，使伺服活塞1往右移动，带动前泵的斜盘角度变小，从而排量减小。反之，若控制压力 p_{i1} 减小，则前泵的斜盘角度增大，从而排量也增大。图4-7所示为控制压力（先导压力）p_{i1} 与泵输出流量的关系。

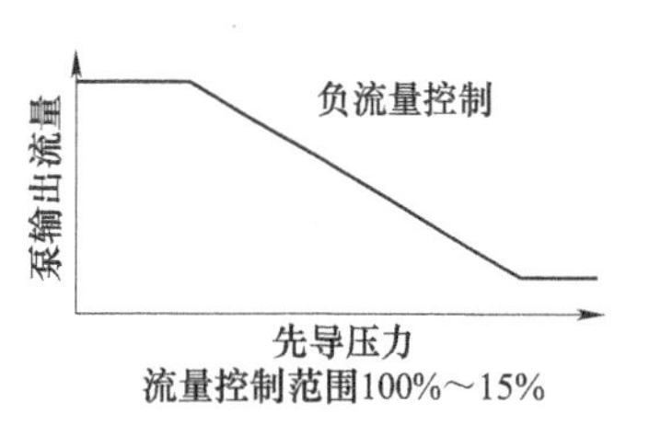

图4-7　负流量控制原理图

4.2.2　正流量控制系统

在正流量控制系统中，变量泵输出的流量与操控系统的先导压力信号成正比例，当先导系统的压力增大时，主泵的排量随之成比例增大；相反，当先导油路压力减小时，主泵的排量就会随之成比例减小。正流量系统由正流量反馈泵、开中心主控阀、先导元件等组成。

1. 工作原理

如图4-8所示。当先导手柄被操控时，产生的二次先导压力经过梭阀S的逻辑选择，选出最大的先导信号压力 p_i 作用到液压泵的流量调节装置中，主泵的排量会随着先导信号压力 p_i 的变化而成正比例变化。当先导手柄不被操控时，先导压力信号几乎为零，主泵的排量也接近于零，但由于系统还需要维持基本功能，因此，主泵的排量需要维持一个最小值。

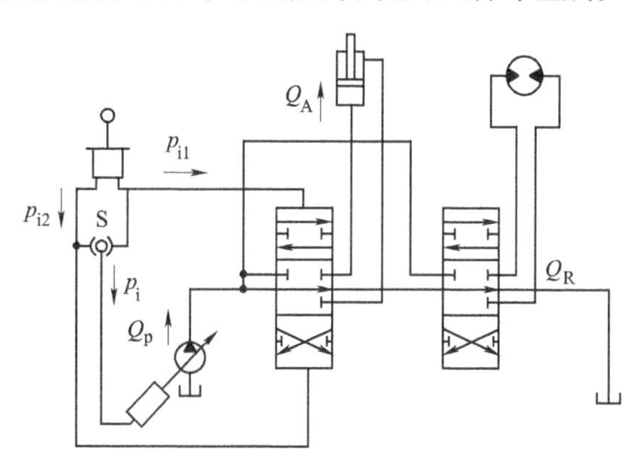

图4-8　正流量控制原理图

具体分析如下：

泵的流量 Q_p 随控制压力信号 p_i 增大而增大，减小而减小。控制压力信号 p_i 为二次先导压力，二次先导压力大小取决于操作手柄的角度，手柄角度大，二次先导压力大，手柄角度小，二次先导压力小。复合动作时，通过梭阀S选择大的二次先导压力作为控制压力信号。

1）起动前，没有控制压力信号 p_i，加上液压泵内部弹簧的作用，液压泵处于最小排量状态。

2）起动时，不操作手柄，控制压力 p_i 最小，在 p_i 的作用及液压泵内部弹簧的作用下，液压泵处于最小排量状态，泵的流量 Q_p 最小。

3）当操作手柄时，控制压力 p_i 随操作手柄角度变大而变大，p_i 变大时，液压泵的排量也变大，泵的流量 Q_p 变大，同时，主阀芯的开度也变大，进入执行元件的流量 Q_A 变大，执行元件运动速度加快。反之，控制压力 p_i 随操作手柄角度变小而变小，p_i 变小时，液压泵的排量也变小，泵的流量 Q_p 变小，同时，主阀芯的开度也变小，进入执行元件的流量 Q_A 变小，执行元件运动速度变慢。这也与实际操作完全吻合。所以可以说，正流量控制变量泵，其输出流量与控制压力成正比。

2. 主要特点

1）在正流量控制系统中，由于泵的控制信号采集于二次先导压力，此压力信号同时发送主泵和主阀，即主泵的变量和主阀阀芯的动作同步进行，故正流量控制系统操作敏感性较好。在正流量控制系统中，回油路上仅有背压，一般为0.5MPa左右，相对负流量控制系统，功率损失较少。

2）在正流量控制系统中，由于一般系统都具有多个动作，通常要通过梭阀组来检索出二次先导压力以实现泵的排量控制，故控制油路较复杂。泵的最小排量不为零，在主阀中位时，仍有部分流量流回油箱。

3）操作手柄行程越大，对应二次先导压力也越大，主阀的阀芯开度也就越大，同时二次先导压力也作用于泵的变量机构，使泵的排量增大，以满足执行元件动作的流量需要。

4）当操作手柄处于中位时，二次先导压力为零，主阀阀芯处于中位，泵的斜盘在变量机构的弹簧回复力作用下转向较小角度，泵的流量减至最小。

3. 应用

正流量控制方式多用于中、小型挖掘机的液压系统中。力士乐的 A8V 系列主泵及 M8 系列主阀所组成的系统是典型的正流量控制系统，图 4-9 所示为力士乐正流量控制原理图。

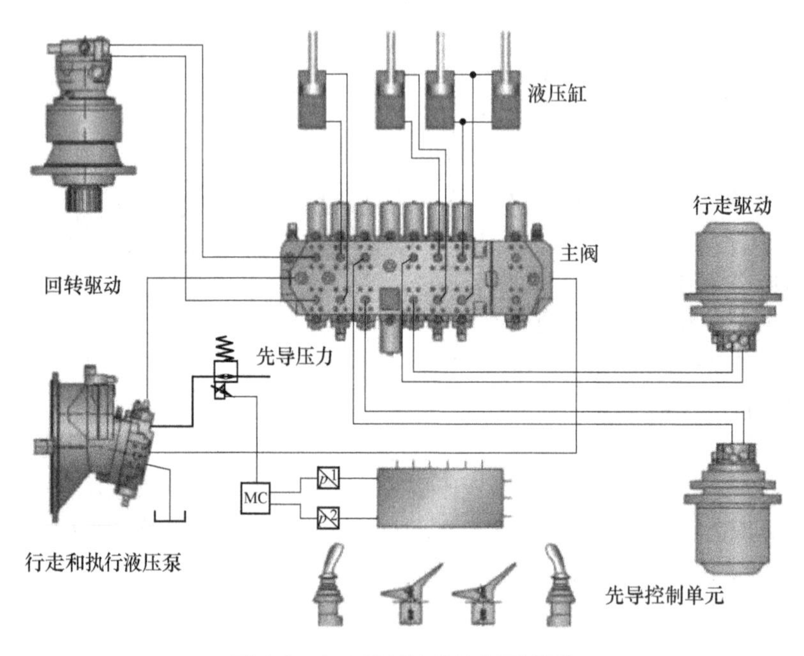

图 4-9　力士乐正流量控制原理图

4.2.3　负荷传感控制系统

变量泵的负荷传感控制也称为负载敏感控制或负荷敏感控制等。根据负荷传感系统所采用的液压泵的类型，可以将负荷传感系统分为开中心系统和闭中心系统。开中心系统采用输出恒定流量的定量泵供油。而闭中心系统通常采用输出流量随负载变化而变化的变量泵供油，通过改变泵的排量实现输出压力适应负载需求，是一种能够根据系统中外负载的变化情况，经过泵的排量控制装置，向系统提供所需流量的液压控制系统。

负荷传感控制系统的功率损耗较低，效率远高于常规液压系统。高效率、功率损失小意味着节省能源以及液压系统的发热量较低。负荷传感控制技术高效的特点使其成为传动及控制系统的理想设计方案。

1. 工作原理

图 4-10 所示为负荷传感控制原理图。该系统由压力敏感变量泵、压力补偿阀、可控节

流口（换向阀开口）、梭阀组以及多个执行机构组成。当多个执行元件同时工作时，不同的外负载通过执行元件在系统中形成不同的外负载工作压力；借助梭阀组的逻辑对比，最终选出一个最大的外负载压力作为系统的负荷传感（LS）压力，经过LS管路传递到泵上面的LS调节阀，LS调节阀通过比较压差与弹簧设定值来控制变量泵的出口排量。

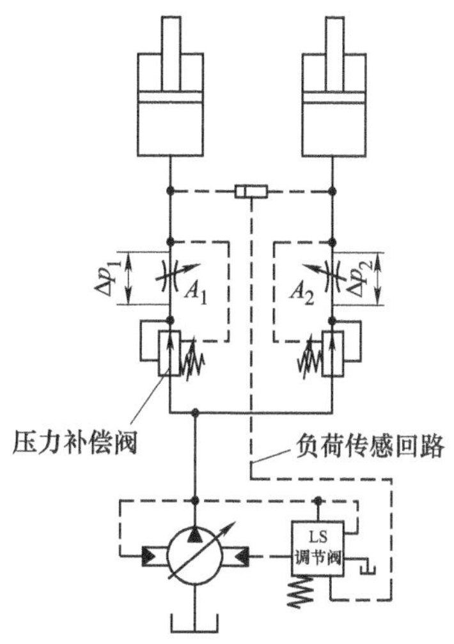

图4-10 负荷传感控制原理图

当然，压力补偿阀也可以设置在可控节流阀的后面，而成为LUDV控制系统，即与负载压力无关的流量分配系统。

分析如下：

主阀节流口两端的压差：$\Delta p=p-p_{LS}$；LS阀的平衡方程：$p=p_k+p_{LS}$；整理方程得：$\Delta p=p-p_{LS}=p_k=$定值；Δp作用于LS阀的上端，p_k作用于LS阀的下端；根据方程：$\Delta p=p-p_{LS}=p_k=$定值，当p_k变化不大时，Δp变化也不大。

根据执行元件的流量公式，流量只和阀芯开口面积A有关，如果节流口的开口面积一定，流过主阀的流量Q_p也就为定值。改变节流口面积，流量的大小也将改变，流量与节流口的开口面积成正比。下面进行原理分析：

1）起动前，$p_{LS}=0$，$p=0$，斜盘处于最大排量的位置。

2）起动后，当主阀没开口时，$p_{LS}=0$，此时最大值的Δp作用在LS阀上端，LS阀下移，差动变量缸大小腔都进油，由于大腔的作用面积大于小腔的作用面积，所以变量柱塞左移，使得泵排量减到最小，流量也就最小。

3）当操作手柄即主控阀有开口时，有信号压力p_{LS}产生，Δp开始从最大值减小，在p_k作用下LS阀芯上移。差动变量缸大腔逐渐回油，在小腔油压的作用下，变量柱塞泵右移，泵排量开始增大，流量也开始增大。

4）当主控阀开度进一步增大时，节流效果减弱，Δp减小，LS阀在p_k的作用下向上移动，主泵排量增大。随着排量（流量）增大，当系统流量稳定时，$\Delta p=p_k=$定值。

5）当主控阀开度减小时，节流效果增强，Δp增大，LS阀在Δp的作用下向下移动，主泵排量减小。随着排量（流量）减小，Δp也减小，当系统流量稳定时，$\Delta p=p_k=$定值。

由以上分析可以知道，负荷传感控制泵的输出流量与主控阀开口面积成正比。

2. 主要特点

负荷传感控制系统的功率损耗较低，效率远高于常规液压系统，并提供了良好的操作控制方式，简单可靠。它的流量控制精度高，能以单泵供油，同时满足所需流量、压力不同的多个回路、多个执行元件的工作要求且不受负载压力变化的影响。

4.2.4 变量泵控制技术的应用

在实际应用方面，小型挖掘机产品基本上都采用负荷传感控制，采用正流量控制系统的有神钢、沃尔沃、日立、三一等公司的中大型挖掘机产品，而采用负流量控制系统的有卡特彼勒、现代、柳工、徐工等公司的中大型挖掘机产品。正流量控制系统以其独有的响应速度快的优势，在中吨位挖掘机上的应用越来越多。

4.3 液压系统的性能指标与要求

液压系统的性能优劣将直接影响到工程机械整机的性能。评价液压系统性能优劣一般看液压系统的效率、功率利用率、调速性指标、机械特性指标、工作性能指标等。

4.3.1 液压系统的效率（经济性指标）

液压系统的效率是指原动机输入液压系统的能量与液压系统输出的能量的比值。它反映的是液压系统对能量的利用率。在保证工程机械主机性能要求的前提下，应该使液压系统具有尽可能高的能量利用率。液压系统中未能被利用的能量最终是以热量（油温升高）的形式显现的。液压系统中引起能量损失的因素很多，综合分析主要有以下几个方面。

1. 液压系统的形式

工程机械中为了完成某一种工作循环，可以选择定量泵液压系统，它所用液压元件结构简单、价格低廉，但由于定量泵不能根据工作循环的特点及时变化系统流量，就造成在某个工序中泵输出的流量不能完全被利用，而是经过溢流阀（额定压力）将多余的油液溢流回油箱，其传动效率一般为30%~40%。如果选择变量泵液压系统，它所用液压元件结构复杂、价格较高，变量泵的排量能够根据工作循环的特点及时自动调节，避免了能量的无谓损失，其效率一般可以达到70%~80%或者更高。

2. 换向阀换向、制动过程中出现的能量损失

在一些换向频繁、负载惯性很大的液压系统中（如挖掘机的回转液压系统），当执行元件（含外负载）的运动惯性很大时，在进行换向制动过程中运动机构的惯性迫使执行元件继续运动，此时由于系统的回油路被控制阀关闭，执行元件此时具有了动力元件的功能，它把进油路中的液压油压入了回油路中，使得执行元件的回油腔压力不断增高，严重时可达几倍的工作压力。油液在此高压作用下，将从换向阀或制动阀的缝隙中挤出，从而使运动机构的惯性能变为热耗，使液压系统油温升高。

3. 液压系统元件本身的能量损失

液压元件的能量损失包括液压泵、液压马达、液压缸和控制阀类元件等的能量损失，其中以液压泵和液压马达的损失为最大。液压泵和液压马达中能量损失的多少，可用效率来表示。液压泵和液压马达效率的高低，是评价其质量好坏的主要指标之一。液压泵和液压马达的效率等于机械效率和容积效率的乘积。机械效率和容积效率与多种因素有关，如工作压力、转速和工作油液的黏度等。一般而言，液压泵和液压马达在额定压力和额定转速下，具有最高的效率，当增加或降低转速和工作压力时，都会使效率下降。

4. 管路和控制元件的结构

油液流动时的阻力与其流动状态有关，为了减少流动阻力造成的能量损失，可在结构上采取改进措施，增大管件截面积以降低流动速度；控制元件增大结构尺寸，以增大通流量。但增加的结构尺寸超过一定数值时，就会影响到经济性，此外，在控制元件的结构中，两个不同截面之间的过渡要圆滑，以尽量减少摩擦损失。

5. 溢流损失

当液压系统的工作压力超过溢流阀（或安全阀、过载阀）的开启压力时，溢流阀就会开启，液压泵输出的流量全部或部分地通过溢流阀溢流。溢流工况通常出现在回转机构的起动与制动过程中；负载过大时，液压缸中的工作压力会超过溢流阀的开启压力；工作机构的液压缸到达终点极限位置，而换向阀尚未回到中位时。在液压系统工作时，应尽量减少溢流损失，这可以从液压系统设计和操作两方面采取措施。

6. 背压损失

为了保证工作机构运动的平稳性，常在执行元件的回油路上设置背压阀。背压越大，能量损失也越大。一般情况下，液压马达的背压要比液压缸的背压大：低速液压马达的背压要比高速液压马达的背压大。为了减少因背压引起的发热，在保证工作机构运动平稳性的条件下，应尽可能减少背压，或利用这种背压做功。

4.3.2　液压系统的功率利用率（节能性指标）

液压系统的功率利用率是指液压系统在工作过程中对原动机所输入的功率的有效利用程度。一般情况下，采用恒功率变量泵的液压系统，其功率利用率一定会高于采用定量泵的液压系统。液压系统的功率利用率实际上就是液压系统与原动机的功率匹配问题，现代控制技术+电子计算机技术+比例液压技术+传感器技术等先进技术的综合运用已经能将液压系统的功率利用率提高10%~20%，目前液压挖掘机上的功率控制系统就是一种典型应用。

4.3.3　液压系统的调速范围与微调特性（调速性指标）

为了适应工程机械工作装置的负载、速度等参数的变化范围的特点，液压系统的速度调节也必须具有较大的范围。

液压系统的调速范围大小一般用执行元件的最大运动速度与最小运动速度之比 i 表示，$i=v_{max}/v_{min}$。

液压系统调速范围的大小主要取决于液压元件自身的性能参数。例如，液压缸的最大运动速度 v_{max} 就受到活塞与缸筒之间摩擦力的限制，一般 v_{max} 只能取0.4~0.5m/s。因此，液压缸的调速范围就取决于 v_{min} 的大小了，而 v_{min} 又受到速度控制元件最小稳定流量的限制以及外负载的双重影响。液压马达的最大转速 v_{max} 受控于系统液压泵的排量和转速，最小稳定转速 v_{min} 受制于液压马达的结构。因此，液压系统的调速范围不仅与液压系统的调速类型有关，还与液压元件的性能参数及结构特点有关。

4.3.4　液压系统的刚度（机械特性指标）

液压系统的刚度是指液压系统执行元件的运动速度受到外负载变化的影响程度。液压系统的刚度越大，就说明该系统中执行元件的运动速度受外负载变化的影响越小。例如容积调速的液压系统就比节流调速的液压系统刚度高；节流调速的系统中，旁路节流调速的系统刚度最小。

4.3.5　液压系统的工作性能指标（操控能力、负载能力、安全性等）

对于一般的液压系统，除了满足以上四大类性能指标外，还应满足以下一些要求和指标。

1）液压系统的操控过程需要简单、省力，符合人体生物工程要求。

2）液压系统的负载能力要尽可能大。

3）液压系统要尽可能简单、结构紧凑，元件选用做到标准化、系列化、通用化，提高系统的经济性指标。

4）液压系统在工作过程中要做到性能稳定、安全可靠、振动小、噪声低等。

综上所述，工程机械对液压系统的要求是非常高的，不但要求经济上价廉物美，工作时安全可靠、高效节能，而且要求操控灵活、轻便，维修保养简单方便，最好还能降低噪声、省油。

思考与练习

4.1 填空题

1. 按油液在液压系统中的循环方式，液压系统可分为________系统和______液系统。
2. 对于定量系统来说，输出的________不能调节，只能通过改变转速的方式进行调节。
3. 常见的变量泵的调节方式有负流量控制、____________控制和____________控制。
4. 在负流量控制系统中，液压泵的____________与______________信号成反比例。
5. 负荷传感系统分为_________和_________两种。

4.2 选择题

1. 对于负流量控制，正确的说法是（　　）。

A. 液压泵输出的压力增大，其输出的流量就减小

B. 液压泵输出的压力增大，其输出的流量也增大

C. 液压泵的控制压力增大，其输出的流量就减小

D. 液压泵的控制压力增大，其输出的流量也增大

2. 对于正流量控制，不正确的说法是（　　）。

A. 变量泵输出的流量与操控系统的先导压力信号成反比例

B. 当先导油路压力增大时，主泵的排量随之成比例增大

C. 当先导油路压力减小时，主泵的排量随之成比例减小

D. 正流量系统由正流量反馈泵、开中心主控阀、先导元件等组成

3. 下述对于正流量控制的描述，不正确的是（　　）。

A. 在正流量控制系统中，由于泵的控制信号采集于二次先导压力，故正流量系统操作敏感性较好

B. 正流量控制系统的控制油路比负流量控制系统的控制油路复杂

C. 操作手柄行程越大，泵的排量越小，以满足节省流量的需要

D. 操作手柄处于中位时，泵的斜盘转向较小角度，泵的流量减至最小

4. 对于闭中心负荷传感控制系统的描述，不正确的是（　　）。

A. 采用输出恒定流量的定量泵供油

B. 采用输出流量随负载需要而变化的变量泵供油

C. 通过改变泵的排量实现输出压力适应负载需求

D. 能够根据外负载的变化情况，经过泵的排量控制装置，向系统提供所需流量

5. 一般认为液压系统中能量损失最大的液压元件是（　　）。

A. 液压泵　　B. 液压阀　　C. 液压缸　　D. 蓄能器

第5章 常见工程机械液压系统分析

☞ 目标与要求

了解常见工程机械典型液压系统的结构组成、工作原理及工作特性，分析关键液压元件在液压系统中的作用。

分析工程机械液压系统中各个回路的工作原理及工作特性。

☞ 重点与难点

本章介绍叉车、推土机、平地机、装载机、挖掘机、振动压路机、高空作业平台、起重机、混凝土泵车、摊铺机、稳定土拌和机和凿岩机等工程机械典型液压系统的工程原理。不同类型的工程机械，其液压系统的结构组成不尽相同，但其基本工作原理具有相通性，分析液压阀在其中的作用是关键。

工程机械液压系统一般由多个液压回路组成，有的液压回路相对独立，有的液压回路存在关联，在分析工作原理过程中，要注意了解液压回路之间的关系。

分析工程机械液压回路时，先要确定两头，即液压泵和液压缸（或液压马达）；接着再找出中间的液压阀；然后根据液压缸或液压马达的工作状态，分析液压油的流动状况。

5.1 叉车液压系统

叉车是对物料进行装卸、堆垛和短距离运输作业的重要工业搬运车辆，广泛应用在港口、车站、机场、货场、工厂车间、仓库、流通中心和配送中心等。液压系统是叉车的重要组成部分，主要实现三个功能：①控制升降液压缸，实现货叉的上升或下降；②控制倾斜液压缸，实现门架的前、后倾斜；③控制转向液压缸，实现叉车的左、右转向。

图5-1所示为叉车液压系统结构组成示意图，主要有油箱、液压泵、多路阀、转向器、起升液压缸、倾斜液压缸、转向液压缸和液压管路等元件。

下面介绍两种典型的叉车液压系统。

5.1.1 双泵液压系统

图5-2所示为小型叉车的液压系统工作原理图。图中设置有两个齿轮泵，两个齿轮泵同轴连接，由发动机输出动力带动旋转。其中液压泵3向升降液压缸10、11和倾斜液压缸12、13供油，液压泵4向转向液压缸14供油。

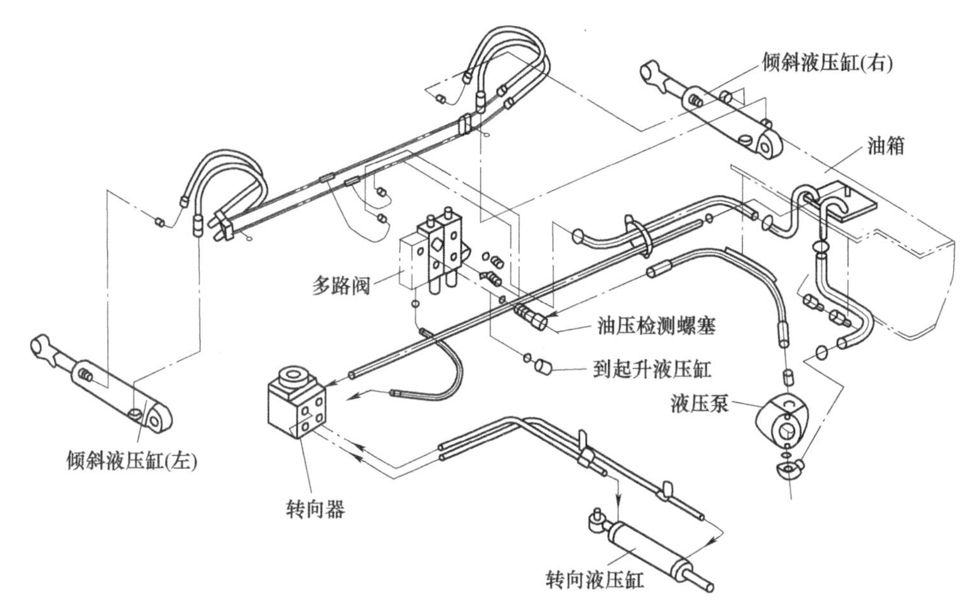

图5-1　叉车液压系统结构组成示意图

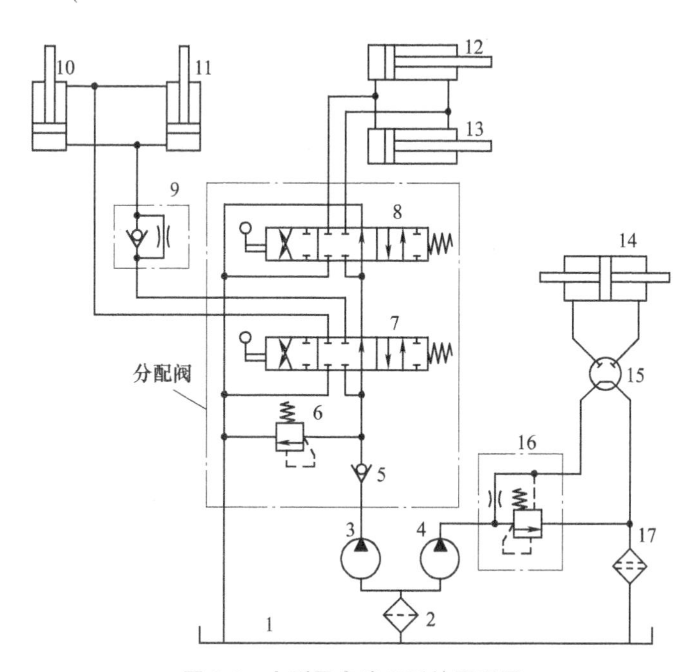

图5-2　小型叉车液压系统原理图

1—油箱　2、17—过滤器　3、4—液压泵　5—单向阀　6—溢流阀　7、8—换向阀
9—限速阀　10、11—升降液压缸　12、13—倾斜液压缸　14—转向液压缸　15—转向器　16—单稳阀

多路阀为多个液压阀的组合，也称为分配阀、主控阀或组合阀等，主要功能是对多个执行元件的动作进行控制，图中的多路阀用于控制叉车的升降液压缸和倾斜液压缸的方向与速度；单向阀5用于防止液压油逆流，冲击液压泵；溢流阀6用于设定主油路的压力；换向阀7和换向阀8分别控制升降液压缸、倾斜液压缸的动作；限速阀9为单向节流阀，它的作用

是使起升液压缸产生快升、慢降的动作，以起到缓和货叉下降时由于自重导致加速下冲的惯性，所以限速阀也称为缓冲阀。

单稳阀（单路稳定分流阀）16 有两个出油口，其中一个接油箱，另一个接转向器。它的作用是避免供油或者系统负荷变化时，转向器的进油流量出现波动。单稳阀一般与 BZZ1 系列全液压转向器配套使用，既可用于单泵系统，也可用于共泵系统。在共泵系统中，液压油在满足转向器稳定流量的前提下，多余部分供给系统中其他工作部件，因此可以使设计简化并降低成本。

从图中可以看出，当所有液压缸不工作时，液压泵 3 输出的油液分别经单向阀 5、换向阀 7 中位和换向阀 8 中位，直接流回油箱；液压泵 4 输出的油液分别经单稳阀 16 中的节流孔、转向器 15 和过滤器 17 流回油箱。

1. 货叉升降控制

货叉有起升、停止和下降三个动作。

（1）货叉起升　推动起升换向阀 7 的阀芯，使其处于右位，此时，升降液压缸进油路为：油箱 1→过滤器 2→液压泵 3→单向阀 5→换向阀 7 右位→限速阀 9→升降液压缸 10、11 大腔；回油路为：升降液压缸 10、11 小腔→换向阀 7 右位→油箱 1，液压缸活塞杆伸出，带动货叉升起。

（2）货叉停止　松开起升换向阀 7 操纵手柄，其阀芯自动回复中位，油路被切断并锁闭，升降液压缸大、小腔油液处于封闭状态，货叉停止升、降动作，处于停止状态。

（3）货叉下降　推动起升换向阀 7 的阀芯，使其处于左位，此时，升降液压缸进油路为：油箱 1→过滤器 2→液压泵 3→单向阀 5→换向阀 7 左位→升降液压缸 10、11 小腔；回油路为：升降液压缸 10、11 大腔→限速阀 9 中的节流阀→换向阀 7 左位→油箱 1，液压缸活塞杆缩回，带动货叉下降。

2. 门架倾斜控制

门架倾斜有前倾、停止和后倾三个动作。

（1）倾斜液压缸活塞杆伸出　推动倾斜换向阀 8 的阀芯，使其处于左位，高压液压油的流向为：油箱 1→过滤器 2→液压泵 3→单向阀 5→换向阀 7 中位→换向阀 8 左位→倾斜液压缸 12、13 大腔；回油流向为：倾斜液压缸 12、13 小腔→换向阀 8 左位→油箱 1。

（2）倾斜液压缸活塞杆停止　当松开倾斜换向阀 8 操纵手柄时，其阀芯自动回到中位，油路被切断并锁闭，倾斜液压缸大腔、小腔油液处于封闭状态，门架停止倾斜动作。

（3）倾斜液压缸活塞杆缩回　推动倾斜换向阀 8 的阀芯，使其处于右位时，高压液压油的流向为：油箱 1→过滤器 2→液压泵 3→单向阀 5→换向阀 7 中位→换向阀 8 右位→倾斜液压缸 12、13 小腔；回油流向为：倾斜液压缸 12、13 大腔→换向阀 8 右位→油箱 1。

3. 车辆转向控制

转向液压缸 14 为双杆形式。当转向盘向左或向右转动时，带动转向器 15 内部的转阀做相应的转动，转向器 15 的两个油口分别与转向液压缸 14 的两个油口对接。

（1）转向液压缸活塞杆向右伸出　操纵转向盘往左转，使转向器 15 的进油路接通转向液压缸 14 的左腔，转向器 15 的回油路接通转向液压缸 14 的右腔，从而实现液压缸活塞杆向右伸出。

（2）转向液压缸活塞杆向左伸出　操纵转向盘往右转，使转向器 15 的进油路接通转向液压缸14的右腔，转向器15的回油路接通转向液压缸14的左腔，从而实现液压缸活塞杆向左伸出。

回油路上安装的过滤器多为精过滤器，图中过滤器17用于防止转向回油路上的细颗粒污染物进入油箱。

5.1.2　单泵液压系统

图5-3所示为某型号叉车的液压系统工作原理图。

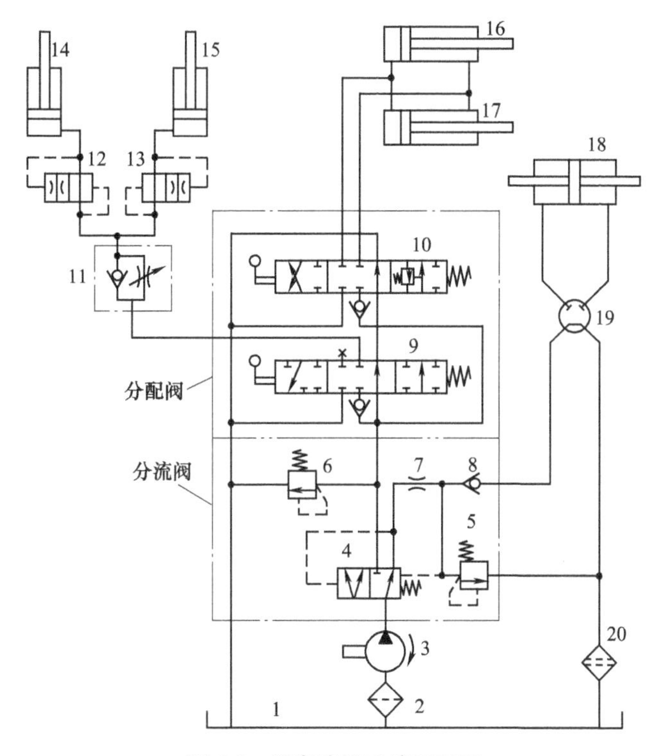

图5-3　叉车液压系统原理图

1—油箱　2、20—过滤器　3—液压泵　4—分流阀　5、6—安全阀　7—节流阀　8—单向阀　9、10—换向阀　11—限速阀　12、13—防爆阀　14、15—升降液压缸　16、17—倾斜液压缸　18—转向液压缸　19—转向器

图中的分流阀4为液动二位三通阀，它的作用是向转向液压缸和升降液压缸、倾斜液压缸分配液压泵输出的高压油液；安全阀6为主安全阀，用于调节主油路的压力，对于5t的叉车，一般为20MPa；安全阀5为转向安全阀，设定压力一般为12.3MPa。

当所有液压缸不工作时，液压泵3输出的液压油到达分流阀4之后流向节流阀7，由于节流阀7的节流口较小，产生液阻使其进油管路的压力升高，推动分流阀4的阀芯右移，分流阀4左位接入油路，这样，就使得液压泵输出的油液分成两路：一路经节流阀7、单向阀8到达转向器19，当转向器19处于中位时，液压油经过滤器20流回油箱；另一路从分流阀4出来后分别经起升换向阀9和倾斜换向阀10的中位流回油箱。

1. 货叉升降控制

货叉升降回路主要包含换向阀9、限速阀11、防爆阀12与13，以及升降液压缸14与

15。通过改变换向阀9的阀芯位置，可以实现货叉的起升、停止和下降三个动作。

（1）货叉起升　推动换向阀9的阀芯往左移动，液压泵3出来的液压油经换向阀9前端的进油单向阀进入换向阀9右位，出油流向限速阀11后均分，分别经过两个防爆阀12、13，进入升降液压缸14、15的大腔，推动活塞杆伸出，实现货叉的起升。

（2）货叉停止　松开换向阀9操纵手柄，其阀芯自动回到中位，油路被切断并锁闭，起升液压缸大腔油液处于封闭状态，货叉停止升降动作。

（3）货叉下降　如果需要将货叉放下，可推动换向阀9的阀芯往右移动，此时换向阀9的左位接入主油路，升降液压缸14、15活塞杆在门架及货物的自重作用下产生缩回的趋势，挤压液压缸大腔内部的液压油经防爆阀12、13，限速阀11，从换向阀9的左位流回油箱1，液压缸活塞杆缩回，从而实现货叉的下降。

防爆阀12、13的作用是防止高压橡胶管爆裂导致货叉快速下降。正常情况下，在升降液压缸进油时，由于防爆阀进、出口两端存在压差，阀口开度最大。如果进油管意外爆裂，防爆阀下方压力瞬间下降，防爆阀就会自动关小油口，从而保障货叉不会快速下降。

2. 门架倾斜控制

（1）倾斜液压缸活塞杆伸出　门架前、后倾斜的动作由换向阀10来控制。当推动换向阀10的阀芯，使其处于左位时，高压液压油的流向为：油箱1→过滤器2→液压泵3→分流阀4左位→换向阀10前端单向阀→换向阀10左位→倾斜液压缸16、17大腔；回油流向为：倾斜液压缸16、17小腔→换向阀10左位→油箱1。从而实现倾斜液压缸活塞杆伸出。

（2）倾斜液压缸活塞杆停止　当松开换向阀10操纵手柄时，其阀芯自动回到中位，油路被切断并锁闭，倾斜液压缸大腔、小腔油液处于封闭状态，门架停止倾斜动作。

（3）倾斜液压缸活塞杆缩回　当推动换向阀10的阀芯，使其处于右位时，高压液压油的流向为：油箱1→过滤器2→液压泵3→分流阀4左位→换向阀10前端单向阀→换向阀10右位→倾斜液压缸16、17小腔；回油流向为：倾斜液压缸16、17大腔→换向阀10右位→油箱1。从而实现倾斜液压缸活塞杆缩回。

换向阀10内部有一个顺序阀，当换向阀阀芯处于右位时，进入换向阀的高压液压油一路流向液压缸小腔，另外一路经内部油道作用在顺序阀阀芯上，使顺序阀开启后，从液压缸大腔的回油才能流向油箱。

3. 车辆转向控制

当往左或往右转动转向盘时，转向盘转轴就会带动转向器内部的转阀做相应的转动，从而使经单向阀8流出的液压油与转向液压缸18的左腔或右腔接通，实现转向液压缸18的进油；而转向液压缸18另外一腔也通过转向器内部与回油器相通，使得转向液压缸18的回油分别经转向器19和过滤器20之后回油箱。

在车辆转向过程中，转向回路中的进油压力会上升，从而推动分流阀4的阀芯往左移，切断门架升降液压缸和倾斜液压缸的供油通道，保证转向优先，防止在车辆转向过程中出现意外。

5.1.3　主要元件构造与作用

1. 多路阀与分流阀

叉车的多路阀与分流阀组合阀块用于输出液压油给相应的液压缸，从而控制货叉的升降、门架的倾斜和车辆的转向三方面的动作。图5-4所示为某叉车多路阀与分流阀组合的阀块，共有4个阀片，分别是进油阀片、升降阀片、倾斜阀片和回油阀片，各阀片之间采用螺栓连接。

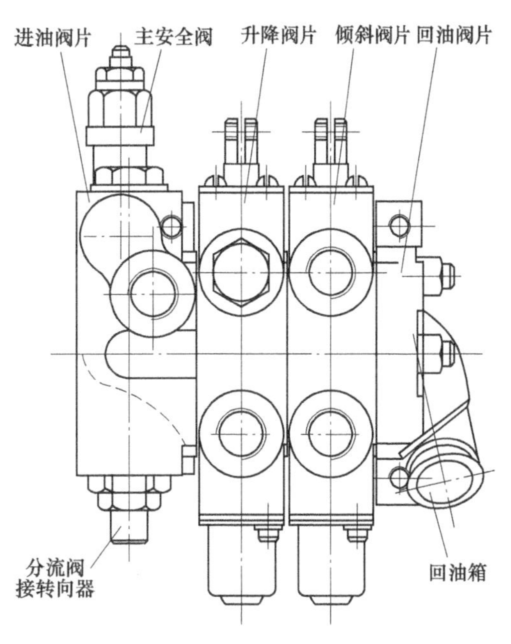

图5-4　多路阀与分流阀

2. 进油阀片

图5-5所示为进油阀片结构。分流安全阀为直动式结构，当进口压力与弹簧压缩力相平衡时，阀芯开启泄压，从而得到稳定的压力值。当操作转向盘时，油腔11与高压油路相通，当系统压力升高，达到安全阀设定的压力时，压力油由回油腔13通低压腔，使11卸压，使转向系统压力得以稳定。

如果系统中的流量和压力发生变化，使平衡滑阀7向左、右移动，那么就可以改变8、9两处的开度，达到流向工作油腔10和出口PS（接转向器）的流量自动平衡，按比例地稳定分流。

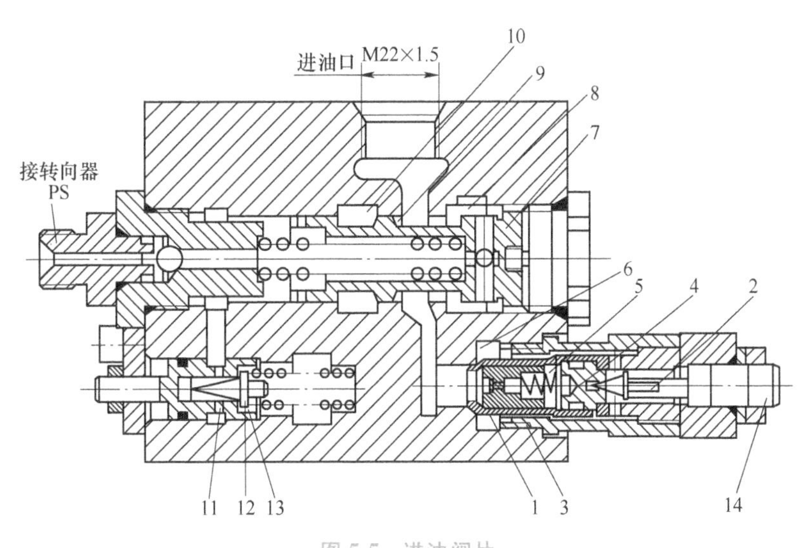

图5-5　进油阀片

1—安全溢流阀主阀芯　2—主安全阀先导阀芯　3、4—固定节流孔　5—主安全阀压力腔　6—低压油腔　7—平衡滑阀　8~10—工作油腔　11—转向系统压力油腔　12—分流安全阀阀芯　13—回油腔　14—调压螺柱

5.2　推土机液压系统

推土机是一种多用途的自行式土方工程建设机械，它能铲挖并移运土壤。在道路建设施工中，推土机可完成路基基底的处理，路侧取土横向填筑高度不大于1m的路堤，沿道路中

心线向铲挖移运土壤的路基挖填工程，傍山取土修筑半堤半堑的路基。此外，推土机还可用于平整场地、堆集松散材料、清除作业地段内的障碍物等。推土机在建筑、筑路、采矿、油田、水电、港口、农林及国防各类工程中，都得到了十分广泛的应用。它担负着切削、推运、开挖、堆积、回填、平整、疏松、压实等多种繁重的土方作业，是各类施工中不可缺少的主要设备。

5.2.1 推土机的分类和组成

推土机主要由发动机、底盘、液压系统、电气系统、工作装置和辅助装置等组成，如图5-6所示。推土机用的发动机常布置在推土机的前部，通过减振装置固定在机架上。电气系统主要包括发动机的电起动装置和全机照明装置等。辅助装置主要有燃油箱、液压油箱、驾驶室等。

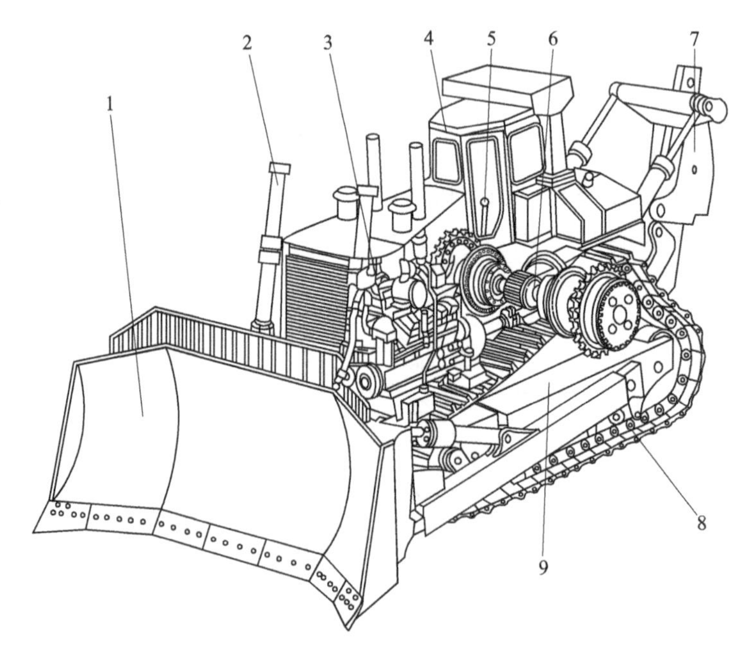

图 5-6 推土机的组成

1—铲刀 2—液压系统 3—发动机 4—驾驶室 5—操纵机构
6—传动系统 7—松土器 8—行走装置 9—机架

5.2.2 ZD220 型推土机液压系统分析

ZD220 型推土机液压系统可划分为变速转向液压系统和工作装置液压系统两部分，其中变速转向液压系统包括变速液压系统、转向制动液压系统，由变矩器、转向器、控制阀以及液压缸组成，工作装置液压系统由各种控制阀和液压缸组成。

1. 变速转向液压系统工作原理

推土机在行驶和作业中，需要利用变速转向系统制动，改变运行速度、行驶方向或保持直线行驶，因此变速转向液压系统要完成的工作任务就是改变推土机的速度，控制推土机的左转、右转或直行以及转向制动。由于推土机在作业中需要频繁地转向，转向系统是否轻便灵活，对生产率影响很大，而采用液压系统驱动转向机构是实现这一要求的理想途径。操作人员只需用极小的操作力和一般的操作速度操纵控制元件，就可以实现快速转向。它使作业时操作的繁重程度大为改善，并进一步提高了生产率，同时也提高了行驶的安全性。

ZD220 型推土机变速转向液压系统可分为两个相对独立的子液压系统：变速液压系统和转向制动液压系统，ZD220 型推土机变速转向液压系统工作原理如图 5-7 所示。

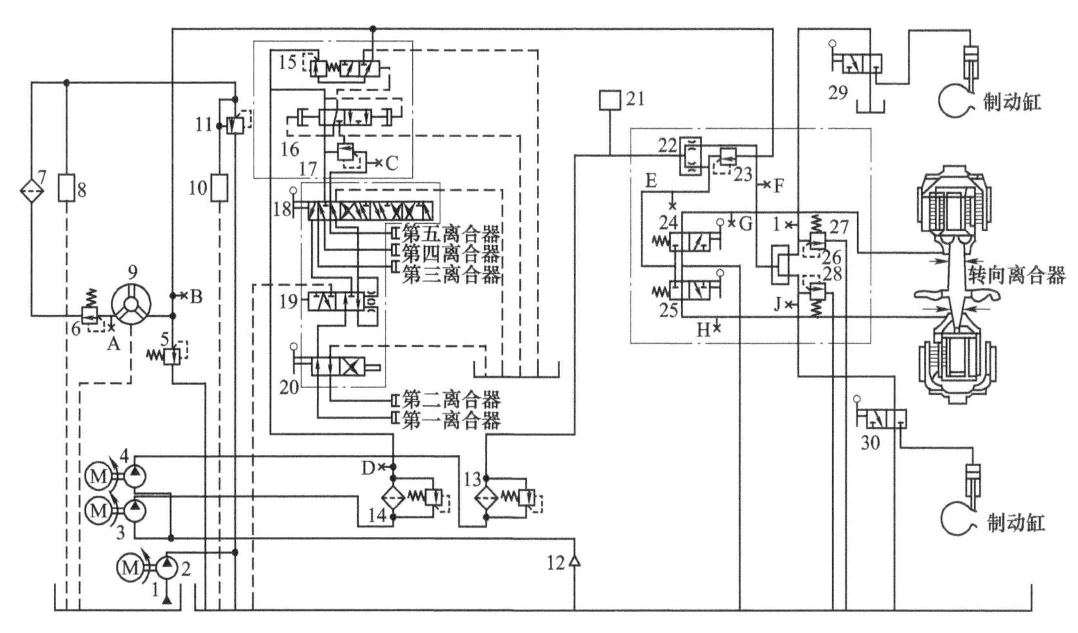

图 5-7 变速转向液压系统工作原理

1、12～14—过滤器 2—变矩器回油泵 3—变速泵 4—转向泵 5—溢流阀 6—背压阀 7—散热器 8—分动箱 9—变矩器 10—润滑油道 11—润滑油道溢流阀 15—调压阀 16—快回阀 17—减压阀 18—变速阀 19、27、28—安全阀 20—换向阀 21—压力传感器 22、26 —分配阀 23—顺序阀 24、25—转向阀 29、30—制动阀

（1）变速液压系统工作原理　来自变速泵 3 的液压油经过滤器 14 一路进入调压阀 15，另一路进入快回阀 16。当系统压力逐步升高到某一值时，来自快回阀 16 的控制油经调压阀 15 的遥控口推动该阀阀芯向左移动。此时液压油经溢流阀 5 向液力变矩器 9 供油，完成变矩器 9 的蜗轮输出轴与变速器输入轴之间的动力输出。当变速阀 18 在空挡位置时，系统压力油经减压阀 17 进入第五离合器液压缸，同时进入安全阀 19，由于节流作用，缓慢推动该阀阀芯移动，使阀口通道与主油路接通，这样当变速阀 18 换上档时能迅速使液压油进入。如直接换上档位置，安全阀 19 进油油路被截断，会使机车不能行驶。当变速阀 18 在一档位置时，液压油经快回阀 16 进入减压阀 17 减压，再经安全阀 19、换向阀 20，使变速器的第五、第一离合器（或第二离合器）结合，机车得到前进或后退一档的速度。当变速阀 18 在二、三档位置时，减压工作原理相同。系统液压油分别向第四、第一（或第二）、第三、第一（或第二）离合器供油，以得到不同的前进与后退的速度。

（2）转向制动液压系统工作原理　液压油经转向泵 4 并经过滤器 13 过滤后通过分配阀 22、26 分配给转向阀和制动回路。转向阀 24、25 的工作压力由顺序阀 23 来保证。顺序阀溢出的油进入变速回路后与变速回路的油合流，然后进入变矩器。

在正常情况下，不操纵转向手柄时，由分配阀流至左转向阀 25 或右转向阀 24 的液压油被封闭在转向阀内，不向转向离合器供油，此时，转向离合器处于接合状态。在左、右转向阀上都有一小孔，通过此小孔不断向左、右转向离合器补充少量油液，使离合器工作腔内始终充满油液。一旦操纵转向阀，离合器就立即分离，提高了灵敏度。分别操纵转向阀 24 或 25，可使左、右离合器分离，实现左、右转向；若同时操纵阀 24、25，使左、右离合器同时分离，则推土机停驶。

制动回路的工作原理与转向回路相仿，系统的压力由顺序阀调定。在正常情况下，不操作制动手柄时，由分流阀流至左或右制动阀的液压油被封闭在制动阀内，不向制动液压缸供油，此时，制动液压缸不工作。当分别操作制动阀 29 或 30 时，使左或右制动液压缸进油，实现制动。

2. 推土机工作装置液压系统原理分析

ZD220 型推土机的工作装置主要包括铲斗和松土器，液压系统控制着推土机铲斗和松土器的动作，要完成的工作任务就是铲举升、铲倾斜、铲浮动以及松土器举升等动作。

推土机工作装置液压系统工作原理如图 5-8 所示，执行元件包括铲斗提升液压缸 1、铲斗倾斜液压缸 2 和松土器液压缸 23。

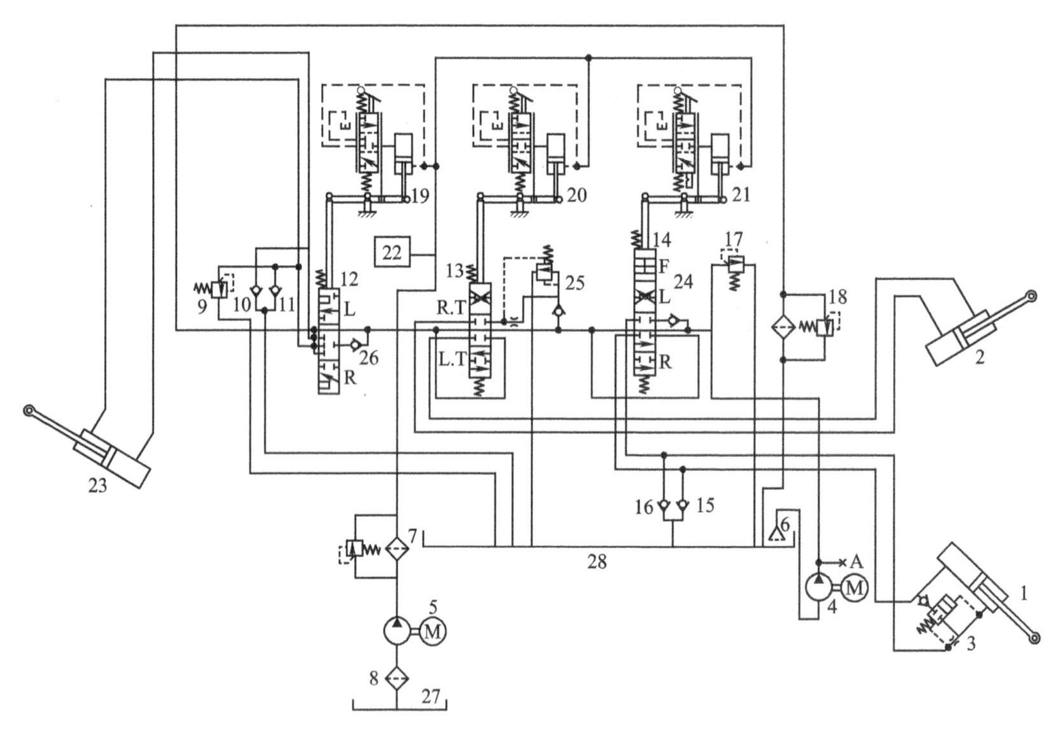

图 5-8　推土机工作装置液压系统工作原理

1—铲斗提升液压缸　2—铲斗倾斜液压缸　3—快降阀　4—工作泵　5—转向泵　6—滤网　7、18—过滤器　8—粗过滤器　9—过载阀　10、11—补油阀　12—松土器阀　13—铲斗倾斜阀　14—铲斗提升阀　15、16—补油阀　17—溢流阀　19—松土器伺服阀　20—倾斜缸伺服阀　21—推土铲伺服阀　22—压力传感器　23—松土器液压缸　24、26—单向阀　25—单向流量阀　27—后桥箱　28—工作油箱

为了提高铲斗的下降速度，缩短其作业时间，在铲斗升降回路上装有快降阀 3，用以减小铲斗提升液压缸 1 的排油腔的回油阻力。铲斗在快速下降过程中，回油背压增大，快降阀

3 在液控压差的作用下将自动开启，有杆腔的回油即通过快降阀 3 直接向铲斗提升液压缸 1 进油腔补充供油，从而加快了铲斗的下降速度。

多路换向阀 12、13、14 分别控制松土器液压缸、铲斗倾斜液压缸、铲斗提升液压缸的动作，它们为整体式三联滑阀，属于串联连接，这样的工作装置既可单独动作，又可实现复合动作。三联阀分别由 3 个回转伺服阀 19、20、21 控制，它们不受液压油直接作用，而是通过连杆机构推动阀芯移动，连杆由伺服液压缸带动。松土器阀 12 是三位五通换向阀，铲斗倾斜阀 13 是三位六通换向阀，铲斗提升阀 14 是四位六通换向阀，它能使铲斗根据作业情况具有上升、固定、下降、浮动 4 个位置。浮动位置是使铲斗液压缸两腔与进油路、回油路均相通，铲斗自由支地，随地形高低而浮动。这对仿形推土和铲斗例行平整地面作业是很重要的。溢流阀 17 用来限制工作泵 4 的出口最大压力，以防液压系统过载，当油压超压时，溢流阀 17 打开，液压油自动卸载回油箱。一般选择溢流阀的开启压力为系统压力的 110% 左右。

当铲斗或松土器下降时，在铲斗和松土器自重作用下，下降速度加快，可能引起供油不足形成液压缸进油腔局部真空，发生气穴现象。此时，由于进油腔压力下降，在压差作用下，补油阀 10、11 打开，从油箱补油至液压缸进油腔，使液压缸动作平稳。当松土器于固定位置作业时，由于突然的过载，液压缸一腔油压突然骤增，造成液压缸过载。装设了过载阀 9 后，当达到过载阀 9 开启压力时，过载阀 9 打开，油液卸载，从而避免液压元件的意外损坏。过载阀的开启压力一般比系统压力高 15%~25%。

溢流阀 17 和过滤器 18 并联，当油中杂质堵塞过滤器时，回油压力增高，溢流阀 17 被打开，油液直接通过溢流阀流回油箱。粗过滤器和精过滤器都是为了保持油液的清洁，滤去杂质使液压系统正常作业。一般粗过滤器安置在液压泵吸油管上，以减小吸油阻力。精过滤器安置在回油管上，使过滤器不受高压作用。工作油箱 28 起到储油、散热的作用，工作油箱的容积主要考虑油液的散热，一般取为 2~4 倍液压泵额定流量。

5.2.3 TY180 型推土机液压系统

推土机工作装置液压系统可根据作业需要，迅速提升或下降工作装置，或使其缓慢就位。操纵液压系统还可以改变推土铲的作业方式，调整铲刀或松土器的切削角。

TY180 型推土机工作装置液压系统工作原理如图 5-9 所示，它主要由液压泵 3、液压缸换向阀 7 与 8、溢流阀 4 和松土器液压缸 11 与推土铲液压缸 12 等液压元件组成。其中的液压泵为 CB-F32C 型齿轮泵；松土器液压缸换向阀 8 和推土铲液压缸换向阀 7 组成双联滑阀，构成串联油路。

为防止因松土器过载而损坏液压元件，在松土器液压缸两腔的油路中均设有过载阀 9，油压超过规定值时过载阀开启而卸荷。

换向阀 7 和 8 上设有进油单向阀和补油单向阀，其中进油单向阀的作用是防止油液倒流，当提升推土铲时若发动机突然熄火，液压泵则停止供油，此时进油单向阀使液压缸锁止，使推土铲维持在已提升的位置上，而不致因重力作用突然落下造成事故；补油单向阀的作用是防止液压系统产生气穴现象，即推土铲下落时因重力作用会使缸进油腔产生真空，此时补油单向阀工作，油液自油箱进入液压缸，从而防止了气穴现象的产生。

推土铲液压换向阀 7 为四位五通阀，通过操纵手柄可以实现推土铲的上升、下降、中

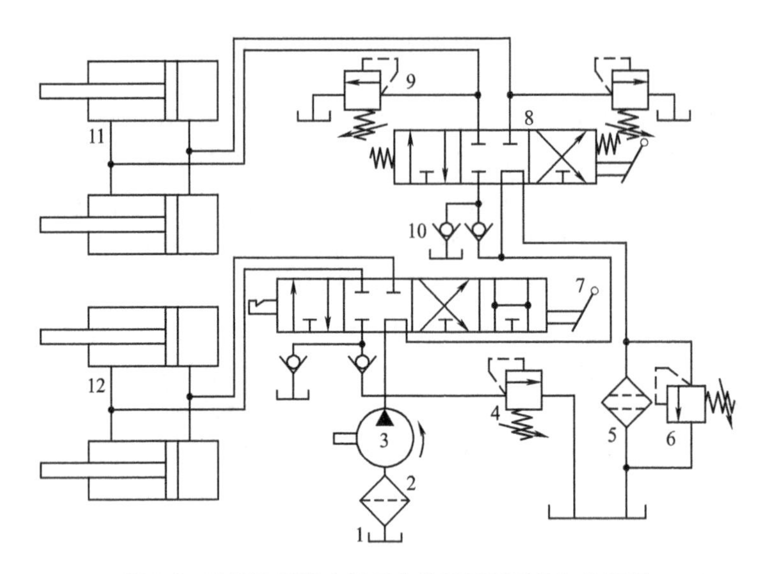

图 5-9　TY180 型推土机工作装置液压系统工作原理

1—油箱　2—粗过滤器　3—液压泵　4—溢流阀　5—精过滤器　6—安全阀　7—推土铲液压缸换向阀　8—松土器液压缸换向阀　9—过载阀　10—补油单向阀　11—松土器液压缸　12—推土铲液压缸

位（即液压缸封闭）和浮动四种动作。其中液压缸浮动是为了推土机平整场地作业时，铲刀能随地面的起伏而做上下浮动。松土器液压缸通过三位五通换向阀 8 的控制，可以实现松土器的上升、下降和中位三种动作。

为保持油液清洁，该液压系统的所有控制阀均安装在封闭结构的油箱内。此外，液压泵的入口处和液压系统的回油路上设有过滤器。为了使回油过滤器堵塞时不影响液压系统正常工作，精过滤器 5 并联安全阀 6，即精过滤器 5 堵塞时回油背压使安全阀 6 打开，保证液压系统正常回油。

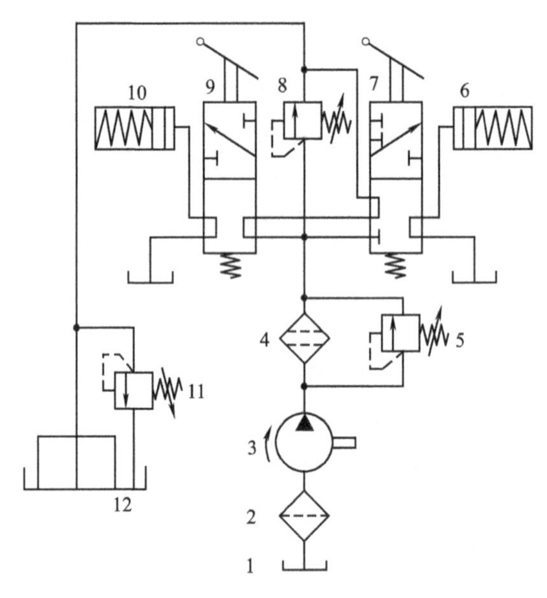

图 5-10　TY180 型推土机转向装置液压系统工作原理

1—油箱　2—粗过滤器　3—液压泵　4—精过滤器　5—安全阀　6—右离合器　7、9—转向控制阀　8—调压阀　10—左离合器　11—背压阀　12—油箱

TY180 型推土机转向装置液压系统工作原理如图 5-10 所示。转向系统工作压力由调压阀 8 调定，动力通过左、右离合器 10 和 6 传递到驱动轮。液压油经粗过滤器 2 进入液压泵 3，再经精过滤器 4 进入。操纵转向控制阀 7 和 9 处于上工作位置时，左、右离合器打开，使驱动轮实现转向。不转向时，转向控制阀 7 和 9 处于下工作位置，液压油经背压阀 11 回油箱。

5.3　平地机液压系统

平地机是土方工程中用于整形和平整作业的主要机械。它可利用刮土铲刀完成土壤切削、刮送和整平作业，也可完成材料的推移、混合、回填、铺平及除雪等作业。同时，平地机还可配置推土铲及松土器等工作装置，以进一步提高其工作能力，扩大使用范围。因此，平地机是一种效能高、作业精度好、用途广的施工机械，主要用途如图5-11所示。

a) 刮坡

b) 挖沟

c) 松土

d) 除雪

图5-11　平地机的用途

平地机主要由动力传动及行走系统、制动系统、转向系统、工作装置、电气系统、液压系统等部分组成。

5.3.1　天津天工PY180型平地机液压系统

天津天工建设机械有限责任公司生产的PY180型平地机是近年来开发的PY系列新型平地机之一。PY180型平地机的液压系统主要包括工作装置液压系统、转向液压系统和制动液压系统，它的液压系统为开式多泵定量系统，液压油箱为压力油箱。其液压系统原理图如图5-12所示。

1. 工作装置液压系统

工作装置包括刮土工作装置和松土工作装置，主要指刮刀、松土器、推土铲等。工作装置液压回路用来控制各种工作装置的运动。该液压系统回路由左、右铲刀升降液压回路、前轮倾斜液压回路、铲刀摆动液压回路、铲刀引出液压回路、铲刀角度变换液压回路、铲刀回转液压回路、前推土板升降液压回路、后松土器升降液压回路等组成。各液压回路的液压油由双联泵Ⅰ、Ⅱ分别供给。其中左铲刀升降液压缸、铲刀摆动液压缸、前轮倾斜液压缸、铲刀回转液压马达、前推土板升降液压缸等由液压泵Ⅰ经油路转换阀、多路操纵阀分别供给；右铲刀升降液压缸、铲刀引出液压缸、铰接转向液压缸、铲刀角度变换液压缸、后松土器液压缸等由液压泵Ⅱ经油路换向阀、多路操纵阀分别供给。双联液压泵分别向两个独立的工作液压回路（工作装置回路及制动回路）供油，但通过限压阀（液动分流阀）和油路转换阀可以实现合流供油。当油路转换阀总成 18 中的油路转换阀处于最右端位置时，双联液压泵所形成的双回路可分别独立工作，平地机的工作装置可通过操纵对应的手动换向阀改变和调整其工作位置。

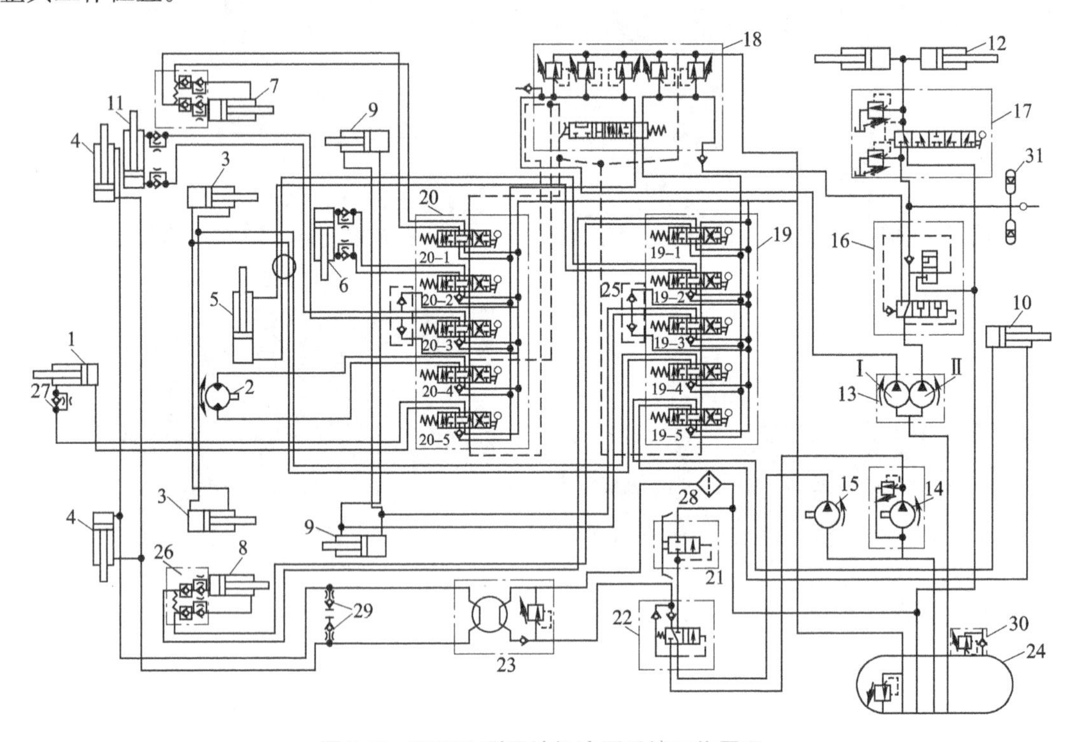

图 5-12 PY180 型平地机液压系统工作原理

1—前推土板升降液压缸 2—铲刀回转液压马达 3—推土角度变换液压缸 4—前轮转向液压缸 5—铲刀引出液压缸 6—铲刀摆动液压缸 7、8—铲刀升降液压缸 9—铰接转向液压缸 10—后松土器升降液压缸 11—前轮倾斜液压缸 12—制动分泵 13—双联液压泵（Ⅰ、Ⅱ） 14—转向泵 15—紧急转向泵 16—液动分流阀 17—制动阀 18—油路转换阀 19—多路操纵阀（上） 20—多路操纵阀（下） 21—旁通指示阀 22—转向阀 23—液压转向器 24—压力油箱 25—补油阀 26—双向液压锁 27—单向节流阀 28—冷却器 29—微型测量接头 30—进排气阀 31—蓄能器

（1）左、右铲刀升降液压回路

1）左铲刀升降液压回路的油液流动路线如下：

左铲刀上升动作进油路：双联液压泵Ⅰ→油路转换阀 18 右位→多路操纵阀 20 之换向阀（20-1）右位→双向液压锁→左铲刀升降液压缸 7 小腔（有杆腔）；回油路：左铲刀升降液压缸 7 大腔（无杆腔）→双向液压锁→多路操纵阀 20 之换向阀（20-1）右位→压力油

箱24。

左铲刀下降动作进油路：双联液压泵Ⅰ→油路转换阀18右位→多路操纵阀20之换向阀（20-1）左位→双向液压锁→左铲刀升降液压缸7大腔；回油路：左铲刀升降液压缸7小腔→双向液压锁→多路操纵阀20之换向阀（20-1）右位→压力油箱24。

2）右铲刀升降液压回路的油液流动路线如下：

右铲刀上升动作，进油路：双联液压泵Ⅱ→液动分流阀16中位或右位→油路转换阀18右位→多路操纵阀19之换向阀（19-1）左位→双向液压锁26→右铲刀升降液压缸8小腔；回油路：右铲刀升降液压缸8大腔→双向液压锁26→多路操纵阀19之换向阀（19-1）左位→压力油箱24。

右铲刀下降动作，进油路：双联液压泵Ⅱ→液动分流阀16中位或右位→油路转换阀18右位→多路操纵阀19之换向阀（19-1）右位→双向液压锁26→右铲刀升降液压缸8大腔；回油路：右铲刀升降液压缸8小腔→双向液压锁26→多路操纵阀19之换向阀（19-1）右位→压力油箱24。

以上为油路转换阀处于右位，双联液压泵Ⅰ、Ⅱ分别供油。将油路转换阀置于左位工作，此时系统合流，流量升高，工作装置运动速度加快。

（2）铲刀摆动液压回路

1）铲刀摆动液压缸活塞杆伸出动作进油路：双联液压泵Ⅰ→油路转换阀18右位→多路操纵阀20之换向阀（20-2）右位→铲刀摆动液压缸6大腔；回油路：铲刀摆动液压缸6小腔→多路操纵阀20之换向阀（20-2）右位→压力油箱24。

2）铲刀摆动液压缸活塞杆缩回动作进油路：双联液压泵Ⅰ→油路转换阀18右位→多路操纵阀20之换向阀（20-2）左位→铲刀摆动液压缸6小腔；回油路：铲刀摆动液压缸6大腔→多路操纵阀20之换向（20-2）左位→压力油箱24。

（3）铲刀引出液压回路

1）铲刀引出液压缸活塞杆伸出动作进油路：双联液压泵Ⅰ→油路转换阀18右位→多路操纵阀19之换向阀（19-2）右位→铲刀引出液压缸5大腔；回油路：铲刀引出液压缸5小腔→多路操纵阀19之换向阀（19-2）右位→压力油箱24。

2）铲刀引出液压缸活塞杆缩回动作进油路：双联液压泵Ⅰ→油路转换阀18右位→多路操纵阀19之换向阀（19-2）左位→铲刀引出液压缸5小腔；回油路：铲刀引出液压缸5大腔→多路操纵阀19之换向阀（19-2）左位→压力油箱24。

（4）其他液压回路　铲刀角度变换液压回路、铲刀回转液压回路、前轮倾斜液压回路、前推土板升降液压回路和后松土器升降液压回路等参照上述液压回路分析方法进行分析，不再叙述。

2. 转向液压系统

转向装置少数采用液压助力系统，多数采用全液压转向系统，即由转向盘直接驱动液压转向器实现动力转向。

（1）前轮转向液压回路　前轮转向液压回路由转向泵14、紧急转向泵15、转向阀22、液压转向器23、前轮转向液压缸4、冷却器28和旁通指示阀21等液压元件组成。平地机前轮转向时，由转向泵14提供的液压油经转向阀22，以稳定的流量进入液压转向器23。然后进入前桥左右转向液压缸4的不同的工作腔，推动左右前轮的转向节臂，偏转车轮，实现左右转向。左右转向节用横拉杆连接，形成前桥转向梯形，可近似满足转向时前轮纯滚动对左右偏转角的要求。

在液压转向器 23 内设有转向器安全阀，可保护转向液压系统的安全。当系统过载，系统油压超过 15MPa 时，安全阀即开启卸荷。当转向泵 14 出现故障无法提供压力油时，转向阀 22 则自动接通紧急转向泵 15，由紧急转向泵 15 提供的液压油即可进入前轮转向系统，确保系统正常工作。紧急转向泵 15 由变速器输出轴驱动，只要平地机处于行驶状态，紧急转向泵即可正常运转。当转向泵 14 或紧急转向泵 15 发生故障时，旁通指示阀 21 接通，监控指示灯即显示信号，用以提醒操作人员。

（2）铰接转向液压回路

1）车架左转向（铰接转向液压缸左缸活塞杆缩回而右缸活塞杆伸出）动作进油路：双联液压泵Ⅱ→液动分流阀 16 中位或右位→油路转换阀 18 右位→多路操纵阀 19 之换向阀（19-3）左位→铰接转向液压缸 9 左转向进油腔；回油路：铰接转向液压缸 9 左转向回油腔→多路操纵阀 19 之换向阀（19-3）左位→压力油箱 24。

2）车架右转向（铰接转向液压缸左缸活塞杆伸出而右缸活塞杆缩回）动作进油路：双联液压泵Ⅱ→液动分流阀 16 中位或右位→油路转换阀 18 右位→多路操纵阀 19 之换向阀（19-3）右位→铰接转向液压缸 9 右转向进油腔；回油路：铰接转向液压缸 9 右转向回油腔→多路操纵阀 19 之换向阀（19-3）右位→压力油箱 24。

5.3.2 徐工 GR300 型平地机液压系统

徐州工程机械集团公司研制开发的 GR300 型大功率平地机整机质量为 26t，牵引力强大，铲刀作业面宽，多用于露天矿开采场。露天矿工况的特点是路面硬，作业面宽，对平地机的自重、铲刀、结构件强度等性能要求较高。普通中型平地机自重小，铲刀短且下压力小，工作时前轮容易打漂，不适合该种工况作业。由此，徐州工程机械集团公司研制开发了该型号特种平地机械，以清理和平整运输路面，该型号平地机是大型矿场的重要辅助设备。

GR300 型平地机的液压系统由工作液压系统、转向液压系统和制动液压系统组成。

1. 工作液压系统

GR300 型平地机采用负荷传感液压系统，具有能够根据负荷的多少进行供油的优点，避免了能量的浪费。

如图 5-13 所示，该系统主要由油箱、平衡阀 2、带负荷传感的两个整体式五联多路换向阀 3、限压阀 4、变量式柱塞泵 5、梭阀 6、安全阀 8 和各作业装置的液压马达、液压缸 1、7 等组成。用来控制工作装置的各种动作，如铲刀的升降、倾斜、回转、角度变换等。

该系统的主要特点如下：

1）变量式柱塞泵为作业系统提供所需的流量，当换向阀 3 处在中位时，通过旁边的压力补偿阀及梭阀 6，将压力信号反馈给液压泵，使液压泵的斜盘角度调整到零位，液压泵输出流量为零。可以减少功率损失和系统发热，延缓油液老化。

2）多路阀上各联的压差通过压力补偿阀来调节，负载的压力不能直接作用在阀芯上，因此主阀工作平稳。由于各联相互独立，可以实现多路阀的复合动作。同时根据作业工况，可以预设阀芯的流量，如两个铲刀升降液压缸可以预设相同的工作流量，实现铲刀升降速度同步。

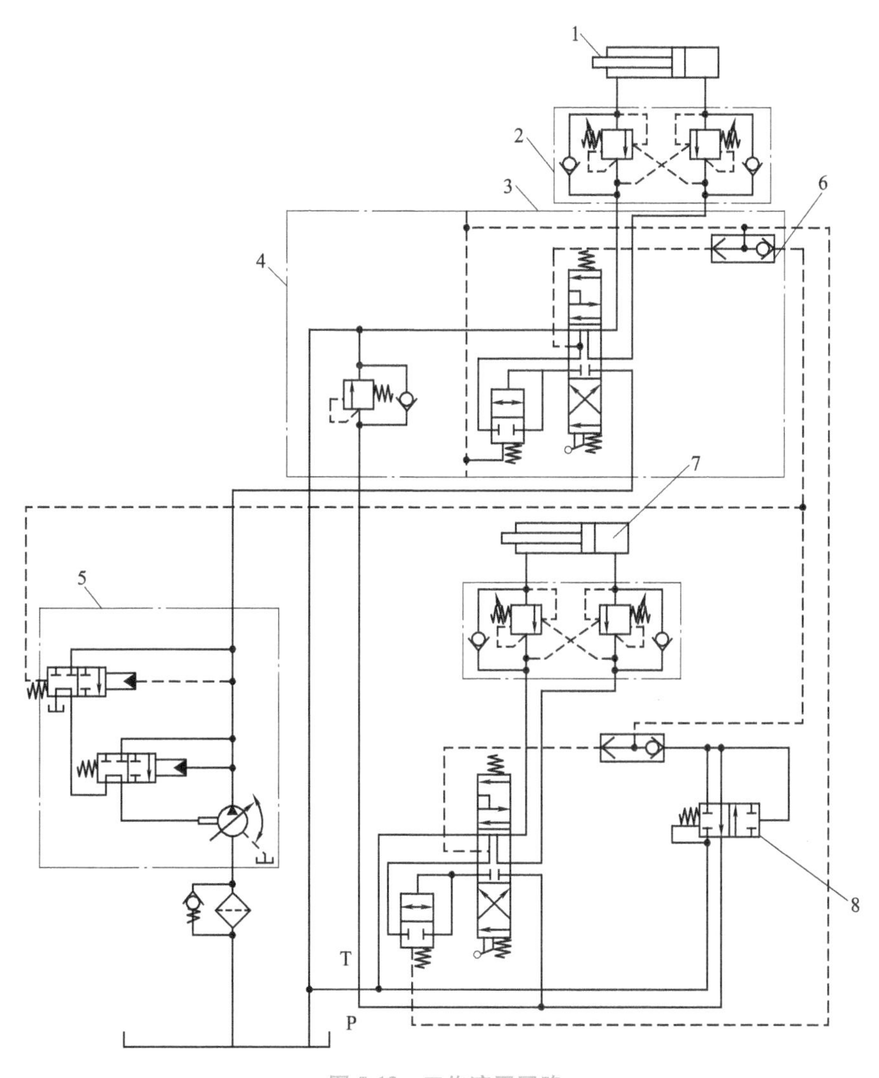

图 5-13　工作液压回路

1、7—液压缸　2—平衡阀　3—换向阀　4—限压阀　5—变量式柱塞泵　6—梭阀　8—安全阀

3）为提高整个液压系统的可靠性，在回油路上增加了限压阀 4 和防止负压的安全阀 8。

2. 转向液压系统

由于平地机经常在较软的土地上工作，转向阻力大，为减少驾驶员的操作强度，采用负荷传感转向方式。转向液压系统原理如图 5-14 所示。该系统主要由转向液压缸 1、负荷传感式全液压转向器 2、优先阀 3、液压泵 4 组成，其中转向液压系统和制动液压系统共用一个齿轮泵。这种系统的特点是能够按照转向油路的要求，优先向其分配油量，无论负载压力大小和方向盘转速高低，均能保证供油充足和转向动作的平滑可靠。

3. 制动液压系统

通常平地机的制动采用单回路系统，由于该机自重和惯性大，采用双回路制动系统来提高可靠性。如图 5-15 所示，该回路由制动阀 1、制动分泵 2、蓄能器 3、充液阀 4 组成。制动液压系统设计有制动灯开关、低压报警开关、测压接口等，用来直接监控系统的压力，提高安全性。制动时具有“制动/寸进”功能，通过回位弹簧进行回位，减小制动时的液压冲击，保证制动平稳。

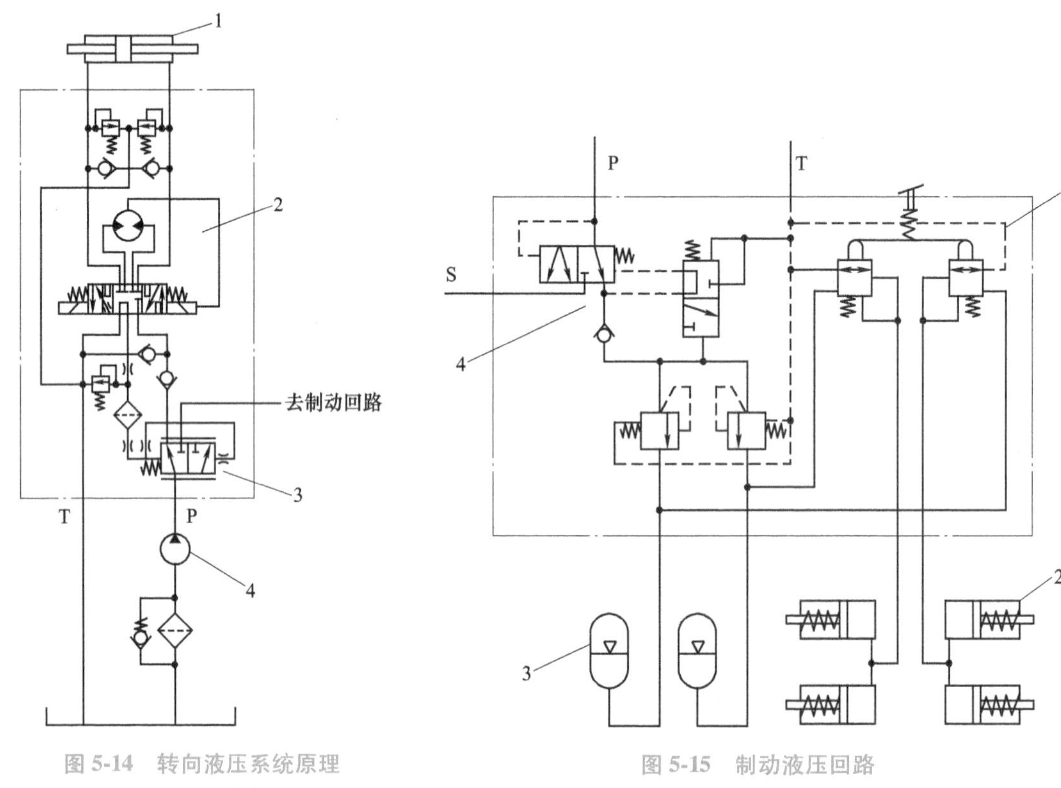

图 5-14 转向液压系统原理

1—转向液压缸 2—负荷传感式全液压转向器 3—优先阀 4—液压泵

图 5-15 制动液压回路

1—制动阀 2—制动分泵 3—蓄能器 4—充液阀

5.4 装载机液压系统

装载机是一种广泛用于公路、铁路、建筑、水电、港口、矿山等建设工程的土石方施工机械，它主要用于铲装土壤、砂石、石灰、煤炭等散状物料，也可对矿石、硬土等进行轻度铲挖作业。

5.4.1 常林 ZLM30E-5 型装载机的液压系统

1. 工作装置液压回路

常林 ZLM30E-5 型装载机的工作装置动作包括动臂升降和铲斗翻转动作，特点是动臂油路和铲斗油路组成串联油路，依靠分配阀保证铲斗油路优先于动臂油路，只有铲斗换向阀处于中位时，来自工作泵的液压油才能到达动臂换向阀。液压系统组成如图 5-16 所示。

图 5-17 所示为装载机工作装置液压回路的工作原理。其中，铲斗换向阀是三位六通阀；动臂换向阀是四位六通阀，从左到右分别为浮动位、左位、中位和右位，浮动位的功能是使动臂液压缸 8 大腔和小腔的油路相通。

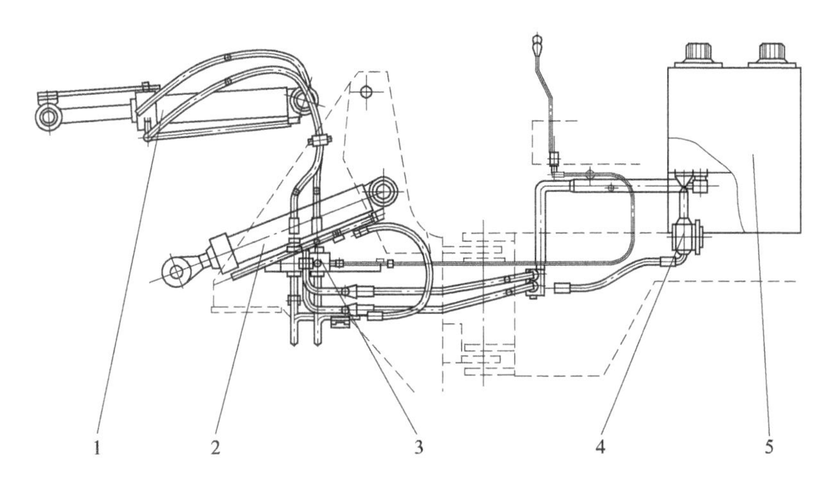

图 5-16 ZLM30E-5 型装载机工作装置液压系统组成

1—铲斗液压缸 2—动臂液压缸 3—分配阀 4—工作泵 5—液压油箱

当铲斗换向阀和动臂换向阀的阀芯均处于中位，来自工作泵 4 的油液进入分配阀 7 后，通过它的中央油道，从回油道直接流回油箱。

(1) 动臂提升 当操作人员将动臂操纵杆向后拉至举升位置时，手柄带动动臂换向阀阀芯向左移动，工作泵 4 输出油液进入分配阀 7，分别经铲斗换向阀中位、动臂换向阀右位，打开动臂换向阀内举升侧的单向阀，流向动臂液压缸 8 大腔，使动臂液压缸 8 活塞杆伸出，动臂举升。同时，动臂液压缸 8 小腔内的液压油经动臂换向阀右位流出，经回油管流回油箱。

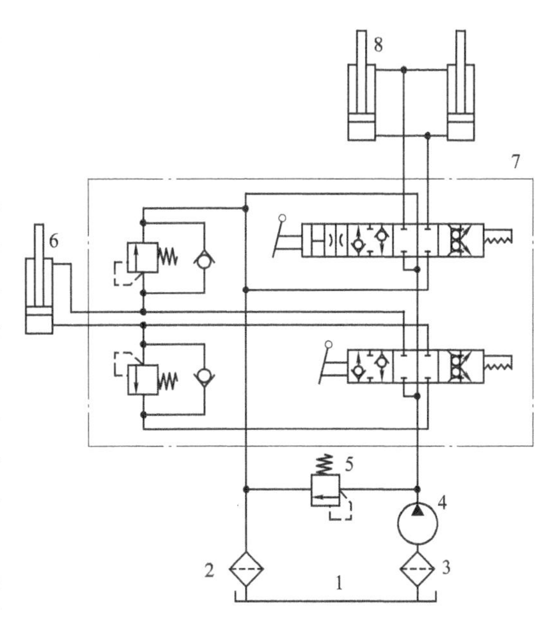

图 5-17 ZLM30E-5 型装载机工作装置液压回路原理图

1—油箱 2、3—过滤器 4—工作泵 5—安全阀 6—铲斗液压缸 7—分配阀 8—动臂液压缸

(2) 动臂下降 当操作人员将动臂操纵杆向前推至下降位置时，动臂换向阀的阀芯随之处于下降位置（左位），来自工作泵 4 的油液进入分配阀 7，经动臂换向阀左位，打开动臂换向阀内下降侧的单向阀，流向动臂液压缸 8 小腔，使动臂液压缸 8 活塞杆缩回，动臂下降。同时，动臂液压缸 8 大腔内的液压油经动臂换向阀左位，经回油管流回油箱。

如果发动机处于熄火状态，当动臂换向阀切换到左位时，动臂液压缸 8 大腔与油箱相通，腔内液压流回油箱，活塞杆缩回，动臂下降。但由于动臂液压缸 8 小腔无法正常进油，所以小腔会产生吸空现象。

(3) 浮动状态 当操作人员将动臂操纵杆向前推至下降的极限位置时，动臂换向阀阀芯将处于浮动位置，此时，动臂在工作装置自重作用下而自动下降，使铲斗底部始终与地面相接触，并随地形的上下起伏而实现浮动状态。在浮动位置，动臂大腔回油受到节流口限制，目的是防止动臂下降速度过快。

装载机铲斗液压回路的工作原理与动臂液压回路的原理基本相同。

图 5-18 所示为分配阀的结构。油路单向阀设置在换向阀内部油路上（动臂换向阀下降侧单向阀未示），它的作用是在进油路上设置单向阀，可以防止换向阀在换向过程中油液倒流回油箱，避免出现“点头”的现象。单向阀设置在回油路上，可以使回油产生一定的背压，以减小液压缸运动过程中的冲击。

2. 转向液压回路

工程机械全液压转向系统可分为常流系统和常压系统，前者的供油量不变，后者的压力恒定。常压系统一般需要采用蓄能器获得压力的稳定，使用不方便，所以应用不多。

常林 ZLM30E-5 型装载机转向系统主要由油箱、转向泵、单路稳定分流阀、转向器、转向液压缸和管路等液压元件组成，如图 5-19 所示。

当方向盘不转动时，转向泵 4 输出液压油经转向器（转阀式换向阀）8 中位流回油箱 1。转向器中的阀芯和阀套由于有弹簧片的夹持作用而处于中间位置，液压泵输送过来的油液经阀套端部的两排小孔和阀芯端部的小长槽进入阀芯内腔，并经回油管流回油箱。

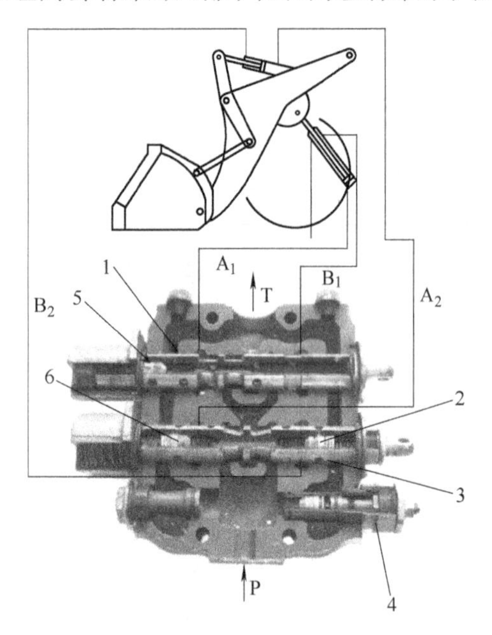

图 5-18　分配阀油口分布图

1—动臂换向阀　2、5、6—单向阀

3—铲斗液压缸　4—安全

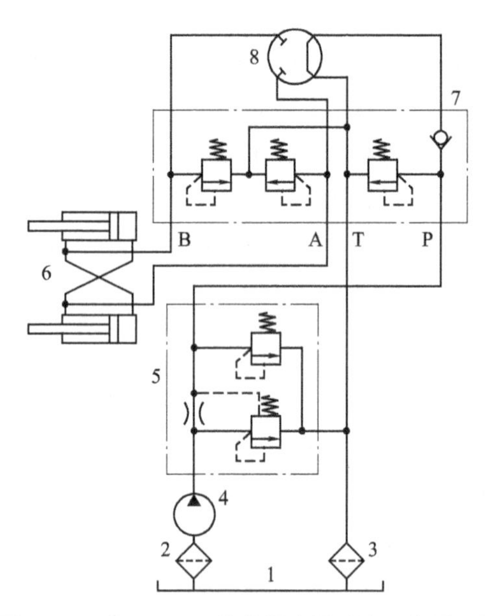

图 5-19　ZLM30E 工作装置液压系统工作原理图

1—液压油箱　2、3—过滤器　4—转向泵　5—单稳阀

6—转向液压缸　7—压力阀块　8—转向器

当转向盘被转动时，转向盘下方的转向轴就会带动阀芯转动，阀套因和计量液压马达转子相连而暂时不转，这样，阀芯上的槽就和阀套上的孔开始错开，弹簧片也同时受到挤压力而发生弯曲变形。转向泵输送过来的油液先进入到计量液压马达驱动转子跟随方向盘转动，转子转动的同时，带动联动轴、拨销，使得转向器的阀套也开始同步转动。阀芯上的槽就和

阀套上的孔开始重新对位，实际上就是液压泵传输过来的油液经过转向器进行分配后，进入到转向液压缸中，转向液压缸的活塞杆的伸出和缩进将会带动前车架相对后车架的位置变化，从而实现车架偏转的转向动作。若转向盘连续转动，进入转向阀的油量就会成倍增大，装载机的转向角度就会变大。

如果转向盘保持不动，转向器内被挤压变形的弹簧片就会回弹，使得阀芯与阀套又回到原来静止状态的位置，切断油液进入液压缸的通路，液压缸就会保持静止不动。

5.4.2 柳工 CLG856 型装载机液压系统

柳工 CLG856 型装载机的工作装置液压回路用于动臂和铲斗动作，液压油路主要分为两部分：先导控制油路和主工作油路。主工作油路的动作由先导控制油路进行控制，以实现小流量、低压力控制大流量、高压力。

1. 工作装置液压回路

（1）先导液压回路　先导液压回路主要由先导液压源、组合阀、先导操纵阀组等组成。组合阀的结构如图 5-20 所示，其组成主要包括了先导溢流阀、减压阀和单向阀。

1）组合阀。溢流阀为先导式滑阀，其作用是调定先导液压系统中的工作压力。先导泵的来油的一部分经从进油口 1 经油道 2 和节流阀 3 作用在溢流阀锥阀阀芯 4 上，当油压升高并超过溢流阀调定压力时，油压克服调压弹簧 5 的作用力，推动锥阀阀芯向右移动，液压油经打开后通过油道 6 接回油口 7。此时在节流阀 3 前后形成一个压差，当溢流阀主阀芯 9 两端的压差足够大时，溢流阀主阀芯 9 克服复位弹簧 8 的作用力向左移动，先导泵液压油溢流回油箱。

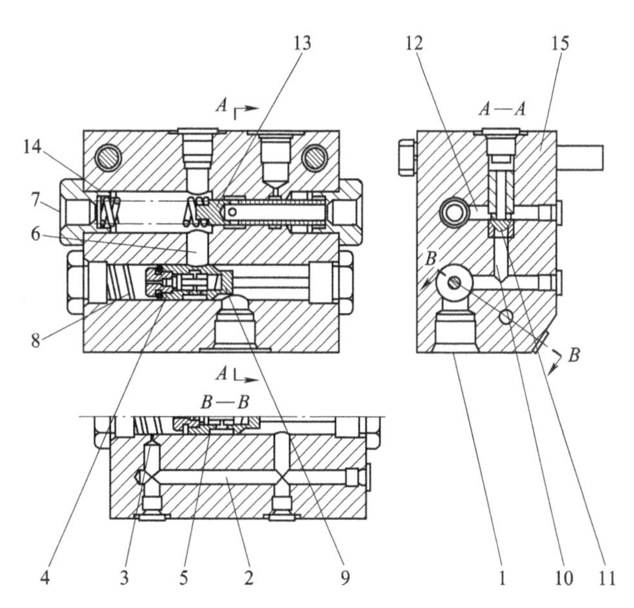

图 5-20　组合阀结构示意图

1—进油口　2、6、10—油道　3—节流阀　4—溢流阀锥阀阀芯　5、14—调压弹簧　7—回油口　8—复位弹簧　9—溢流阀主阀芯　11—单向阀　12—油腔　13—减压阀阀芯　15—阀体

减压阀为直动式滑阀，它的作用是将先导泵的来油或者是动臂液压缸大腔的来油进行减压处理成低压油源，然后供给先导系统。当发动机熄火时，如果动臂仍然处于举升状态，可利用动臂液压缸大腔的液压油向先导油路提供油源。

2）先导操纵阀。先导操纵阀结构如图 5-21 所示，它是由动臂操纵联和铲斗操纵联 2 片叠加而成的阀。滑阀阀芯的位移与操纵手柄的操纵角度位移量成比例关系。操纵手柄的操纵角度越大，工作装置的动作速度也就越快。

通过操纵先导操纵阀的动臂控制杆和铲斗控制杆，可以操纵分配阀内动臂滑阀或铲斗滑阀的动作，从而实现对车辆工作装置的控制。动臂手柄的操作位置有提升、中位、下降及浮动四个位置，铲斗手柄的操纵位置有收斗、中位和卸料三个位置。其中在先导操纵阀中，动

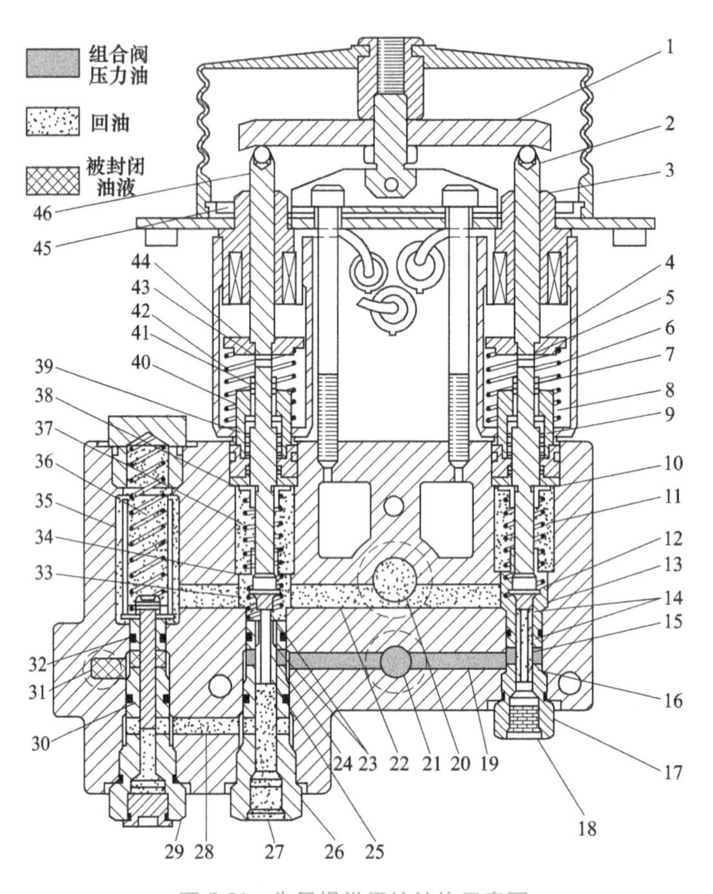

图 5-21　先导操纵阀的结构示意图

1—压条　2—压销　3—电磁线圈组　4、44—压板　5、43—阀杆　6、9、13、33、36、37、39、42—弹簧　7、41—螺母　8、26—阀组　10、12、34、38—弹簧座　11—计量弹簧　14—阀孔　15、24、28、31、32—油道　16、25—计量阀芯　17—计量阀组　18、27—油口　19—进油油道　20—回油口　21—进油口　22—回油油道　23—阀孔　29—顺序阀组　30—顺序阀芯　35—弹簧腔　40—计量阀组　45—电磁线圈　46—压销

臂提升、动臂下降、铲斗收斗三个位置中设置有电磁铁，通过与前车架和摇臂上的动臂及铲斗自动复位装置的连接，可实现动臂高度的自动限位及铲斗的自动放平。

（2）主回路　主回路主要包括工作泵、分配阀和液压缸等。它的功能是提供高压液压油驱使动臂液压缸和铲斗液压缸工作。

1）分配阀。分配阀为串并联整体式两联阀，主要由阀体、动臂滑阀、铲斗滑阀、主溢流阀、铲斗大腔过载阀、铲斗小腔过载阀以及各单向阀组成，如图 5-22 所示。

当分配阀铲斗滑阀阀杆两端没有先导压力油时，铲斗滑阀阀杆在弹簧 2 的作用下处于中位。工作泵的来油经进油通道 10 进入油道 7，向动臂滑阀联供油。此时铲斗液压缸大小腔两端接分配阀的两个工作油道 5 和 6 被铲斗滑阀阀杆封闭，铲斗液压缸保持不动。如果此时动臂滑阀阀杆也处于中位，则工作泵的来油经油道 14 和 13，连通分配阀回油通道 15。

当操纵铲斗操纵手柄向收斗位置动作时，先导液压油进入铲斗滑阀阀杆收斗腔 1 内。而铲斗滑阀阀杆卸料腔 12 内的油则经先导操纵阀连通回油。滑阀阀杆在油压的作用下，克服弹簧 2 的作用力，向右移动，打开油道 6（通铲斗液压缸大腔）与油道 7 的开口。工作泵的

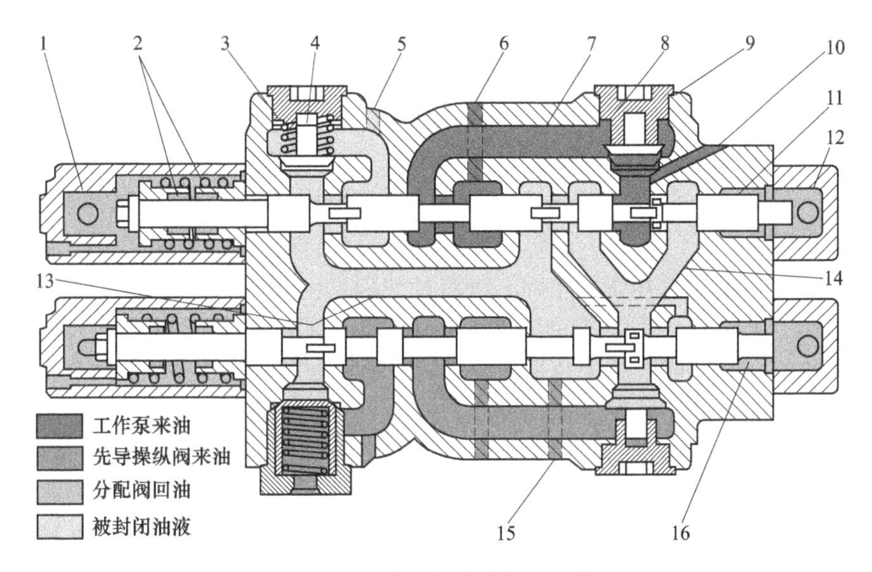

图 5-22 分配阀的结构示意图

1—铲斗滑阀阀杆收斗腔 2、3、8—弹簧 4—铲斗液压缸小腔连通的单向阀 5—油道（通铲斗液压缸小腔） 6—油道（通铲斗液压缸大腔） 7、13、14—油道 9—铲斗进油单向阀 10—工作泵进油通道 11—铲斗滑阀阀杆 12—铲斗滑阀阀杆卸料腔 15—分配阀回油通道 16—动臂滑阀阀杆

液压油在顶开铲斗进油单向阀 9 后，通过油道 7，进入铲斗液压缸大腔。而铲斗液压缸小腔的油液则通过油道 5，经油道 13 进入分配阀回油通道 15 流回油箱。铲斗液压缸活塞杆伸出，铲斗实现收斗动作。

当操纵铲斗操纵手柄向卸料位置动作时，先导液压油进入铲斗滑阀阀杆卸料腔 12 内。而铲斗滑阀阀杆收斗腔 1 内的油则经先导操纵阀连通回油。滑阀阀杆在油压的作用下，克服弹簧 2 的作用力，向左移动，打开油道 5（通铲斗液压缸小腔）与油道 7 的开口。工作泵的液压油在顶开铲斗进油单向阀 9 后，通过油道 7，进入铲斗液压缸小腔。而铲斗液压缸大腔的油液则通过油道 6，经油道 13 进入分配阀回油通道 15 流回油箱。铲斗液压缸活塞杆缩回，铲斗实现卸料动作。在卸料过程中，如果活塞杆缩回的速度大于工作泵输出流量所能提供的速度，分配阀内与铲斗液压缸小腔连通的单向阀 4 在克服弹簧 3 的作用力后打开，使得油箱内的油经油道 13 向铲斗小腔供油，以避免液压缸内发生气穴现象。

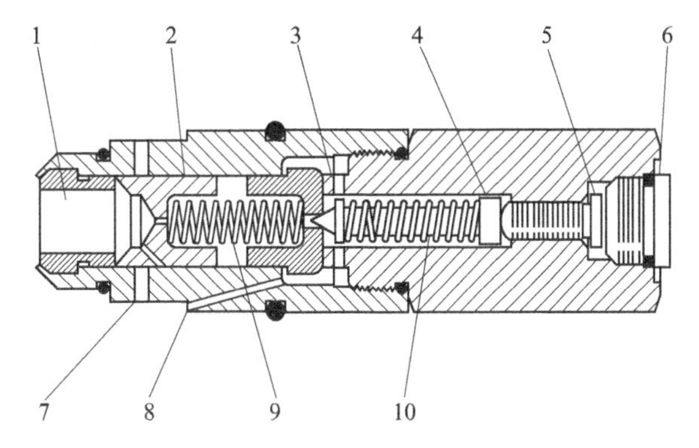

图 5-23 主溢流阀结构示意图

1—进油口 2—阀芯 3—锥阀阀芯 4—挡片 5—调压螺杆 6—螺塞 7—回油出口 8—回油油道 9—复位弹簧 10—调压弹簧

2）主溢流阀。在整体式分配阀的进油油道上，集成有控制整个主工作液压系统压力的主溢流阀。如图 5-23 所示，主溢流阀为先导式插装阀，其压力设定值即为整车主工作液压系统的最高系统压力。

当主工作液压系统工作时，工作泵的液压油经主溢流阀进油口 1，通过阀芯 2 上的节流孔作用在锥阀阀芯 3 上。当主工作液压系统压力升高并达到主溢流阀所调定的压力时，工作泵油压将克服调压弹簧 10 的作用力，推动锥阀阀芯 3 向右移动，使液压油经回油油道流回油箱。这时工作泵油压克服复位弹簧 9 的作用力，推动阀芯 2 向右移动。主溢流阀开启，工作泵液压油经回油出口 7 溢流回油箱。工作泵的输出油压将被限定在该调定压力或调定值以下。

3）安全吸油阀。为了防止铲斗液压缸过载或吸空，在铲斗液压缸大腔、小腔油路中设置了安全吸油阀（也称为双作用安全阀、过载补油阀）。如果铲斗换向阀处于中位，当大腔压力意外过载时，安装在大腔油路的安全吸油阀的溢流阀阀芯就打开泄压；而此时，由于液压缸活塞杆产生移动，小腔产生吸空趋向，安装在小腔油路的安全吸油阀的单向阀阀芯就打开进行补油，从而避免了小腔发生气穴现象。

安全吸油阀中溢流阀设定的压力要比主系统溢流阀设定的压力稍大，液压回路工作时，正常情况下，当压力增大时，主系统溢流阀打开泄压。

4）工作原理图。柳工 CLG856 型装载机工作装置液压回路原理如图 5-24 所示，主回路的工作压力由主溢流阀设定，为 20MPa，过载压力设定为 22MPa；先导压力设定为 4MPa，先导液压油压力经减压阀减压后变为 3.5MPa。

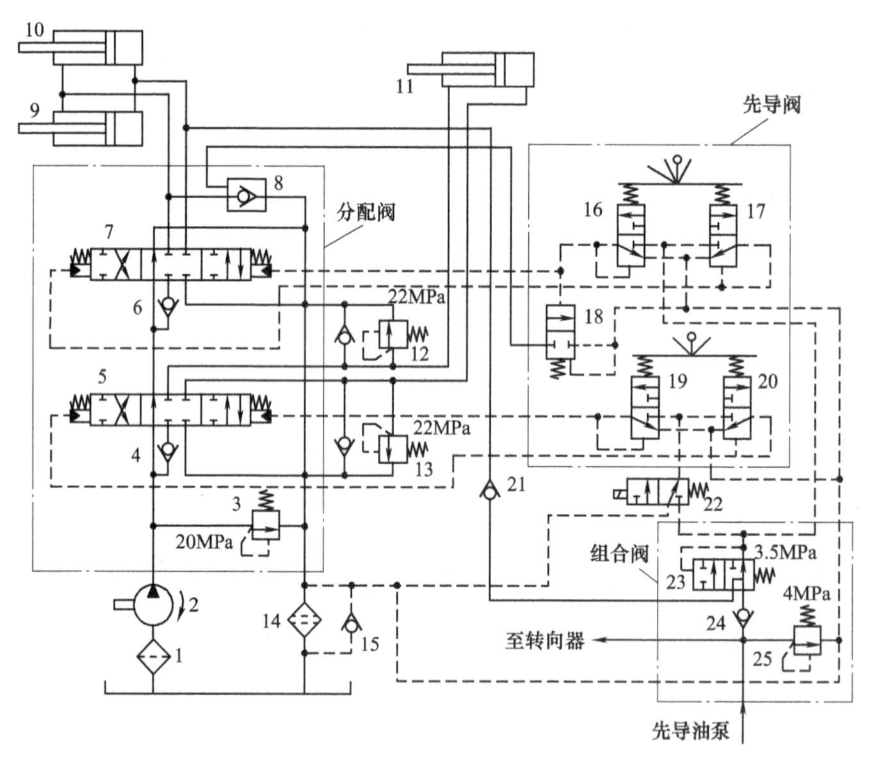

图 5-24 柳工 CLG856 型装载机工作装置液压回路原理图

1、14—过滤器 2—工作泵 3、25—溢流阀 4、6、8、15、21、24—单向阀 5、7—主换向阀 9~11—液压缸 12、13—安全吸油阀 16、17、19、20—先导阀 18—顺序阀 22—电磁换向阀 23—减压阀

2. 转向液压回路

柳工 CLG856 型装载机的转向系统采用流量放大系统，系统油路由控制油路与主油路组

成。所谓流量放大，是指通过全液压转向器以及流量放大阀，可保证控制油路的流量变化与主油路中进入转向缸的流量变化具有一定的比例，达到低压小流量控制高压大流量的目的。

（1）转向泵　该回路的转向泵为一双联泵，分别向转向系统、制动系统和工作系统先导油路供油。

（2）转向器　转向器为闭芯无反应型，控制油源取自流量放大阀进油口，经减压阀后向转向器供油，转向器的进油口压力由减压阀限定，约为 2.5MPa。

全液压转向器主要由随动转阀和计量机构组成，如图 5-25 所示。计量机构相当于一个小型泵。随动转阀包括阀芯 7、阀套 6、阀体 3，控制油流方向。由定子 13、转子 9 实现计量机构的功能，以保证出口油量与方向盘的转速成正比。转动转向盘，当有油通过计量机构时，通过转子 9、联动轴 8、拔销 5，带动阀套 6 与阀芯 7 同向转动，将油送到流量放大阀的先导油进出口，控制流量放大阀的主阀芯动作，油量得到放大，控制整机转向。

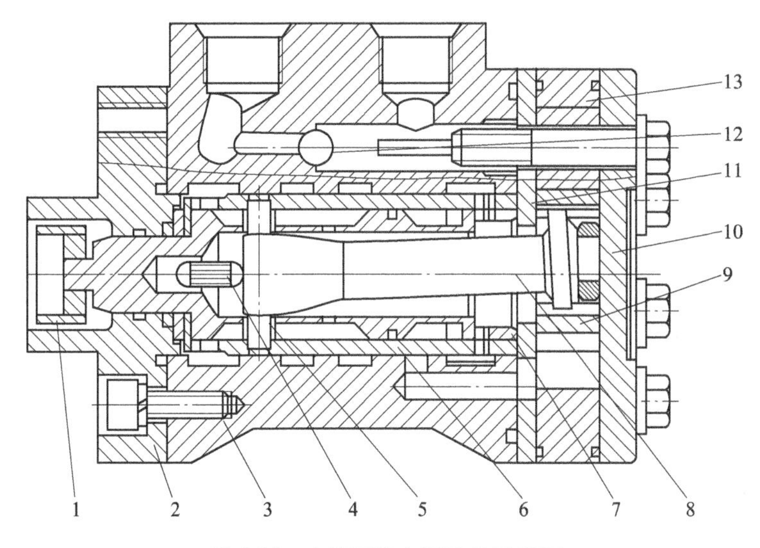

图 5-25　全液压转向器结构示意图

1—连接块　2—前盖　3—阀体　4—弹簧片　5—拔销　6—阀套　7—阀芯　8—联动轴　9—转子
10—后盖　11—隔板　12—钢球　13—定子

（3）流量放大阀　流量放大阀的结构如图 5-26 所示。当不转向或转向完成时，转向器停止向流量放大阀提供先导控制油。此时，没有先导油作用于阀杆 12 的两端，阀杆 12 两端的油通过通道 2 和通道 3 相连，阀杆 12 在复位弹簧 8 的作用下保持在中间位置。当阀杆 12 在中间位置时，从转向泵的来油被阀杆 12 封住，使得进口 15 中的压力增加，推动流量控制阀 18 右移，直至油能通过出口 5 回油箱。

在中位时，与转向缸相连的阀体出口 4、6 处于封闭状态，以保持方向盘停止转向时装载机的位置。封闭腔内的油压通过梭阀 16 作用于先导安全阀 19，如果外力使得内部压力超过先导安全阀的调定压力，先导安全阀 19 将打开，以保证系统压力不超过调定压力。

当操纵方向盘右转时，先导油压力推动阀杆 12 左移，左移的量是由方向盘转动速度来控制的。先导油从先导油口 9 穿过计量节流孔 7、通道 2 到了阀杆 12 的另一端，然后通过转向器回油箱。随着阀杆移动到左边，从转向泵来的油到达出口 5，通过阀杆 12 上的狭槽，分别进入左转向缸的无杆腔和右转向缸的有杆腔，同时转向缸另一端的油通过出口 4、回油

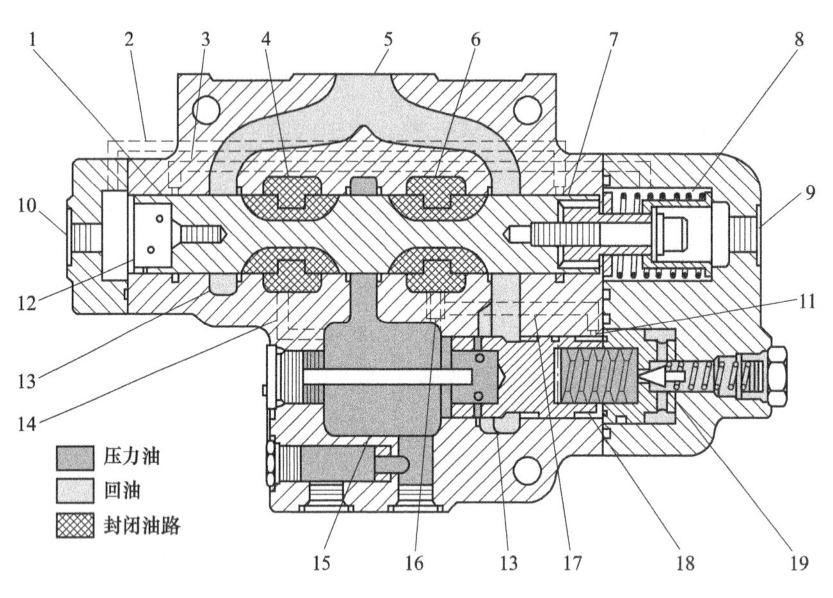

图 5-26 流量放大阀结构示意图

1、7—计量节流孔 2、3、14、17—通道 4—出口（至左转向缸） 5—出口（至油箱） 6—出口（至右转向缸） 8—复位弹簧 9、10—先导油口 11—节流孔 12—阀杆 13—回油通道 15—进口（至转向泵） 16—梭阀 18—流量控制阀 19—先导安全阀

通道 13 回油箱，实现右转弯。

（4）转向液压回路工作原理图 图 5-27 所示为柳工 CLG856 型装载机转向系统原理图，可以看出，全液压转向器 3 和转向液压缸的油液来源均为转向泵 1，但压力并不相同。两个主溢流阀设定的压力均为 16MPa，而减压阀 2 输出的压力只有 2.5MPa。

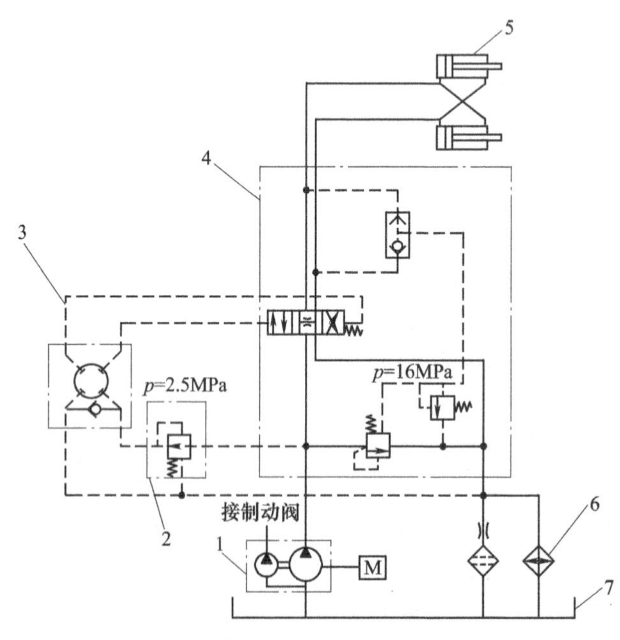

图 5-27 CLG856 型装载机转向系统原理图

1—转向泵 2—减压阀 3—全液压转向器 4—流量放大阀 5—转向液压缸 6—液压油散热器 7—液压油箱

5.5　挖掘机液压系统

挖掘机液压系统主要由动臂液压回路、斗杆液压回路、铲斗液压回路、回转液压回路和行走液压回路等组成。单铲履带式挖掘机的液压系统结构如图5-28所示，液压泵直接与发动机连接，液压系统工作时，工作泵输出的高压液压油被输送到分配阀。驾驶员操纵先导手柄使相应回路的换向阀动作后，换向阀控制的液压缸或液压马达就产生所需的动作了。

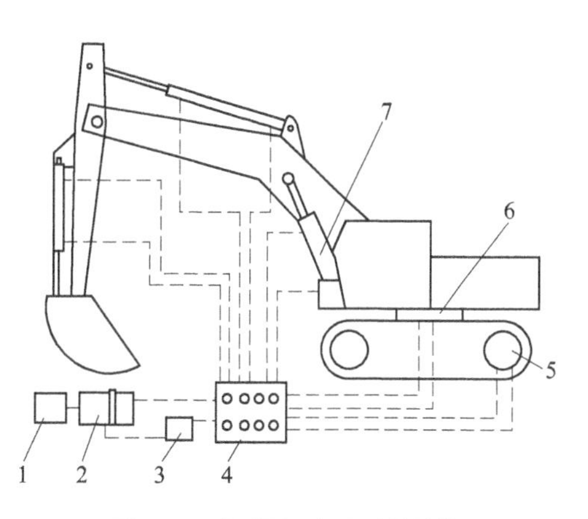

图5-28　挖掘机液压系统结构

1—发动机　2—液压泵　3—液压油箱　4—主控制阀　5—行走液压马达　6—回转液压马达　7—动臂液压缸

5.5.1　现代R225LC-7型挖掘机液压系统

R225LC-7型挖掘机是由现代（江苏）工程机械有限公司生产的“现代ROBEX”系列挖掘机之一。

1. 液压泵及油箱

液压泵及液压油箱的组成、工作原理如图5-29所示。油液采用进油过滤和回油过滤两种方式。主油路回油R2经过散热器19和安装在液压油箱内部的全流量过滤器17，返回到液压油面以下。与散热器19串联的单向阀回油压力为0.3MPa，旁通单向阀回油压力为0.5MPa。过滤器17旁通的单向阀回油压力为0.15MPa。散热器或过滤器堵塞后，其进口压力上升，与之旁通的单向阀就打开通流。

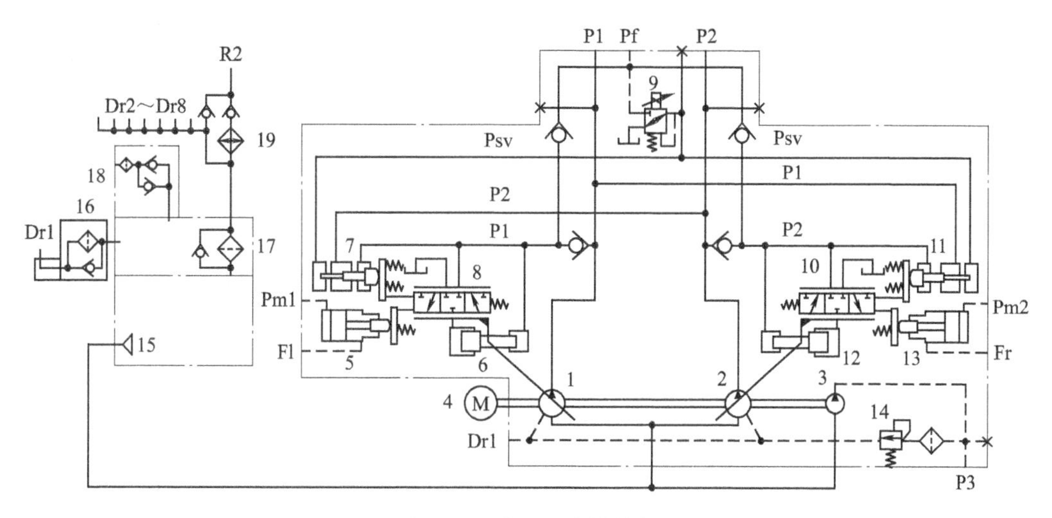

图5-29　液压泵变量控制

1~3—液压泵　4—发动机　5、7、11、13—变量柱塞　6、12—伺服活塞　8、10—伺服阀　9—电磁比例减压阀　14—先导溢流阀　15~17—过滤器　18—呼吸阀　19—散热器

液压油箱的顶部安装有呼吸阀 18，用于使液压油箱内保持一定的压力，兼有过滤进入液压油箱的空气和散热的作用。

液压泵为多联泵，主要由前泵（液压泵 1）、中间体、后泵（液压泵 2）、先导泵和调节器等结构组成。液压泵 1、2 为斜盘式轴向柱塞泵，其输出高压油 P1、P2 向主系统供油。液压泵 3 为齿轮泵，输出低压油 P3 供给先导系统。先导溢流阀设定压力为 3.9MPa。

（1）主泵恒功率控制　液压系统工作时，液压泵 1、2 输出的一部分压力油分别作用在功率控制变量柱塞 7、11 上进行交叉功率控制。当液压力增大时，分别推动变量柱塞 7、11 移动，变量柱塞 7、11 带动伺服阀 8、10 移动，并通过伺服活塞 6、12 最终反馈作用到液压泵 1、2 的斜盘上，使泵的斜盘倾斜角度自动变小，输出排量随之减少；反之，输出排量增加。

在恒功率状态下，发动机输出的总功率与两泵压力之和的平均值有关，两泵总功率最大值保持恒定，目的是匹配发动机额定功率，避免过载而造成发动机熄火。

（2）主泵变功率控制　挖掘机的功率模式有低功率（S）、标准功率（H）、高功率（M）共 3 种，选择不同的功率模式后，泵控制器通过改变输送给电磁比例减压阀 9 的信号电流大小，从而控制电磁比例减压阀输出的二次先导压力 Psv，实现对主泵输出总功率的调节。

（3）负流量控制　负反馈压力 Fl、Fr 分别作用在流量控制变量柱塞 5、13 上，主要用于控制主泵在主换向阀均处于中位状态下输出的排量。负反馈压力由安装在主控阀底部的负反馈溢流阀决定，为 3MPa。

（4）最大流量切断控制　先导压力 Pm1、Pm2 分别作用在流量控制变量柱塞 5、13 上，通过控制主泵的斜盘角度，起到降低主泵最大输出流量的目的。

（5）液压泵的结构组成　图 5-30 所示为前泵结构组成，主要有输入轴、斜盘、缸体、滑靴、柱塞和配流盘等。后泵的结构与前泵呈对称形式。

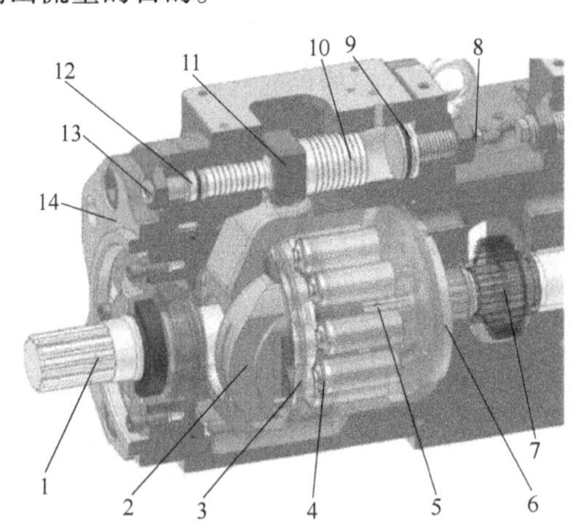

图 5-30　前泵结构组成

1—输入轴　2—斜盘　3—滑靴　4—柱塞　5—缸体　6—配流盘　7—传动齿轮　8、13—调节螺钉　9、12—限位块　10—伺服活塞　11—倾斜销　14—斜盘支承座

2. 电磁换向阀组

电磁换向阀组的主要功能是对先导泵输出的液压油进行控制或分配，实现挖掘机在不同工况下对先导阀的控制。如图 5-31 所示，先导泵输出液压油 P3 流经过滤器 1 后进入电磁换向阀组，分别到达各个阀进口。

打下驾驶室左侧的安全锁杆，先导解锁阀 4 的电磁线圈 A1 得电，阀芯下移，上位接入工作，先导解锁阀 4 输出液压油 Pck 流向先导手柄控制阀组。

功率提升控制阀 5 的作用是向主溢流阀提供增压的先导压力，得电时，上位接入工作，输出液压油 Pz 给主溢流阀，主溢流阀从设定的压力 33MPa 瞬间提升到 36MPa 左右。为了防止发动机过载，线圈 A2 得电维持 8s 后自动断开。

最大流量切断阀6用于控制主泵输出的最大流量。选择破碎器工作模式时，A3得电，最大流量切断阀6输出的压力的Pm1、Pm2分别用来控制前、后泵输出的流量。

行走双速控制阀7用于变换挖掘机行走的快、慢档。

选择重载工作模式后，动臂优先控制阀8输出先导液压油Pns来控制回转逻辑阀动作。

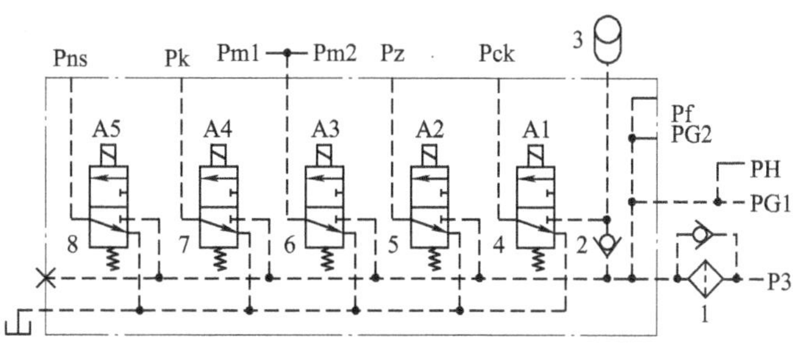

图5-31 电磁阀组

1—过滤器 2—单向阀 3—蓄能器 4—先导解锁阀 5—功率提升控制阀 6—最大流量切断阀 7—行走双速控制阀 8—动臂优先控制阀

3. 先导手柄操纵阀组

先导手柄控制阀组包括回转、斗杆、左行走、右行走、铲斗和动臂等手先导阀，如图5-32所示。

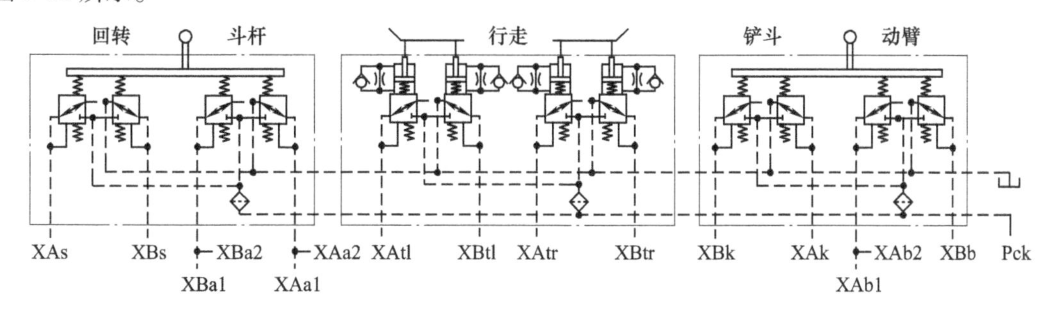

图5-32 先导手柄操纵阀组

手先导阀是一种比例减压式控制阀（PPC阀）。它根据驾驶员操作手柄行程的大小，输出相应的控制油压，使主控制阀阀芯有相应的移动量，从而控制工作装置的工作速度。手先导阀输出的控制压力通常也称为二次先导压力。

4. 负反馈控制回路

如果主油路中的行走、回转、动臂、斗杆和铲斗等滑阀均处于中位或行程很小时，前、后泵输出压力油P1、P2中的全部或一部分就会分别流经各控制滑阀中位后，到达主控阀底部的负反馈溢流阀17、18，最后流回到液压油箱，如图5-33所示。溢流阀进口处的压力Fl或Fr分别输送到前、后泵作为负流量控制的先导压力。

主泵输出的流量控制信号压力Fl或Fr与操纵手柄的行程成反比，为负反馈控制。当所有滑阀均处于中位时，压力Fl或Fr等于负反馈溢流阀设定的压力，即3MPa，此时主泵输出的流量最小。滑阀处于全行程状态时，负反馈压力为零。

5. 铲斗液压回路

后泵输出液压油P2经右行走滑阀34中位、后泵油口单向阀和铲斗负载单向阀后，到达铲斗滑阀23，如图5-33所示。

（1）铲斗外翻 当单独操纵铲斗卸载手先导阀使铲斗外翻时，先导来油XAk到达铲斗滑阀23左端，推动阀芯右移，同时铲斗滑阀23右端先导油XBk流向铲斗挖掘手先导阀后回液压油箱。

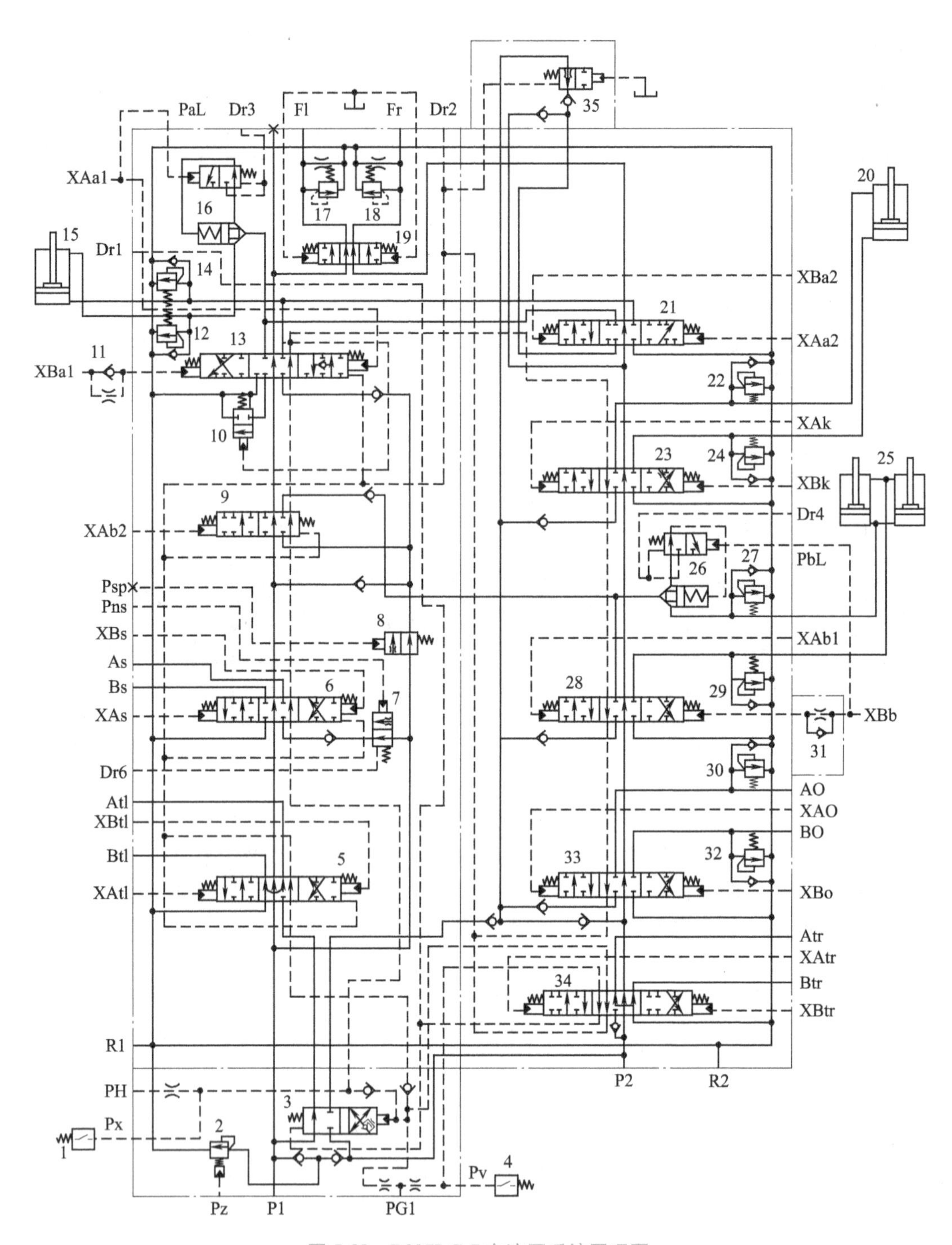

图 5-33 R225LC-7 主液压系统原理图

1、4—压力继电器 2—主溢流阀 3—直线行走阀 5、34—行走滑阀 6—回转滑阀 7—回转逻辑阀 8—回转优先阀 9、28—动臂滑阀 10—再生切断阀 11、31—缓冲阀 12、14、22、24、27、29、30、32—安全吸油阀 13、21—斗杆滑阀 15—斗杆液压缸 16—斗杆保持阀 17、18—负反馈溢流阀 19—负反馈切断阀 20—铲斗液压缸 23—铲斗滑阀 25—动臂液压缸 26—动臂保持阀 33—备用滑阀 35—动臂优先阀

主进油：液压油 P2→铲斗滑阀 23 左位→铲斗液压缸 20 小腔。

主回油：铲斗液压缸 20 大腔液压油→铲斗滑阀 23 左位→回油管路 R2→液压油箱。

（2）铲斗外翻　主进油：液压油 P2→铲斗滑阀 23 右位→铲斗液压缸 20 大腔。

主回油：铲斗液压缸 20 小腔液压油→铲斗滑阀 23 右位→液压油箱。

6. 斗杆液压回路

为了提高液压缸活塞杆的运动速度，提高工作效率，斗杆液压缸 15 采用双泵合流供油。

（1）斗杆回收　单独操纵斗杆回收手先导阀动作，输出二次先导液压油 XAa1 推动斗杆滑阀 13 阀芯左移，斗杆保持阀 16 中的二位三通控制阀阀芯右移。与此同时二次先导液压油 XAa2 推动斗杆滑阀 21 阀芯左移。

主进油：前泵液压油 P1→回转优先阀 8 右位→斗杆负载单向阀→斗杆滑阀 13 右位→斗杆液压缸 15 大腔。

后泵液压油 P2→右行走滑阀 34 中位→备用滑阀 33 中位→动臂滑阀 28 中位→铲斗滑阀 23 中位→负载单向阀→斗杆滑阀 21 右位，与液压油 P1 汇合后进入斗杆液压缸 15 大腔。

主回油：斗杆液压缸 15 小腔→斗杆保持阀 16→斗杆滑阀 13 右位→斗杆再生切断阀 10 下位→回油路 R2→液压油箱。

斗杆回收过程中，如果由于重力作用使斗杆加速下降，主泵来不及供油，造成回油压力大于进油压力，此时，再生切断阀 10 关闭，小腔回油经再生单向阀与主泵来油汇合后重新进入斗杆液压缸 15 的大腔，从而避免液压缸内部产生负压。

（2）斗杆提升　斗杆手先导阀输出二次先导液压油 XBa1、XBa2 分别推动斗杆滑阀 13 和铲斗滑阀 23 的阀芯右移，液压油 P1、P2 汇合后经斗杆保持阀 16 进入斗杆液压缸 15 小腔。同时，斗杆液压缸 15 大腔回流分别经斗杆滑阀 13、21 的左位返回液压油箱。

7. 动臂液压回路

如图 5-33 所示，当动臂提升时，动臂液压缸大腔进油也为双泵合流供油。前泵液压油 P1 流经动臂滑阀 9 左位后，与经动臂滑阀 28 左位的后泵液压油 P2 汇合后，经动臂保持阀 26 进入动臂液压缸 25 大腔。同时，动臂液压缸 25 小腔回油经动臂滑阀 28 左位流回液压油箱。

动臂下降时，动臂液压缸 25 由后泵供油。液压油 P2 经动臂滑阀 28 右位进入动臂液压缸 25 小腔，动臂液压缸 25 大腔回油也经动臂滑阀 28 右位流回液压油箱。

动臂保持阀 26 为插装式液控单向阀，具有良好的反向密封、保压性能。

8. 行走液压回路

挖掘机行走液压马达的液压油路分为外油路和内油路两部分。

图 5-34 所示为行走液压马达的内油路。左行走液压马达的主油口为 Atl、Btl，右行走液压马达的主油口为 Atr、Btr。

（1）平衡阀　正常情况下，从主控阀来的高压油，一部分经补油单向阀 4 或 5 流向液压马达，一部分经节流孔 1 或 3 推动平衡阀 2 移动，使平衡阀左位或右位工作，液压马达回油经过平衡阀工作位后流向主控阀，形成工作回路。

平衡阀左位或右位接入工作后，一部分高压油从平衡阀的工作位进入制动器，推动制动柱塞运动，解除液压马达制动。

下坡时由于自重作用，挖掘机可能会超速或失速。但是由于平衡阀的作用，当下坡速度过大时，主泵来不及供油，进油腔压力会下降，平衡阀在弹簧作用下复位移动，关小回油通道，从而限制液压马达转速，使挖掘机速度慢下来，下坡速度得到有效控制。

（2）行走安全阀　行走安全阀为双向溢流阀，其正向打开压力为 10.2MPa，反向打开压力为 41.2MPa。

如果 Atl 口进油，行走液压马达起动时，左侧压力达到 10.2MPa，行走安全阀 6 瞬间打开后即关闭，起到缓和压力、平稳起步的目的。

行走液压马达停止时，平衡阀 2 的阀芯回复中位，但由于惯性作用，液压马达继续旋转，右侧回油压力升高，达到 10.2MPa 时，行走安全阀 10 打开泄压，向低压侧补油，如果右侧压力继续升高，达到 41.2MPa 时，则行走安全阀 6 打开泄压，从而保证了行走液压马达可靠制动，安全停止。如果低压侧的压力较低，也有可能出现外油路液压油经补油单向阀 4 向左侧补油，以防止发生气蚀。

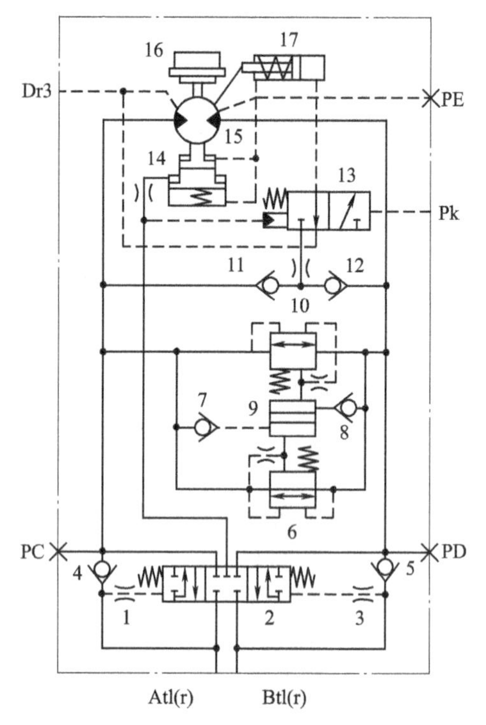

图 5-34　行走液压马达内部控制油路

1、3—节流孔　2—平衡阀　4、5—补油单向阀　6、10—行走安全阀　7、8、11、12—单向阀　9—缓冲阀　13—变速阀　14—制动器　15—液压马达　16—变速器　17—流量调节器

（3）变速阀　变速阀 13 受行走双速控制电磁阀输出的先导油 Pk 控制。如果先导压力 Pk 为零，液压马达处于大排量低速档。如果电磁阀得电，先导来油 Pk 推动变速阀 13 左移，液压马达主油路的一部分液压油经变速单向阀 11 或 12、节流孔，流向流量调节器 17 调整液压马达斜盘倾角，使液压马达进入高速小排量状态。挖掘机处于高速档行驶过程中，如果行驶阻力增大，供油压力升高，油液也可能推动变速阀 13 右移，使行走液压马达自动变为大排量低速状态，以增大转矩。

9. 回转液压回路

回转液压马达内部控制油路如图 5-35 所示。操纵回转手柄先导阀动作时，输出的二次先导液压油 XAs 或 XBs 经梭阀作用在制动解除阀 10 上，使制动解除阀下移。同时，先导液压油 PG2 经制动解除阀进入制动器，解除液压马达制动。主泵来油 As 或 Bs 进入液压马达后形成了液压回路，回转液压马达 7 就能转动起来。

如果回转手柄先导阀回复中位，制动解除阀 10 就在弹簧力作用下复位，制动器内的高压油经制动解除阀 10、溢流阀 11，从液压马达泄油口流回液压油箱，液压马达就处于制动状态。溢流阀内部的节流孔起到延时制动的作用。

防反转阀 1、2 在液压马达起动或停止瞬间，利用小孔节流产生流速差而使阀导通，将处于高压侧少量油液泄流到低压侧后马上关闭，从而避免回转液压马达在起动时出现惯性停滞或停止时出现来回摆动，产生冲击的现象。

安全阀 3、4 起到过载保护作用，设定的压力一般为 25MPa 左右。如果回转液压马达在工作或停止过程中导致低压侧压力过低，则单向阀 5 或单向阀 6 就打开向低压侧补油，以防止出现气穴现象。

回转液压马达总成主要分为减速器、液压马达和阀块三个部分，结构如图5-36所示。液压马达高速旋转的速度通过减速器减速后输出，阀块上面集成安装了液压马达内部控制油路所有的液压阀，布设有相关油口。

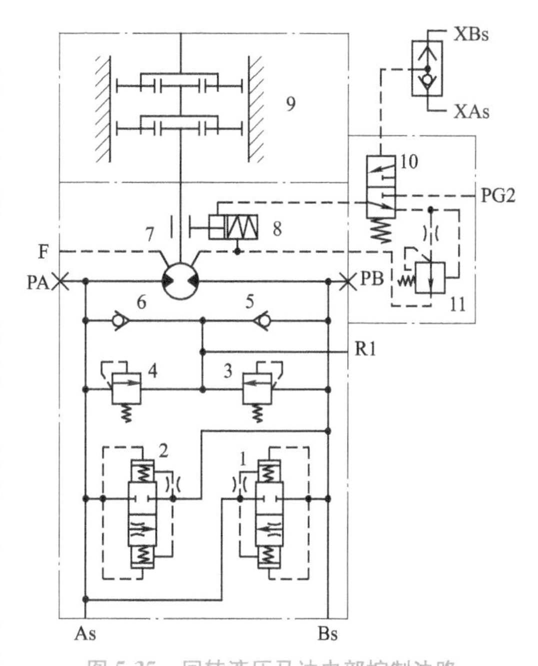

图5-35　回转液压马达内部控制油路

1、2—防反转阀　3、4—安全阀　5、6—单向阀　7—回转液压马达　8—制动器　9—减速器　10—制动解除阀（延时阀）　11—溢流阀

10. 复合动作液压回路

（1）行走复合动作　如图5-34所示，挖掘机在行驶时，如果同时还有其他动作，压力继电器Px、Py处的压力均升高。先导压力作用于直线行走阀3，使直线行走阀3阀芯左移，右位接入工作，对主泵输出液压油重新分配，使两侧行走液压马达进油量相等，从而保持直线行走。

（2）重载模式下的回转复合动作　先导油Psn作用在回转逻辑阀7上，就能减少前泵P1进入回转滑阀6的油量，从而保证在重载工作模式下，挖掘机在挖掘和回转同时动作时，能加快动臂或斗杆的作业速度。

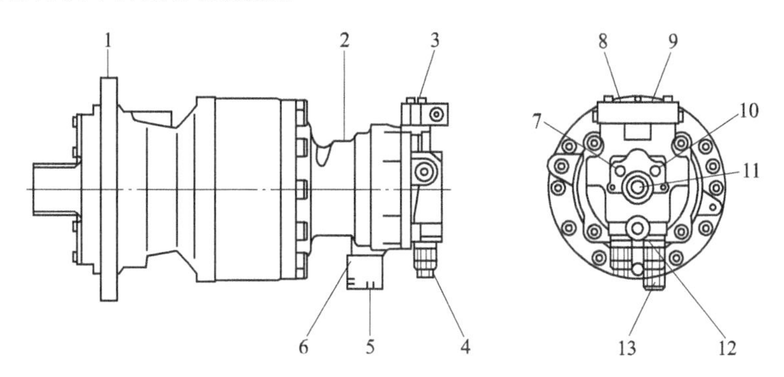

图5-36　回转液压马达主要外部结构

1—减速器　2—液压马达　3—阀块　4—液压阀　5—PG2接口　6—延时阀　7、10—测压口PA（PB）　8、9—As、Bs油口　11—回油口R1　12—泄油口F　13—先导油口XA（XB）

11. 液压阀结构组成

（1）主溢流阀　主溢流除了设定主系统溢流压力之外，还具有增压功能。当先导油口通控制油时，油液将作用在增压活塞端面上，使活塞压缩先导阀芯上的压缩弹簧，从而使先导阀芯开启的压力增大。主溢流阀结构如图5-37所示。

（2）安全吸油阀　安全吸油阀通常安装在液压缸或液压马达的油口通道上，若油路内部产生瞬间高压，安全吸油阀的溢流阀芯将开启泄压；若油路内部产生负压，安全吸油阀的单向阀芯将打开进行补油，从而避免产生空穴现象。安全吸油阀结构如图5-38所示。

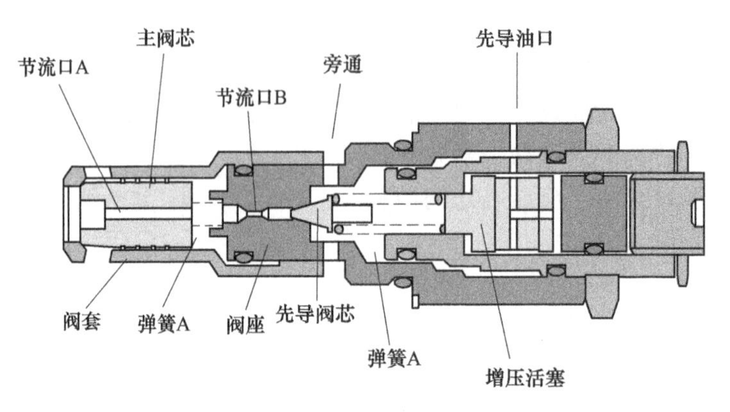

图 5-37 主溢流阀结构

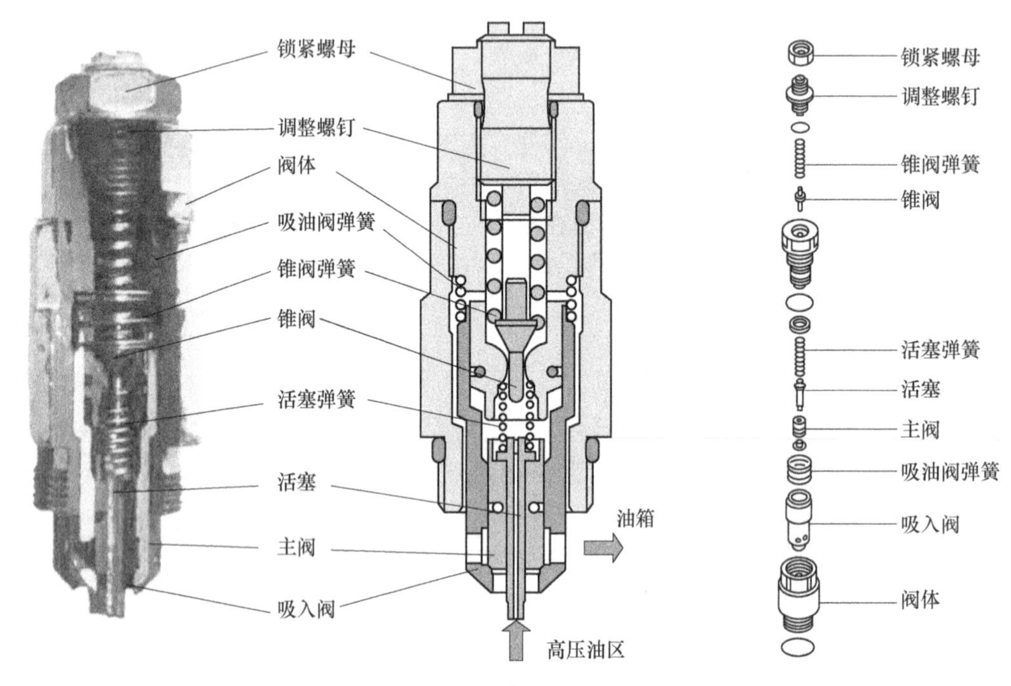

图 5-38 安全吸油阀结构

5.5.2 小松 PC200-8 型挖掘机液压系统

小松 PC200-8 型挖掘机液压系统为采用自身开发的闭式中心负荷传感系统（CLSS），具有操纵性能不受负载影响，精确控制度高，动态响应速度快，复合操控动作协调，主泵输入功率与发动机输出功率匹配性好等优点，使驾驶员更加轻松操纵实现高效作业。它的执行元件控制逻辑如图 5-39 所示。

下面主要介绍小松 PC200-8 型挖掘机部分液压控制原理。

1. 液压泵

小松 PC200-8 型挖掘机液压系统采用的液压泵 HPV95+95 为双联斜盘式轴向柱塞泵，外形结构如图 5-40 所示。它主要由前泵、中间体、后泵、LS 阀、PC 阀、LS-EPC 阀和 PC-

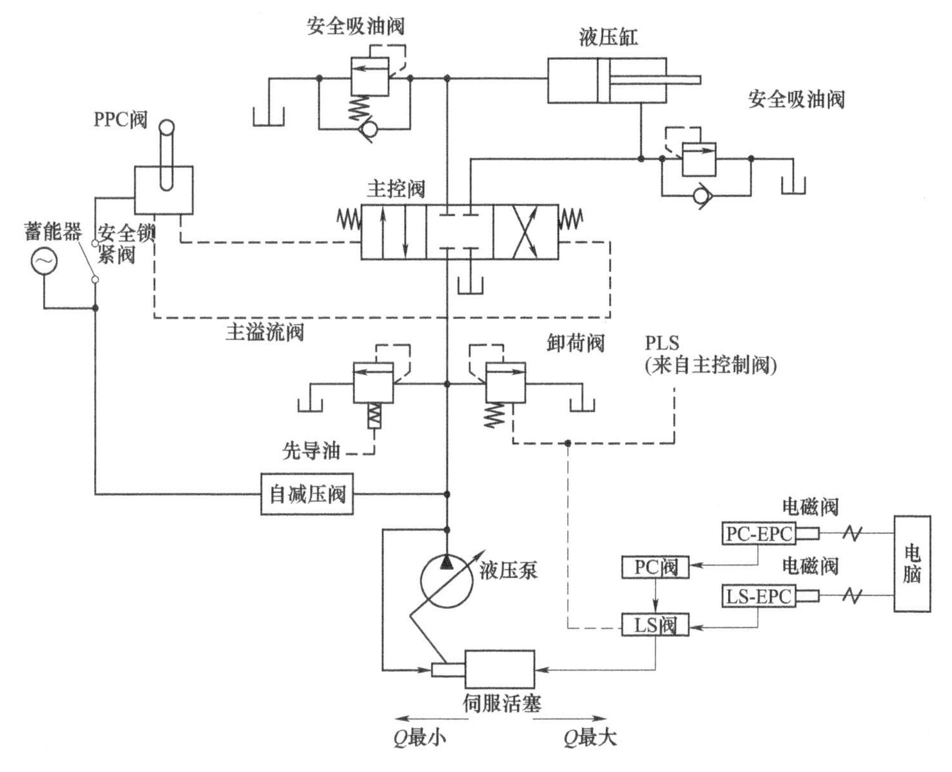

图 5-39　执行元件控制原理示意图

EPC 阀等组成。前、后泵各有一个 PC 阀和一个 LS 阀，其中 PC 阀安装在伺服活塞内部。LS-EPC 阀安装在前泵，而 PC-EPC 阀安装在中间体。液压泵外表面还设置有前、后泵输出压力及输入先导压力的检测口。单个液压泵输出的排量为 95ml。

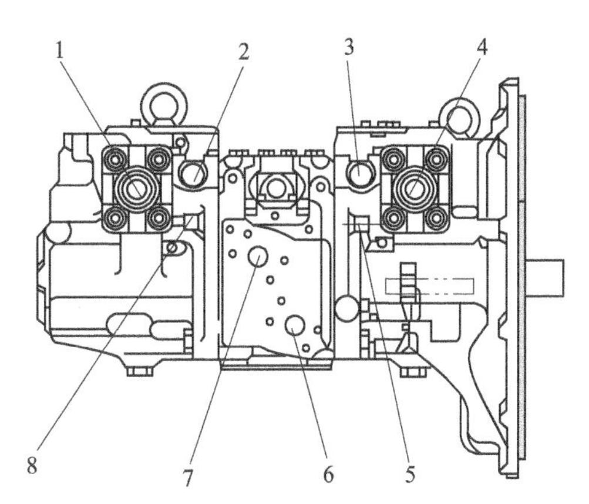

图 5-40　HPV95+95 型液压泵外形结构
1、4—PC 阀　2、3—LS 阀
5、8—负荷压力检测口　6、7—输油口

HPV95+95 型液压泵变量控制的工作原理如图 5-41 所示。下面来分析后泵 12 排量和功率控制的工作原理。

（1）变量控制　LS 阀的主要作用是感知液压系统负荷对液压泵输出排量进行调节。后泵 12 输出压力油的一部分在液压泵内部流经过滤器后，作用在 LS 阀 7 左端。与此同时，执行装置产生的负载压力由 LS 梭阀进行比较后输出最大的负载压力作为反馈压力 Plsr 作用在 LS 阀 7 右端。LS 阀 7 左端还有来自 LS-EPC 阀 3 输出信号压力。

如果 LS-EPC 阀 3 的电磁线圈 A3 失电，则 LS-EPC 阀 3 输出的压力为零。这时候 LS 阀 7 阀芯右端的作用力有反馈压力 Plsr 和弹簧力 Fs，左端有主泵输出的压力 Par，作用在 LS 阀两端的压差 ΔP_{LS} = Par-Plsr。

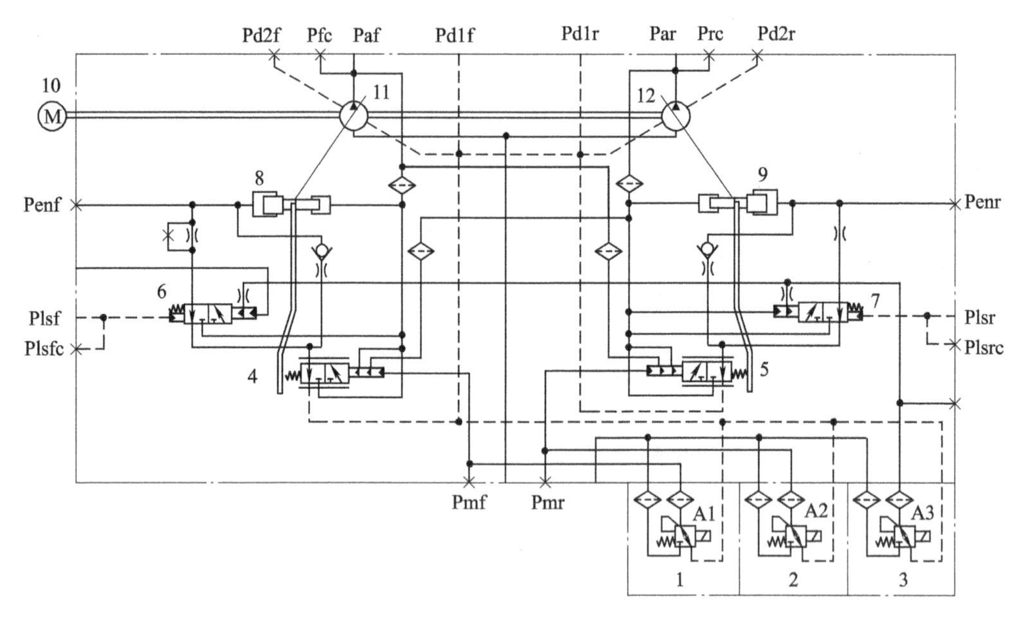

图 5-41 HPV95+95 型液压泵变量控制原理图

1~3—LS-EPC 阀 4、5—PC 阀 6、7—LS 阀 8、9—伺服活塞 10—发动机 11—前泵 12—后泵
Penf、Penr、Plsfc、Plsrc、Pmf、Pmr、Pfc、Prc—测压口 Pd2f、Pd2r—排放口 Pd1f、Pd1r—回油口
plsf、Plsr—负荷压力输入口 Paf、Par—液压泵输油口 A1、A2、A3—电磁阀线圈

1）流量变小。如果 ΔP_{LS}增大，油压 Par 克服弹簧作用力推动 LS 阀 7 阀芯向右移，后泵 12 来油经 LS 阀 7 左位进入伺服活塞 9 大腔，伺服活塞 9 小腔也有油压 Pa，但由于大腔活塞受力面积大，因此伺服活塞 9 往左移，主泵斜盘倾角变小，输出排量减少。如果所有操纵阀处于中位，主泵输出的液压油经卸荷阀流回油箱。此时，主控制阀输出的反馈压力 Plsr 为零。压差 ΔP_{LS}就等于卸荷阀设定的压力 2.5±0.5MPa，达到最大值，液压泵输出的排量最小，能耗最少。

2）流量变大。当操纵先导手柄时，主泵输出液压油从工作的滑阀工作位进入执行装置，反馈压力 Plsr 略低于主泵输出的压力 Par，这时 LS 压差变小，弹簧作用力与反馈压力 Plsr 的合力大于泵压力 Par，LS 阀 7 往左移，伺服活塞 9 大腔一侧液压油经 LS 阀 7 右位、PC 阀 5 右位从 Pd1r 回油箱。小径一侧油压 Par 使伺服活塞 9 向右移动，主泵输出排量增大。

3）流量稳定。当 LS 阀 7 两端所受的作用力平衡，阀芯处于中间位置，伺服活塞 9 固定不动，斜盘角度保持不变，主泵输出排量恒定。这时压差 ΔP_{LS}产生的作用力等于弹簧力 Fs，正好使 LS 阀阀芯处于液压油 Par 经 LS 阀进入伺服活塞 9 大腔的节流开度，与伺服活塞 9 大腔经 LS 阀回油的节流开度接近相等。

4）流量微调。液压系统工作过程中，在不同工作模式和行走速度模式下，泵控制器会根据负载变化情况向 LS-EPC 阀 3 发送相应的信号电流，使 LS-EPC 阀 3 产生相应动作，先导液压油 Pepc 流经 LS-EPC 阀 3 作用在 LS 阀 7 左端，推动 LS 阀 7 阀芯移动，对液压泵排量进行微量调整，从而对液压泵输出排量进行精确控制，使复合操作、微操作更为协调平顺。LS-EPC 阀为电磁比例压力控制阀，它输出的压力与阀芯开度有关，压力大小取决于泵控制器输入的信号电流大小。

挖掘机的工作模式有四种，分别是P-强力模式、E-经济模式、L-微操作模式和B-破碎器模式。速度模式有三种，分别是Hi-高速模式、单位为mi-中速模式和Lo-低速模式。

（2）功率控制　PC阀的主要作用是根据负载情况对液压泵的压力和流量进行控制，使液压泵产生的功率与发动机的输出功率相匹配，防止发动机过载而熄火。

PC阀阀芯移动的位置取决于前泵、后泵和PC-EPC电磁阀输出压力产生的共同推力，以及两个功率弹簧的压缩力。

1）恒功率控制。PC阀5左端受到前泵11、后泵12输出液压油的共同作用，在负载变大时，前、后泵输出压力增大，液压油克服右端弹簧作用力，推动PC阀7阀芯右移，后泵12来油经PC阀7左位、节流孔和单向阀进入伺服活塞9大腔，推动斜盘使后泵12的排量变小。

反之，如果前、后泵输出的压力减小，后泵12的排量就变大。这样，就保证了两个液压泵的总吸收功率不超过发动机的输出功率。

2）变功率控制。前、后泵各有一个PC-EPC阀独立进行变功率控制。PC-EPC阀输出的信号压力作用在PC阀上。泵控制器根据不同的工作模式和行走速度模式，以及负载、实时转速等情况，给PC-EPC阀发出大小不同的信号电流，对液压泵排量进行调节，以对应发动机转速的变化。

挖掘机在工作过程中，当负荷增大，造成发动机转速下降，低于设定值以下时，泵控制器就会向PC-EPC阀发出指令，按比例地增大信号电流，输出液压油作用在PC阀5上，使后泵12来油经PC阀5进入伺服活塞9大腔，推动活塞移动，以减小液压泵的斜盘倾角，降低排量，从而使发动机转速恢复。

在增力功能没有起动的情况下，如果前、后泵压力传感器接收到的压力平均值在28MPa以上，切断功能起作用，PC-EPC阀信号电流增加到最高值附近。这样，处于溢流状态中的流量最低，以减少发动机燃油消耗。

2. 动臂液压回路

由于液压系统执行装置各工作回路基本相同，仅分析动臂液压回路的工作原理，如图5-42所示。

（1）动臂提升　单独操纵动臂提升PPC阀，使挖掘机动臂提升时，动臂提升PPC阀输出二次先导油P5到达动臂滑阀14右端，推动阀芯左移，同时滑阀左端先导油P6流向动臂下降PPC阀后流回液压油箱。

前泵2输出的液压油Pp2经顺序阀3、分流合流阀4后，与液压泵1输出的液压油Pp1汇合，进入动臂滑阀14右位、压力补偿阀11的主阀右位、压力补偿阀11的液控单向阀、动臂保持阀6的主阀，进入动臂液压缸7大腔，同时动臂液压缸7小腔液压油经压力补偿阀油道从动臂滑阀14右位返回液压油箱。

（2）动臂下降　单独操纵动臂下降PPC阀，使挖掘机动臂下降时，动臂下降PPC阀输出先导油P6到达动臂滑阀14左端，推动阀芯右移，同时滑阀右端先导油P5流向动臂提升PPC阀后流回液压油箱。

前、后泵液压油汇合后进入动臂滑阀14左位、压力补偿阀10的主阀左位及液控单向阀，进入动臂液压缸7小腔，同时动臂液压缸7大腔的液压油经动臂保持阀6的主阀、动臂滑阀14左位流回油箱。当然，动臂液压缸7大腔液的压油也有一小部分从动臂保持阀6的控制阀上位流回油箱。

(3) 动臂保持　当动臂 PPC 阀处于中位时，先导油 P5、P6 流回油箱。动臂保持阀起到防止液压缸下沉过快的作用。如果液压缸大腔压力异常升高，过载溢流阀 5 就打开泄压，同时安全吸油阀 9 中的单向阀打开，向液压缸小腔补油。如果液压缸小腔压力异常升高，安全吸油阀 9 中的过载溢流阀就打开泄压，同时补油单向阀 12 打开，向液压缸大腔补油。过载溢流阀 5 设定的压力为 38. 9MPa，安全吸油阀设定的溢流压力为 31. 4MPa。而主溢流阀设定的一级压力为 35. 4MPa，增压压力为 38MPa。

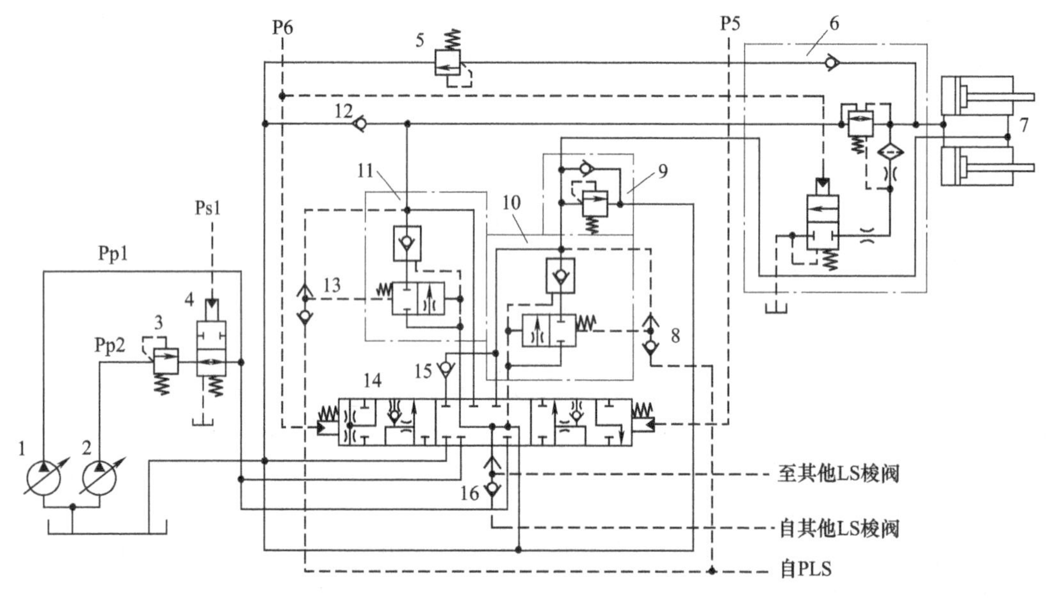

图 5-42　动臂的工作原理图

1、2—液压泵　3—顺序阀　4—分流合流阀　5—过载溢流阀　6—动臂保持阀　7—动臂液压缸　9—安全吸油阀　8、13、16—LS 梭阀　10、11—压力补偿阀　12—补油单向阀　14—动臂滑阀　15—再生单向阀

(4) 压力补偿阀　在单独作业时，压力补偿阀起单向阀的作用，防止负载高压逆流。在复合作业时，如果负载压力低于其他工作装置压力，则其他工作装置较高的 PLS 压力经过 LS 梭阀进入压力补偿阀，推动压力补偿柱塞移动关小主阀出口处的通道，保证滑阀进、出口压差与正在操作的其他滑阀的进、出口压差相等，从而根据主阀开口面积按比例分配液压泵输出的流量。也就是说，因为有了压力补偿阀，从主阀进入液压缸的流量与负载无关。所以，复合操作时，只需设定两操作手柄的相对行程，控制各主滑阀的开度的大小，即可确保两执行器同时动作时的协调性。

(5) 动臂保持阀　动臂提升时，从压力补偿阀 11 输出的液压油推动保持阀的主阀芯移动之后直接进入动臂液压缸大腔。动臂下降时，先导油 P6 除了作用在动臂滑阀 14 左端使动臂滑阀移动之外，还作用在动臂保持阀 6 的控制阀上端，使控制阀阀芯下移。此时，动臂液压缸大腔的液压油一部分经过滤器、节流孔、控制阀上位流回油箱。由于控制阀回油路上节流孔的进、出口存在压差，保持阀的主阀阀芯被节流口压差推开，动臂液压缸大腔的液压油的大部分经保持阀主阀流出。

(6) 再生单向阀　在动臂下降过程中，动臂滑阀左位工作，若液压缸大腔通道的回油压力大于小腔通道的进油压力，则再生单向阀 15 打开，增加流向小腔的进油流量，提高液压缸下降速度，也防止进油道出现负压，产生气穴。若液压缸小腔压力大于大腔压力，则再生单向阀 15 关闭。

（7）分流-合流阀 液压泵分流合流阀 4 由电磁比例压力阀输出的先导油 Ps1 控制。电磁比例压力阀根据工作模式和操纵杆作业情况，由泵控制器自动给出信号电流，实现对分流-合流阀的控制。

3. 液压阀的结构

（1）梭阀 梭阀内有滚珠和通道，滚珠起着双向单向阀的作用。它的作用是：2 个或 2 个以上的执行器同时动作时，每个执行器各自产生不同大小的 PLS 油压分别输到 LS 梭阀的 a、b、c、d 油口，在梭阀内进行比较，压力较低的 PLS 油被滚珠封堵在原 LS 回路中，压力较高的 PLS 油流向下一级通道，通过 e 口进入系统的 LS 回路中，即作为整个 CLSS 系统的 PLS 压力作用于主泵的 LS 阀。梭阀组成及结构如图 5-43 和图 5-44 所示。

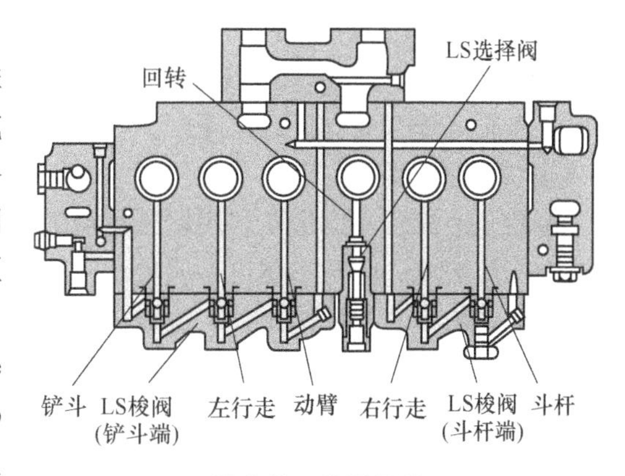

图 5-43 梭阀组成

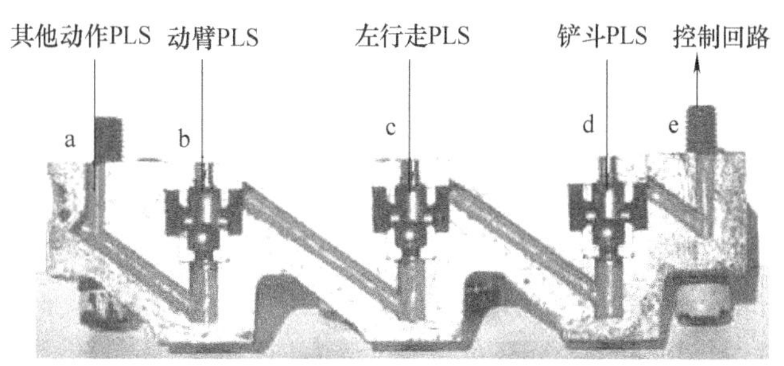

图 5-44 梭阀内部结构

（2）压力补偿阀 在 OLSS 系统中，因没有压力补偿阀，当两执行器同时动作时，需不时调整操作手柄，以适应不断变化的执行器负荷，才能确保两执行器动作的协调性，而在 CLSS 系统中，因有压力补偿阀，可不考虑外界不断变化的执行器负荷，只需设定两操作手柄的相对行程，即可确保两执行器同时动作时的协调性。它的结构如图 5-45 所示。

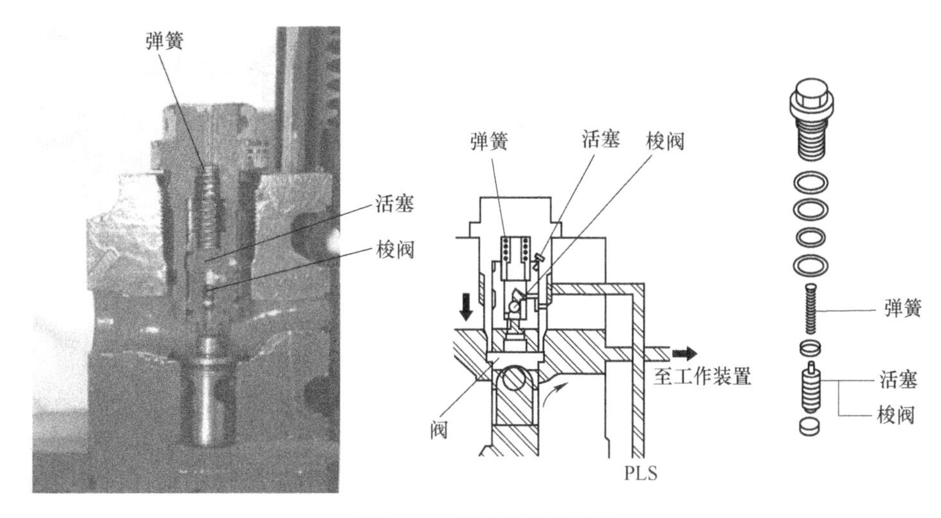

图 5-45 压力补偿阀结构

5.6 振动压路机液压系统

自行式振动压路机一般由发动机、传动系统、操纵系统、行走装置（振动轮和驱动轮）以及车架（整体式和铰接式）等组成。应用较广泛的自行式振动压路机有轮胎-光轮（钢轮）式和双光轮（钢轮）式两种。图 5-46 所示为轮胎-光轮式振动压路机。

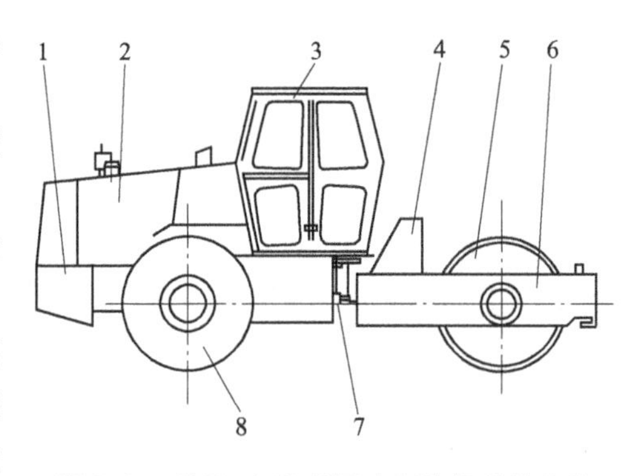

图 5-46 轮胎-光轮式振动压路机总体构造

1—后机架 2—发动机 3—驾驶室 4—挡板 5—振动轮 6—前机架 7—铰接轴 8—驱动轮胎

振动压路机压实原理是利用碾压轮沿被压实表面做往复滚动，同时利用偏心质量产生的激振力，以一定的频率、振幅振动，使被压层同时受到碾压轮的静压力和振动力的综合作用，给材料施加短时间的连续脉动冲击。

5.6.1 振动压路机常见液压回路分析

自行式振动压路机普遍采用了液压传动技术和全液压铰接技术。其液压控制系统一般由液压行走回路、液压振动回路和液压转向回路 3 部分组成。动力元件包括三联泵总成，执行元件包括前、后驱动液压马达及振动液压马达，转向系统包括全液压转向器、转向阀块等部件。液压行走系统和液压振动系统是闭式液压系统，转向系统是开式液压系统。液压行走系统主要由行走液压泵、前/后行走驱动液压马达、各类阀、油管等元件组成。液压振动系统主要由振动泵、振动液压马达、冷却器等元件组成。液压转向系统由齿轮转向泵、溢流阀、过载补油阀、全液压转向器、转向液压缸等元件组成，装在后车架上。

1. 行走液压回路

振动压路机行走液压回路主要由液压泵、液压马达及液压控制元件组成。图 5-47 所示为轮胎驱动振动压路机和两轮串联振动压路机常用的液压行走回路。

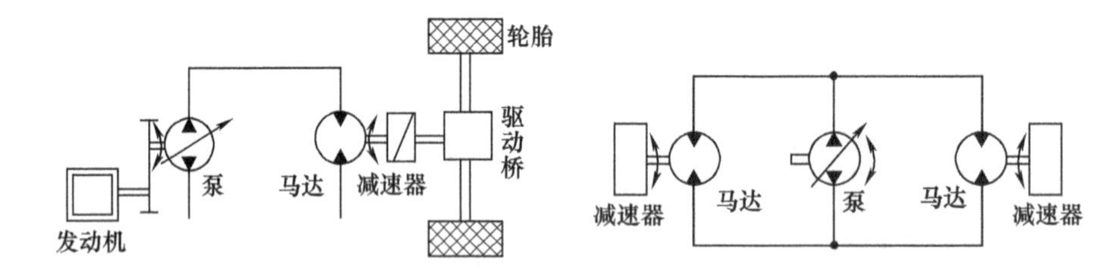

a) 轮胎驱动振动压路机液压行走回路　b) 两轮串联振动压路机液压行走回路

图 5-47 振动压路机常用行走液压回路

图 5-47a 所示的轮胎驱动振动压路机液压行走回路中，发动机输出动力经分动箱带动液压泵旋转，液压泵输出高压液压油使液压马达产生旋转动能并经减速器、驱动桥传至驱动轮。

图 5-47b 所示的两轮串联振动压路机液压行走回路中，液压泵输出液压油分别驱动左、右液压马达转动，并经减速器传至驱动轮。

SP-60D 型铰接式振动压路机是一种大型全液压振动压路机，主要用于矿山、堤坝和高速公路等大型路基工程的压实作业。该型号振幅为 3mm，振频为 25Hz。振动偏心块为固定不可调，因此只有单一振幅。振动回路为双向变量液压泵与双向定量液压马达组成的闭式回路，如图 5-48 所示。

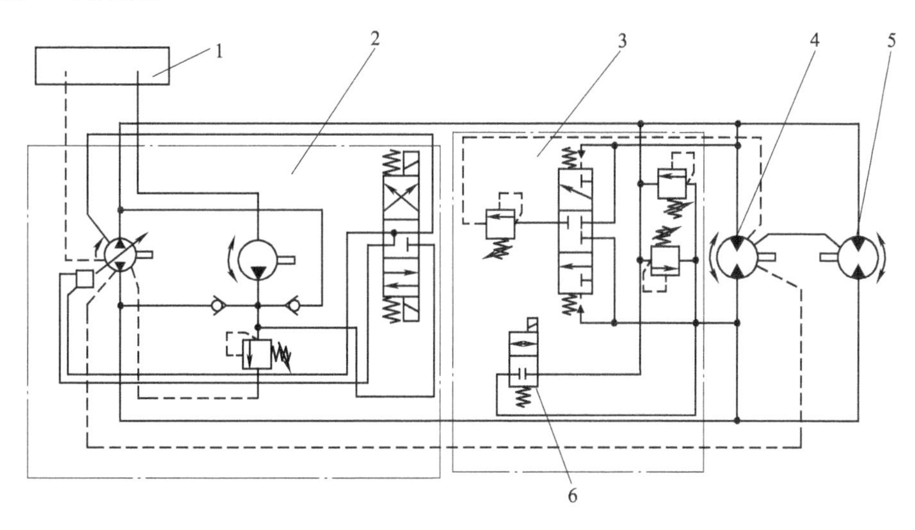

图 5-48　SP-60D 型振动压路机液压行走回路

1—油箱　2—行走泵总成　3—控制阀组　4—后桥驱动液压马达　5—压实轮驱动液压马达　6—制动阀

行走液压回路主要是由一个变量柱塞泵和两个并联的定量柱塞液压马达组成闭式容积调速回路。其中，行走泵总成 2 中包含一个变量柱塞泵及其变量机构和一个辅助泵。该回路可以实现前进、后退、停车及作业速度的无级调速。变量泵的排量和方向调节通过辅助泵输出液压油，经三位四通电磁阀控制。辅助泵同时具有向主系统补油的功能。后桥驱动液压马达 4 输出动力经二级减速器、差速机构和轮边减速器后驱动后轮胎旋转。压实轮驱动液压马达 5 输出动力经行星减速器驱动压实轮。制动阀 6 得电后，液压马达两端压力相等，实现驱动轮的制动。控制阀组 3 的回路上装有过载溢流阀，用于安全保护和缓冲制动。三位三通液压阀实现低压油的冷却。

振动时，可根据行车方向，通过三位四通电磁换向阀改变柱塞泵的流量方向，从而改变偏心块的转向，使其与行车方向一致以获得最佳压实效果。

2. 振动液压回路

液压振动系统主要完成振动轮的起振功能，有两种组合形式，即定量泵和定量液压马达组成的开式液压油路和变量泵和定量液压马达组成的闭式油路。

（1）YZ14 型振动压路机的振动液压回路　图 5-49 所示为某品牌 YZ14 型振动压路机的振动回路。该回路主要由齿轮泵 1 和齿轮液压马达 4 组成的开式回路。常态下，电磁阀 7 失电，溢流阀 5 处于低压卸荷状态，齿轮泵 1 输出液压油经溢流阀 5 回油箱；当电磁阀 7 得电，溢流阀 5 处于设定压力的工作状态，此时，齿轮液压马达 4 开始工作。压路机振动频率为 30Hz，振幅为 1.7mm，为单幅形式，适用于基层压实作业。补油阀 3 失电时，辅助泵 2 向低压油路补油；得电时，其输出的液压油与液压泵 1 输出的液压油汇合后可增加齿轮液压马达 4 的转速，提高振频。辅助泵的出口油路上串接单向阀，是为了防止其受到齿轮泵输出的高压液压油的冲击。冷却器6旁通有单向阀，目的是防止冷却器内部堵塞之后影响液压马达的正常工作。

（2）YZ10B型振动压路机的振动液压回路　图5-50所示为YZ10B型振动压路机的振动液压回路。操纵控制阀2的换向阀阀芯移动，即可以实现对齿轮液压马达1的控制，从而带动振动轮内的振动装置工作。

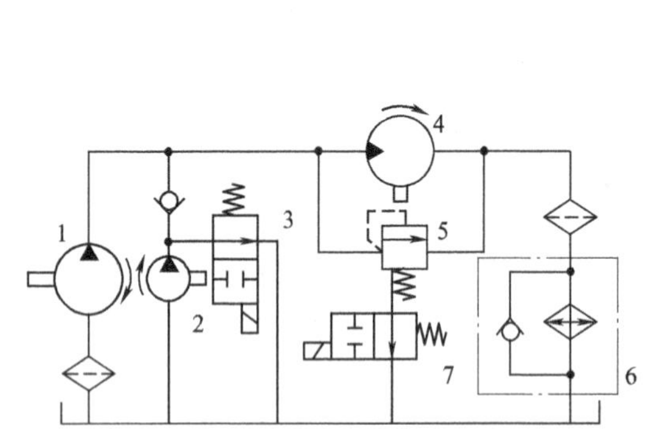

图5-49　YZ14型振动压路机振动液压回路

1—齿轮泵　2—辅助泵　3—补油阀　4—齿轮液压马达　5—溢流阀　6—冷却器　7—电磁阀

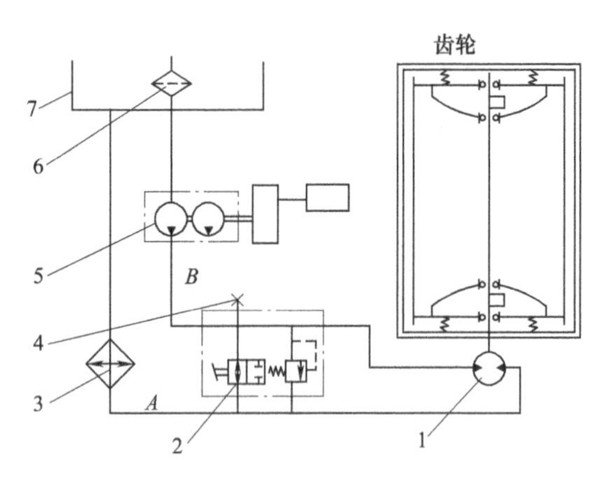

图5-50　YZ10B型振动压路机液压振动系统

1—齿轮液压马达　2—控制阀　3—冷却器　4—压力表接口　5—双联齿轮泵　6—过滤器　7—油箱

（3）2SP-60D型振动压路机的振动液压回路　2SP-60D型铰接式振动压路机振幅为3mm，振频为25Hz。振动偏心块为固定不可调，因此只有单一振幅。振动回路为双向变量液压泵与双向定量液压马达组成的闭式回路，如图5-51所示。振动时，可根据行车方向，通过电磁换向阀6改变振动泵1的流量方向，从而改变偏心块的转向，使其与行车方向一致以获得最佳压实效果。

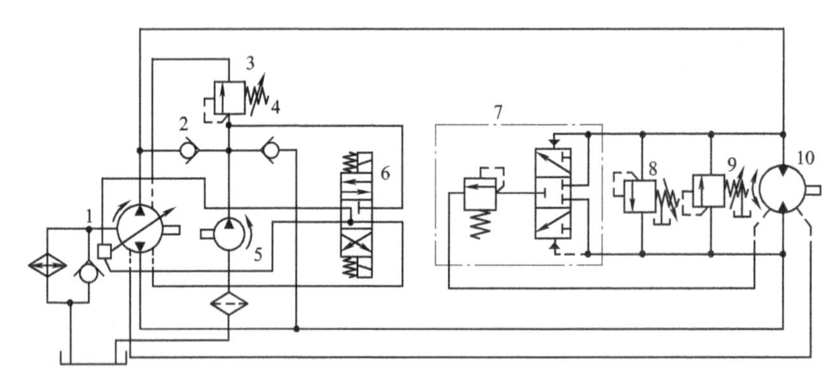

图5-51　2SP-60D型振动压路机振动液压回路

1—振动泵　2、4—补油单向阀　3—溢流阀　5—辅助泵　6—电磁换向阀　7—液控阀组　8、9—过载阀　10—振动液压马达

（4）YZC12型振动压路机的振动液压回路　YZC12型是国内一家重工企业生产的全液压、全驱动、双钢轮串联式振动压路机，前后轮均为振动轮。其振动系统为双振幅双振频，其中高振幅为0.75mm，低振幅为0.37mm；高频率为50Hz，低频率为40Hz。

该压路机为双钢轮串联，前、后轮均为振动轮，振动泵为双联形式。前、后钢轮的振动回路相互独立对称，可根据工况选择前、后振动轮同时振动或单独振动。振动液压回路如图5-52所示。

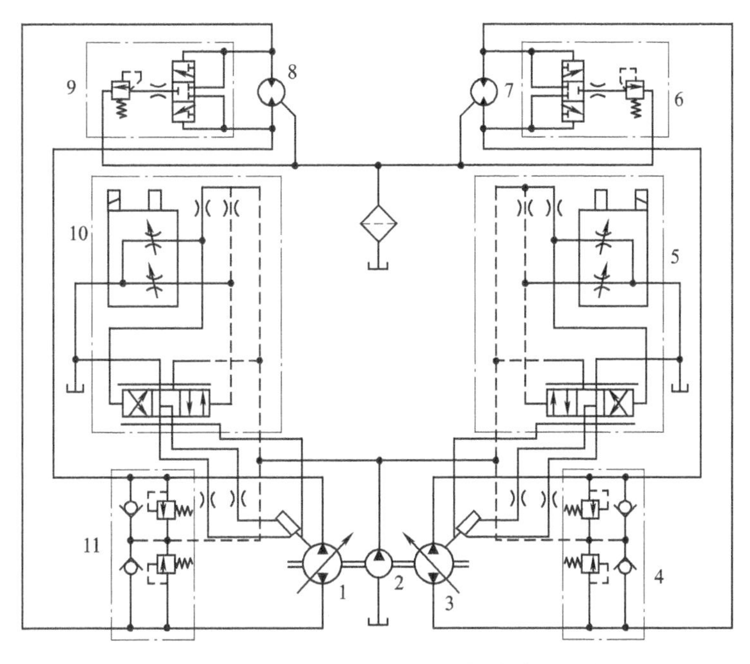

图5-52 YZC12型振动压路机振动液压回路

1、3—前、后钢轮振动液压泵 2—辅助液压泵 4、11—过载补油阀组 5、10—振动泵排量控制阀组 6、9—液控背压阀组 7—后钢轮振动液压马达 8—前钢轮振动液压马达

（5）BW217D型振动压路机振动液压回路 该型全液压振动压路机是一种单钢轮全轮驱动的全液压振动压路机，具有双幅双频的功能，其中低振频为29Hz，高振频为35Hz；大振幅为1.66mm，小振幅为0.91mm，其振动液压回路如图5-53所示。

振动液压泵1为双向柱塞泵，振动液压马达为双向定量液压马达，两者组成闭式液压系统。在该回路中，辅助液压泵11和转向液压泵输出的液压油（转向装置不工作时）在*A*点合流，经过一个精过滤器后又在*B*点分为两路，一路至行走轮制动装置以及行走液压马达变量装置，另一路则控制振动液压泵1的变量斜盘倾角方向和倾角大小。

在控制振动泵变量的支路，液压油到达*C*点后分为两路，一路通过三位四通伺服阀3，至液控压力位移比例阀2，控制振动液压泵1的变量斜盘角度；另一路经过可调电磁先导减压阀式操纵阀5或6减压后，至液控压力位移比例阀4，控制伺服阀3的工作位。

操纵阀5的电磁线圈通电时，伺服阀3工作在右位，振动液压泵1的变量斜盘倾角为正；操纵阀6的电磁线圈通电时，伺服阀3工作在左位，振动液压泵1的变量斜盘倾角变为负；两者都不通电时，伺服阀3工作在中位，振动液压泵1的变量斜盘倾角为零。这样，通过控制操纵阀5、6的电磁线圈通电来改变振动泵的流量方向，从而改变振动液压马达8的转向，获得不同的振幅。然后，再通过液控压力位移比例阀改变振动泵的斜盘倾角大小，调节振动液压泵1的排量，获得所需的固定振动频率。

回路中，当回油背压超过阀组中溢流阀额定值1MPa时，振动液压马达回油道将通过阀组中的溢流阀节流卸荷，以稳定液压马达的转速，防止惯性冲击，提高压实质量。此外，该阀组

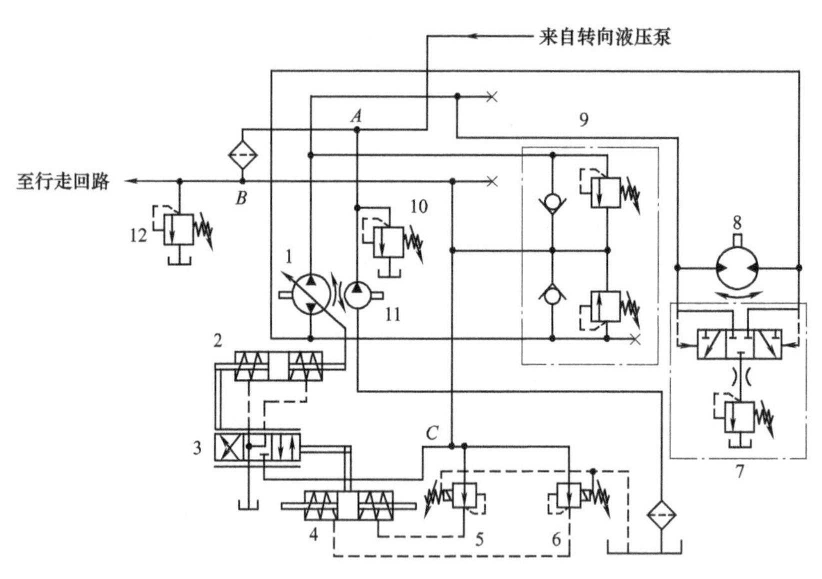

图 5-53　BW217D 型振动压路机振动液压回路

1—振动液压泵　2、4—液控压力位移比例阀　3—伺服阀　5、6—电磁先导减压式操纵阀　7—液控梭阀组　8—振动液压马达　9—过载补油阀组　10、12—溢流阀　11—辅助液压泵

还能使振动泵和振动液压马达组成的闭式回路进行热冷液压油交换，起到降低油温的作用。

3. 转向液压回路

液压转向油路主要由液压泵、全液压转向器、溢流阀、阀块、转向液压缸等组成。结构形式多为全液压随动型。

（1）徐工 XD121 型全液压双钢轮串联压路机的转向液压回路　如图 5-54 所示，转向液压回路主要由转向液压缸、电磁阀、转向泵、过滤器、转向器、阀块和散热器等结构组成。该液压回路前后两个振动轮独立控制，两个转向液压缸分别驱动前后两个振动轮，经方向阀的组合控制，具有灵活的转向方式，可实现蟹行功能（即前后轮轨迹错开一定距离），可提高道路连接处的压实质量。

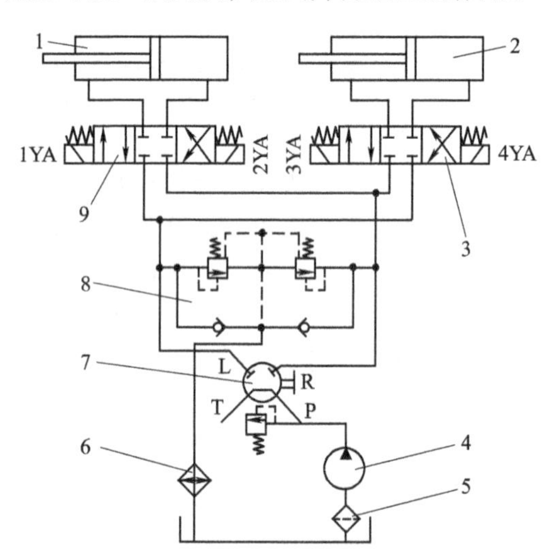

图 5-54　XD121 型压路机转向液压回路

1、2—转向液压缸　3、9—电磁阀　4—齿轮泵　5—过滤器　6—散热器　7—转向器　8—阀块

1）整机转向控制。电磁阀 3、9 的 4 个电磁线圈 1YA 与 3YA，或 2YA 与 4YA 同时得电，若操纵转向器 7 转向，此时转向液压缸 1、2 的大腔或小腔同时进油，推动压路机前轮、后轮同时按正转或反转顺序进行转向，实现整机双轮大角度转向。

若只是电磁阀 3、9 的 4 个电磁线圈中单独一个得电，在操纵转向器工作时，转向液压缸 1 或 2 的一个油腔进油，可推动其中的一个液压缸活塞杆伸出或缩回，实现前轮或后轮的正转或反转，两轮的夹角较小，从而实现整机单轮小角度转向。

2）蟹行控制。电磁阀 3、9 的 4 个电磁线圈 1YA 与 4YA，或 2YA 与 3YA 同时得电，若操纵转向器 7 转向，此时转向液压缸 1、2 的大腔或小腔同时进油，推动压路机前轮、后轮同时同方向转动，两工作轮轴向错位，前、后轮的轴线始终平行，实现整机双轮同步蟹行转向。

若电磁阀 3、9 中均有一个电磁线圈得电，若操纵转向器 7 转向，此时转向液压缸 1、2 有一个油腔进油，推动压路机前轮、后轮转动，实现两轮异步蟹行。

（2）YZC12 型振动压路机转向回路　该转向回路主要由液压泵 1、比例转向阀 2、转向液压缸 4、电磁阀 6、压力继电器 7、液压锁 3 和溢流阀 5 等组成，如图 5-55 所示。转向液压缸 4 的进油量由比例转向阀 2 阀芯的移动量来决定。电磁阀 6 得电时，液压泵 1 输出的液压油经溢流阀流回油箱。

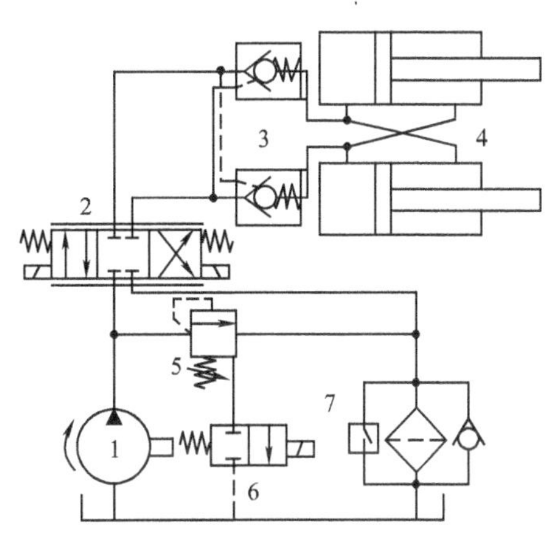

图 5-55　YZC12 型振动压路机转向回路

1—液压泵　2—比例转向阀　3—液压锁　4—转向液压缸　5—溢流阀　6—电磁阀　7—压力继电器

5.6.2　振动压路机液压系统分析

1. SP-60D/PD 型振动压路机液压系统

SP-60D/PD 型振动压路机是大型全液压振动压路机，其液压系统如图 5-56 所示，主要

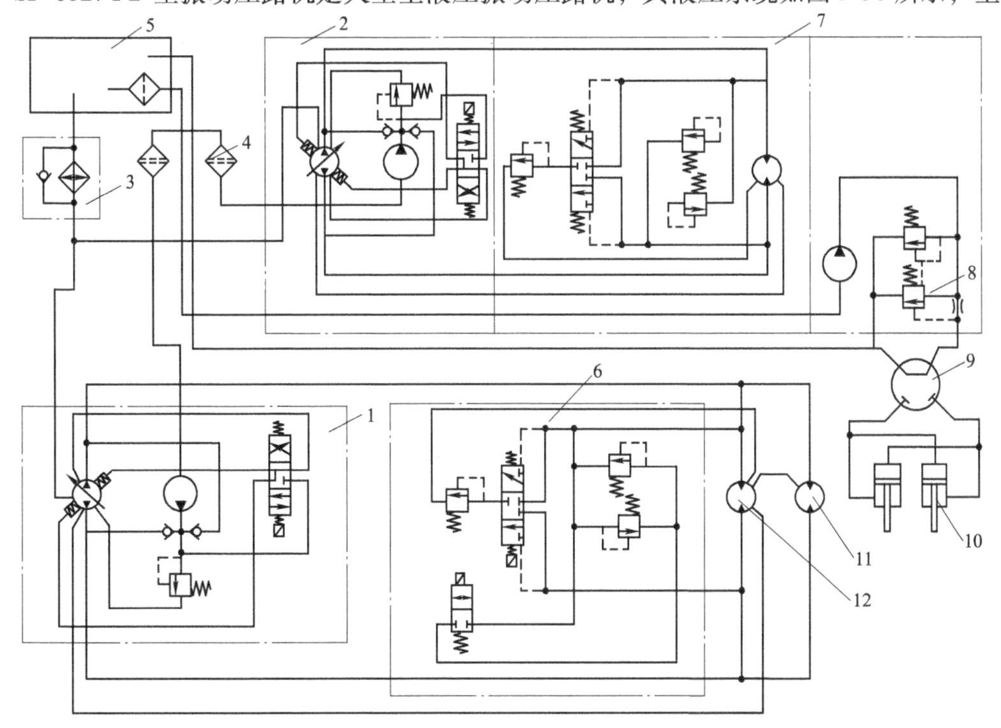

图 5-56　SP-60D/PD 型振动压路机液压系统原理图

1—行走泵总成　2—振动泵总成　3—冷却器　4—过滤器　5—油箱　6—行走液压马达阀组　7—振动液压马达阀组　8—转向压力阀组　9—转向器　10—转向液压缸　11、12—行走液压马达

由行走液压回路、振动液压回路和转向液压回路等组成，各个回路之间独立工作。行走泵为双向变量泵，具有排量调节功能，输出的液压油同时供给前后轮的行走液压马达，驱动前、后轮行走。行走液压回路中设置有过载安全阀，用于防止高压侧的油路过载。

2. BW217D/PD 型振动压路机液压系统

BW217D/PD 型振动压路机的液压系统主要包括行走回路、转向回路、振动回路和一些辅助回路等，如图 5-57 所示。

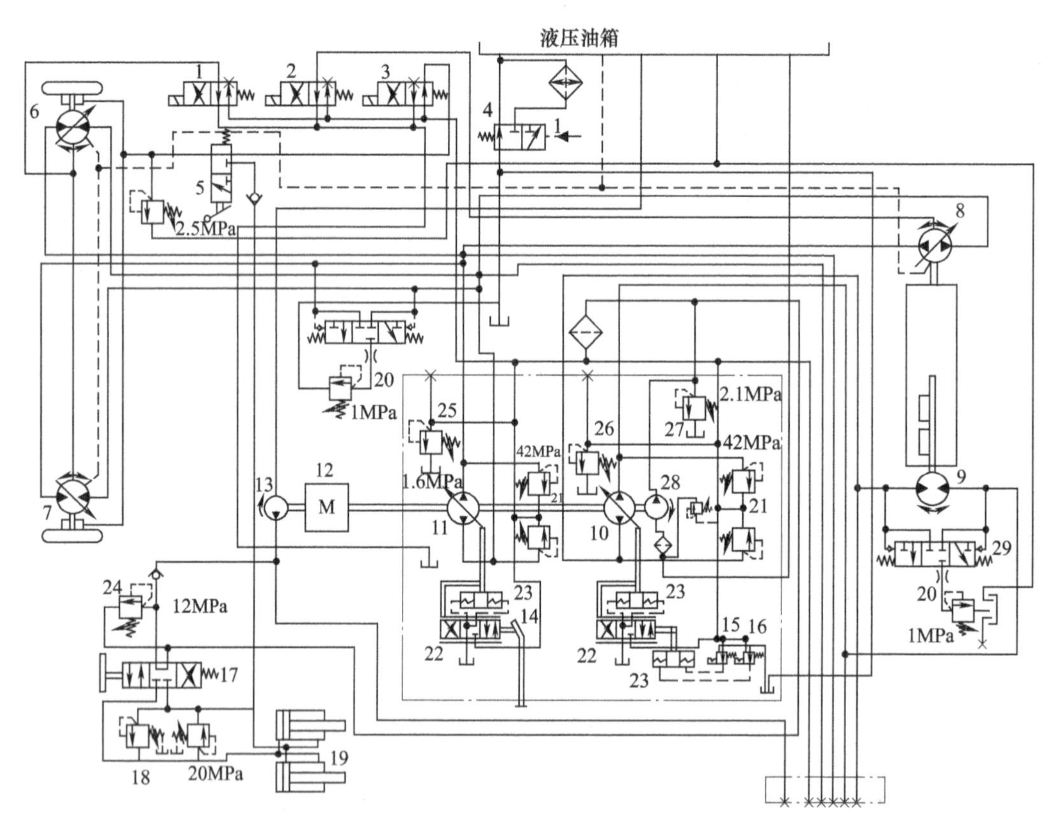

图 5-57　BW217D/PD 型振动压路机液压系统原理图

1、2—行走电磁阀　3—停车制动阀　4—油温调节阀　5—锁定阀　6—左后轮行走液压马达　7—右后轮行走液压马达　8—振动行走液压马达　9—振动液压马达　10、11—液压泵　12—发动机　13—行走操纵杆　14—操纵踏板　15、16—电磁减压阀　17—转向器　18—缓冲补油阀　19—转向液压缸　20—背压阀组　21—安全阀　22—伺服阀　23—比例阀　24～27—溢流阀　28—辅助泵　29—平衡阀

5.7　高空作业平台液压系统

高空作业车是运送人员和器材到达指定高度进行空间立体作业的特种车辆，广泛应用于电力、路灯、市政、园林、通信、机场、造船、交通、广告、摄影等高空作业领域。目前专用底盘的自行式高空作业车运用更为广泛，自行式高空作业车又包括直臂式、曲臂式以及剪叉式三种车型。其中曲臂式高空作业车能够悬伸作业、跨越一定的障碍或在一处升降可进行多点作业，升降平台移动性好，转移场地方便，功能更为完善，系统更为复杂。

5.7.1　捷尔杰 JLG 450AJ（四驱版）曲臂式高空作业车

捷尔杰 JLG 450AJ（四驱版）曲臂式高空作业车如图 5-58 所示。其液压系统主要包括工作泵、辅助泵、行走泵、补液压泵、主控阀、平台阀块、行走阀、主臂举升液压缸、主臂延伸液压缸、塔臂举升液压缸，转台回转液压马达，平台调平液压缸、转向液压缸、短臂液压缸、平台旋转器以及摆动桥液压缸等。

1. 工作装置液压回路

捷尔杰 JLG 450AJ（四驱版）曲臂式高空作业车的工作装置液压回路见图 5-59 所示。

（1）工作装置主油路　工作泵 1 为双联齿轮泵，其中一个（右侧）液压泵负责主臂升降、转盘回转，另一个（左侧）液压泵负责其余动作。液压系统不工作时，左泵来油经 2.8mm 节流孔进入负载感应阀 4，并将负载感应阀 4 推到下位，并经阀 4 下位到 T 口回油，左泵卸荷。右泵出油经卸荷电磁阀 15 下位到 T 口，然后经回油过滤器 28 回油箱。溢流阀 5 限制左泵最高压力 230bar。溢流阀 14 限制右泵最高压力 220bar。

图 5-58　JLG 450AJ（四驱版）曲臂式高空作业车

主控阀上有 4 个测压口 M1、M2、M3、M4，M1 口可检测 P1 口压力 。

（2）塔臂动作 塔臂举升时，比例流量电磁阀 10、塔臂举升电磁阀 11 的 S1 通电，工作泵或辅助泵的油经 P1 口进入主控阀，然后经比例流量电磁阀 10、塔臂举升电磁阀 11 右位、平衡阀 46 进入塔臂升降液压缸 47 无杆腔，塔臂升降液压缸延伸，塔臂举升。塔臂升降液压缸 47 有杆腔的回油经平衡阀 46、塔臂举升电磁阀 11 右位到回油道，然后经回油过滤器 28 回油箱。

塔臂下降时，比例流量电磁阀 10、塔臂举升电磁阀 11 的 S2 通电，工作泵或辅助泵的油经 P1 口进入主控阀，然后经比例流量电磁阀 10、塔臂举升电磁阀 11 左位、平衡阀 46 进入塔臂升降液压缸 47 有杆腔，塔臂下降。塔臂升降液压缸 47 无杆腔的回油经平衡阀 46、塔臂举升电磁阀 11 左位到回油道，然后经回油过滤器 28 回油箱。

（3）主臂动作　主臂延伸时，比例流量电磁阀 10、主臂延伸电磁阀 12 的 S1 通电，工作泵或辅助泵的油经 P1 口进入主控阀，然后经比例流量电磁阀 10、主臂延伸电磁阀 12 右位、平衡阀 23 进入主臂延伸液压缸 24 无杆腔，主臂延伸。延伸液压缸 24 有杆腔的回油经平衡阀 23、主臂延伸电磁阀 12 右位到回油道，然后经回油过滤器 28 回油箱。

主臂缩回时，延伸液压缸动作相反。

双向平衡阀可以防止液压缸双向移动速度失控。当液压油路中的管路爆裂或严重泄漏时，平衡阀可以防止液压缸在重力或其他外负载作用下移动。当外负载压力过高时，平衡阀也可以反向打开溢流，安全保护。

（4）主臂动作　主臂举升时，卸荷电磁阀 15、主臂举升比例电磁阀 16 的 S1 端同时通电，电磁阀 15 换向，工作泵 1 的油液→P2 口→主臂举升比例电磁阀 16 右位→梭阀 19→梭阀 21→负载感应阀 13 弹簧腔，负载感应阀 13 阀芯打开一个缝隙，部分油液经负载感应阀 13 泄漏到回油道。同时工作泵 1 的油经主臂举升比例电磁阀 16 右位、平衡阀 25 进入主臂举

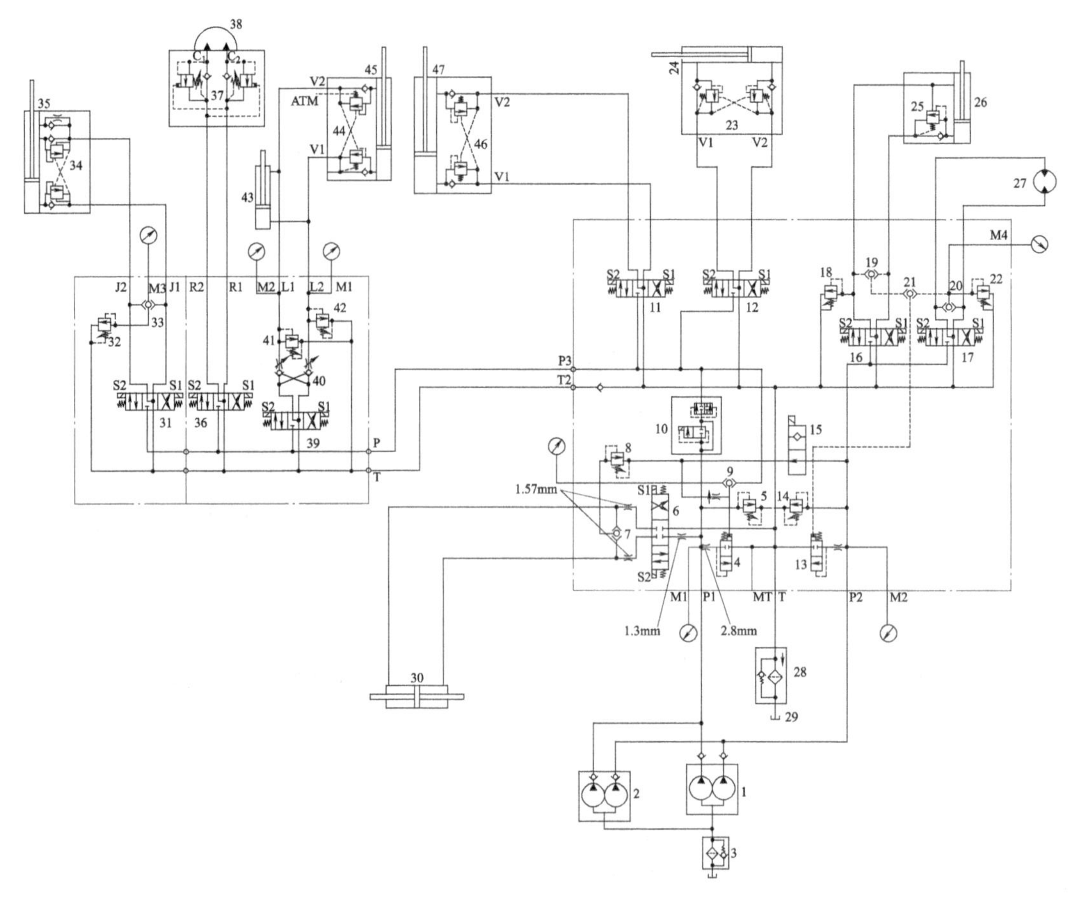

图 5-59 JLG 450AJ（四驱版）曲臂式高空作业车工作装置液压系统图

1—工作泵 2—辅助泵 3、28—过滤器 4、13—负载感应阀 5、14—溢流阀 6、11、12、15、31、36、39—电磁阀 7、9、19、20、21、33—梭阀 8、18、22、32、41、42—安全阀 10—比例流量电磁阀 16、17—比例电磁阀 23、25、34、37、44、46—平衡阀 24—主臂延伸液压缸 26—主臂举升液压缸 27—转盘回转液压马达 29—油箱 30—转向液压缸 35—短臂举升液压缸 38—平台回转器 40—液控单向阀 43—调平主缸 45—调平辅缸 47—塔臂举升液压缸

升液压缸 26 无杆腔，主臂举升液压缸 26 伸出。主臂举升液压缸 26 有杆腔回油经主臂举升比例电磁阀 16 右位到回油道，然后经回油过滤器 28 回油箱。

主臂下降时，主臂举升液压缸的动作与举升时相反。

（5）短臂动作 短臂举升时，比例流量电磁阀 10、短臂举升电磁阀 31 的 S1 通电，工作泵或辅助泵的油经 P1 口进入主控阀，然后经比例流量电磁阀 10、短臂举升电磁阀 31 右位、平衡阀 34 进入短臂举升液压缸 35 无杆腔，短臂升降液压缸延伸，短臂举升。短臂升降液压缸 35 有杆腔的回油经平衡阀 34、短臂举升电磁阀 31 右位到回油道，然后经回油过滤器 28 回油箱。

短臂下降时，短臂升降液压缸的动作与举升时相反。

（6）平台回转 平台向左回转时，比例流量电磁阀 10、平台回转电磁阀 36 的 S1 通电，工作泵或辅助泵的油经 P1 口进入主控阀，然后经比例流量电磁阀 10、平台回转电磁阀 36 右位、平衡阀 37 进入平台回转器 38 的 C2 口，平台向左回转。平台回转器 38 C1 口的回油经平衡阀37、平台回转电磁阀36右位到回油道，然后经回油过滤器28回油箱。

平台向右回转时，平台回转器的动作与左转时相反。

（7）平台调平　平台向上调平时，比例流量电磁阀10、平台调平电磁阀39的S1通电，工作泵或辅助泵的油→P1口→比例流量电磁阀10→平台调平电磁阀39右位→双向液控单向阀40→调平主缸43无杆腔，同时经平衡阀44进入调平辅缸45无杆腔，调平主缸和调平辅缸伸出。调平辅缸45有杆腔的回油经平衡阀44与调平主缸有杆腔回油汇合后，经双向液控单向阀40、平台调平电磁阀39右位到回油道，然后经回油过滤器28回油箱。

2. 转盘回转

如图5-59所示，转盘左转时，卸荷电磁阀15、转盘回转比例电磁阀17的S1端同时通电，电磁阀15换向，工作泵1的油经P2口进入主控阀，然后经主臂举升比例电磁阀17右位、梭阀20、梭阀21到负载感应阀13弹簧腔，负载感应阀13打开一个缝隙，部分油液经负载感应阀13泄漏到回油道。同时工作泵1的油经转盘回转比例电磁阀17右位进入转盘回转液压马达27，转盘左转。转盘回转液压马达27回油经转盘回转比例电磁阀17右位到回油道，然后经回油过滤器28回油箱。

在平台上控制转盘回转时，操纵杆操纵幅度可以通过控制比例电磁阀17的电流，而控制其流量，进而控制转盘回转速度。当在地面控制时，比例电磁阀17电流固定，流量固定，转盘速度不可调。

3. 转向回路

如图5-59所示，车辆左转时，转向电磁阀6中S2通电换向到下位，工作泵1油液P1→经1.3mm节流孔→转向电磁阀6下位→梭阀7→梭阀9→负载感应阀4弹簧腔，负载感应阀4换向，卸荷油路被切断。同时，压力油→转向电磁阀6下位→1.57mm节流孔→转向液压缸，车辆向左转向，转向液压缸回油→1.57mm节流孔→转向电磁阀6下位→回油过滤器28→油箱。

转向安全阀8限制转向系统最高压力，1.3mm节流孔和两个1.57mm节流孔保证转向液压缸动作平稳。

4. 比例流量电磁阀

图5-59所示的比例流量电磁阀10由平台操作面板上的速度旋钮控制，速度旋钮通过调节比例流量电磁阀10的电流来控制其流量（结合负载感应阀4），当比例流量电磁阀10流量调小时，更多的油液经负载感应阀4泄漏回油箱。主臂延伸、塔臂升降、平台调平、平台旋转以及短臂升降的速度全部由速度旋钮控制。控制主臂延伸、塔臂升降、平台调平、平台旋转以及短臂升降的拨钮开关只控制执行元件的起动停止以及改变方向，不能控制速度。地面控制时比例流量电磁阀10流量不可调，主臂延伸、塔臂升降、平台调平、平台旋转以及短臂升降的速度不变。

5. 双速行走回路

如图5-60所示，该机型为四驱，前后共有4个行走液压马达，用于驱动行走。行走液压马达采用双向变量柱塞液压马达，通过降低行走液压马达排量可以在流量不变的情况下提高行走速度。行走泵1采用斜盘式双向变量柱塞泵，整个行走驱动系统采用双向变量泵+双向变量液压马达的闭式系统。系统通过行走泵1上面的电磁阀3和4控制变量斜盘的摆角。不行走时行走泵1斜盘摆角为零，液压泵排量为零。通过改变变量斜盘的倾斜方向来改变液压泵泵油方向，从而改变液压马达转向，进而实现前进和后退。

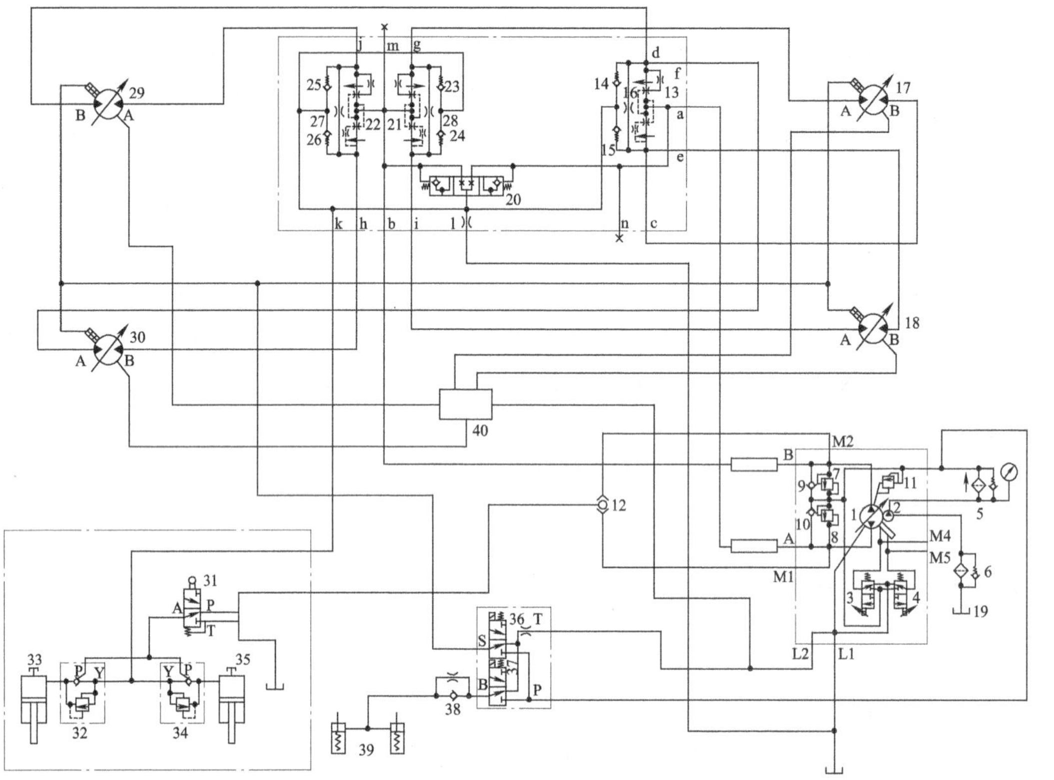

图 5-60　JLG450AJ 高空作业车行走液压回路图

1—行走泵　2—补油泵　3、4、36、37—电磁阀　5、6—回油过滤器　7、8—行走安全阀　9、10—补油单向阀　11—补油溢流阀　12—梭阀　13、21、22—分流集流阀　14、15、23～26—单向阀　16、27、28—节流孔　17—左前行走液压马达　18—右前行走液压马达　19—油箱　20—换向阀　29—左后行走液压马达　30—右后行走液压马达　31—摆动开关阀　32、34—保持阀　33、35—摆动缸　38—单向节流阀　39—制动液压缸　40—接头块

（1）补油油路　补油泵 2 一直随发动机转动而泵油，泵出来的油经过滤器 5、补油单向阀 9 或 10 补充到行走泵 1 的吸油口一侧，前进时经补油单向阀 9 补充到行走泵 B 口一侧，后退时经单向阀 10 补充到行走泵 A 口一侧，车辆不行走时，同时经单向阀 9 和 10 补充至两侧。由于补液压泵的补油量大于行走回路的泄漏量，多余的油一部分经液动换向阀 20、1.4mm 节流孔回油箱（前进时经换向阀 20 右位，后退时经阀 20 左位，不行走时经阀 20 中位）。节流作用使得补液压泵压力升高至 2.4MPa，打开补油溢流阀 11，另一部分油经补油溢流阀 11 溢流回行走泵 1。补油溢流阀 11 保持常开，补油压力保持 2.4MPa。

（2）解除制动　行走时解除制动电磁阀 37 通电换向，补液压泵的油经解除制动电磁阀 37 上位、单向节流阀 38 进入两个行走液压马达的制动液压缸，解除行走液压马达的制动。单向节流阀节流作用可以延长制动施加时间。等车辆停稳再施加制动，保护制动器。

（3）行走油路　低速前进时，行走泵 1 上的前进电磁阀 3 和解除制动电磁阀 37 通电，行走泵 1 从 A 口向外泵油，压力油从 a 口进入牵引阀，经等量分流集流阀 13 分流后，一路分别从 c、e 口去往左前行走液压马达 17 和右前行走液压马达 18，另外一路分别从 d、f 口进入左后行走液压马达29和右后行走液压马达30，液压马达转动，车辆前进。同时，a口来油去往液动换向阀20，将阀20推到右位。左前行走液压马达17和右前行走液压马达18的回油经等量分流集流阀21汇合，左后行走液压马达29和右后行走液压马达30的回油经等量分流集流阀22汇合，等量分流集流阀21和22的油汇合到一起后经牵引阀b口回到行走泵1的B口，又被行走泵1吸入进行闭式循环。补液压泵2补充进来多余的流量则经液动换向阀20右位、1.4mm节流孔回油箱。

高速行驶时，行走泵1、解除制动电磁阀37以及双速行走电磁阀36同时通电，主油路及解除制动油路跟低速行驶完全一样，唯一的不同是双速行走电磁阀36通电换向后，补油泵2的油除解除制动外，同时经过双速行走电磁阀36上位进入四个行走液压马达的变量液压缸，将四个行走液压马达的排量变小，在行走泵1流量不变的情况下，四个液压马达的转速变快，行走速度变快，实现高速行走。

补油泵负责为该闭式系统补油。工作泵及行走泵由发动机驱动，如图5-61所示，补油泵集成在行走泵上。

（4）摆动桥回路　当高空作业车在坑洼路面或障碍物上行驶时会造成车辆底盘倾斜，一边车轮悬空，为保证车辆行驶的平顺性，转向桥与底盘通过一个销轴及两个摆动液压缸连接。转向桥可以摆动确保四个车轮都能与地面接触。

5.7.2 吉尼Z45/25J IC型曲臂式高空作业车

吉尼Z45/25J IC型曲臂式高空作业车外形如图5-62所示。

该机型液压系统主要包括工作泵、辅助泵、行走泵、补液压泵、功能阀块、主臂举升液压缸、主臂延伸液压缸、辅臂举升液压缸，转台回转液压马达，平台调平液压缸、转向液压缸、短臂液压缸、平台旋转液压马达以及可选的用于驱动发电机的液压马达、摆动桥操纵阀等，其液压系统图如图5-63所示。

图5-61　JLG 450AJ型高空作业车工作泵及行走泵　　图5-62　吉尼Z45/25J IC型高空作业车

1. 工作装置液压回路

（1）主油路　发动机起动后，工作泵1开始泵油，经发电/举升选择阀4从功能阀块P口进入功能阀块，如图5-63所示。然后经优先流量阀9到负载感应阀12入口处，并通往各分支油路。此时由于所有执行元件都没有动作，操纵杆和按钮都处于中位，液压泵的油不能通油箱，无法卸荷。负载感应阀 12 阀芯右侧弹簧腔没有压力，液压泵的压力油进入负载感应阀 12 左侧将负载感应阀 12 推到左位，液压泵来油经负载感应阀 12 左位进入回油道，经回油过滤器回到油箱，液压泵卸荷。主溢流阀 8 限制系统最高压力为 22MPa。

（2）主臂升降　主臂举升时，比例电磁阀 40、主臂举升电磁阀 41 同时通电，工作泵 1 的油经发电/举升选择阀 4 进入功能阀块，然后经优先流量阀 9、比例电磁阀 40、主臂举升电磁阀 41 左位、平衡阀 43 进入主臂举升液压缸 44 无杆腔，主臂举升液压缸 44 伸出。主臂举升液压缸 44 有杆腔回油经平衡阀 43、主臂举升电磁阀 41 左位到回油道，然后经回油过滤器 54 回油箱。

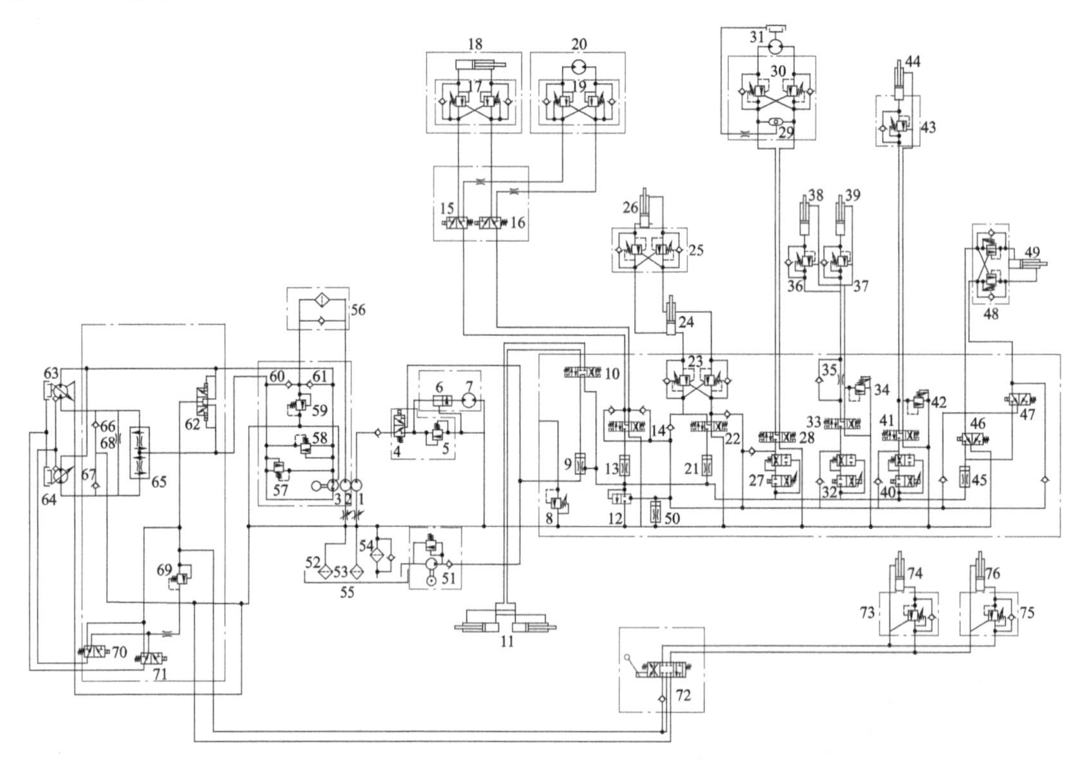

图 5-63　吉尼 Z45/25J IC（RT 版）两驱曲臂车液压系统图

1—工作泵　2—补油泵　3—行走泵　4—发电/举升选择阀　5—发电机马达安全阀　6、9、13、21、45、50—优先流量阀　7—发电机马达　8—主溢流阀　10—转向电磁阀　11—转向液压缸　12—负载感应阀　14—短臂/平台操纵电磁阀　15、16—短臂/平台选择电磁阀　17、19、23、25、30、36、37、43、48、73、75—平衡阀　18—短臂液压缸　20—平台旋转马达　22—平台调平电磁阀　24—平台调平主缸　26—平台调平辅缸　27、32、40—比例流量电磁阀　28—转盘回转电磁阀　29—梭阀　31—转盘回转马达　33—辅臂举升电磁阀　34—回转安全阀　35—单向节流阀　38、39—辅臂举升液压缸　41—主臂举升电磁阀　42—主臂安全阀　44—主臂举升液压缸　46—主臂延伸电磁阀　47—主臂缩回电磁阀　49—主臂延伸液压缸　51—辅助泵　52、53—吸油过滤器　54—回油过滤器　55—油箱　56—行走高压过滤器　57、58—行走安全阀　59—补油溢流阀　60、61、66、67—补油单向阀　62—液动换向阀　63—右后行走马达　64—左后行走马达　65—分流集流阀　68—节流孔　69—溢流阀　70—双速行走电磁阀　71—解除制动电磁阀　72—摆动桥操纵阀　74、76—摆动缸

主臂下降时，比例流量电磁阀 40、主臂举升电磁阀 41 同时通电，工作泵 1 油液→发电/举升选择阀 4→优先流量阀 9→比例流量电磁阀 40→主臂举升电磁阀 41 右位→平衡阀 43→主臂举升液压缸 44 有杆腔，主臂举升液压缸 44 缩回。主臂举升液压缸 44 无杆腔回油→平

衡阀43→主臂举升电磁阀41右位→回油过滤器54→油箱。

（3）主臂伸缩　主臂延伸时，工作泵1油液→发电/举升选择阀4→优先流量阀9→流量阀45→主臂延伸电磁阀46右位→平衡阀48→主臂延伸液压缸49无杆腔，主臂延伸液压缸49伸出。主臂延伸液压缸49有杆腔回油经平衡阀48、主臂缩回电磁阀47左位与主臂延伸电磁阀46来油汇合经平衡阀48一起进入主臂延伸液压缸无杆腔，形成差动连接，回油再生，加快主臂延伸速度。流量阀45限制进入主臂延伸液压缸的流量固定，速度不可调。

（4）辅臂动作　辅臂举升时，比例流量电磁阀32、辅臂举升电磁阀33同时通电，工作泵1输出的液压油最终进入辅臂举升液压缸38、39无杆腔，辅臂举升液压缸38、39同时伸出。辅臂举升液压缸38、39有杆腔回油分别经平衡阀36、37汇合后、经电磁阀28左位到回油道，然后经回油过滤器54回油箱。

在平台上控制辅臂升降时，操纵杆操纵幅度可以通过控制辅臂举升电磁阀33的电流，而控制其流量，进而控制辅臂升降速度。当在地面控制时，比例流量电磁阀27电流固定，流量固定，辅臂升降速度不可调。

（5）短臂动作　短臂液压缸延伸时，短臂/平台操纵电磁阀14换向至左位，工作泵1输出液压油经平衡阀17中无杆腔一侧的单向阀到短臂液压缸无杆腔，同时压力油打开有杆腔一侧的平衡阀，将回油路接通，短臂液压缸延伸。短臂液压缸缩回时，短臂液压缸活塞杆反向动作。

（6）平台调平　平台调平液压缸有两个，一个主缸一个辅缸，两个同时伸出或缩回。流量阀21限制平台调平时速度不可调，多余油液经负载感应阀12泄漏到回油道。

（7）平台左右回转　平台右转时，短臂/平台操纵电磁阀14、电磁阀15、电磁阀16同时通电换向。工作泵1的油经发电/举升选择阀4进入功能阀块，然后经优先流量阀9、优先流量阀13、短臂/平台操纵电磁阀14左位、电磁阀15左位、平衡阀19到平台回转液压马达，液压马达右转。液压马达回油经平衡阀19、电磁阀16左位、短臂/平台操纵电磁阀14左位到回油道，然后经回油过滤器54回油箱。优先流量阀13限制短臂动作和平台回转时速度不可调。

2. 转向回路

车辆转向时，转向电磁阀10通电换向，工作泵1的油经发电/举升选择阀4从功能阀块P口进入功能阀块，然后经优先流量阀9到转向电磁阀10进入转向液压缸，车辆转向，转向液压缸回油经转向电磁阀10、负载感应阀12进入回油道，然后经回油过滤器54回油箱。优先流量阀9限制转向系统流量稳定。

3. 转盘回转

转盘向右回转时，比例流量电磁阀27、转盘回转电磁阀28同时通电，工作泵1的油经发电/举升选择阀4进入功能阀块，然后经优先流量阀9、比例流量电磁阀27、转盘回转电磁阀28左位、平衡阀30到转盘回转液压马达，同时经梭阀29到液压马达制动液压缸，解除制动，液压马达右转。液压马达回油经平衡阀30、转盘回转电磁阀28左位到回油道，然后经回油过滤器54回油箱。

转盘向左回转时，比例流量电磁阀27、转盘回转电磁阀28同时通电，工作泵1的油经发电/举升选择阀4进入功能阀块，然后经优先流量阀9、比例流量电磁阀27、转盘回转电磁阀28右位、平衡阀30到转盘回转液压马达，同时经梭阀29到液压马达制动液压缸，解除制动，液压马达左转。液压马达回油经平衡阀 30、转盘回转电磁阀 28 右位到回油道，然后经回油过滤器 54 回油箱。

4. 双速行走回路

该机型为两驱，两个后轮带有行走液压马达，用于驱动行走，行走液压马达采用双向变量柱塞液压马达，通过降低行走液压马达排量可以在流量不变的情况下提高行走速度。行走泵 3 采用斜盘式双向变量柱塞泵，整个行走驱动系统采用双向变量泵+双向变量液压马达的闭式系统。系统通过行走泵 3 上面的电磁阀控制变量斜盘的摆角。

（1）补油油路　车辆不行走时，同时经补油单向阀 60 和 61 补充至两侧。由于补液压泵的补油量大于行走回路的泄漏量，且溢流阀 69 开启压力（1.72MPa）低于溢流阀 59 的开启压力（2.17MPa），多余的油只能经液动换向阀 62 到溢流阀 69，推开溢流阀 69，经回油过滤器 54 回油箱。因此，不管车辆是否在行走，行走回路的回油背压都为 1.72MPa。

（2）解除制动　行走时解除制动电磁阀 71 通电换向，前进时从行走泵 3 来的压力油将液动换向阀 62 推到上位，行走液压马达 63、64 的回油以及补液压泵的油一部分经液动换向阀 62 上位、解除制动电磁阀 71 右位进入两个行走液压马达的制动液压缸，解除行走液压马达的制动。

（3）主油路　低速行驶时，行走泵 3 和解除制动电磁阀 71 通电，低速前进时，行走泵 3 向上泵油，压力油分别进入左后行走液压马达 63 和右后行走液压马达 64，液压马达转动，车辆前进。两个液压马达的回油经分流集流阀 65 汇合后回到行走泵 3 下方回油口，又被行走泵 3 吸入进行闭式循环。低速后退时行走泵反向供油，压力油经分流集流阀 65 等量分流后分别进入左后行走液压马达 63 和右后行走液压马达 64，两个液压马达的回油汇合后回到行走泵 3 上方回油口，又被行走泵吸入进行闭式循环。

高速行驶时，行走泵 3、解除制动电磁阀 71 以及双速行走电磁阀 70 同时通电，主油路及解除制动油路跟低速行驶完全一样，唯一的不同是双速行走电磁阀 70 通电换向后，解除制动的油除解除制动外，同时经过双速行走电磁阀 70 右位进入两个行走液压马达的变量液压缸，将两个行走液压马达的排量变小，在行走泵 3 流量不变的情况下，两个液压马达的转速变快，行走速度变快，实现高速行走。

5. 摆动桥回路

当高空作业车在坑洼路面或障碍物上行驶时会造成车辆底盘倾斜，一边车轮悬空，为保证车辆行驶的平顺性，转向桥与底盘通过一个销轴及两个摆动液压缸连接。转向桥可以摆动确保四个车轮都能与地面接触。

5.8　起重机械液压系统

起重机械通过起重吊钩或其他取物装置起升并移动重物，广泛应用于工厂、矿山、道桥施工、车站、港口、建筑工地、电站厂房等场所。

液压技术在起重机械上的应用十分广泛，汽车起重机和履带式起重机的工作机构多采用液压系统，而在塔式起重机、浮式起重机和缆索式起重机等起重机上的工作机构或支承装置中也有液压系统，因此，液压技术是起重机械上非常重要的一项关键技术。

5.8.1　汽车起重机液压系统

汽车起重机属于流动式起重机，是安装在普通汽车底盘或专业汽车底盘上的一种起重机，其行驶驾驶室与起重操纵室分开设置。汽车起重机轴荷、外形尺寸、总重和行驶速度等满足公路行驶规范，可以在公路上行驶，能以较高速度行走，机动性好，转场方便，又能用于起重，被广泛应用在运输、建筑、装卸、矿山及筑路工地上。

现以 QY-8 型汽车起重机为例介绍汽车起重机的液压系统。

QY-8 型汽车起重机的最大起重量为 80kN（幅度为 3m 时），最大起重高度为 11.5m，起重装置可连续回转。它具有较高的行走速度，可与装运工具的车辆编队行驶。

它经常在有冲击、振动和高低温环境下工作，要求系统具有较高的安全可靠性。又因其工作负荷较大，要求输出力或转矩也较大，所以系统工作油压采用中高压。汽车起重机要求液压系统实现车身液压支承、调平、稳定，吊臂变幅伸缩，升降重物及回转等作业。

1. 主要液压元件

QY-8 汽车起重机由汽车底盘、回转机构、前后支腿缸、吊臂伸缩缸、伸缩臂起升机构和基本臂组成，如图 5-64 所示。

起重时，动作顺序为：放下后支腿→放下前支腿→调整吊臂长度→调整吊臂起重角度→起吊→回转→落下载重→收前支腿→收后支腿→起吊作业结束。

2. 液压系统工作原理分析

图 5-65 所示为 QY-8 型汽车起重机液压系统图。它的动力元件为 ZBD-40 型轴向柱塞泵；执行元件包括支腿液压缸 8、9，稳定器液压缸 5，吊臂液压缸 14，变幅液压缸 15，回转液压马达 17，起升液压马达 18，制动器液压缸 19。

方向阀：包括Ⅰ组三联分配阀和Ⅱ组四联分配阀，分配阀也称为多路阀。Ⅰ组三联分配阀中的阀 23 控制油液分别供给Ⅰ、Ⅱ分配阀组，阀 24、25 控制支腿液压缸及稳定器液压缸。Ⅱ组四联分配阀，是一个串联油路的多路换向阀组，有一个安全溢流阀，四个分别用于吊臂伸缩、吊臂变幅、转台回转和起升控制用的三位四通 M 型手动换向阀组成，控制吊臂变幅、伸缩液压缸和回转、起升液压马达。由于采用了串联式多路阀，在空载或轻载吊起重物作业时，各机构可以任意组合同时动作。

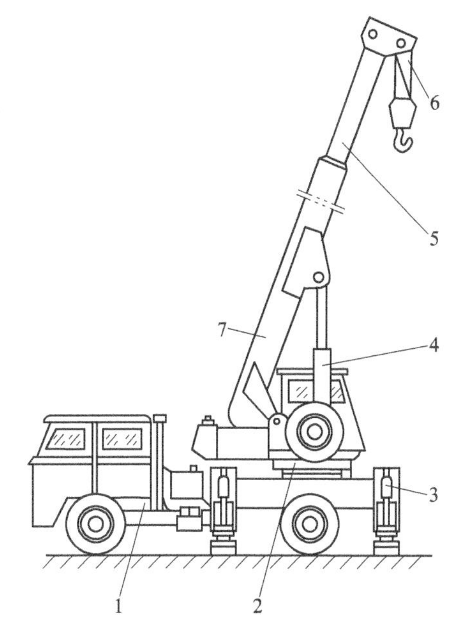

图 5-64　QY-8 型汽车起重机结构简图
1—汽车底盘　2—回转机构　3—前后支腿缸　4—吊臂伸缩缸　5—伸缩臂　6—起升机构　7—基本臂

液压锁 6、7 用于锁紧前后支腿液压缸。

压力控制阀：安全阀 13 控制支承、稳定工作回路免于过载，其调定压力为 16MPa；安全阀 11 控制吊臂伸缩、变幅、回转、起升工作回路免于过载，调定压力为 25~26MPa。两安全阀分别装于两分配阀组中。平衡阀 12、16、20 分别控制吊臂伸缩、变幅、起升液压马达工作平稳及单向锁紧。

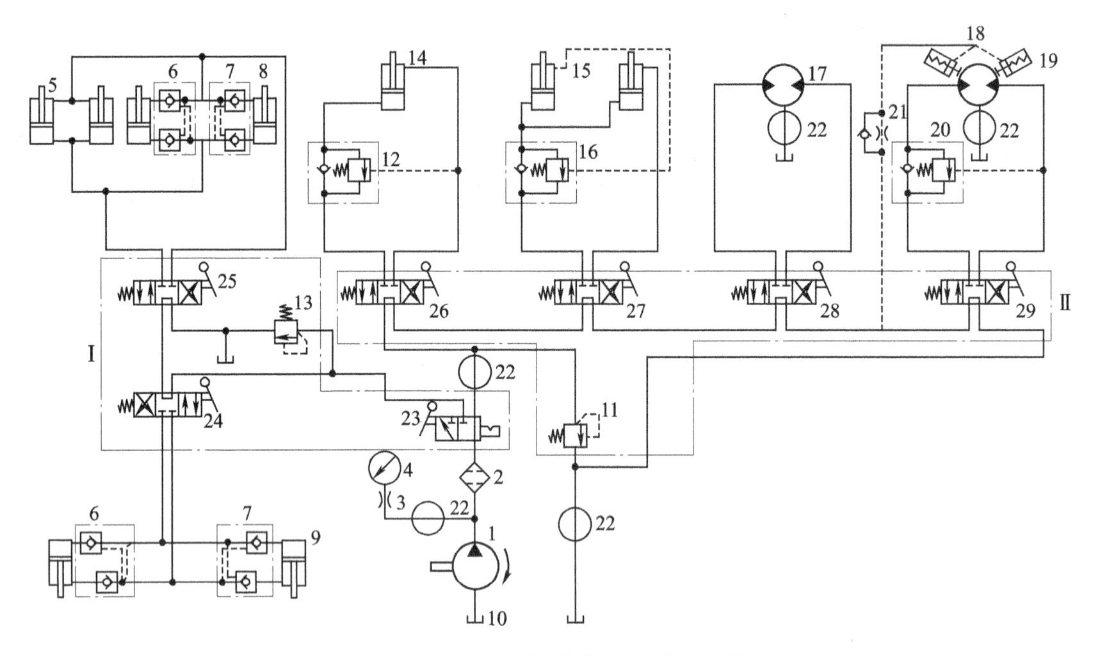

图 5-65 QY-8 型汽车起重机液压系统

1—液压泵 2—过滤器 3—阻尼器 4—压力表 5—稳定器液压缸 6、7—液压锁 8、9—前后支腿液压缸 10—油箱 11、13—安全阀 12、16、20—平衡阀 14—吊臂液压缸 15—变幅液压缸 17—回转液压马达 18—起升液压马达 19—制动器液压缸 21—单向节流阀 22—中心回转接头 23～25—Ⅰ组分配阀 26～29—Ⅱ组分配阀

QY-8 型汽车起重机液压系统的油路分为两部分。伸缩变幅机构、回转机构和起升机构的工作回路组成一个串联系统；前后支腿和稳定器机构的工作回路组成一个串并联系统。两部分油路不能同时工作。整个液压系统除液压泵 1、过滤器 2、前后支腿和稳定机构以及油箱外，其他工作机构都在平台上部，因而也称为上车油路和下车油路。上部和下部的油路通过中心回转接头连接。

根据汽车起重机的作业要求，液压系统完成下述工作循环：车身液压支承、调平、稳定、吊臂变幅伸缩，吊钩重物升降和回转。

（1）车身支承 车身液压支承、调平和稳定由支腿和稳定器工作回路实现。

操纵Ⅰ组分配阀中的换向阀 23 处于左位，换向阀 24、25 处于左位。这时油液流动路线是：

进油路：液压泵 1→过滤器 2→换向阀 23 左位→换向阀 24 左位→液压锁 6、7→前支腿液压缸 9 的大腔。

前支腿液压缸 9 小腔→液压锁 6、7→换向阀 25 左位→稳定器液压缸 5 大腔或液压锁 6、7→前支腿液压缸 8 大腔。

回油路：稳定器液压缸 5 小腔（后支腿液压缸 8 小腔）→换向阀 25 左位→油箱。

此时，前、后支腿液压缸活塞杆伸出，支腿支承车身。同时稳定器液压缸活塞伸出，推动挡块将车体与后桥刚性连接起来稳定车身。

场地不平整时分别单独操纵换向阀 24、25，使前后支腿分别单独动作，可将车身调平。

（2）吊臂变幅、伸缩 吊臂变幅、伸缩是由变幅和伸缩工作回路实现。操纵Ⅰ组分配阀中的换向阀23处于右位时，液压泵的油液供给吊臂变幅、伸缩、回转和起升机构的油路。当这些机构均不工作，即当Ⅱ组分配阀中所有换向阀都在中位时，泵输出的油液经Ⅱ组分配阀后又流回油箱，使液压泵卸荷。Ⅱ组分配阀中的四联换向阀组成串联油路，变幅、伸缩、回转和起升各工作机构可任意组合同时动作，从而可提高工作效率。

1）吊臂的仰俯。当操纵换向阀27处于左位时，变幅液压缸活塞伸出，使吊臂的倾角增大。这时油液流动路线是：

进油路：液压泵1→过滤器2→换向阀23右位→中心回转接头22→换向阀26中位→换向阀27左位→平衡阀16→变幅液压缸15大腔。

回油路：变幅液压缸15小腔→换向阀27左位→换向阀28、29中位→中心回转接头22→油箱。

当换向阀27处于右位时，活塞缩回，吊臂的倾角减小。实际中按照作业要求使倾角增大或减小，实现吊臂变幅。

2）吊臂的伸缩。操纵换向阀26处于左位时，液压泵1的来油进入吊臂伸缩液压缸14的大腔，使吊臂伸出；换向阀26处于右位时，则使吊臂缩回。从而实现吊臂的伸缩。

吊臂变幅和伸缩机构都受到重力载荷的作用。为防止吊臂在重力载荷作用下自由下降，在吊臂变幅和伸缩回路中分别设置了平衡阀16、12，以保持吊臂倾角平稳减小和吊臂平稳缩回。同时平衡阀又能起到锁紧作用，单向锁紧液压缸，将吊臂可靠地支承住。

3）吊重的升降。吊重的升降由起升工作回路实现。在起升机构中设有常闭式制动器液压缸19，构成液压松开制动的常闭式制动回路。当起升机构工作时，制动控制回路才能建立起压力使制动器打开；而当起升机构不工作时，即使其他机构工作，制动控制回路仍建立不起压力，则保持制动。此外，在制动回路中还装有单向节流阀21，其作用是使制动迅速，而松开缓慢。这样，当吊重停在半空中再次起升时，可避免液压马达因重力载荷的作用而产生瞬时反转现象。

当起升吊重时，操纵换向阀29处于左位。从泵出来的油经单向节流阀21进入制动液压缸19，使制动器松开；同时，来油经换向阀29左位、平衡阀20进入起升液压马达18。而回油经换向阀29左位和中心回转接头22流回油箱。于是起升液压马达带动卷筒回转使吊重上升。

当下降吊重时，操纵换向阀29处于右位。液压泵1的来油使起升液压马达反向转动，回油经平衡阀20和换向阀29右位和中心回转接头22流回油箱。这时制动器液压缸19仍通入压力油，制动器松开，于是吊重下降。由于平衡阀20的作用，吊重下落时不会出现失速状况。

4）吊重回转。吊重的回转由回转工作回路实现。操纵分配阀组Ⅱ中的换向阀28处于左位或右位时，液压马达即可带动回转工作台做左右转动，实现吊重回转。此起重机回转速度很低，一般转动惯性力矩不大，所以在回转液压马达的进、回油路中没有设置过载阀和补油阀。

3. QY-8型汽车起重机液压系统特点

1）系统中采用平衡回路、锁紧回路及制动回路，使主机工作可靠，操作安全。

2）利用多路换向阀，各机构既可独立动作，轻载工作时，也可两个机构同时动作，从而提高工作效率。

3）采用手动换向阀，既便于根据作业实际情况人工灵活控制换向动作，还可通过手柄操作控制流量，以实现调速。

5. 8. 2 塔式起重机液压系统

塔式起重机也称为“塔机”，俗称“塔吊”，它是将起重臂安装在基本垂直的塔身的顶部，属于回转臂架类型的起重机，主要承担水平运输和垂直运输，特别适用于高层建筑施工，是建筑工地上常用的一种起重机。

1. 塔式起重机液压顶升装置

FHTT 系列塔式起重机如图 5-66 所示，它的吊装范围大，臂架安装方式简单，代表机型为 FHTT2800 型塔式起重机，其最大起重力矩为 28700kN · m，最大起重量为 1600kN，最大工作幅度为 90m，独立起升高度为 80m，特别适用于电站塔式、π 式锅炉吊装及施工现场场地狭小、其他类型起重机难以布置的建设项目施工。

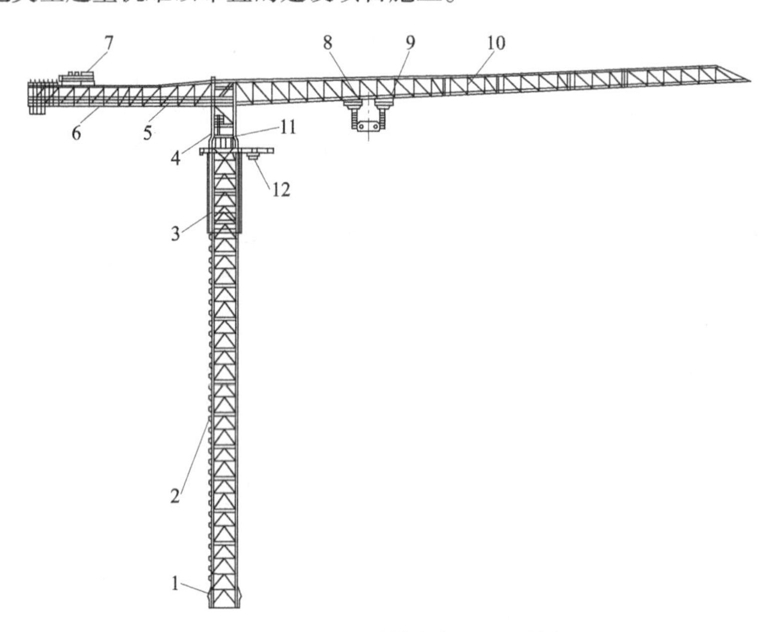

图 5-66 FHTT 系列塔式起重机结构简图

1—预埋基础 2—塔身 3—顶升机构 4—承座 5—变幅机构 6—平衡臂
7—起升机构 8—变幅小车 9—吊钩组 10—起重臂 11—回转机构 12—引入机构

顶升工作是塔式起重机安装、拆除过程中最重要也最危险的工作。塔式起重机顶升重量大，顶升作业时塔身和承座之间的连接被打开，上部结构处于液压缸单点支承平衡状态，因此对顶升动作的平稳性和系统安全的可靠性要求特别高。顶升机构的液压系统通过控制顶升、加节、换步、收缸等动作循环，完成塔式起重机顶升或降塔作业。

2. 顶升机构液压系统的主要液压元件

顶升机构主要由液压系统和顶升装置两大部分组成。液压系统包括液压泵站、顶升液压缸、高压油管及控制系统；顶升装置包括顶升横梁、顶升支承杆及顶升支承杆操纵装置。动力元件为 Y225M 液压马达控制液压泵，执行元件为一对顶升液压缸。塔式起重机液压系统如图 5-67 所示。

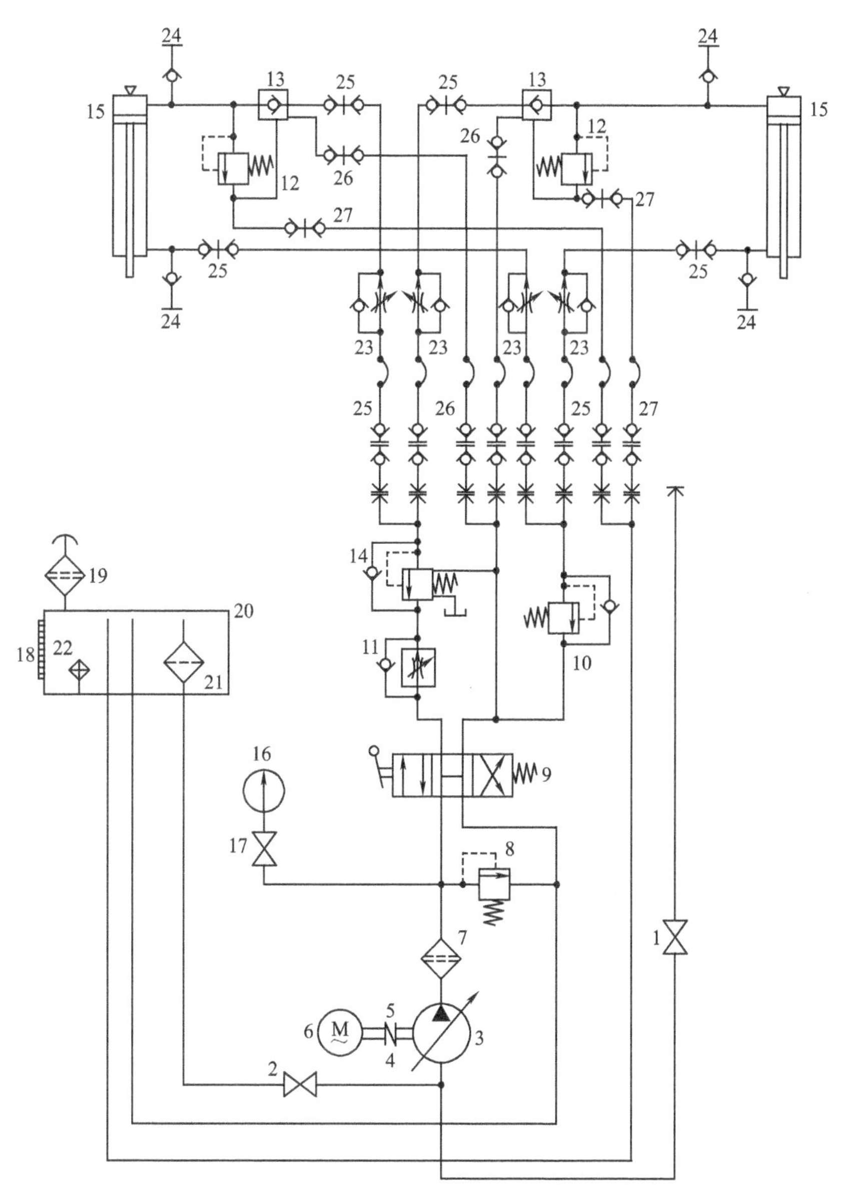

图 5-67　塔式起重机液压系统

1、2—球阀　3—高压液压泵　4—泵架　5—联轴器　6—电动机　7—高压过滤器　8、12—溢流阀　9—手动换向阀
10、14—单向顺序阀　11—调速阀　13—液控单向阀　15—液压缸　16—耐振压力表
17—压力表开关　18—液位计　19—空气过滤器　20—油箱　21—过滤器　22—加热器
23—管式单向节流阀　24—测压接头　25~27—快换接头

溢流阀 8 的作用是安全保护。系统正常工作时，阀门关闭。当顶升系统压力超过预设压力时开启溢流，进行过载保护，使系统压力不再增加，通常使溢流阀的预设压力比工作压力高 10%左右。

手动换向阀 9 的作用是启停换向。手动换向阀为三位四通阀，是控制液压系统的直接操作元件。通过变换密封组件在阀体中的相对位置，使阀体各通道连通或断开，从而控制流体的启停和换向。

单向顺序阀 10 的作用是启闭动作控制。通过小的先导阀的启闭来控制主阀的启闭。当管道内的液压油压力升高，达到顶升控制压力时自动开启主阀，超过预设溢流压力时通过向系统外排放液压油来防止管道内压力超过管道工作压力。

调速阀 11 的作用是速度调节，调节顶升速度的快慢。

液控单向阀 13 的作用是压力保持。在立式液压缸中，由于滑阀和管道的泄漏，在活塞和活塞杆的重力作用下，可能引起活塞和活塞杆下滑。将液控单向阀接于液压缸下腔的油路，则可防止液压缸活塞和滑块等活动部分下滑。当换向阀处于中位时，两个液控单向阀关闭，可严密封闭液压缸两腔的油液，实现液压缸锁紧、压力保持作用。

管式单向节流阀 23 的作用是速度调节兼平衡补偿。通过调节阀口大小的实现顶升速度差异的调节。通过调节流量补偿管路压差和负载不平衡造成的影响，使两个液压缸能同步动作。

3. 液压顶升工作

塔式起重机顶升动作顺序：塔式起重机顶升配平→顶升动力控制切换 →承座、塔身连接解除→液压缸伸缸顶升→顶升承杆就位支承→液压缸收缸，变换顶升踏步→液压缸伸缸顶升 →引入塔身标准节→液压缸收缸，落节就位→承座、塔身连接恢复→起升动力控制切换。

液压缸伸缩工作的油路如下：

（1）进油路　高压液压泵 3→高压过滤器 7→手动换向阀 9 左位→调速阀 11→单向顺序阀 14→管式单向节流阀 23→液控单向阀 13→液压缸 15 无杆腔。

（2）回油路　液压缸 15 有杆腔→管式单向节流阀 23→单向顺序阀 10→手动换向阀 9 左位→油箱 20。

此时液压缸活塞杆伸出，液压缸伸缸顶升。

塔机液压缸通常行程为 1~2m，塔身标准节高度为 2~6m，因此塔机顶升过程中，每次塔身标准节引入通常需要液压缸伸缩 2~4 个循环。在塔机安装的过程中，通过标准节个数的累计实现塔式起重机加高作业，因此顶升动作也需要根据实际安装高度确定循环若干次。

4. 液压系统特点和使用维护注意事项

1）该系统采用单向变量泵，结合调速阀和手动换向阀，调速方便，调速范围广。

2）采用了 H 型中位的三位四通换向阀，能够方便液压泵卸荷，有利于减少功率损失，避免液压油温度升高，还能提高液压泵的使用寿命。

3）单向顺序阀能够起到平衡阀的作用，防止该升降机构在载荷和起重臂自重的作用下下落。

4）该系统主要由调压回路、调速回路、换向回路、平衡回路和卸荷回路等多个基本回路组成。

5）正确连接电动机的电源线，检查电动机的转向；打开空气过滤器盖，从液压空气过滤器给油箱加满清洁的、规定牌号的液压油；按液压系统原理图连接液压顶升系统管路，并拧紧连接处接头；试运转，检验液压泵站工作是否正常。

6）定期检查液压油的清洁度。一般情况下，每 6 个月检查 1 次，也可根据具体情况提前检查油质。如果仍然是明净的，就留用；若发现液压油有乳状、凝固、浑浊现象，必须及时更换。在更换时要对泵站、液压缸进行清洗，检查是否有生锈的地方，处理完毕才能加新油使用。为保护液压缸的密封圈，应经常擦净活塞杆上的异物；工作完成后，液压泵站宜用防雨布遮盖，以防漏水污染油质。

7）如果长期闲置停用，维护期间应观察油质是否变质，每2~3个月应对液压系统通电运行一段时间（空载），对液压缸、泵站进行液压循环以保护泵、阀、缸，防止生锈。

8）严禁在液压缸有负载时调节节流阀。

9）低温地区使用时，应根据现场实际情况更换抗磨液压油。

10）液压系统调试前要做好准备工作，包括液压泵站电源接入；连接液压顶升系统高压油管；空载试验顶升液压缸伸缩和液压元件密封检查等。

5.9 混凝土泵车液压系统

混凝土泵车是利用压力将混凝土沿管道连续输送的机械。汽车发动机的动力经分动器驱动主液压泵、布料装置液压泵和搅拌液压泵。主液压泵输出的压力油经控制阀组、集流阀进入主液压缸和混凝土分配阀换向液压缸，从而实现泵送混凝土。布料装置液压泵输出的压力油满足泵车支腿和布料装置（臂架、转台）的动力需要，通过操纵支腿控制阀和臂架电磁阀组，完成支腿的伸缩，臂架的升降和转动。搅拌液压泵输出的压力油，通过液压马达驱动料斗内的搅拌叶片，不断搅拌混凝土，使其顺利地进入混凝土缸内，并能在其他部件故障而停止作业时继续搅拌料斗内的混凝土，防止凝固和析水。

泵送系统液压回路有“正泵”和“反泵”两种操作功能，“高压”和“低压”两种工作方式，如图5-68所示。正泵是将料斗中的混凝土通过泵送机构及管道源源不断地送达作业面，反泵是将管道中的混凝土吸回料斗，达到排堵的目的，同时也可作为清洗管道之用。

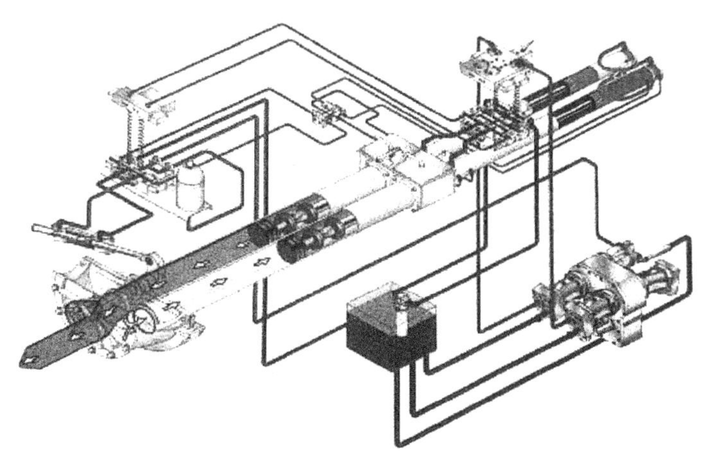

图5-68 泵送系统液压回路

高、低压泵送状态切换是混凝土泵最重要的操作方式之一。如图5-69所示，在相同压力P下，用无杆腔驱动混凝土，即称为“高压”；反之，用有杆腔驱动就称为“低压”。由于无杆腔的作用面积大于有杆腔的作用面积，则在主液压泵输出流量一定的条件下，“高压”工况下主液压缸在单位时间内的换向次数比“低压”工况要少，即混凝土泵的输出排量相对要少。

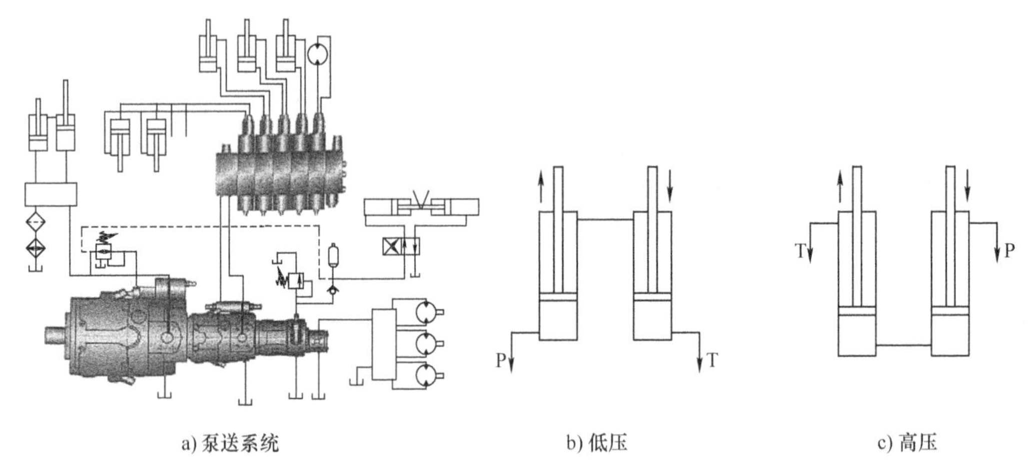

a) 泵送系统　　b) 低压　　c) 高压

图 5-69　两种泵送状态示意图

5.9.1 小排量泵送系统液压回路

图 5-70 所示是小排量泵送系统液压回路图，以下分别对主回路、分配阀回路、自动高低压切换回路、全液压换向回路作详细阐述。

1. 主回路

该回路由主液压泵 5、电磁溢流阀 7、高压过滤器 10、主控阀 14、主液压缸 26 等组成。主液压泵为恒功率并带压力切断的电比例泵，电磁溢流阀 7 起安全阀的作用，并可控制系统的带载和卸荷。主液压缸 26 是执行机构，驱动左右输送缸内的混凝土活塞来回运动：主控阀 14 的 A1、B1 出油口则通过高低压切换回路与左右主液压缸的活塞腔油口 A1H、B1H 和活塞杆油口 A1L、B1L 连通，故它的换向最终使左右输送缸内混凝土活塞运动方向改变。

混凝土泵车上使用的主液压泵是德国力士乐的闭式回路变量泵，由于受安装空间限制，故选用了两个串接在一起的泵，以满足流量要求。

主液压泵的结构如图 5-71 所示。液压泵工作时，传动轴 3 带动缸体 2 旋转，当斜盘 4 倾角为零时，柱塞 5 与缸体 2 之间没有轴向相对运动，液压泵没有压力油输出；当斜盘 4 倾角为正时，柱塞 5 与缸体 2 之间有轴向相对运动，柱塞外伸时吸油，柱塞内缩时压油，吸油和压油经过配流盘 8 的配流窗口进行分配，分别通向吸油口和压油口；当斜盘 4 倾角为负时，吸油口和压油口互相切换。

变量机构 1 可以通过外部控制手段（如压力控制、电比例控制等）实现斜盘倾角的无级调节，从而控制执行元件的工作速度。这种闭式回路双向变量泵可以实现液压执行元件的交替动作，特别适合用在泵送系统驱动主液压缸往复交替工作。

泵送系统液压回路如图 5-72 所示，其特点如下：

1）闭式系统液压泵的典型结构，由补液压泵吸油和控制主泵，由低压溢流阀控制其压力。主泵为双向变量泵，高压溢流阀控制最高压力。

2）伺服阀两端的控制压力决定阀的开启程度和液流方向，影响伺服缸的移动位移和方

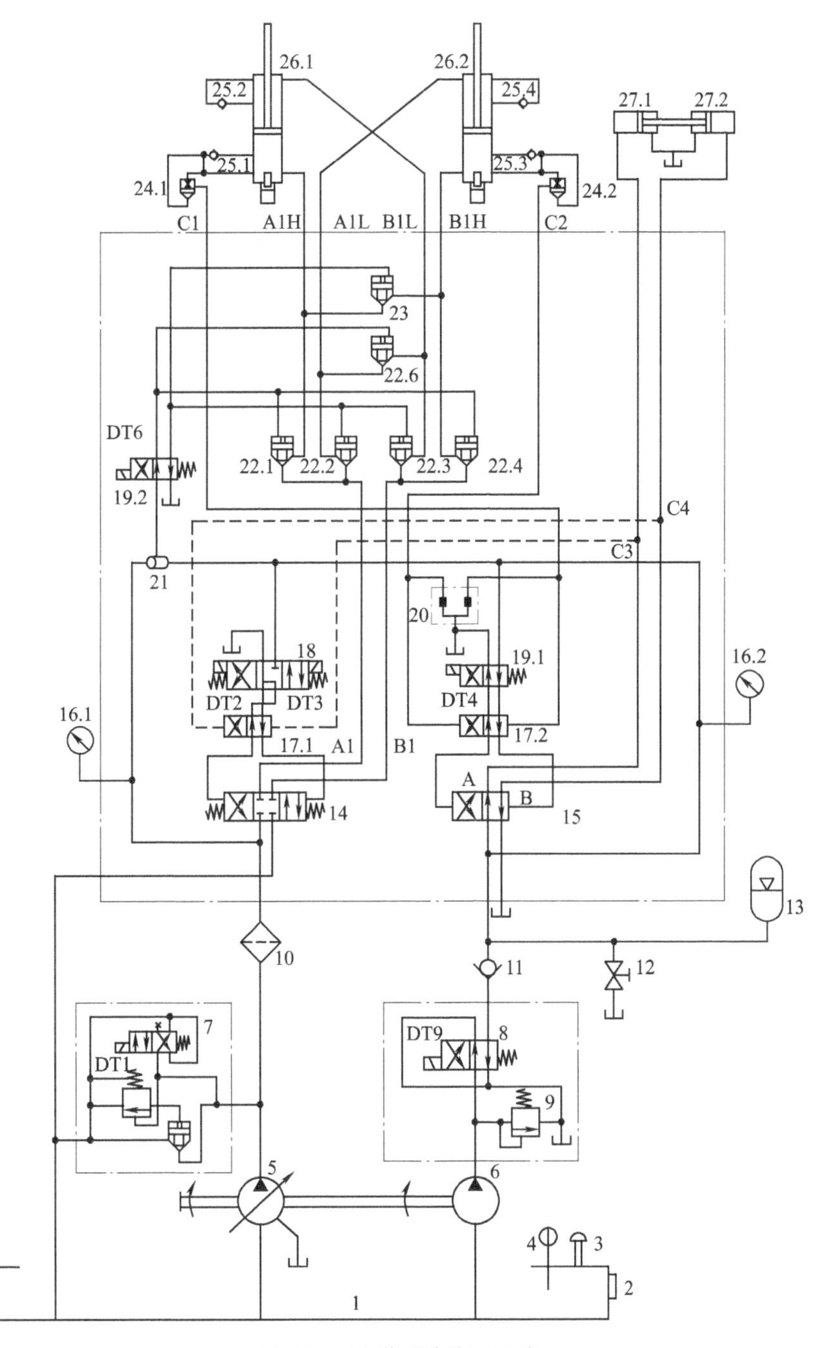

图 5-70　泵送系统液压回路

1—油箱　2—液位计　3—空气滤清器　4—油温表　5—主液压泵　6—齿轮泵　7—电磁溢流阀　8、18、19—电磁换向阀　9—溢流阀　10—高压过滤器　11、25—单向阀　12—球阀　13—蓄能器　14—主控阀　15—摆缸四通阀　16—压力表　17—小液动阀　20—泄油阀　21—梭阀　22、23—插装阀　24—螺纹插装阀　26—主液压缸　27—摆阀液压缸

向，从而改变液压泵排量和方向。

3）闭式系统油温较高，为了控制油温，主泵上集成有冲洗阀，在每个行程中往油箱溢

出部分流量，以减小温升。

4）两个单向阀为 SN 控制，在每个行程终点时变量缸内的油液流出部分，减小主泵排量，达到缓冲的目的，同时可防止液压泵吸空。

当控制压力作用到伺服阀阀芯的另一侧时，斜盘反向倾斜，液压泵进出油口发生反转，这样就可以控制执行元件反向运动。

液压泵的排量与控制压力如图 5-73 所示。

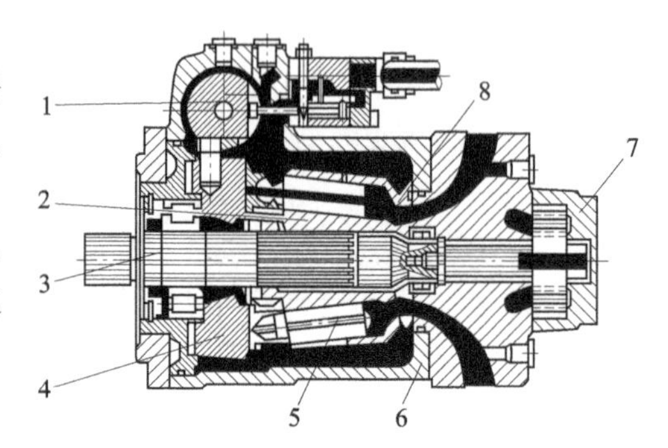

图 5-71 主液压泵结构组成

1—变量机构 2—缸体 3—传动轴 4—斜盘 5—柱塞 6—壳体 7—辅助泵 8—配流盘

2. 分配阀回路

该回路（参见图5-70）由齿轮泵6、电磁换向阀 8、溢流阀 9、单向阀 11、蓄能器 13、摆缸四通阀 15、摆阀液压缸 27 等组成。其中由齿

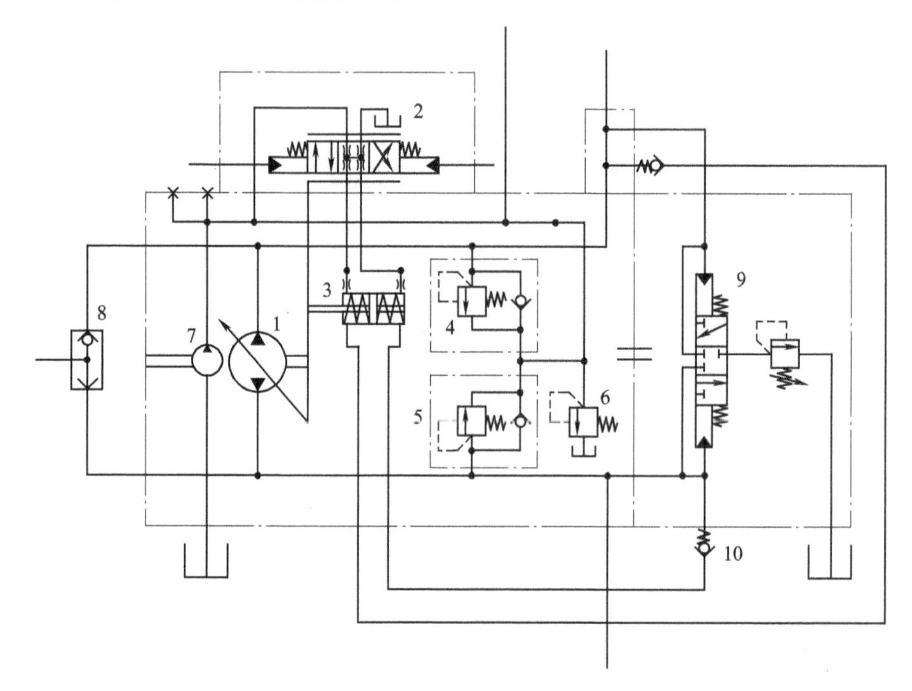

图 5-72 泵送系统液压回路

1—柱塞泵 2—伺服阀 3—伺服缸 4、5—单向溢流阀 6—低压溢流阀 7—辅助泵 8—梭阀 9—冲洗阀 10—单向阀

轮泵 6、电磁换向阀 8 和溢流阀 9 形成恒压油源，电磁换向阀 8 在泵送作业时一直处于得电状态，在待机状态下得断电的循环，以保证蓄能器 13 的压力不掉为零，又不至于使齿轮泵压力油总处于溢流状态，消耗功能产生热量。

摆阀液压缸 27 是执行机构，驱动“S 管”分配阀左右摆动：摆缸四通阀 15 的 A、B 出油口分别与左右摆阀液压缸的活塞腔连通，故它的换向最终致使“S 管”分配阀换向。

控制球阀是否打开及开口大小，取决于输送料的好坏。打开球阀，换向压力大，冲击大；关闭球阀，换向压力小，冲击小。

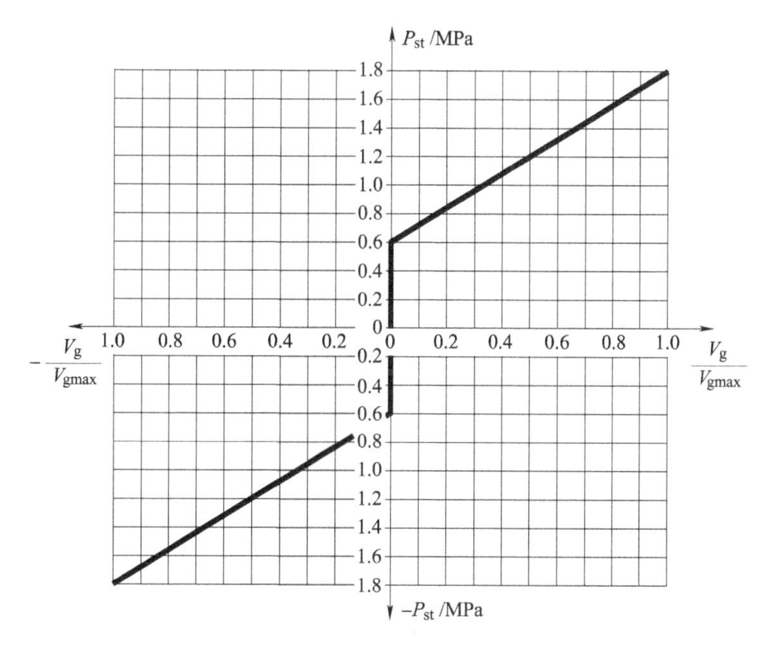

图 5-73　液压泵排量与控制压力关系图

当需要拆卸元件时，必须先打开卸压球阀，直至压力表显示为 0，方可拆卸。

电比例减压阀的输出压力由电流无级调节，便得液压泵伺服阀两端压差可调，进而调节伺服缸内的油压和流量，控制液压泵排量。

恒功率阀通过双弹簧近似实现恒功率。当主液压泵压力高于插装阀的弹簧调定压力时，使插装阀的阀芯开启，牵动顺序阀的调节弹簧，补液压泵的压力油打开顺序阀溢流，调整压力大小，从而控制排量。

压力切断由两个压力阀实现，其中溢流阀的设定压力为 34MPa，当泵送压力高于此值时，即打开溢流阀溢流，液流流过阻尼孔时产生压差，使得顺序阀两端产生压差，此时顺序阀处于全开状态，使得液压泵控制油卸荷，液压泵斜盘处于零位，即无排量，实现压力切断。

3. 全液压换向回路

该回路（参见图 5-70）的功能是实现“正泵”和“反泵”两种混凝土作业模式，并由液压系统本身自行完成主液压缸和摆阀液压缸的交替换向。其中包括小液动阀 17、电磁换向阀 18、电磁换向阀 19、泄油阀 20、螺纹插装阀 24 和单向阀 25。正泵和反泵在控制上的区别在于得电的电磁铁不一样，从而使相关控制油路发生变化，正泵是电磁铁 DT1 和 DT2 得电，反泵是电磁铁 DT1、DT3 和 DT4 得电。

以下仅以正泵为例介绍全液压换向的起动正泵作业。起动正泵作业，则电磁铁 DT1 和 DT2 得电，工作循环如下：

（1）正泵前半个循环　正泵前半个循环如图 5-74 所示，接着将自动进入后半个循环（参见图 5-70）。

电磁溢流阀 7 中的电磁控制阀 DT1 得电，主溢流阀从卸荷状态回位到保压状态，系统压力升高。电磁换向阀 18 的 DT2 得电，左位接入工作油路，齿轮泵 6 输出液压油经电磁换

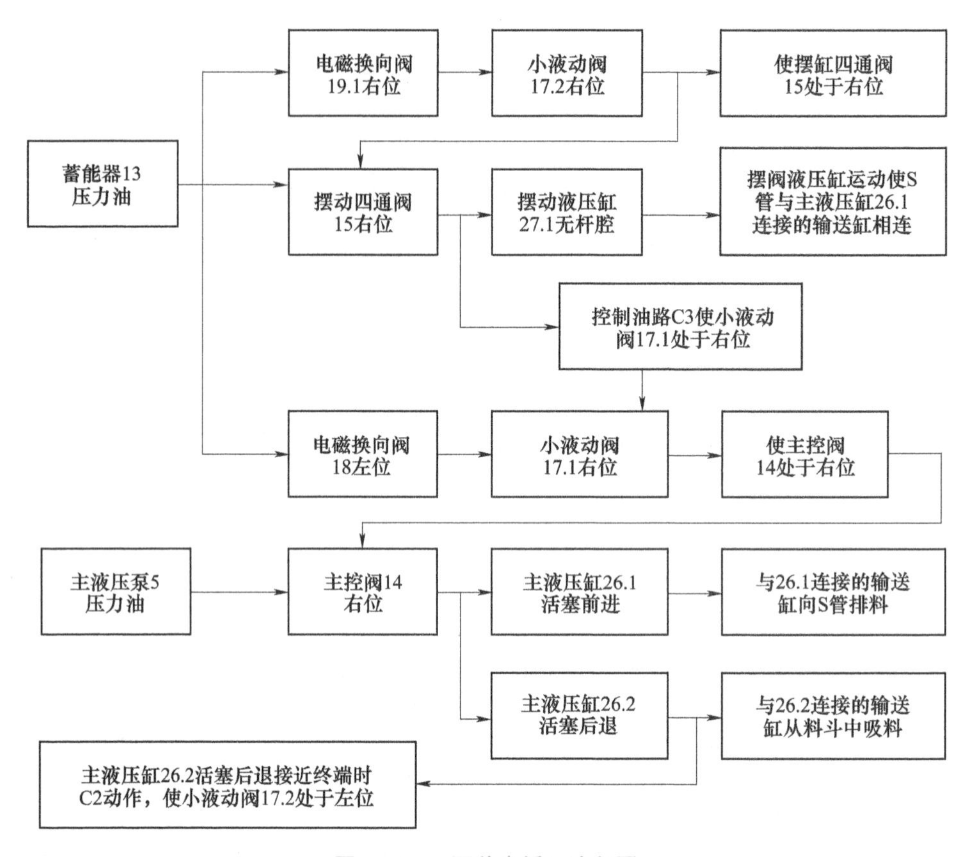

图 5-74　正泵前半循环流程图

向阀 8 左位（DT9 得电）、换向阀 18 左位，作用在主控阀 14 阀芯右端，使其阀芯向左移，右位接入工作。此时，主液压泵 5 输出液压油经主控阀 14 右位，以及插装阀 22、23 分别输送给主液压缸 26，推动活塞杆前进或后退，实现输送缸的排料或吸油。

（2）正泵后半个循环　正泵后半个循环工作原理与前半个循环类似。

4. 自动高低压切换回路

该回路（参见图 5-70）由插装阀 22、插装阀 23、电磁换向阀 19 和梭阀 21 组成。它的工作原理是利用插装阀的通断功能形成“高压”和“低压”两种工作回路，并用电磁换向阀以切换控制压力油的方式来切换这两种工作回路。

在自动高、低压切换回路，主液压泵 5 输出的液压油经梭阀 21，与齿轮泵 6 输出的压力进行比较，得到较大的压力输出，由电磁换向阀 19. 2 进行控制，实现高、低压的切换。

5. 9. 2　大排量泵送液压系统回路

为了保证混凝土的泵送排量大，并且维持混凝土压力不变，则必须提高泵送液压系统的流量。图 5-75 所示为大排量泵送液压回路的原理图。

大排量泵送系统液压回路与小排量泵送系统液压回路的区别在于主回路通流能力的大小。本系统利用插装阀技术来提高系统的通流能力，并且利用插装阀的通断功能使主回路和自动高低压切换回路融为一体。

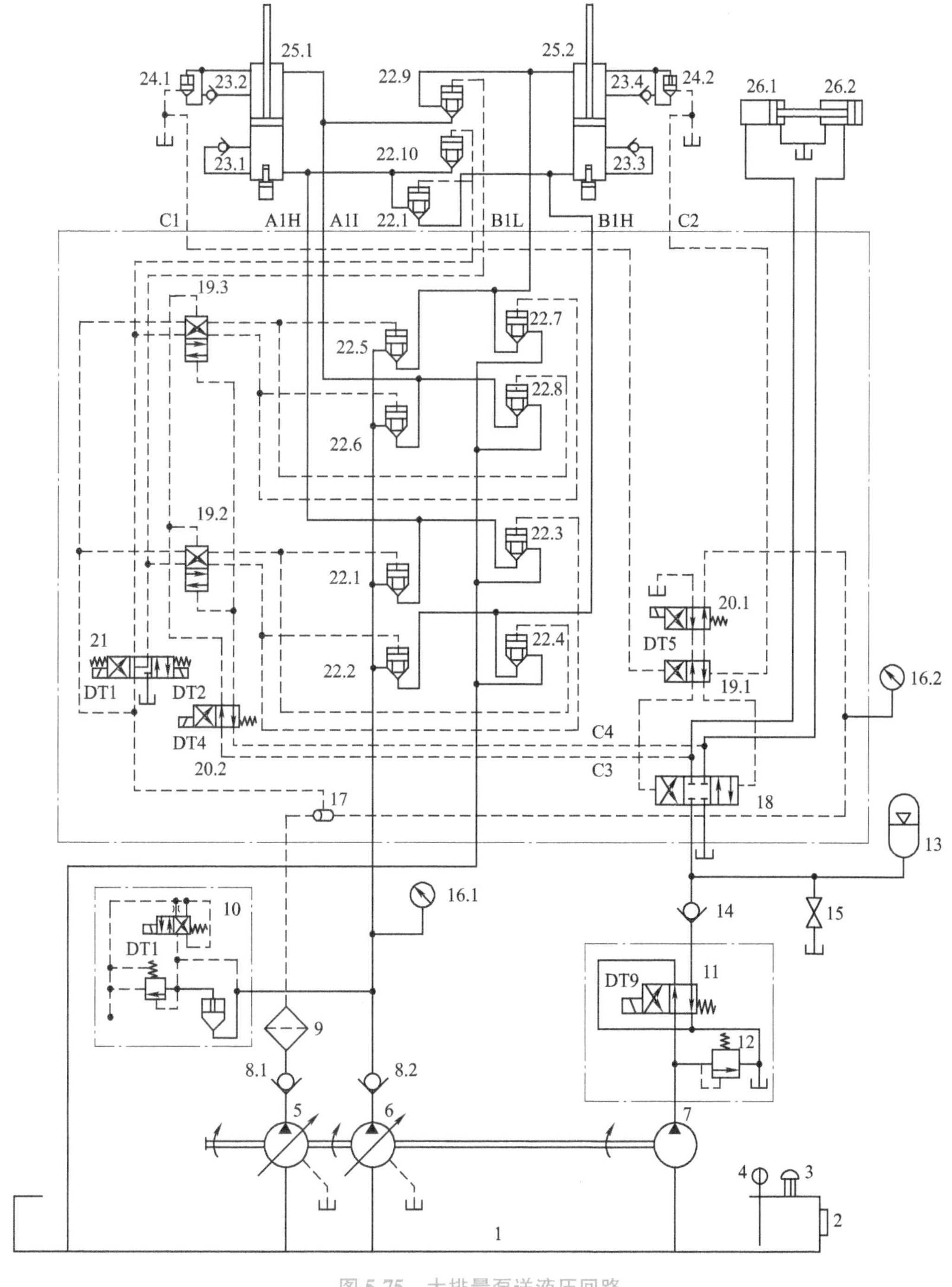

图 5-75 大排量泵送液压回路

1—油箱 2—液位计 3—空气滤清器 4—油温表 5、6—主液压泵 7—齿轮泵 8、14、23—单向阀 9—高压过滤器 10—电磁溢流阀 11、20、21—电磁换向阀 12—溢流阀 13—蓄能器 15—球阀 16—压力表 17—梭阀 18—摆缸四通阀 19—小液动阀 22—插装阀 24—螺纹插装阀 25—主液压缸 26—摆阀液压缸

1. 回路和自动高低压切换回路

该回路由主液压泵 5、主液压泵 6、单向阀 8、高压过滤器 9、电磁溢流阀 10、梭阀 17、

电磁换向阀 21、插装阀 22.1~22.11 和主液压缸 25 组成。主液压泵 5、6 均为恒功率并带压力切断的电比例泵，其排量可以相同，也可不相同。

该回路最大的特点是用 11 个相同通径的插装阀将主换向回路和自动高低压切换回路融为一体，其中插装阀 22.9~22.11 只承担高低压切换的功能，即只完成主液压缸 25.1 和 25.2 的活塞腔连通或活塞杆腔连通的功能；插装阀 22.1~22.8 则既承担高低压切换的功能，也承担主换向回路的功能，其中插装阀 22.1~22.4 是高压状态下的换向插装阀，插装阀 22.5~22.8 是低压状态下的换向插装阀。高低压泵送状态的切换由电磁换向阀 21 来完成，具体流程如图 5-76 所示。

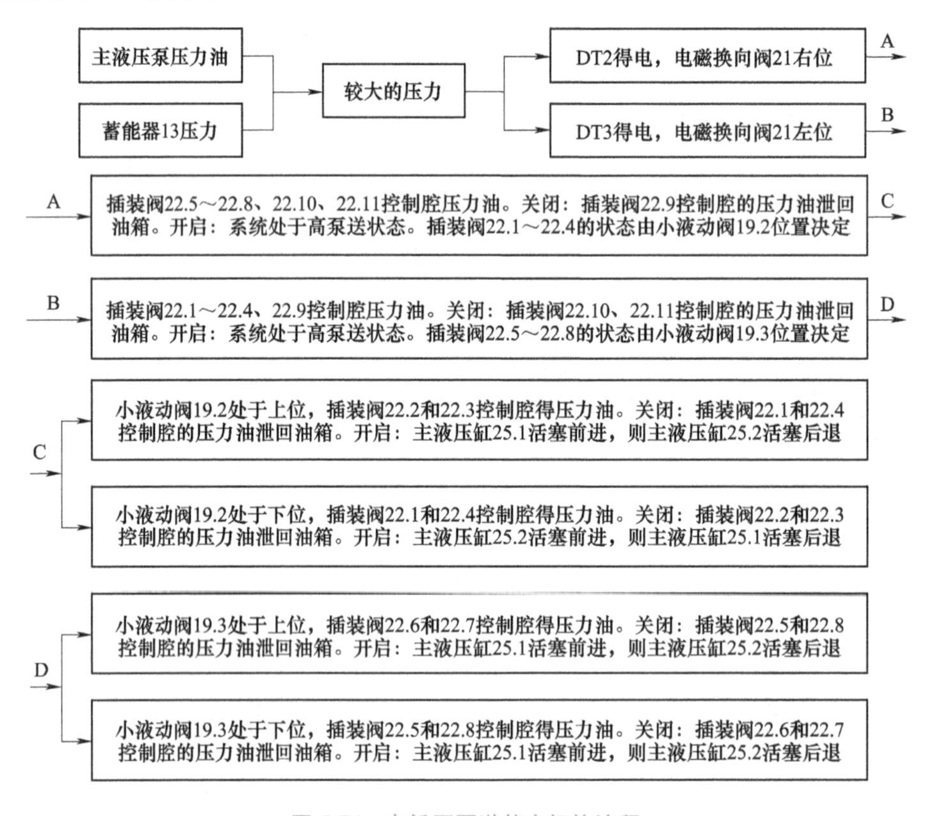

图 5-76　高低压泵送状态切换流程

值得说明的是，当电磁换向阀 21 处于中位时，插装阀 22.1~22.11 全部处于关闭状态，目的是在待机状态下使主液压缸能承受输送管道中混凝土的反压，不至于在混凝土的反压作用下，与 S 管相连的主液压缸活塞退到行程初始位置。

2. 分配阀回路

该回路（图 5-75）由齿轮泵 7、电磁换向阀 11、溢流阀 12、蓄能器 13、单向阀 14、摆缸四通阀 18 和摆阀液压缸 26 组成。其功能和原理与小排量泵送系统的分配阀回油完全一样，本节不再阐述。

3. 全液压换向回路

该回路（图 5-75）由小液动阀 19.1~19.3、电磁换向阀 20.1~20.2、单向阀 23 和螺纹插装阀 24 组成。与小排量泵送系统液压回路一样，其也是通过电磁换向阀来使控制压力油发生变化，从而形成“正泵”和“反泵”两种作业模式；不同的是由于大排量泵送系统液压回路没有默认系统处于低压泵送状态，故电磁换向阀21必须参与控制才能进行泵送作业，即电磁铁DT1和DT2得电是高压正泵，电磁铁DT1和DT3得电是低压正泵，而DT1、DT2、DT4和DT5得电是高压反泵，DT1、DT3、DT4和DT5得电是高压反泵。以下仅以最常使用的低压正泵介绍全液压换向的工作循环。

起动低压“正泵”作业，则电磁铁DT1和DT3得电，则前半个工作循环流程如图5-77所示。

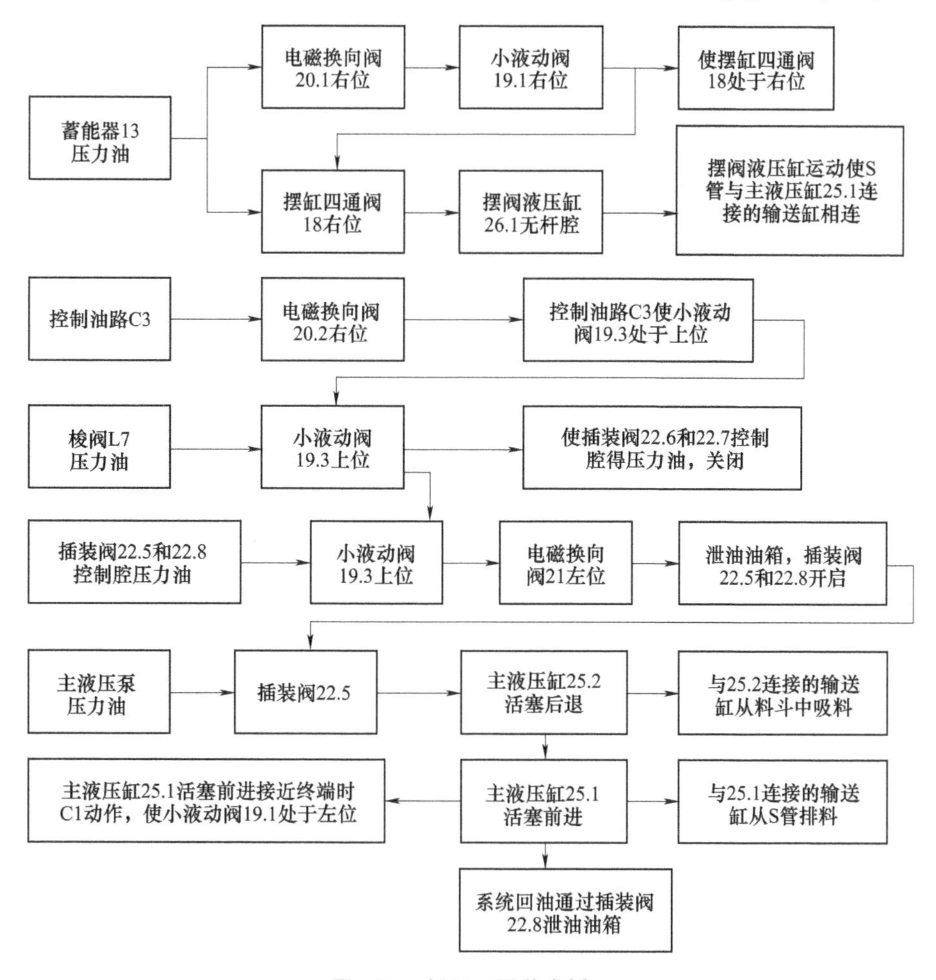

图5-77　低压正泵前半循环

工作系统在低压正泵的前半个循环结构后，紧接着将自动进入后半个循环，分析略过。

5.9.3　辅助液压回路的基本构造

泵车的辅助液压回路包括主液压缸活塞杆防水密封液压回路、风冷回路、搅拌回路、水洗回路和自动退混凝土活塞液压回路。其中因风冷回路、搅拌回路和水洗回路均由同一个齿轮泵提供压力油，故放在一起进行阐述。

1. 主液压缸活塞杆防水密封液压回路

该回路的液压原理如图5-78所示，其主要由单向阀1、溢流阀2、Y形密封圈4组成。

泵车的主液压缸活塞杆一般完全浸入水中，在这种工况下，主液压缸活塞杆在快速退回时，主液压缸的防尘圈并不能将活塞杆表面附着的水刮尽，导致水分被带入液压系统，引起液压油乳化。

在该回路中，由Y形密封圈4.1和4.2形成了一个高压缓冲区，并通过单向阀1将蓄能器压力油引入缓冲区，在这种情况下，缓冲区内高压油会使Y形密封圈4的唇边紧紧地抱紧活塞杆，由于高压油产生的抱紧力远远大于Y形密封圈4本身的预紧力，使附在活塞杆的水不再侵入液压系统。由于在泵送过程中，高压缓冲区内不可避免将进入水分，致使缓冲区的压力升高，溢流阀2的作用是当缓冲区内的压力升到设定压力时，将缓冲区的油水混合物泄入到洗涤室内。

2. 风冷、搅拌和水洗回路

该回路的液压原理如图5-79所示，该回路的油源由两部分组成：齿轮泵1压力油和多路阀压力油A1。在正常泵送状态下，该回路只由齿轮泵1提供压力油；而在怠速状态下，多路阀压力油A1进入该回路，与齿轮泵1压力油一起供该回路工作，其目的是让风冷液压马达继续高速运转，以使风冷却器冷却液压油。

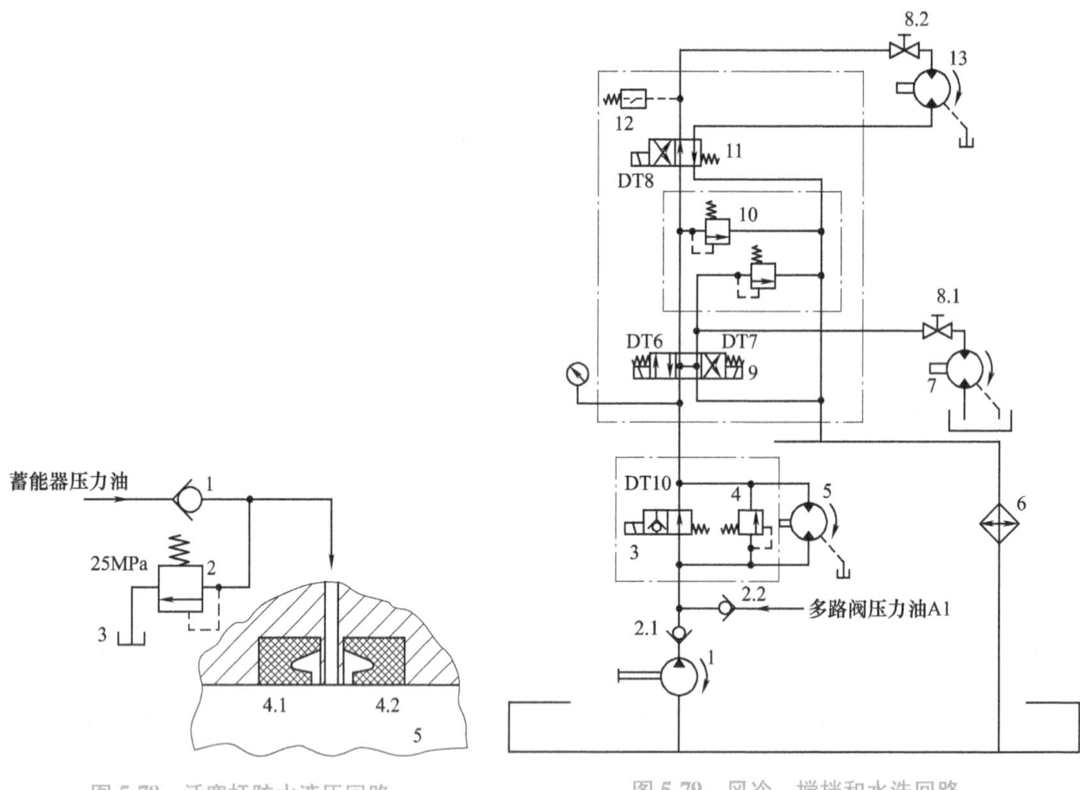

图5-78 活塞杆防水液压回路

1—单向阀 2—溢流阀 3—洗涤室

4—Y形密封圈 5—主液压缸活塞杆

图5-79 风冷、搅拌和水洗回路

1—齿轮泵 2—单向阀 3—电磁阀 4—溢流阀

5—风冷液压马达 6—风冷却器

7—水泵液压马达 8—球阀 9、11—电磁换向阀

10—叠加式溢流阀 12—压力继电器 13—搅拌液压马达

这种方式非常适合泵车的作业情况，因为泵车不是持续性地进行作业，而是断断续续，这样就达到了非常好的冷却效果，降低液压系统油温，延长液压元件寿命。

（1）风冷回路　该回路由电磁阀3、溢流阀4、风冷液压马达5和风冷却器6组成。当装配在风冷却器6的温度传感器检测到液压油温达到设定的55℃时，电磁铁DT10得电，电磁阀3处于左位，则风冷液压马达在压力油的驱动下运转，以冷却液压油；当温度传感器检测到液压油温低于设定的38℃时，电磁铁DT10断电，电磁阀3处于右位，风冷液压马达停止运转。溢流阀4的作用是保证风冷液压马达的进出油口之间压差不超过设定的压力值。

（2）搅拌回路和水洗回路　这两个回路是并联的，由电磁换向阀9控制。当电磁铁DT6得电时，电磁换向阀9处于左位，搅拌液压马达开始运转；当电磁铁DT7得电时，电磁换向阀9处于右位，水泵液压马达开始运转。压力继电器12的作用是检测到搅拌压力达到设定的11MPa时，通知控制器让电磁铁DT8得电，电磁换向阀11处于左位，搅拌液压马达反转，并延时一定时间后，让电磁铁DT8断电，电磁换向阀11处于右位，搅拌液压马达恢复正转。叠加式溢流阀10的作用是分别设定搅拌和水洗的最高压力。

3. 自动退混凝土活塞液压回路

该回路的液压原理如图5-80所示，主要由单向阀1、电磁换向阀2、限位液压缸3组成。当电磁铁DT11不得电时，电磁换向阀2处于右位，则蓄能器压力油通过电磁换向阀2进入到限位液压缸3内，并通过单向阀1将两个限位液压缸3的活塞固定在上位，这样主液压缸活塞只能运动到正常行程位置。

当需要更换或检查混凝土活塞时，在电控柜上起动“退混凝土活塞”，则系统处于憋压状态，并让电磁铁DT11得电，电磁换向阀2处于左位，当主液压缸活塞向后运动到正常行程位置后通过向限位液压缸活塞施加压力，促使相应的限位液压缸的液压油通过电磁换向阀2左位泄回油箱，主液压缸活塞得以继续向后运动，从而将混凝土活塞退回至洗涤室。

主液压缸和限位液压缸的结构简图如图5-81所示。主液压缸和限位液压缸串接在一起，限位缸活塞端部所在的油腔内通高压液压油，当主液压缸活塞杆向左运动带动限位缸内的活塞一起同向运动时，限位缸的活塞接近端点时就压缩腔内部的高压油，产生液压阻力，从而起到限位和缓冲作用。

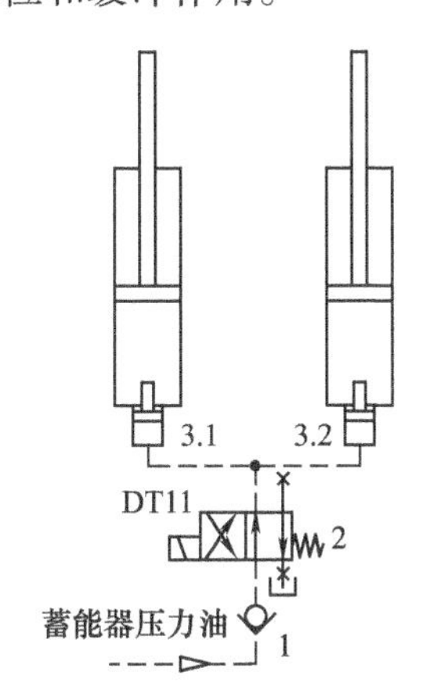

图5-80　自动退混凝土回路

1—单向阀　2—电磁换向阀　3—限位液压缸

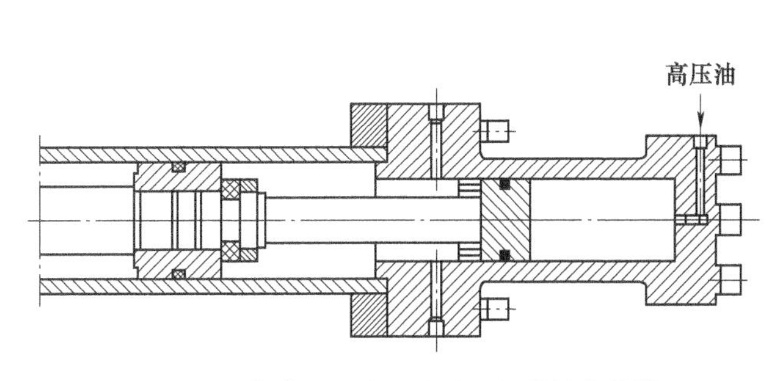

图5-81　主液压缸和限位液压缸的结构简图

5.9.4　臂架系统液压回路

臂架系统液压回路包括油源回路、臂架变幅回路、臂架回转回路和支腿动作回路，而油源回路又可分为定量泵供油系统和带负载敏感阀的变量泵供油系统。

1. 油源回路

油源回路分为定量泵供油系统和带负载敏感阀的变量泵供油系统，这两种系统均为负载敏感系统，其区别在于定量泵供油系统中的臂架泵提供固定的流量，而负载所需要的流量由多路阀控制块中三通流量阀来调节。

在油源回路中由多路阀的各片换向滑阀设定该滑阀A、B油口的最大流量，当然在应用中臂架泵的最大流量不可能大于等于各片换向滑阀流量的总和，这就意味着当多个臂架液压缸组合动作时，如需要的总流量大于臂架泵的最大流量，则各片换向滑阀各油口不可能达到规定的流量，在这种工况下，流量优先流向负载小的臂架液压缸。

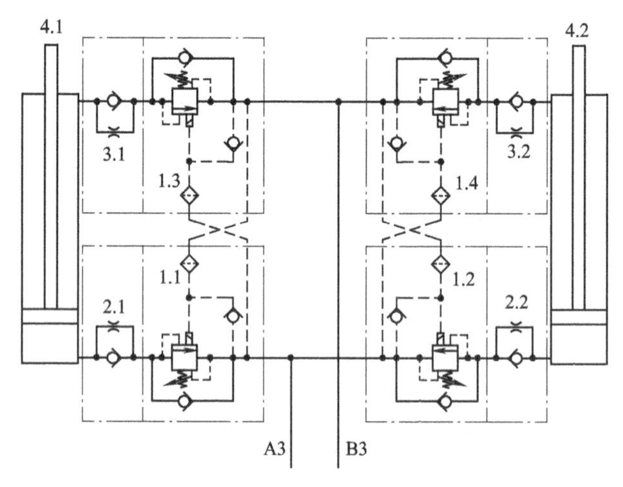

图 5-82 1#臂架液压缸平衡回路

1—平衡阀 2、3—单向阻尼阀 4—1#臂架液压缸

2. 臂架变幅回路

图5-82所示为1#臂架液压缸平衡回路的液压原理图，主要包括平衡阀1、单向阻尼阀2、单向阻尼阀3和1#臂架液压缸4。平衡阀1的作用是在臂架液压缸运动过程中平衡负载和控制及稳定运动速度，而在臂架液压缸不动作时起液压锁作用；单向阻尼阀2和3的作用是调节臂架液压缸的运动速度；臂架液压缸4是执行机构，其作用是推动臂架进行变幅。

需要注意的是单向阻尼阀2.1和2.2必须相同，即其中阻尼孔大小必须一致；而单向阻尼阀3.1和3.2必须相同，这样才能保证臂架液压缸4.1和4.2以相同的速度前进或后退。如果上述两个条件任一不满足，则臂架液压缸4.1和4.2的运行速度就会不一致，而这样的后果是非常严重的，不仅会造成臂架受强大侧向力的作用以致损坏，而且其中的一个臂架液压缸因受到另一个臂架液压缸的强大作用力，活塞杆会发生失稳而弯曲。

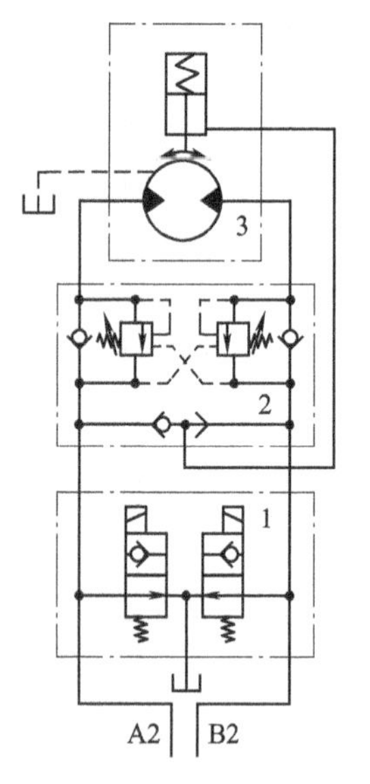

图 5-83 臂架回转回路

1—回转限位阀组

2—回转平衡阀 3—回转液压马达及制动液压缸

3. 臂架回转回路

图5-83所示为臂架回转回路的液压原理图，主要包括回转限位阀组1、回转平衡阀2和回转液压马达及制动液压缸3。回转限位阀组1的作用是限制臂架回转的角度，当臂架左旋或右旋至规定角度时，会触发相应接近开关从而使控制器控制相应的电磁阀断电，则相应的压力油泄回油箱，臂架停止旋转；回转平衡阀2的作用是平衡臂架回转的负载从而控制回转的平稳性；回转液压马达及制动液压缸3的作用是驱动减速机输出臂架回转所需的转矩以及在静止时保证减速机进行制动，不产生意外旋转。

4. 支腿动作回路

图 5-84 所示为支腿动作回路的液压原理图，其中包括支腿多路阀 1、液压锁 2 和 3、各支腿液压缸 4~8 组成。支腿多路阀 1 的作用是控制相应的支腿液压缸 4~8 伸出和缩回，液压锁 2 和 3 的作用是在支腿液压缸不动作时锁定相关油路。

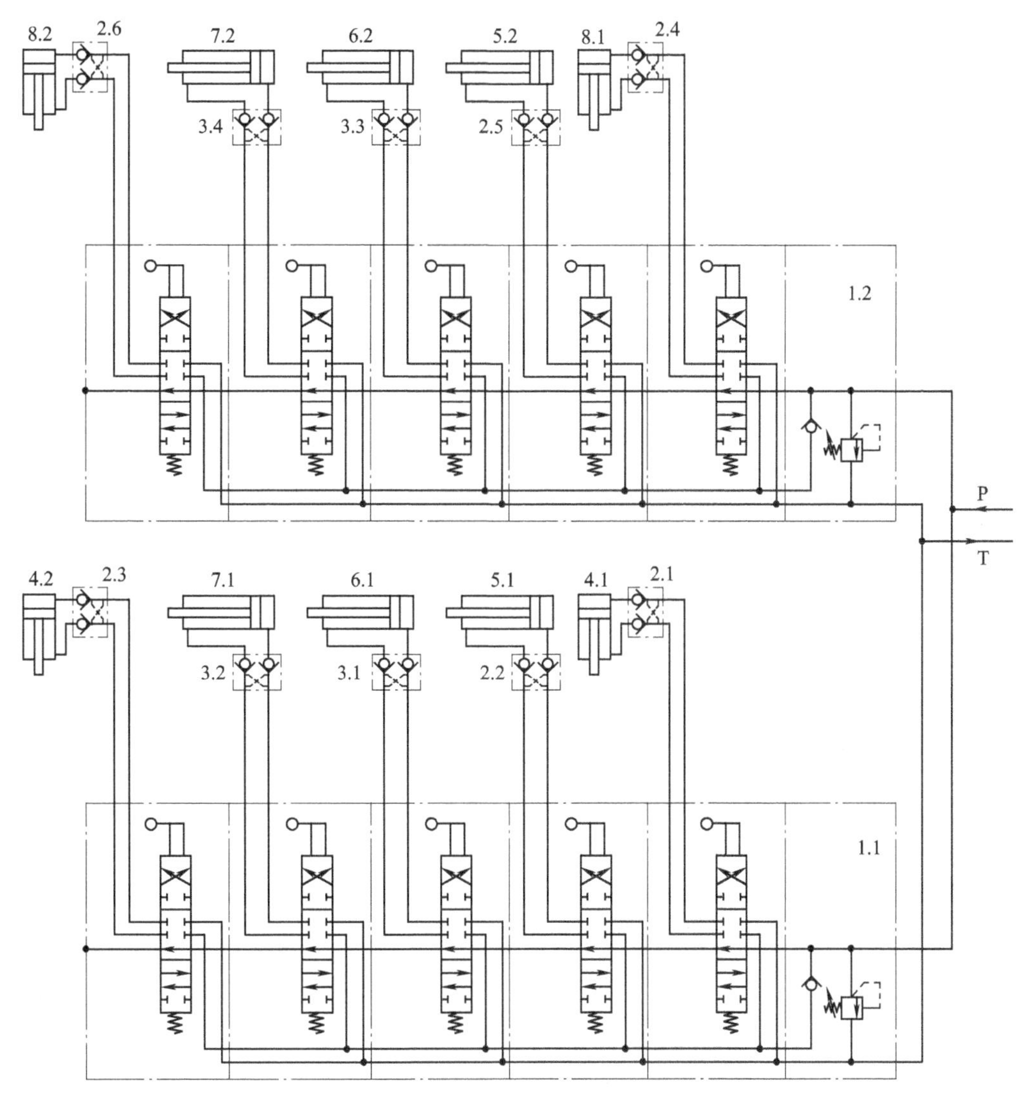

图 5-84　支腿动作回路

1—支腿多路阀　2、3—液压锁　4—右支腿下撑液压缸　5—前支腿伸缩液压缸　6—前支腿展开液压缸　7—后支腿展开液压缸　8—左支腿下撑液压缸

5.10　摊铺机液压系统

摊铺机是一种主要用于高速公路、机场等基层和面层各种材料摊铺作业的施工设备，按功能分类，可分为碎石摊铺机、沥青混凝土摊铺机等；按行走装置分类，可分为履带式和轮

胎式；按动力传动形式分类，可分为机械式、液压式和液压机械式等。摊铺机的液压系统主要包含行走系统、液压系统、输分料系统等。

5.10.1 DYNAPAC F18C/S 型沥青混合料摊铺机液压系统

DYNAPAC F18C/S 型沥青混合料摊铺机最大摊铺宽度为 12.5m，最大摊铺厚度为 30cm，摊铺速度为 0~20m/min，行驶速度为 0~3.8km/h，斗容量为 12.5t。与其他类型的摊铺机相比，其液压系统的显著特点是由独立的五个系统组成，它们分别为行走液压系统、刮板输送液压系统、螺旋摊铺液压系统、振捣-振动液压系统及由机架升降、料斗收放、自动调平、布料螺旋升降、大臂升降等回路组成的系统。其中除了最后一个系统是定量泵开式系统外，其余都为变量泵闭式系统。

1. 行走液压回路

行走液压回路如图 5-85 所示。行走液压系统是闭式变量系统。其主要由行走泵组Ⅰ、行走液压马达 2 和 16、制动器 9、速度选择阀 7、制动泵 18、冷却器 13、过滤器 12 等组成。

左、右两行走回路一样，因此仅以左侧为例。其行走泵组Ⅰ包括一个变量转向柱塞泵 1、辅助泵 8 与其同轴驱动，伺服变量机构（包括电磁比例阀 3、变量泵伺操纵液压缸 19）、双向过载补油阀组 5（由两个过载阀、两个单向阀组成）、溢流阀 15、调压阀 21、梭阀 20 等。

行走液压马达 16 是一个轴向柱塞变量斜盘液压马达。每个液压马达的斜盘只有两个位置，一个是最小倾角位置 5°，一个是最大倾角位置 25°；这两个位置在泵流量一定的情况下，一个对应的是高速、小转矩，一个对应的是低速、大转矩。变量转向柱塞泵 1、17 的液压油直接驱动行走液压马达 2、16，使其旋转，摊铺机行走。

操纵电磁比例阀 3，辅助泵 4、8 来的控制油到达伺服操纵液压缸 19 的上腔或下腔，改变了行走泵斜盘的倾角，从而使泵 1、17 的流量和流向都可改变，实现行走液压马达转动速度和方向的变化，进而使摊铺机的行驶速度和方向都可变。在通往伺服操纵液压缸的油路上设有节流阀，以使行走速度变化不剧烈。辅助泵 4、8 的压力由溢流阀 14、15 调定，为 2.1~2.8MPa。

在变量泵输出流量一定的情况下，行走液压马达 2、16 通过变量机构可进一步调速。操纵速度选择阀 7，使其右位工作。辅助泵 4 来油到达两液压马达伺服缸，使斜盘处在最小倾角位置，液压马达输出高速、小转矩，机器获得较高的转移速度；阀 7 左位工作时，则液压马达伺服缸内控制油在弹簧作用下回油箱，斜盘倾角最大，液压马达输出低速、大转矩，满足了机器的工作要求。

当回路中压力骤增时（超过 42MPa），可通过行走泵组中的过载补油阀组卸荷，并向低压油路补油，对泵、液压马达等液压元件起保护作用，以避免气蚀。此外，辅助泵 4、8 也通过两单向阀（补油阀）向低压油路补充洁净、低温的液压油。

行走泵低压油路上的液压油可通过梭阀 20、调压阀 21 部分地卸荷，在冷却了行走液压马达 2、16 后，回油箱。辅助泵 8 还通过合流阀 6 向常闭式制动器提供 1.3MPa 的液压油，以解除制动。除此之外，制动泵 18 也提供一部分制动控制油。

该机行走系统采用左右履带独立的全液压驱动和电控方式，从而可获得速度无级调节，满足了行驶速度稳定、圆滑转弯的要求。此外，两侧履带能反向运动，可实现原地转向，因此机动性好，转向阻力小，操作简单轻便。

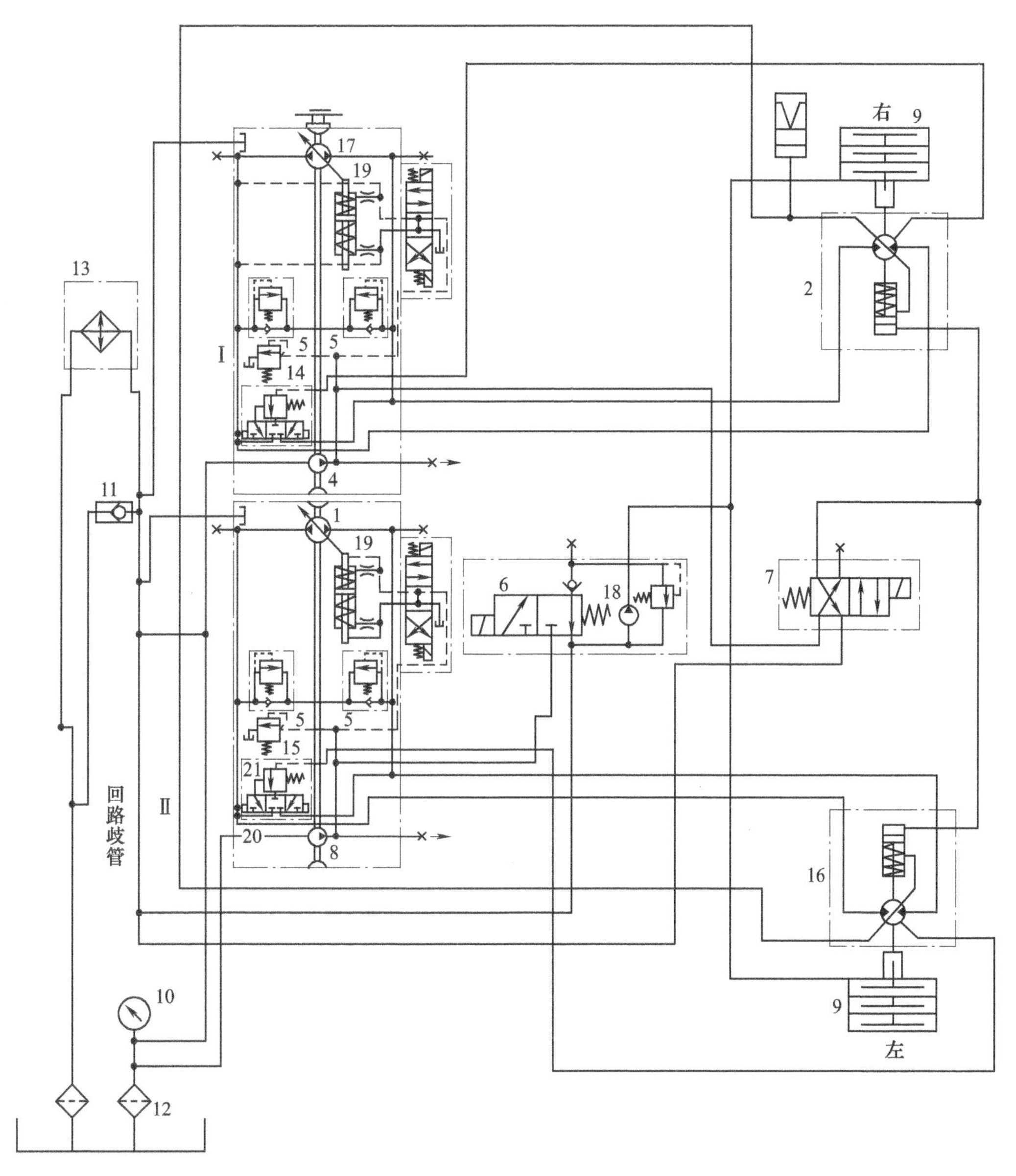

图 5-85 行走液压回路

1、17—变量转向柱塞泵 2、16—行走液压马达 3—电磁比例阀 4、8—辅助泵 5—双向过载补油阀组 6—合流阀 7—速度选择阀 9—制动器 10—压力表 11—单向阀 12—过滤器 13—冷却器 14、15—溢流阀 18—制动泵 19—变量泵伺服操纵液压缸 20—梭阀 21—调压阀 Ⅰ—行走泵组 Ⅱ—回油歧管

2. 刮板输送液压回路

刮板输送回路主由双向变量泵 1、单向定量液压马达 2、辅助泵 3、三位四通先导阀 4、双向液控三位四通伺服阀 5、双向过载补油阀组 9、溢流阀 8、调压阀 7、梭阀 6 等组成，如图 5-86 所示。

变量泵 1 输油至液压马达 2，带动刮板运动，从而向后纵向输料。当主回路出现瞬时过载，压力超过过载阀调定值时，可通过双向过载补油阀组 9 卸荷，并向低压油路补油，从而

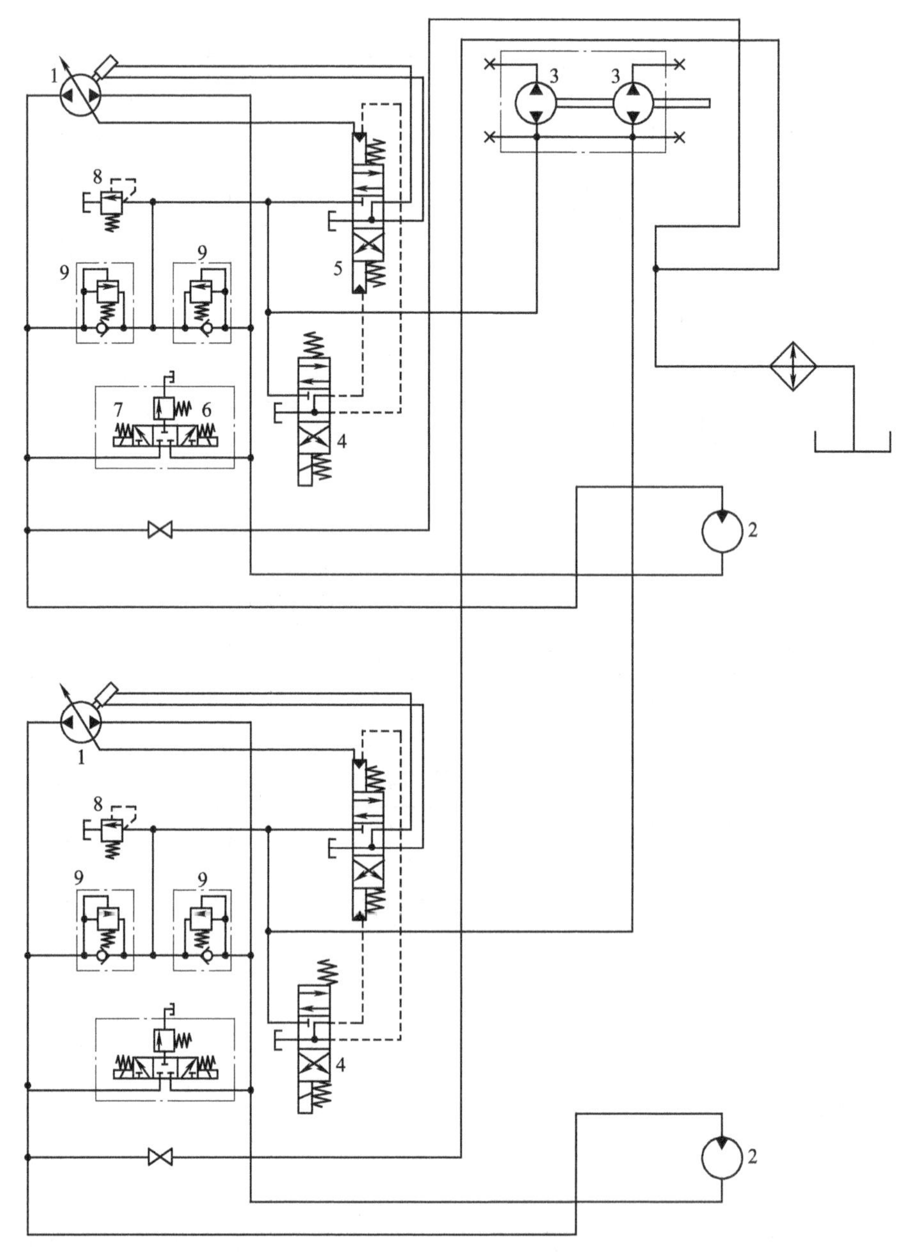

图 5-86　刮板输送液压回路

1—双向变量泵　2—单向定量液压马达　3—辅助泵　4—三位四通先导阀　5—双向液控三位四通伺服阀
6—梭阀　7—调压阀　8—溢流阀　9—双向过载补油阀组

保护了液压元件，避免气蚀。此外，辅助泵 3 也通过两补油阀（单向阀）向回路补充清洁、冷却的油液。

辅助泵 3 来油经溢流阀 8 调定压力后，一路流向先导阀 4，一路流向伺服阀 5，先导阀 4 由控制电路操纵，只有中位和下位工作。当其下位工作时，液控油到伺服阀 5 上位液控口，阀 5 上位工作，控制油至双向变量泵 1 的伺服液压缸，伺服阀（包括先导阀）调节进入伺服液压缸的油量，使斜盘角度改变，从而使泵流量的大小产生变化，达到无级调节刮板输送器速度的目的。

本回路为闭式系统，两回路可独立控制。

3. 螺旋摊铺液压回路

螺旋摊铺液压回路如图 5-87 所示，它主要由双向变量泵 1、双向定量液压马达 2、电磁比例阀 3、过载补油阀组 4、辅助泵 5 等组成。

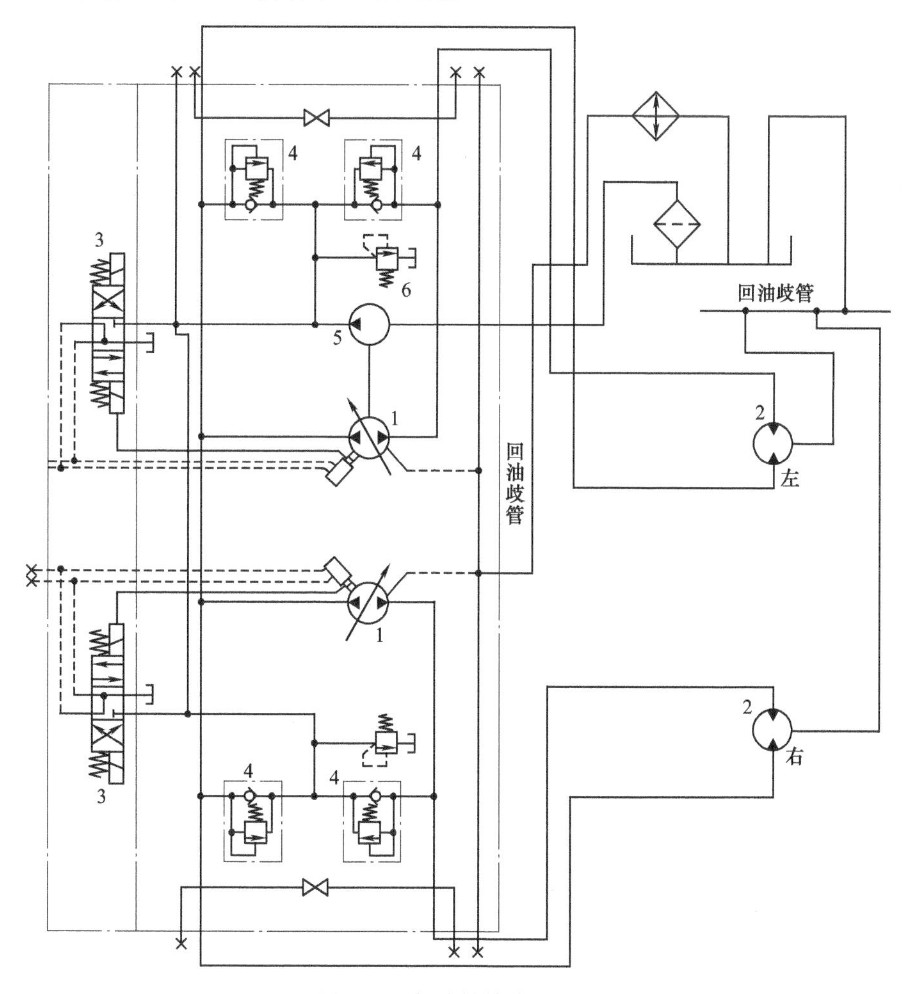

图 5-87　螺旋摊铺液压回路

1—双向变量泵　2—双向定量液压马达　3—电磁比例阀　4—过载补油阀组　5—辅助泵　6—溢流阀

变量泵 1 的液压油直接驱动液压马达 2，回油再流回泵的吸油口。变量泵的输油方向和流量大小由电磁比例阀 3 控制。其过程为：辅助泵 5 来油经过溢流阀 6 调压后，流至阀 3，该阀为三位四通电磁比例阀，通过控制电路的操纵，改变进入变量机构的控制油流量和方向，最终达到改变主泵输油方向和流量的目的，于是液压马达的转向不仅可变，而且转速可实现无级调节。

在主油路瞬时过载时，可通过过载补油阀组 4 卸荷，并向低压油路补油，对系统起保护作用。另外辅助泵对主油路的补油也要通过阀组内的单向阀。

该系统左、右回路可单独控制，左、右螺旋摊铺器可实现正反方向旋转，以适应各种工况的需求。

4. 振捣-振动液压回路

振捣-振动液压回路如图5-88所示，主要由振捣泵1（双向变量泵）、振动泵2（双向变量泵）、辅助泵3、过载补油阀组4、定压阀5、双向电磁三位四通伺服换向阀6、振动液压马达、振捣液压马达等组成。

振捣回路中的振捣泵1输油至振捣液压马达，液压马达带动偏心轴旋转，从而使与之相连的振捣梁产生上下振捣运动。辅助泵3输油一路经过补油阀组4中的单向阀向低压油路补油，一路经换向阀6至泵1、2的操纵控制液压缸，操纵换向阀6，增大或减小变量泵斜盘倾角，以改变输出流量。

这样，振捣液压马达（单向定量）转速发生变化，最终使振捣频率实现无级调节。在主回路瞬时过载时，可通过过载补油阀组4卸荷，并向低压油路补油。

振动回路与振捣回路相似，不再述及。

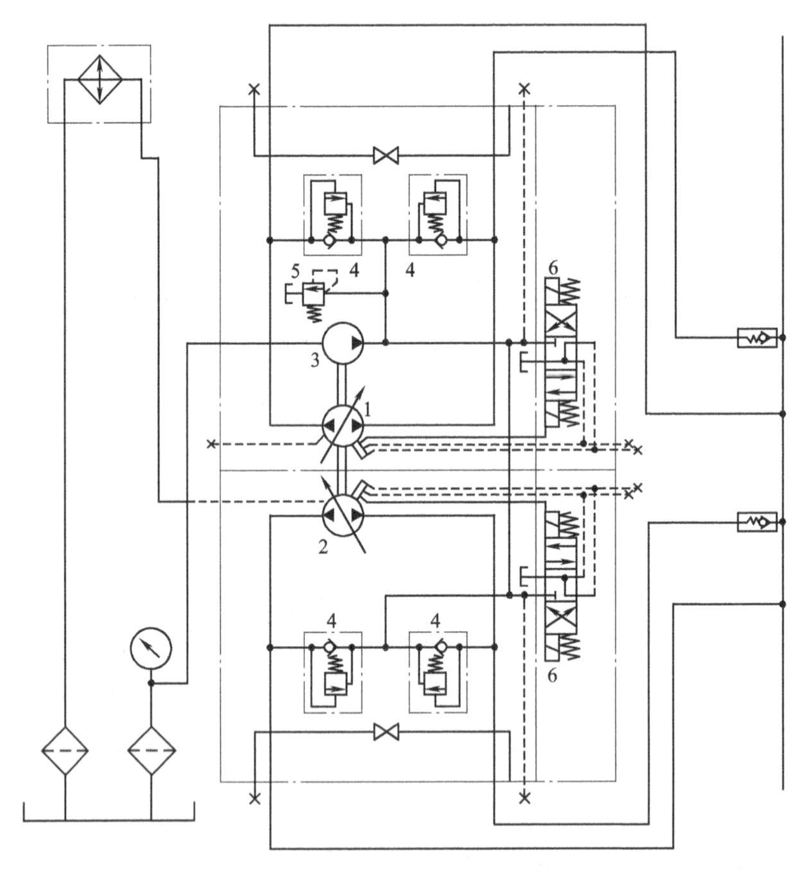

图5-88 振捣-振动液压回路

1—振捣泵 2—振动泵 3—辅助泵 4—过载补油阀组 5—定压阀 6—双向电磁三位四通伺服换向阀

5. 辅助装置液压回路

该装置主要由机架升降、料斗收放、自动调平、布料螺旋升降、大臂升降等回路组成。

所有的回路共用一个液压泵1，此液压泵与驱动冷却风扇的冷却液压泵22都设在发动机机体上，如图5-89所示。

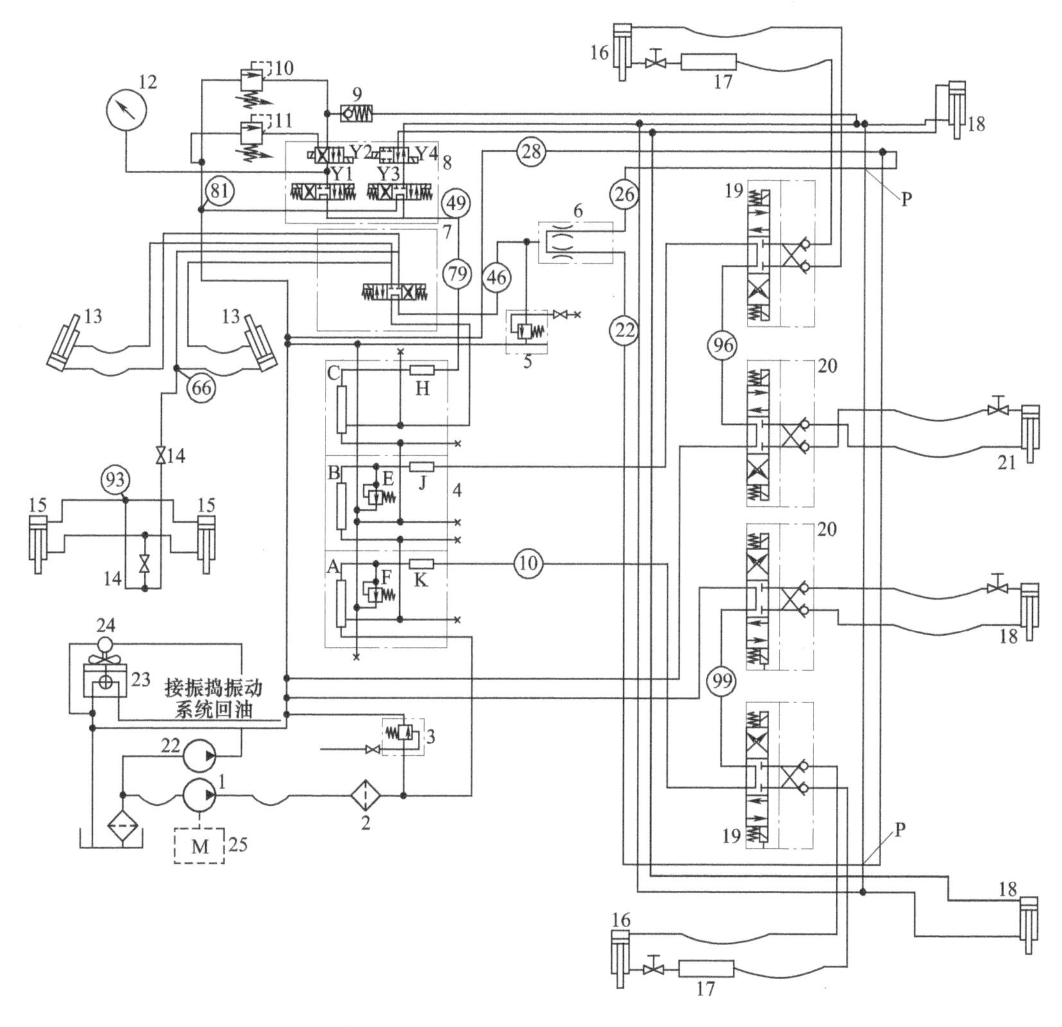

图5-89　回路系统（圈码表示油路号）

1—液压泵　2—过滤器　3、5、10、11—溢流阀　4—集成阀块　6—同步阀　7—三位四通换向阀　8—阀组　9—单向阀　12—压力表　13—料斗收放液压缸　14—球阀　15—机架升降液压缸　16—调平液压缸　17—单向节流阀　18—大臂升降液压缸　19、20—三位四通阀　21—螺旋升降液压缸　22—冷却液压泵　23—油冷却器　24—风扇液压马达　25—发动机

A、B、C—旁通节流阀　E、F—溢流阀　H、J、K—节流阀　Y1、Y3—三位四通电磁阀　Y2、Y4—二位四通电磁阀

（1）机架升降支路　液压泵1的输油经过过滤器2过滤，由溢流阀3调压后（25MPa），至集成阀块4，依次经过旁通节流阀A、B、C的旁路，流至三位四通换向阀7（设为右位工作），则液压油经过油路㊻，在油路㊳处分为两路分别至左右机架升降液压缸15，活塞杆顶起机架。机架的下降是靠自重完成的。两个球阀（截止阀）14的作用：在举升时，两球阀打开，两液压缸无杆腔和有杆腔都通进油路，为差动回路，可提高举升速度；在下降时，进油路上的球阀关闭，在重力作用下，液压缸无杆腔的油液由另一打开的球阀流入有杆腔；保持位置时，两球阀都关闭，起闭锁作用。

在作业过程中，根据自卸车的底盘高低，需要使机架升降。在自卸车卸料前，该差动回路可实现快速升降。

（2）料斗收放支路　在三位四通换向阀 7 前的进油路同机架升降回路。三位四通换向阀 7 处于左位，液压油分别至两料斗收放液压缸 13 的有杆腔，两料斗打开，以接收自卸汽车的供料。阀 7 处于右位，油流至两液压缸的无杆腔，两料斗收起。液压缸的回油经过同步阀 6、油路㉒㉖㉘回油箱。

（3）自动调平支路　液压泵 1 的输油经过过滤，再经溢流阀 3 调压（25MPa）后，到集成阀块 4，再经过旁通节流阀 A，在这里再次被溢流阀 F 降压至 10MPa 后，经过节流阀 K、油路⑩到三位四通阀 19，阀 19 处在上位工作，则左调平液压缸 16 无杆腔进油，活塞杆下移，带动大臂牵引点向下运动，阀 19 处在下位，液压缸有杆腔进油，活塞杆上移，带动大臂牵引点向上运动。

右侧回路在旁通节流阀 A 处由旁路流至 B 阀，流出经 E 阀降压至 10MPa 后，经过三位四通阀 19 到右调平液压缸 16，经过阀位的变换，使牵引点升降。

三位四通阀 19 要在控制器的作用下经常性地开闭，使液压缸无杆腔或有杆腔进油，实现自动找回路中节流阀的作用：一是为了减少系统的液压冲击；二是使液压缸工作平稳。在阀的出油口处设有双向液压锁，液压油进油时自动打开，阀在中位时，则闭锁，保持调平液压缸活塞的位置。单向节流阀 17 的作用则是在调平液压缸活塞向下运动时（有重力作用），减缓速度，使其工作平稳。

（4）布料螺旋升降支路　该回路与自动调平回路基本相似，在阀 19 处于中位时，油流由㊽到三位四通阀 20 处，通过阀位变换，提升或降低螺旋，升降高度可达 150mm。阀 20 在中位时，出油口处有双向液压锁，可锁定螺旋高度。

（5）大臂升降支路　在本回路可实现熨平板的提升、下降、浮动、负载、卸载、停止等功能。

1）提升：液压泵 1 的输油经过过滤器 2 过滤，由溢流阀 3 调压后，至集成阀块 4，流经旁通节流阀 A、B 的旁路，经旁通节流阀 C 及另一节流阀 H、油路㊾到三位四通电磁阀 Y3，当 Y3 右位工作、Y4 左位工作时，液压油分别到左右升降液压缸 18 的有杆腔，活塞杆提升熨平板，回油经阀 Y4、Y3 至油路㊷回油箱，此时阀 Y1 处于中位，阀 Y2 得电处于右位。

2）浮动。当阀 Y1、Y3、Y4 同处于左位时，液压缸 18 的两腔都通进、回油路，实现了浮动。在工作中，熨平板必须处于浮动状态，以实现自动找平。

3）停止。阀 Y1、Y3 处于左位，阀 Y4 断电处于右位，阀 Y2 得电处于右位。液压油从阀 Y1 左位回油箱，而有杆腔回油被阀 Y4 内的单向阀截止，单向阀 9 也截止了另一条回油路。这样熨平板不能下降。

4）卸载。阀 Y3 处于右位，阀 Y4 得电处于左位，液压油流到液压缸的有杆腔，活塞向上运动，举升熨平板，回油经阀 Y4、阀 Y3、油路㊷回油箱，此时，阀 Y1 右位工作，阀 Y2 断电左位工作，由油路㊾来的另一路油经阀 Y1、Y2 流至溢流阀 11 回油箱。因为阀 11 的压力可调，将压力调至与熨平板部分自重相抵消，即可卸载。这样，减小了熨平板对铺层的压力，但增加了履带行走附着力。在作业过程中，若碰到基层附着系数不高的状况，如过湿、过软，用卸载功能即可增加行走附着力。

5）加载。阀Y3处于左位，阀Y4得电左位工作，液压油分别到两液压缸的无杆腔，活塞向下运动，熨平板下降，有杆腔回油经阀Y4、Y3回油箱。此时阀Y1右位得电，阀Y2断电，由油路㊾来的另一路油至溢流阀11处调压，调整溢流压力，使液压缸无杆腔油压升高，即可增强熨板对铺层的压力，提高了熨平振实效果，但是行走附着力有所下降。

5.10.2 HT4500型水泥混凝土摊铺机液压系统

HT4500型水泥混凝土摊铺机的结构简单，拆装、移动方便，主要技术性能达到了国外同类产品的先进水平。该机采用螺旋机构进行匀料，插入式振捣器振动提浆，两道粗、精整平梁对路面进行抹光，因此摊铺精度高，路面平整度好，效率高。

1. 分料机液压回路

分料机的液压回路是由支腿升降回路和刮板摊铺旋转回路组成的定量系统，如图5-90所示。电磁换向阀5处于不同的工位时，齿轮泵1输出的液压油进入双杆液压缸7的不同油腔，驱动与刮板相连的齿轮齿条机构运动，实现刮板式摊铺器的正、反旋转。电磁换向阀5的换向由行程阀控制并自动转换，从而实现正、反向旋转的不断循环连续摊铺作业。

当需要支架升高时，电磁换向阀6进入上位，液压油进入支腿液压缸8的大腔，活塞杆伸出，推动支腿升降合拢，机架上升。当需要机架下降时，电磁换向阀6切换到下位，回路处于卸荷状态，在自重作用下，活塞杆缩回，推动支腿分开，机架下降。稳流阀9起到限流稳压的作用，使机架起升平稳。系统压力由溢流阀3设定。

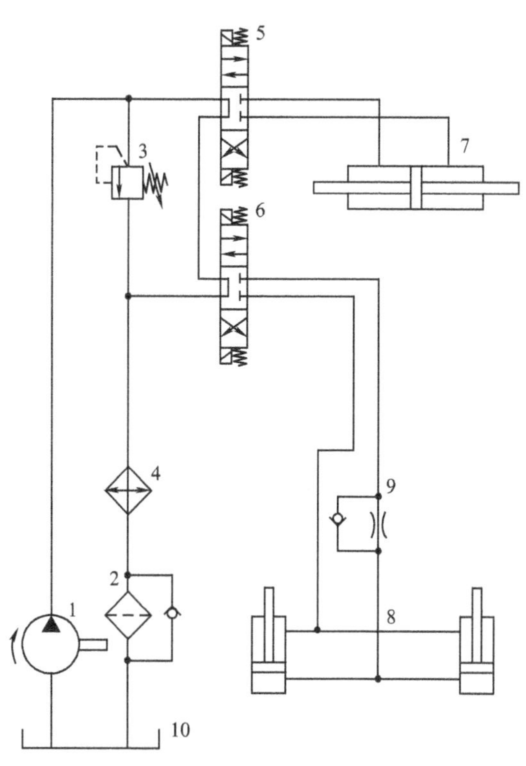

图5-90 HT4500型摊铺机分料机液压回路

1—齿轮泵 2—过滤器 3—溢流阀 4—冷却器 5、6—电磁换向阀 7—双杆液压缸 8—支腿液压缸 9—稳流阀 10—油箱

2. 振实机和抹光机液压回路

该回路如图5-91所示，分为振实机支腿升降、微振梁振动、抹平机支腿升降和抹平板移动4个支回路，每两个回路共用一个液压泵，所以为双泵结构形式。

（1）振实机支腿升降回路 该回路主要包括液压泵1、回路选择阀3、电磁换向阀4、背压阀17和支腿液压缸5等结构。液压泵1输出液压油，电磁换向阀4控制支腿液压缸5的工作状态，共有上升、下降和停止三个工作状态。电磁换向阀4在左位时，支腿液压缸5大腔进油，活塞杆伸出，机架上升；电磁换向阀4在右位时，支腿液压缸5小腔进油，活塞杆缩回，机架下降；电磁换向阀4在中位时，支腿液压缸5大腔、小腔均不进油，机架处于停止状态。

（2）微振梁振动回路 液压泵输出液压油，通过回路选择阀3，供油给微振液压马达

6。当回路选择阀 3 处于左位时，液压泵 1 输出的液压油经过回路选择阀 3 左位进入微振液压马达 6，使其旋转起来。单向节流阀 7 中的节流阀用来调节流量，以控制液压马达的回转速度，达到改变微振梁频率和振幅的目的。单向节流阀 7 中的单向阀用于补油。

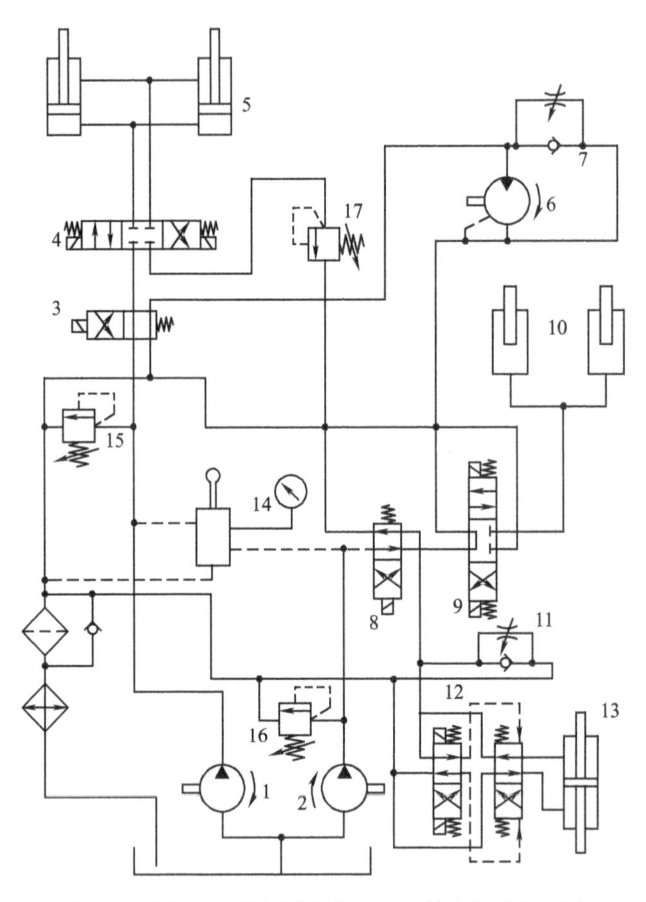

图 5-91 HT4500 型摊铺机振实机、抹光机液压回路

1、2—液压泵 3、8—回路选择阀 4、9—电磁换向阀 5、10—支腿液压缸 6—微振液压马达 7、11—单向节流阀 12—电液换向阀 13—拖动液压缸 14—压力表 15、16—溢流阀 17—背压阀

（3）抹平机支腿升降回路 该回路主要由液压泵 2、支腿液压缸 10、电磁换向阀 9、回路选择阀 8 等结构组成。电磁换向阀 9 在下位时，支腿液压缸 10 油腔进油，活塞杆伸出，机架上升；电磁换向阀 9 在上位时，支腿液压缸 10 油腔回油，活塞杆缩回，机架下降；电磁换向阀 9 在中位时，支腿液压缸 10 活塞杆固定不动，机架停止运动。

（4）抹平板移动回路 该回路主要由拖动液压缸 13、电液换向阀 12、单向节流阀 11、回路选择阀 8 和液压泵 2 等组成。

5.11 其他工程机械液压系统

5.11.1 稳定土拌和机的液压系统

稳定土拌和机是一种加工稳定土材料的拌和设备，在施工现场低速行驶过程中，它可以将粉碎土壤和沥青、水泥、乳化沥青、石灰等进行均匀的搅拌，用于修筑公路或者其他建筑设施的拌和施工，也可以用来土壤的粉碎作业。其特点是，施工用的土壤可就地取材，施工简便，成本低廉；但目前粉料撒布均匀性较差，影响了拌和均匀性。

图5-92所示为WBY210型稳定土拌和机液压系统工作原理图。该系统主要由转子驱动液压回路、行走驱动液压回路、工作装置升降液压回路和辅助液压回路等组成。发动机输出动力经5个分动箱分别传递给5个液压泵。液压泵2、4为大流量斜轴式定量柱塞泵，液压泵21、23为小流量手动控制轴向变量柱塞泵，液压泵26为齿轮泵。

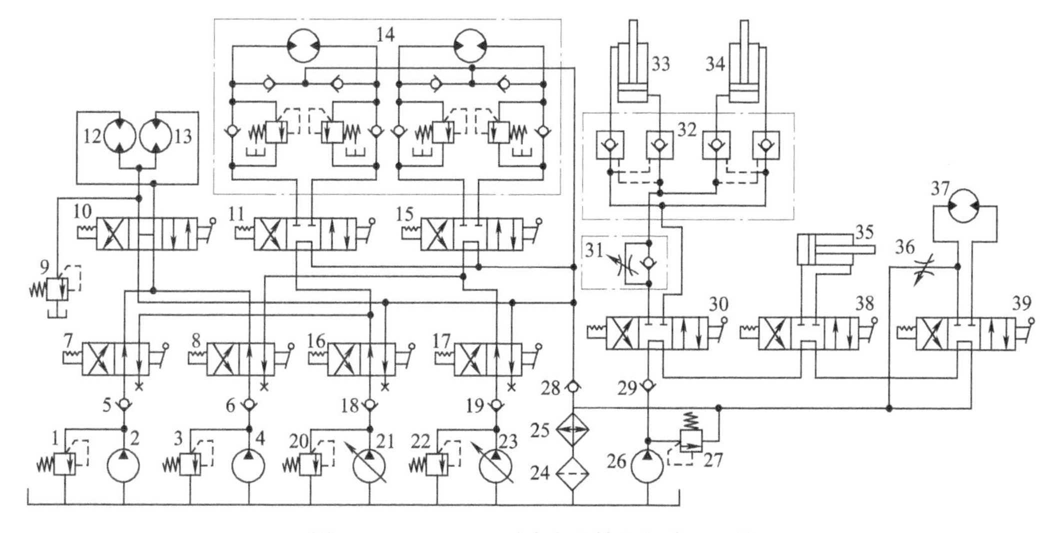

图5-92　WBY210型稳定土拌和机液压系统

1、3、20、22、27—溢流阀　2、4、21、23、26—液压泵　5、6、18、19、28、29—单向阀　7、8、16、17—合流阀　9—过载阀　10、11、15、30、38、39—三位四通换向阀　12、13-转子液压马达　14—行走液压马达总成　24—过滤器　25—散热器　31—单向节流阀　32—液压锁　33、34—升降液压缸　35—尾门举升液压缸　36—节流阀　37—风冷却液压马达

1. 转子驱动液压回路

该回路主要由液压泵2和4、溢流阀1和3、合流阀7和8、过载阀9、三位四通换向阀10和转子液压马达12和13等组成。

当换向阀10处于中位时，液压泵2和4输出液压油分别经合流阀7和8流出汇合后从换向阀10中位，经单向阀28、散热器25、过滤器24，流回油箱，液压泵处于卸载状态。当换向阀10处于左位或右位时就驱动转子液压马达12和13实现正、反转，从而带动转子旋转。合流阀7和8分别控制液压泵2和4的输出流量是否流向转子液压马达12和13，即调节转子旋转速度。过载阀9在转子正转时起到安全保护作用，防止转子过载。溢流阀1和3分别设定液压泵2和4出口主油路的最大压力。由于两台液压泵形成合流供油，所以在液压泵的出口处分别安装了单向阀，目的是防止两泵出口压力不稳或者油压过高而逆流冲击液压泵。

2. 行走驱动液压回路

行走系统的作用是实现稳定土拌和机前进或后退功能，主要由液压泵21和23、合流阀16和17、换向阀11和15，以及行走液压马达总成14等组成。

当换向阀 11 和 15 都处于中位时，液压泵 21 和 23 输出的液压油流回油箱，行走液压马达处于停止状态；当换向阀 11 和 15 同时处于左位或右位时，行走液压马达就实现正转或反转，拌和机也就前进或后退；而当换向阀 11 和 15 中的一个处于中位，而另一个处于左位或右位，此时，一个行走液压马达停止不动，另一个行走液压马达转动，拌和机就实现了左转或右转。由于液压泵 21 和 23 为变量泵，所以可以对拌和机实行无级调速。

行走液压马达内部的油口油路上安装有平衡阀（单向顺序阀），目的是使液压马达出口保持一定的背压。内部油路还安装有单向阀，起到补油作用，防止液压马达内部出现负压产生空穴。

3. 工作装置升降液压回路

液压泵 26、换向阀 30、单向节流阀 31、液压锁 32、工作装置（转子）升降液压缸 33 和 34 组成了工作装置液压回路。换向阀 30 用于控制液压缸 33 和 34 活塞杆伸出或缩回，从而实现工作装置（转子）的提升或下降。单向节流阀 31 主要用来控制工作装置的升降速度。两个液压锁 32 是为了保证工作装置可靠地保持在一定的高度及一定的拌和深度。液压缸 33 和 34 可以在稳定土拌和机行走时，使工作装置抬起，同时可以调整拌和装置与地面的接触深度。

4. 辅助液压回路

辅助液压回路由尾门举升液压缸 35、风冷却液压马达 37、过滤器 24、散热器 25 及其控制回路等组成。操纵换向阀 38，就能够实现尾门液压缸活塞杆伸出或缩回，从而控制尾门的开度，可以调整稳定土出料的厚薄。换向阀 39 处于左位或右位时，就可以起动冷却液压马达工作，强制液压油冷却。可以根据油温情况，通过调整节流阀 36 的流量来调节冷却液压马达 37 的转速。

5.11.2 凿岩机液压系统

凿岩机是一种隧道施工机械，一般用来破碎混凝土之类的坚硬层或开采石料。它在岩层上钻凿出炮眼，以便放入炸药去炸开岩石，从而完成开采石料或其他石方工程。

图 5-93 所示为 RPH35 型凿岩机液压系统原理图。

1. 回转回路

回转回路由液压泵 2、手动换向阀 3 和回转液压马达 4 等组成。通过手动/液动换向阀 12 切换左、右位可以实现回转液压马达的正、反转。溢流阀 1 设定回转回路的压力。

2. 推进回路

推进机构的作用是在空载状态下，推动凿岩机的前进或者后退，让凿岩机的钎头能够达到驾驶员想达到的位置。当换向阀 12 处于中位时，液压泵 13 输出的液压油直接回油箱；当换向阀 12 处于右位时，液压泵 13 输出的液压油进入推进液压缸 8 的大腔，活塞杆伸出。

3. 冲击回路

冲击机构的作用是使活塞往复运动，不断地冲击钎尾，让钎尾也得到一个往复运动的动作，输出冲击能，从而破碎岩石。冲击回路主要由液压泵 15、手动/液动换向阀 17 和冲击器 18 等组成。换向阀 17 处于左位时，冲击液压泵 15 处于卸荷状态；冲击液压泵 15 处于右位时，冲击器 18 工作。

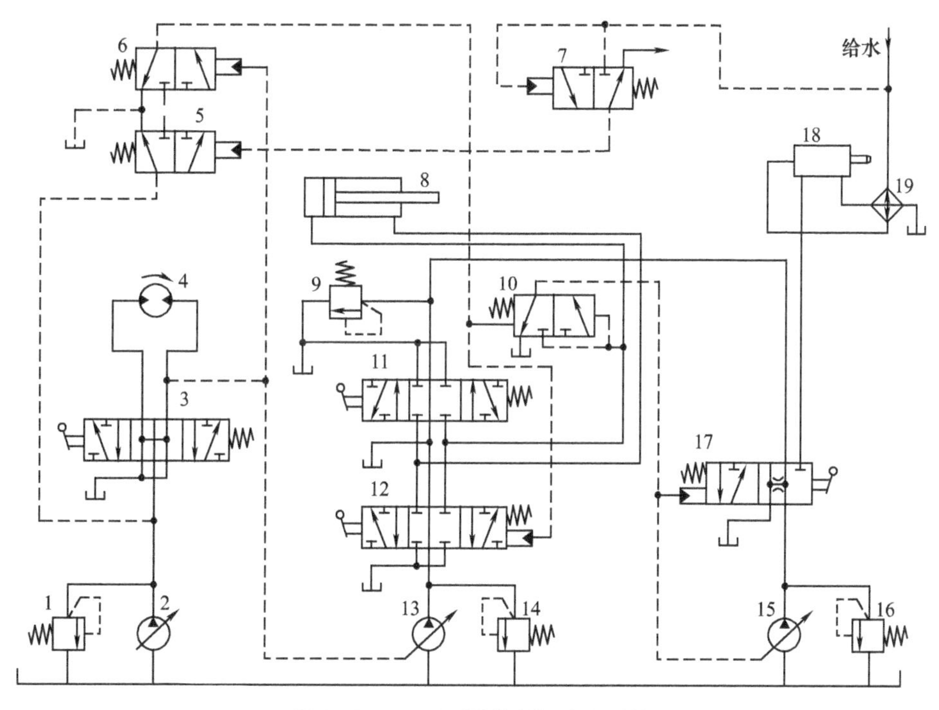

图 5-93 RPH35 型凿岩机液压系统

1、9、14、16—溢流阀 2、13、15—液压泵 3、11—手动换向阀 4—回转液压马达
5、6、7、10—液动换向阀 8—推进液压缸 12、17—手动/液动换向阀 18—冲击器 19—冷却器

4. 凿岩工作原理

凿岩机的工作可以分为三个阶段，即孔定位、凿孔和退钻，为一个工作周期。

（1）孔定位 推动换向阀3处于右位，液压泵2向回转液压马达4供油，回转液压马达开始旋转，回转油压推动液动换向阀6阀芯左移，处于右位。如果此时给水且水压达到一定压力，则水压力将推动液动换向阀7使其阀芯处于左位，给水通过液动换向阀7到达液动换向阀5右端，并推动其阀芯左移，右位接入工作。来自液压泵2的油液分别通过阀5右位、阀6右位到达阀12右端并推动阀12阀芯向左移动，右位处于工作状态。此时，液压泵13的液压油通过换向阀12进入液压缸8的大腔，推动凿岩机空载前进。

（2）凿孔 当钎头接触到岩石后，负载增加，推力加大，推进工作油压上升，液动换向阀10阀芯移至右位，这时，推进液压油经换向阀12右位、换向阀10右位进入手动/液动换向阀17左端控制腔室，推动阀芯移动，换向阀17至左位工作，此时，液压泵15经过换向阀17向冲击器18供油，冲击器便开始冲击。

（3）退钻 手动操纵换向阀17复位，使冲击器18停止工作。然后，操纵换向阀12、11至左位，这样，可以使液压泵13、15的排油同时进入推进液压缸8的小腔，使推进液压缸8快速缩回。

（4）安全保护

1）如果给水压力不足或没有给水，换向阀7、5均无动作，阀12停留在中位，推进液压缸8不工作，冲击液压泵也处于卸荷状态。

2）如果凿岩时发生卡钎现象，回转阻力增加，回转压力随之升高，回转油压就会控制液压泵 13 的伺服变量机构，调减液压泵 13 的排量，降低推进液压缸 8 的推进速度、凿岩停止或减小深度。

3）当推进液压缸 8 动作，钎杆顶上岩石，推进油压上升时，将会控制冲击液压泵降低排量，减小冲击功，从而防止出现卡滞现象。

思考与练习

5.1 填空题

1. 图 5-94 所示为某装载机液压系统原理图，图中单向阀 11 的主要功能是（　　）。

A. 补油　　B. 防止液压油逆流　　C. 防止液压油冲击液压缸　　D. 过载保护液压缸

2. 如图 5-94 所示，溢流阀 9 的主要功能是（　　）。

A. 设定系统压力　　B. 防止液压油逆流

C. 防止液压油冲击液压缸　　D. 液压缸 13 小腔过载溢流

3. 如图 5-94 所示，过载溢流阀 9 设定的压力为 P9，主溢流阀 15 设定的压力为 P15，那么两者关系正确的是（　　）。

A. 压力 P15<压力 P9　　B. 压力 P15=压力 P9

C. 压力 P15>压力 P9　　D. 无法确定

4. 如图 5-94 所示，对于单向阀 3 的作用，描述不正确的是（　　）。

A. 换向阀 8 处于左位时，使得主泵 A 油液可以供给先导油路

B. 换向阀 8 处于右位时，防止先导泵 C 油液直接回油箱

C. 换向阀 8 处于中位时，使得液压缸 14 无杆腔回油可以供给先导油路

D. 保证主泵 A 油液直接供油给先导油路

5. 如图 5-94 所示，减压式手柄先导阀 5 的左阀工作，上位接入油路，对于回路工作原理的描述，正确的是（　　）。

A. 换向阀 7 左位工作，液压缸 13 活塞杆伸出

B. 换向阀 7 左位工作，液压缸 13 活塞杆缩回

C. 换向阀 7 右位工作，液压缸 13 活塞杆伸出

D. 换向阀 7 右位工作，液压缸 13 活塞杆缩回

6. 图 5-94 所示的液压回路具有转向优先的功能，当机器突然大角度转向时，下述描述正确的是（　　）。

A. 主泵 A、转向泵 B 和先导泵 C 同时向转向系统供油

B. 转向泵 B 向转向系统供油

C. 主泵 A 和转向泵 B 同时向转向系统供油

D. 转向泵 B 和先导泵 C 同时向转向系统供油

7. 如图 5-94 所示，当发动机突然熄火，可以利用动臂液压缸 14 无杆腔由自重产生的压力通过单向阀 3 供油给（　　）。

A. 先导油路　　B. 转向油路

C. 主油路　　D. 回油路

8. 如图 5-94 所示，当换向阀 7 处于全行程位置时，液压缸 14（　　）。

A. 无法工作　　　　　　　　　　　　B. 停止工作

C. 处于悬停状态　　　　　　　　　　D. 与液压缸 13 同步工作

9. 如图 5-94 所示的液压回路具有转向优先的功能，当机器突然大角度转向时，下述描述正确的是（　　）。

A. 主泵 A、转向泵 B 和先导泵 C 同时向转向系统供油

B. 主泵 A 和转向泵 B 同时向转向系统供油

C. 转向泵 B 和先导泵 C 同时向转向系统供油

D. 转向泵 B 向转向系统供油

10. 如图 5-94 所示，浮动单向阀 12 的作用是（　　）。

A. 单向阀 12 开启时，液压缸 14 的有杆腔补油

B. 单向阀 12 开启时，液压缸 14 的有杆腔和无杆腔同时通油箱

C. 单向阀 12 开启时，液压缸 14 的有杆腔过载溢流

D. 单向阀 12 开启时，液压缸 14 的有杆腔油液流向手柄先导阀 4

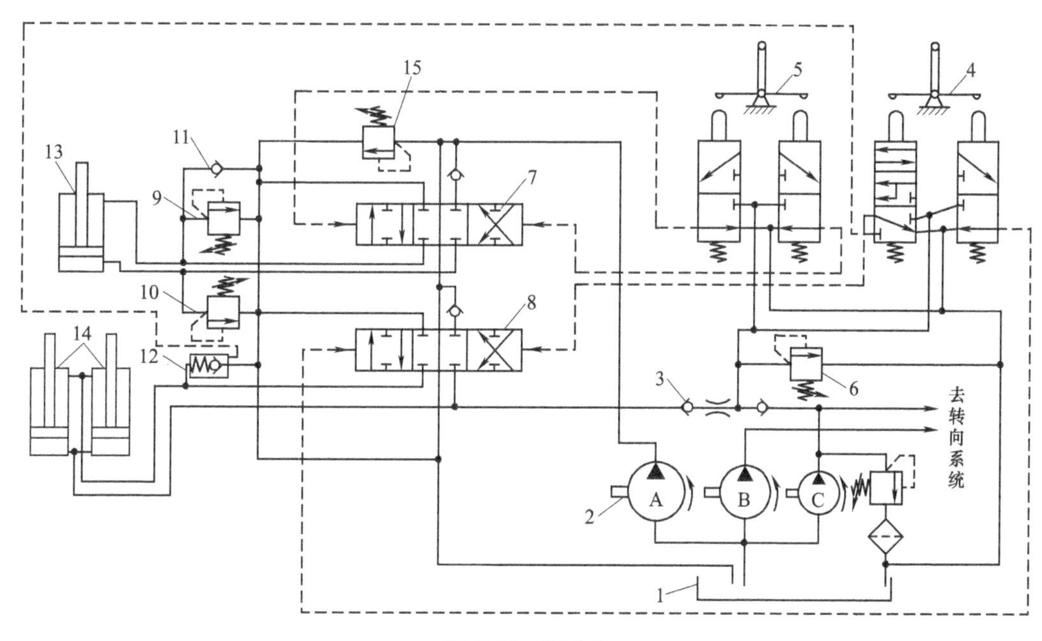

图 5-94　题 5.1

5.2　分析题

图 5-95 所示为某凿岩机液压系统，图中压力阀设定的压力为：溢流阀 19 为 4MPa，溢流阀 12 为 8MPa，溢流阀 8 为 16MPa，液压阀 11 动作压力为 5.5MPa，液压阀 20 动作压力为 4MPa。

1. 减压阀 13 的功能是什么？能否换成顺序阀？

2. 图中溢流阀 22 和手动可调溢流阀 19 均是设定推进液压泵 23 的出口压力，两者设定的压力有何关系？可否取消溢流阀 22？请说明理由。

3. 冲击器 17 和液压缸 18 为顺序控制关系，只有当推进液压缸 18 活塞杆伸出，外负载增大时，推动换向阀 14 阀芯移动之后，冲击器 17 才能顺序动作。若要冲击器 17 产生动作，

液压泵 23 出口需要多大的压力？

4. 溢流阀 19 的溢流压力可通过手动调整。在凿岩阶段，需要将溢流阀 19 的溢流压力调高，使冲击压力达到 16MPa，试分析如何保证冲击泵 9 出口压力达到 16MPa？

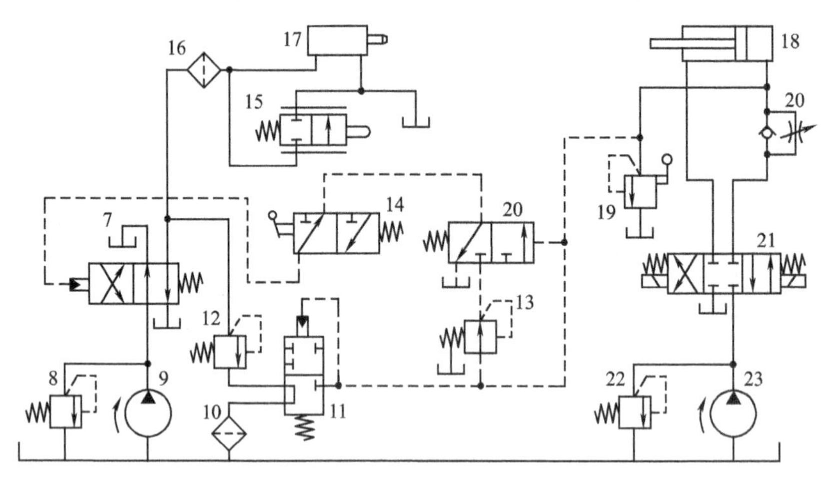

图 5-95　题 5.2

本章微课

叉车工作装置液压系统组成与工作原理分析

叉车转向液压系统组成与工作原理分析

装载机工作装置液压系统工作原理分析

装载机全液压转向系统工作原理分析

装载机全液压制动系统工作原理分析

挖掘机铲斗内翻先导油路分析

挖掘机铲斗内翻主油路分析

挖掘机铲斗外翻先导油路分析

挖掘机铲斗外翻主油路分析

挖掘机动臂举升先导油路分析

挖掘机动臂举升主油路分析

挖掘机动臂下降先导液压油路分析

挖掘机动臂下降主油路分析

挖掘机斗杆提升液压回路分析

挖掘机斗杆下降液压回路分析

挖掘机回转液压系统工作原理分析

挖掘机行走液压系统工作原理分析

挖掘机行走马达控制油路原理分析

挖掘机安全吸油阀结构与原理

挖掘机中央回转接头的结构与原理

挖掘机操作手柄先导阀的结构与原理

第6章 工程机械液压系统测试与故障诊断技术

☞ 目标与要求

了解工程机械液压系统的压力、流量和温度等参数的测试技术与方法，掌握测试工具的使用方法，能够分析诊断与排除工程机械液压系统常见故障。

能够对工程机械液压系统元件、系统进行维修。

☞ 重点与难点

诊断与分析工程机械液压系统故障主要依据液压系统中的回路或整体的压力、流量或温度的变化。诊断故障过程中除了依个人专业感观之外，应该使用先进的仪表仪器进行检测，以提高工作效率。

故障的基本类型主要有泄漏、堵塞、磨损等，其中泄漏是引起系统压力下降、流量损失的主要原因，而液压元件磨损往往伴随压力下降、流量损失、温度升高和噪声增大等。

液压油污染是造成液压系统出现故障的主要原因，所以分析液压系统故障原因时，要注意检查液压油的品质。

6.1 液压系统测试技术

工程机械液压系统在研究、设计、制造、运用的各个环节，有时需要对系统和元件做必要的测试与试验。在测试与试验过程中，除了要定性观察系统的物理现象之外，更重要的是要对运行过程中相关的物理参数进行定量测量，以判断其技术参数与性能是否满足使用要求或符合技术标准。在实际工作中，一般是对液压系统的压力、流量或温度进行测量。

6.1.1 液压系统压力的测量

液体压力是液压系统中执行元件和液动控制元件的驱动力，作为液压系统的重要的物理参数，反映了液压系统的工作状态。

由于液压油在流过元件和管路时存在压力损失，所以实际上液压油流动过程中，液压力是逐渐下降的。压力损失的大小与元件、管路的通流特性以及负载的大小有关。因此，应根据各部分实际压力的大小，正确选择不同压力等级的测试元件。

1. 压力表及其应用

（1）弹簧管式压力表　压力表的各类很多，常用的是弹簧管式压力表，如图 6-1 所示。

它主要由敏感元件、传动机构和指示元件三部分组成。

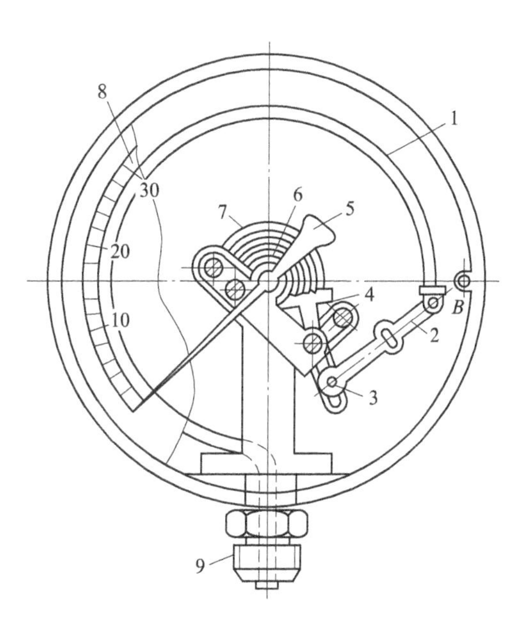

图 6-1　压力表的工作原理图

1—弹簧管　2—拉杆　3—调节螺钉　4—扇形齿轮　5—指针　6—中心齿轮　7—游丝　8—刻度盘　9—管接头

敏感元件为弹簧管 1，也称为波登管，由具有椭圆形或扁圆形截面的薄壁空心管弯成大约 270°圆弧状而成，材质为黄铜、磷青铜、铝青铜、不锈钢或高强度合金钢。弹簧管的一端与液压油进油管接头 9 相通，另一端为封闭端，通过传动机构与指针 5 相连，可以自由活动，管内压力变化使管子产生位移，带动传动机构动作。

传动机构包括拉杆 2、扇形齿轮 4、中心齿轮 6、游丝 7 等，主要作用是将弹簧管自由端的微量位移进行放大，并把直线位移转变为指针的角位移。

指示机构主要由指针 5、刻度盘 8 等组成，可以将弹簧管的弹性变形量通过指针转动指示出来，从而在刻度盘上读取直接指示的压力值。

当液压油通过管接头 9 进入弹簧管内部，由于液压力的作用，圆弧管有产生伸张的趋势，从而引起封闭端 B 移动。封闭端 B 的位移量通过拉杆 2、扇形齿轮 4 和中心齿轮 6 所组成的传动机构转变成中心齿轮轴的转动，从而带动指针 5 转动。由于刻度盘上的数值经过标定，指针转动的角度与所测压力值成正比，所以在刻度盘 8 上读出压力值即代表所测的压力。

游丝 7 是压力表不可缺少的组件。它的里头固定在中心齿轮轴上，外头固定在前、后夹板之间的支柱上，游丝的作用是消除中心齿轮与扇形齿轮啮合时的间隙，以及被测压力消除后帮助指针回复零位。

（2）压力表的合理使用　静压力或平均压力的检测一般选用机械式压力表。压力表的实际测量范围为表满量程的 1/3~2/3，检测对象的最高压力一般不应超过压力表量程的2/3。如果检测的压力波动较大，可选用耐振的压力表。耐振压力表的壳体制成全密封结构，且在壳体内填充阻尼油，可以起到很好的减振作用。

压力表的接口端面一般都有一颗很小的节流螺钉产生节流，对压力油起到阻尼作用。对于压力波动大的情况，可以在进油管路上安装压力表开关，起截流或节流的作用。

压力表不宜安装在有冲击或振动的地方，一般与液压阀进、出油口之间应该保持大约相当于 $10d$（d 为管道内径）的距离。如果测量的压力是动态波动的，则需要根据压力信号可能波动变化的最高频率，选用具有比此频率大 5 倍以上的固有频率的压力表。

压力表必须直立安装。安装时，如果使用聚四氟乙烯或胶粘剂，要注意防止将进油口堵住。同时装卸压力表时，不要用手直接扳动表盘，应使用合适的扳手。

2. 压力传感器及其应用

压力传感器是一种用于感受压力信号，并按照一定的规律将压力信号转换成电信号输出的器件或装置。

（1）电阻应变式压力传感器　将电阻应变片粘贴在弹性元件特定表面上，当液压油作用于弹性元件时，会导致元件应力和应变发生变化，进而引起电阻应变片电阻发生变化。电阻的变化经电路处理后以电信号的方式输出。

电阻应变片有金属应变片和半导体应变片两类。图 6-2 所示为我国广泛使用的 BPR-2 型压力传感器。被测压力 p 作用在膜片 1 上，使弹性筒 4 轴向受压，产生轴向压缩应变。当压力 p 变化时，电阻应变片 2 产生压缩或拉伸方向的应变，阻值减小或增大，再通过桥式电路获得相应的电势输出。

工作片 R_1 和温度补偿片 R_2 粘贴在弹性筒壁上，与另外两个固定电阻 R_3、R_4 组成电桥。当输入供电电压 U_o 时，被测压力转换成与其成正比的电压 U_i 输出。

应变式压力传感器具有使用方便、适用性强、价格便宜和动态性好等优点，但如果使用粘结剂粘贴，会对测试结果有较大的干扰影响，并且由于输出的信号小，需要专用的动态电阻应变仪配套使用，因而使用范围有一定局限性。

如果对压力测量精度的要求较高，可以选用合金薄膜应变式压力传感器。

（2）压阻式压力传感器　压阻式压力传感器是利用金属导体或半导体材料做成的弹性元件受到压力作用而产生压阻效应，将压力变化变换为电阻变化的传感器。

如图 6-3 所示，压阻式压力传感器主要由引线 1、壳体 2、硅杯 3、硅膜片 4 等结构组成。硅膜片的一面是与被测压力连通的高压腔，另一面是与大气连通的低压腔。它以单晶硅片为弹性元件，在单晶硅的上面利用集成电路的工艺，在单晶硅的特定方向扩散一组等值电阻，并将电阻接成桥路，单晶硅片置于传感器腔内。当被测压力发生变化时，单晶硅受到外力作用而产生应变，使直接扩散在上面的应变电阻产生与被测压力成正比的变化，再由桥式电路处理产生相应的电压输出信号。

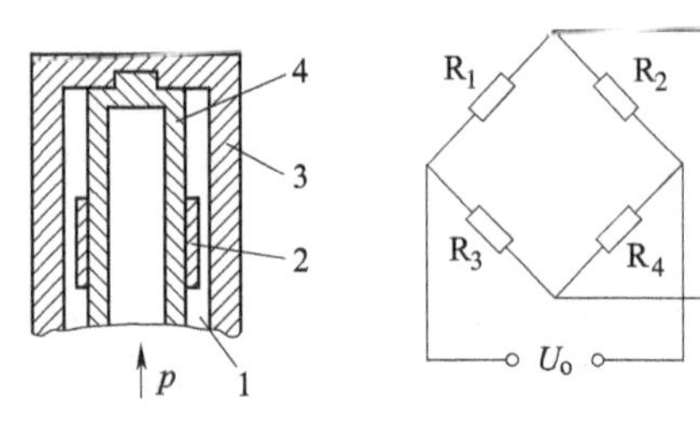

图 6-2　应变片压力传感器

1—膜片　2—电阻应变片　3—外壳　4—弹性筒

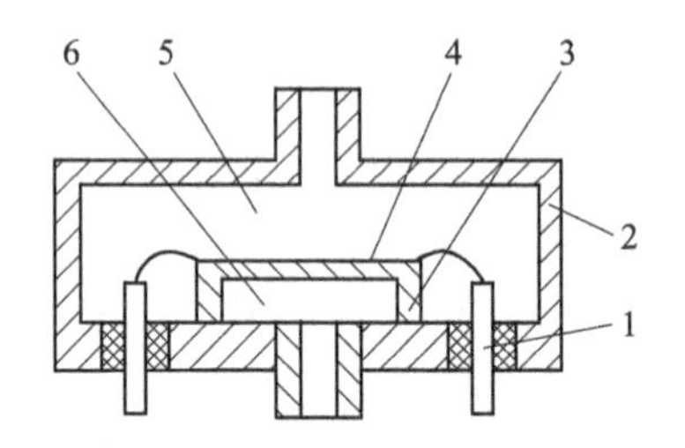

图 6-3　压阻式压力传感器

1—引线　2—壳体　3—硅杯　4—硅膜片　5—低压腔　6—高压腔

传感器采用集成工艺将电阻条集成在单晶硅膜片上，制成硅压阻芯片，并将此芯片的周边固定封装于外壳之内，引出电极引线。它不同于粘贴式应变计需通过弹性敏感元件间接感受外力，而是直接通过硅膜片感受被测压力的。

压阻式压力传感器具有灵敏度高、频率响应快、精度高、体积小、功耗低、工作可靠和易于集成化制造等优点，因而得到快速发展，在液压系统压力测试中得到广泛的应用。

（3）压电式压力传感器　压电式传感器是利用压电效应材料作为敏感元件，通过受压后自发电和机电转换，将被测压力转换为电量输出，从而实现对压力的测量。敏感元件在外力作用下，表面形成电荷。电荷经放大电路和测量电路放大及变换阻抗后就成为正比于被测压力的电量输出。压电材料有压电单晶体和多晶压电陶瓷等。

（4）压力传感器的合理使用　不同类型、规格型号的工程机械，其液压系统的结构、工况和压力等的变化很大，合理选择压力传感器并非易事。压力传感器在使用过程中，要避免与腐蚀性或过热的介质接触，防止渣滓沉积在导管内，测压管应安装在温度和压力相对波动小的地方，接线时应将电缆穿过防水接头或软管并拧紧密封螺母以避免受潮。

6.1.2　液压系统流量的测量

测量液压流量的装置或仪表有很多，分类方法也有很多种，就测量元件是否与工作介质接触，可分为接触式和非接触式两类；就测量的压力大小来说，可分为低、中、高压三种；就结构与原理而言，可分为差压式流量计、涡轮流量计、容积式流量计、质量流量计和超声波流量计等。

1. 差压式流量计

差压式流量计主要由标准节流装置、引压管和差压变送器等组成。常用的标准节流装置有标准孔板节流装置、喷嘴节流装置、文丘利管节流装置。如图 6-4 所示，节流装置 3 安装在测量管路上，当流体流经管道内的节流装置时，由于节流元件的节流作用，流束产生局部的收缩，流体流速发生变化，节流件前、后端形成一定的压差。压差大小与流量有关，流量增大时，流束的收缩和压能的转换也更加显著，那么产生的压差也就越大。只要测得节流元件前后的静压差大小，即可确定流量，这就是节流装置测量流量的基本原理。导压管 2 的两端分别连接节流装置 3 和差压变送器 1，它把差压信号引送到差压变送器，再由差压变送器把差压信号转换成标准信号输出。

图 6-4　差压式流量计

1—差压变送器　2—导压管

3—节流装置

差压式流量计的测量方法是以流体能量守恒定律的伯努利方程和流动连续性方程为基础的，反映压差与流量的平方关系。这种流量计具有适应范围大、结构简单、工作可靠、寿命长的优点。但是，由于节流装置通常与差压变送器配套使用，因此，差压流量计的测量误差与差压变送器的精度有直接关系。

2. 容积式流量计

容积式流量计也称为正排量流量计，主要由转动部件（转子）、计量腔和计数机构等组成。它是直接根据排出流体体积进行流量累计的仪表。当液压油通过流量计时，压差驱动转子旋转，并由转子将液压油从进口排向出口。若计量室的固定标准容积为 V，在一定时间段内利用计数器通过传动机构测出转子的转数为 n，则被测流体的体积总量 $Q=nV$。

根据转子的形状，容积式流量计可分为椭圆齿轮流量计、罗茨流量计、圆盘流量计、刮板流量计、双转子流量计等，图 6-5 所示为椭圆齿轮流量计。这类流量计具有计量精度高、重复性好、测量范围宽、读数简单明了、操作简便等特点，对安装管道条件要求不高，但体积、噪声和振动较大。

流量计应该安装在液压泵的出口处，它的上游安装截止阀，下游安装流量调节阀。流量计工作时，液压油必须充满流量计内部，并且不应混有气体，否则会造成测量结果不准确。流量不应该急剧增加或减少，并应避免管道振动、冲击和压力急剧波动等现象。液压油的温度不应高于流量计工作范围，否则可能会产生卡滞、无法转动的现象。

3. 涡轮流量计

图 6-6 所示为涡轮流量计，它是一种速度式流量计量仪表，主要由涡轮、导流轮、导流器、壳体及磁电传感器和显示仪表等组成。壳体由不导磁的材料制成，导磁的涡轮安装在壳体中心轴上。

图 6-5 容积式流量计

图 6-6 涡轮流量计

液压油流经流量计，由于叶轮的叶片与流向有一定的角度，流体的冲力使叶片克服摩擦力矩和流体阻力后旋转起来。在力矩平衡后，转速稳定并且与流速成正比。由于叶片有导磁性，它处于信号检测器的磁场中，旋转的叶片切割磁力线，周期性地改变着线圈磁通量，从而使线圈两端感应出电脉冲信号，显示出流体的瞬间流量或总量。在一定范围内，脉冲频率与流经传感器的流体的瞬间流量成正比，借助于壳体外的非接触式磁电转速传感器将转速信号变换成电频率信号，送至显示仪表即可显示流体的流量。涡轮流量计测量准确度高、反应灵敏、重复性好、抗干扰能力强、结构轻巧、耐压高、线性范围宽，可以配套各类传感器使用。

涡轮流量计安装时，必须保证上、下游有一定的直管段，一般前段至少保持 25d（d 为管道内径），后段至少保持 5d，否则会影响测量精度。

6.1.3 液压系统温度的测量

液压系统温度的测量仪器种类繁多，可以分为接触式、非接触式两种类型。

1. 接触式温度计

温度计是一种接触式温度测量仪，通过工作介质传导或对流达到热平衡，从而使温度计的示值能直接表示被测对象的温度。它的测量精度较高，能够满足液压系统工作温度的测量。常用的温度计有双金属温度计、压力式温度计、电阻温度计、热电偶温度计和热电阻温度计等。

（1）双金属温度计　双金属温度计属于固体膨胀式温度计，它是将绕成螺旋形的热双金属片作为感温器件，并把它装在保护套管内，其中一端为固定端，另一端为连接表盘指针的自由端，如图 6-7 所示。当温度发生变化时，两种金属热膨胀不同，带动指针偏转，感温器件的自由端随之发生转动，带动细轴上的指针产生角度变化，在标度盘上指示对应的温度。使用时，将温度计的测量杆插入介质中，即可以从表盘中读取温度值。

（2）热电偶温度计　热电偶温度计是以热电效应为基础的测温仪表，主要由热电偶、测量仪表和导线等组成，具有结构简单、测量范围宽、使用方便、测温准确可靠，信号便于远传、自动记录和集中控制，因而在工业生产中应用极为普遍。

热电偶是工业上常用的一种测温元件。它是由两种不同材料的导体 A 和 B 焊接而成，构成一个闭合回路。焊接的一端插入被测介质中，感受到被测温度，称为热电偶的工作端或热端，另一端与导线连接，称为冷端或自由端。当导体 A 和 B 的两个接合点之间存在温差时，两者之间便产生电动势，因而在回路中形成一定电流，根据电流大小即可测得温度。

图 6-8 所示为手持式热电偶温度计。温度计的导线分别连接热电偶测头和数字式仪表，测量时，将测头放入介质中，就可以直接读取温度计示值。

（3）热电阻温度计　热电阻温度计是利用热敏电阻作为测温元件，基于测温元件的电阻随着温度变化而变化这一特性来测量介质温度的。它主要由测温元件、导线和显示仪表等组成，如图 6-9 所示。

热敏电阻材料大多具有负温度系统特性，即阻值随着温度上升而降低。目前应用最广泛的是铂、铜两种金属。铂电阻的精度高、稳定性好，耐氧化能力很强，测量温度范围可达1200℃，适用于中性和氧化性介质，具有一定的非线性，温度越高电阻变化率越小。铜电阻在测量温度范围内其阻值与温度呈线性关系，一般应用在测量精度不高、测量温度较低、基本无腐蚀的介质。

图 6-7　双金属温度计

图 6-8　手持式热电偶温度计

图 6-9　热电阻温度计

2. 非接触式测温仪

非接触式测温仪的原理基于黑体辐射定律，即物体受热后，都有一部分热能转变为辐射能，物体温度越高，所发出的辐射能越强。非接触式测温仪就是利用敏感元件不直接接触被测对象，而是通过感应辐射能的方式来取得被测对象的表面温度。常用的非接触式测温仪是手持式红外线测温仪，如图 6-10 所示。

图 6-10　手持式红外线测温仪

非接触式测温仪主要由光学系统、光电探测器、信号放大器及信号处理、显示输出等部分组成，具有使用简单、准确度高、测温量程范围宽、重复性好、响应时间快、测量距离远等特点，温度信号经转换放大后直接显示温度示值，应用极为方便。

在对液压系统进行温度测量时，应当避免红外线测温仪的光线直接照射人脸，特别是不能对准眼睛或间接反射的物体表面。除此之外，红外线测温仪不能一直开着照射被测对象，也不能在有爆炸性气体、蒸汽或灰尘的场所使用。

6.2　液压系统故障诊断方法

液压系统是一个由多元件组成的复杂系统，故障现象与故障原因不一定是一一对应关系，所以要根据实际情况，运用不同的诊断方法有效地查找故障或者分析故障可能原因。

液压系统的故障是相当复杂的。故障可能是内部因素或外部因素引起的，在诊断故障时，要养成先了解液压系统的结构、原理、工况和特性，查问故障发生前的预兆和操作等，查阅液压系统原理图、维修手册或使用说明书等技术资料的习惯，然后根据“由外到里、先易后难”的原则，逐一分析、排除，找出故障。

在诊断液压系统故障过程中，如果要开机检查，一定要确认故障设备的运行不存在大的安全隐患，并且注意做好安全防护措施，以防止引起更大的故障或造成二次事故。

下面介绍几种常用的故障诊断方法。

6.2.1 直观检查法

1. 问

“问”的目的是了解设备发生故障前的运用情况，主要包括故障发生时的操作情况及故障现象，是否存在违规操作或误操作，故障是突发还是渐发，故障现象是连续出现还是不间断地出现，设备的维修、保养情况和使用频率等。

2. 看

“看”就是观察液压系统的外在表现，比如油箱内的油量、油质是否符合要求，密封部位、管接头、管路等是否存在漏油，压力表和温度表的指示是否正常，故障部位有无损伤、松动或脱落现象，运动件的工作速度有无明显的变化等。

3. 听

“听”就是用耳朵来听液压系统有无异响。异响来源一般有零部件撞击、敲打、振动、卡滞、摩擦和流体高速流动、空穴、吸空等。正常的机器运转声响有一定的节奏和音律，并保持稳定。根据这些节奏和音律的变化情况，就可以确定故障发生的部件，以及故障发生的部位和损伤程度。

4. 摸

“摸”就是用手感觉液压系统的振动或温度，比如用手触摸泵壳或液压件，根据冷热程度就可判断出液压系统是否有异常温升，并判明温升原因及部位。如果泵壳过热，则说明泵内泄漏严重或吸进了空气。如果感觉振动异常，可能是回转部件安装平衡不好、紧固螺钉松动或系统内有气体等故障。

5. 闻

“闻”就是用鼻子来闻液压元件的味道。橡胶件在高温时会散发出焦化味，液压油变质时会散发出刺鼻的化学品味，金属零件摩擦发热时会散发出特殊的焦糊味，这些味道都可以用来判断相关液压件是否存在故障。

6.2.2 操作测试检查法

有时候，通过故障复现操作，逐一操作液压系统各部分动作，从其工作情况可以判定故障的部位和原因。操作测试法分为无负荷动作和有负荷动作两种情况，首先应进行无负荷条件下的操作，将可能引起故障的操作均执行一遍，从中发现异常，如果还找不到故障点，再进行有负荷条件的操作。

采用操作测试法时，为了便于排查故障，有时可能需要对液压系统的压力、流量、温度和负载等参数进行预设，甚至人为设置一些故障，进行反复模拟操作才能找出故障。

6.2.3　对比检查法

对比检查法的好处是通过将可疑元件与正常元件进行调换、更换，或者对液压系统的工作参数进行调节，然后开机试验，对比两种工作状态的变化，直接找出故障元件。

1. 调换法

调换的做法是将型号、规格、功能一致或相近的两个元件进行互换，通过故障复现后找出故障元件。也就是当液压系统中仅出现某一回路或某一功能丧失时，可与相同（或相关）功能的油路交换，以进一步确定故障部位。比如，挖掘机有两个互相独立的工作回路，每一个回路都有自己的一些元件，当一个回路发生故障时，可通过交换高压油管使另一泵与这个回路接通，若故障还在一侧，则说明故障不在泵上，应检查该回路的其他元件；否则，说明故障在泵上。

以图6-11所示的液压系统为例，如果液压缸6活塞杆动作缓慢，怀疑液压缸6存在内泄漏，可以将换向阀5与换向阀8对换，将液压缸6的两根连接油管分别接到换向阀8的出、回油口，而液压缸7的两根连接油管分别接到换向阀5的出、回油口，然后观察故障是否消除。

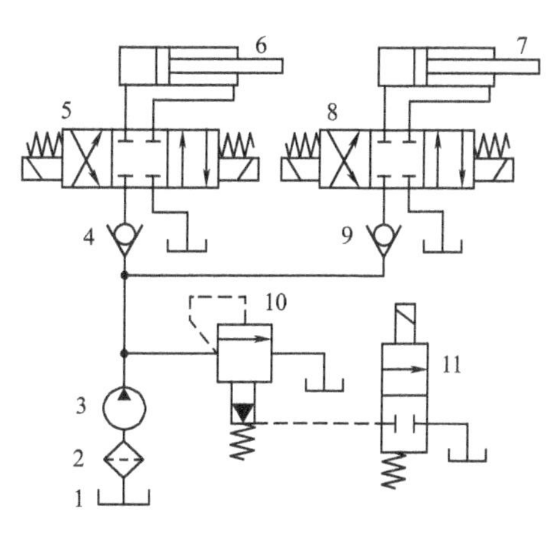

图6-11　简单液压系统示意图

1—液压油箱　2—过滤器　3—液压泵
4、9—单向阀　5、8、11—换向阀
6、7—液压缸　10—溢流阀

2. 更换法

在故障液压系统诊断故障过程中，初步判断故障元件后，可以利用技术状态良好的元件来替换怀疑有故障的元件，通过比较更换元件前、后所反映的现象，确认元件是否有故障。

比如，如图6-11所示，如果液压系统压力过低，怀疑溢流阀10存在故障，可以换上一个新的同规格型号的溢流阀后开机试验，看故障是否消除。如果故障消除，则表明原来的溢流阀存在故障。

3. 调整法

液压系统的故障可能是由于压力、流量变化造成的，通过对参数量进行调节就可以很快地找出来。比如对溢流阀作调整，比较其调整前、后压力的变化来诊断故障。当对液压系统的压力作调整时，若其压力达不到规定值或上升后又降了下来，则表示系统内漏严重。以图6-11为例，如果液压系统压力过低，可以先通过调节溢流阀10的压力来判断溢流阀是否存在故障。

4. 断路法

如果将出现故障的液压系统中的某一段油管拆下，或松开油路的接头，观察出油的情况，就可以检查故障到底出现在哪一段油路上。也可以通过堵塞某一段油路，观察工作压力或液压缸的工作情况来诊断故障范围。比如，对于液压缸工作缓慢，出现了内泄漏的故障现象，如果截断了液压缸进油，内泄漏仍然存在，就排除了液压缸故障的可能性。

6.2.4 逻辑分析法

1. 叙述法

叙述法就是以叙述的方式将系统故障现象、故障原因和故障排除方法等写出来。以图6-11所示的液压系统为例，采用叙述法诊断故障。

故障现象：

分别操作换向阀5、8使液压缸6、7活塞杆伸出或缩回，均出现明显的动作缓慢现象。

故障原因与排除：

1）液压油过少，造成液压缸供油量不足或吸入空气量过多。观察液压油箱1油面是否过低，如果过低，则补充液压油。

2）过滤器2堵塞，造成液压泵吸油量过少。过滤器堵塞后，往往造成液压泵吸油过程中产生很大的噪声。如果怀疑过滤器堵塞，可以将其拆卸下来冲洗或者更换新的过滤器。

3）液压泵3转速过低或容腔密封性受损。如果怀疑液压泵转速过低，可以用测速仪测量发动机转速。如果怀疑液压泵容腔密封性受损，可以使用流量计测量液压泵的输油量，或者拆解液压泵，检查内部零件的磨损情况。

4）溢流阀10故障，阀芯关不严。可能原因是先导阀芯弹簧折断、主阀芯磨损或阀芯在打开状态下卡住了。

5）换向阀5、8或11的阀芯磨损，存在内泄漏。换向阀阀芯磨损严重时，配合间隙过大，直接流回液压油箱的泄漏量也大。

2. 列表法

列表法是利用表格形式将液压系统发生的故障、故障原因和排除方法简明地列出来，以图6-11所示液压系统为例说明列表法的应用，见表6-1。

表6-1 液压系统常见故障及排除方法

故障	故障原因	解决方法
液压系统工作温度过高	油箱油量不足	补充液压油
	液压油黏度过高	更换合适的液压油
	溢流阀设定压力过高	调整溢流阀压力
	液压泵内泄漏严重或运动件磨损严重	更换液压泵或更换内部零件
	溢流阀无法在非工作状态下卸荷	检查溢流阀的控制阀
液压缸动作均缓慢	油箱油量过少	补充液压油
	过滤器堵塞	清洗或更换过滤器
	液压泵转速过低	检查发动机是否动力不足
	溢流阀先导弹簧折断	更换阀芯弹簧
	换向阀阀芯磨损严重	修配阀芯或更换换向阀

3. 因果图法

因果图法是一种将故障特征与可能的影响因素联系在一起，对故障发生过程及原因进行推理诊断的方法。因果图与鱼骨相似，所以又称为鱼刺图。

鱼刺图一般包括以下几个部分：

① 主干线。画出一条带箭头的主干线，箭头指向右端，在箭头头部附近写出故障现象。

② 次干线。把产生故障的大因素用细箭头线斜向排列在主干线两侧，箭头指向主干线，在箭头末尾写出故障因素。

③ 分层次干线。将产生故障大因素中包含的次层或次中原因用细箭头线画出来，在箭头末尾写出分层的故障原因。

④ 末段线。如果还有更具体更细化的故障原因，可以用箭头线画出来，尽量直到能找出采取措施以解决最终问题层次的原因为止。

以图 6-11 所示的液压系统为例，应用因果图法表示液压缸动作均缓慢的故障原因分析，如图 6-12 所示。

在因果图中，故障原因的分类并没有固定的模式，可以根据故障诊断的需要灵活做出安排，列出的故障原因也可多可少。显然，因果图法只是很细化地表示出故障的可能原因，并不能反映故障诊断与排除方法。所以因果图法在实际应用过程中，需要针对最有可能出现的故障原因进行特别标示，在解决问题时有针对性地重点排查。

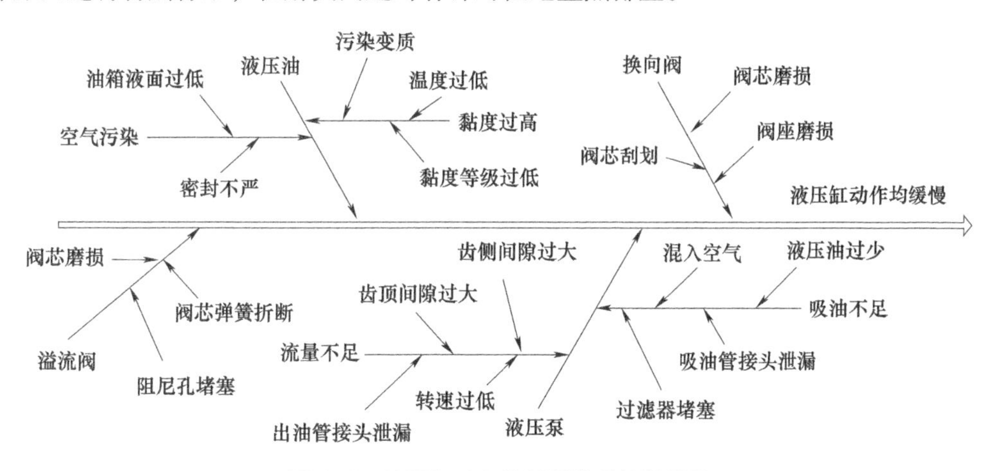

图 6-12　液压缸动作均缓慢诊断的因果图

4. 流程图法

流程图法又称为框图法。它是利用矩形框或菱形框、箭头线和文字组成来描述故障及故障原因，表达故障诊断与排除过程的一种方法。图框表示故障原因、解决问题的措施或故障原因分析，箭头线表示诊断流程。流程图法体现很强的逻辑思维导向性，能够清晰地展示解决问题过程中推理分析的思路和采取的方法，具有层次分明，一目了然的优点。流程图法应用的举例如图 6-13 所示。

流程图法中的故障原因也可以根据发生的概率进行缩减、省略，而不必写得太繁杂和细化。

5. 故障树法

故障树法是在研究液压系统故障与引起故障的直接原因和间接原因之间关系的基础上建立逻辑关系，从而确定故障原因的一种分析方法。它把故障形成的原因由总体到部分，按照树枝形式展开，逐渐细化，直至找出故障发生的直接原因。故障树法较能直观地反映故障现象与故障原因之间的相互关系。正确地建立故障树是应用这种方法的关键，只有建立了正确且完整的故障逻辑关系才能保证诊断结果的准确性。

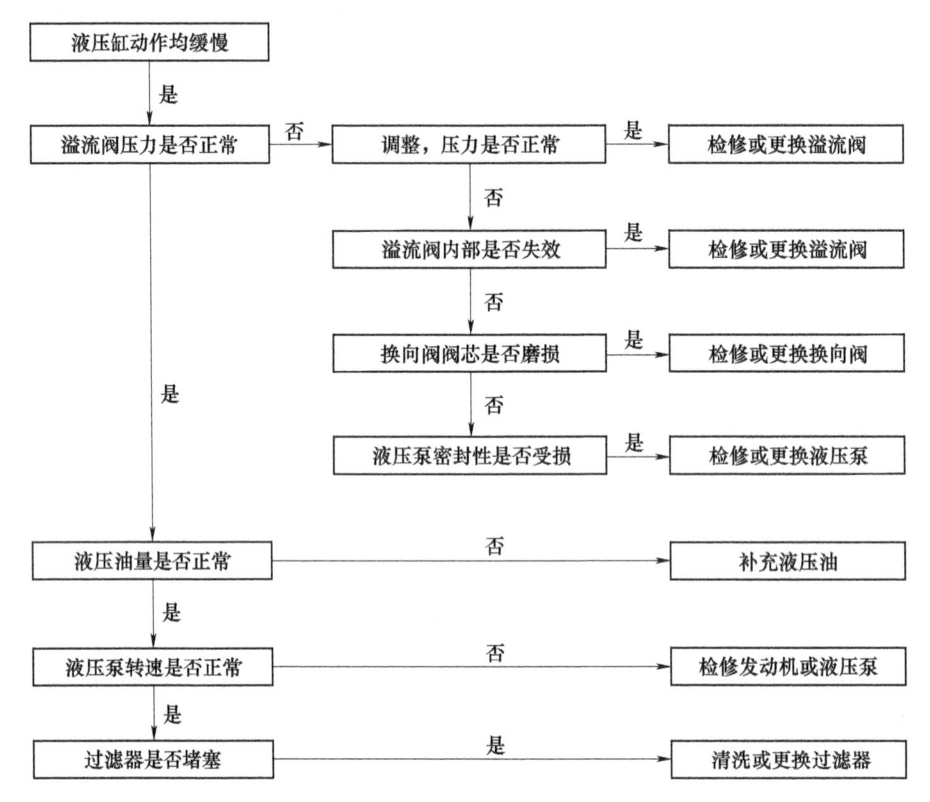

图 6-13　液压缸动作均缓慢诊断的流程图

6.2.5　仪器检测法

液压系统在发生故障时，可能会伴随着压力、流量和温度等数值的变化，因此，利用测压仪、流量计或测温仪等可以准确地测量对应的参数量，从而对故障原因进行正确判断。

测量所得的参数值只有与标准参数值做对比之后，才能判断液压系统是否存在故障，所以在测量前一定要先查看技术资料，掌握液压系统的相关压力和流量等参数。

另外，测量点的选择一定要准确，有时需要利用三通管接头引出液压油再接仪表，或者对液压管路进行部分封堵后分段测量。

6.2.6　智能诊断技术

智能诊断技术是人工智能技术在液压系统故障诊断领域中的应用，它是计算机技术和液压系统故障诊断技术相互结合与发展进步的结果。技术智能诊断的本质特点是模拟人脑的机能，又能比人脑更有效地获取、传递、处理、再生和利用故障信息，成功地识别和预测诊断对象的状态。因此，智能诊断技术是液压系统故障诊断的一个极具生命力的发展方向。目前的智能诊断研究主要是基于专家系统的故障智能诊断技术和基于神经网络的液压系统故障智能诊断技术。

6.3　液压系统元件故障原因分析

液压系统在工作过程中，零部件难免会出现失效、故障，影响液压系统的正常性能，甚至不能继续使用。液压元件故障可能会导致液压系统产生噪声、温升过高，造成压力和流量泄漏，或者流量阻塞等，严重时会引发严重事故。

6.3.1　液压泵常见故障及原因分析

1. 噪声

液压泵的噪声主要有液压噪声和机械噪声两种。

（1）液压噪声　液压噪声主要是由于困油、吸油不畅或进入空气等引起的。

齿轮泵的卸荷槽设计得不合理或零件装配质量不高，会造成卸荷槽位置偏移，导致产生困油现象，液压泵工作时就会发出规律性很强的爆破声或尖叫声。消除办法是用刮刀或锉刀修配卸荷槽，连修边试验，直至消除困油噪声。

液压油中混入空气过多，就会产生空穴，导致液压泵工作时发出尖叫声。另外，如果液压油黏度过高，液压泵的转速过高和负载过大等也会产生较大的噪声。油液流动时产生的涡流也会产生很大的噪声。

（2）机械噪声　机械噪声一般由振动或设计、加工不当造成。

液压泵的转轴弯曲、轴颈的同轴度误差和零件制造误差偏大，以及轴承失效等，都有可能造成零件摩擦、磨损和松动，引发偏磨和振动，产生较大的噪声。对于存在故障的零件，可以进行修配或更换。

2. 温升过高

液压系统正常的工作温度有相对稳定的范围，过高会导致系统性能受损，过低可能导致液压元件发生磨损或者引发液压油黏度改变。液压泵温升过高的原因主要有：零件磨损严重，泄漏量过大；油液污染严重，油膜被破坏，摩擦增大；油液黏度过高，流动阻力过大；油液黏度过低，泄漏量过大；油液混入空气，产生空穴。其他的原因还有机械磨损、摩擦，液压泵工作负载过大和工作时间过长等。

3. 压力不足

液压系统压力取决于负载。如果液压泵在负载情况下工作，输出的压力达不到设定值，即视为故障。当然，液压系统压力损失的原因是多方面的，就液压泵而言，主要有吸油量不足和泄漏两方面。

（1）液压泵吸油量不足　这可能是油箱内液压油过少，液面过低，液压泵吸油时断断续续；也有可能是液压泵转速过低，吸油量严重不足；或者是由于吸油管路堵塞、泄漏造成液压泵吸油量不足。

（2）液压泵内部泄漏　此故障多半是液压泵内部密封零件磨损严重、配合间隙过大，造成密封容腔密封性能差。如果是普通零件刮划、磨损，可以通过修磨、研磨等措施改善配合表面的几何尺寸，达到密封效果。

4. 流量不足

液压泵排量不足的原因与压力不足的原因有相同之处，主要有以下几方面的原因：油箱液压过低；吸油过滤器堵塞；吸油管漏气；液压泵转速过低；油液黏度过高或过低；变量机构失效等。

5. 柱塞泵常见故障及排除方法（见表 6-2）

表 6-2 柱塞泵常见故障及排除方法

故障	故障原因	解决方法
输出流量不足	密封不严，吸入空气	检修密封件、进油管及接头
	泵内残存空气	排出空气
	油箱液面过低	补充液压油
	过滤器堵塞，吸油不畅	清洗或更换过滤器
	油液黏度过高或过低	更换液压油
	配流盘（轴）刮划、磨损	修整或更换配流盘（轴）
	斜盘倾角过小或流量调节装置失灵	检修或更换调节装置
	柱塞行程变小	检修或更换中心弹簧
	柱塞磨损，与缸体之间的间隙过大	更换柱塞
	油温过高，造成泄漏量过大	降温，避免长时间工作
	转速过低	检查轴承或发动机是否故障
输出压力过低或压力波动大	流量调节装置失效	检修或更换调节装置
	柱塞磨损，与缸体之间的间隙过大	更换柱塞
	配流盘（轴）刮划、磨损	修整或更换配流盘（轴）
	过滤器堵塞	清洗或更换过滤器
	油箱液面过低	补充液压油
	混入空气量过多	排出空气
振动或噪声大	吸入空气，产生气蚀	紧固密封接头
	液压油黏度过高	更换液压油
	液面过低	补充液压油
	过滤器堵塞，吸油不畅	清洗或更换过滤器
	柱塞或配流盘（轴）磨损严重	更换柱塞或配流盘（轴）
	柱塞与缸体配合过紧	更换柱塞
	转轴变形或轴承磨损	更换转轴或轴承
发热严重	油温过高	降温，避免长时间工作
	油液黏度过大	更换液压油
	内部泄漏，压力损失严重	检查密封件和配合间隙
	相对运动件的配合面磨损严重	修整配合面或更换磨损件
泄漏严重	配流盘（轴）磨损严重	更换配流盘（轴）
	柱塞与缸体孔之间的间隙过大	更换柱塞
	变量柱塞、伺服柱塞磨损严重	更换柱塞
	管路泄漏严重	更换损坏的管路或接头

（续）

故障	故障原因	解决方法
变量机构失灵	油液污染，造成控制油道堵塞	更换液压油，清理油道
	斜盘或变量柱塞磨损严重	更换斜盘或变量柱塞
	斜盘支承座工作面拉毛	修配斜盘支承座工作面
	伺服柱塞、变量柱塞发卡	修配或更换柱塞

6.3.2　液压缸常见故障及原因分析

1. 爬行

液压缸在运动时出现断续不均的速度现象，称为爬行。低速时爬行较为严重。液压缸出现爬行可能是因为进入液压缸的油液较少，或者发生泄漏，产生的推力不足。

2. 泄漏

液压缸泄漏会导致工作无力、运动速度下降和工作不稳。活塞与缸体之间、活塞杆与缸盖之间、缸盖与缸体之间，以及油口接头均有密封要求，如果密封件受损、变形、磨损，就会发生泄漏。泄漏可分为内泄漏和外泄漏两种形式。

3. 进气

液压缸内混入空气，会使活塞工作不稳定，产生爬行、振动、噪声、发热和气蚀。液压缸在非水平安装时，积聚在活塞下部的空气不易排出，从而产生较大的振动和噪声。液压系统工作前，应该尽量将残存的空气排净。

4. 冲击

液压缸快速运动时，由于工作机构质量大和惯性原因，使活塞在行程终点与缸盖、缸底撞击，产生冲击振动。为了防止冲击，液压缸内部一般设置有缓冲装置。但如果缓冲装置受损，缓冲油道堵塞，密封件损坏等都有可能引起冲击。

5. 变形

液压缸变形是指零件变形、磨损或尺寸、几何误差超差的情形。变形容易引起活塞运动过程发生卡阻，造成液压缸爬行、速度下降、工作不稳等现象。

6. 液压缸常见故障及排除方法（见表6-3）

表6-3　液压缸常见故障及排除方法

故障	故障原因	解决方法
液压缸爬行	液压缸内存留空气	排气
	液压油混入空气	补充油或检查有无泄漏
	活塞杆或缸筒变形	调修或更换
	端盖密封圈与活塞杆配合过紧或过松	调整配合间隙
	液压缸内表面腐蚀或拉毛	除锈、修配或镗、磨内表面
	活塞与活塞杆同轴度超差	修配后重新安装或更换不合格零件
	活塞与缸筒之间配合间隙过小	修配或研磨到规定值
	活塞杆与端盖导向套之间配合间隙过小	修配或研磨到规定值
	活塞密封圈损坏	更换密封圈

（续）

故障	故障原因	解决方法
液压缸爬行	进油量过小	检查是否存在堵塞
	液压油受污染或黏度过高	更换液压油
泄漏	端部密封圈或活塞密封圈损坏、磨损、变形	更换密封圈
	活塞杆变形、拉伤或刮划、腐蚀严重	调修或更换活塞杆
	液压缸内表面腐蚀、刮划或拉伤严重	镗、磨内表面
	活塞与活塞杆的配合面密封不严	更换密封圈
	油口连接处密封不严或松动	更换密封件，拧紧螺纹件
	液压油黏度过低	更换合适的液压油
	油温过高	采取降温措施
	冷却器故障	修理或更换冷却器
冲击	活塞运动惯性过大	设置缓冲装置或调整节流孔直径
	液压油污染，缓冲油道堵塞	清理油道，过滤或更换液压油
	活塞密封圈损坏，不能缓冲减速	更换密封圈
	液压缸铰接的销轴配合间隙过大，产生松动	调整配合间隙
	运动件配合间隙过大，造成摩擦阻力增大	调整配合间隙

6.3.3　液压阀常见故障及原因分析

1. 方向控制阀

（1）泄漏　方向控制阀发生泄漏的主要原因是阀芯磨损、刮划和阀座拉毛、密封不严，或者由于液压油中的大颗粒物黏附在阀座上，使阀芯在打开状态下关不严。

（2）启闭不灵　阀体与阀芯变形或弯曲、弹簧变形或折断，阀芯上黏附污染物、油液黏度过高、驱动力过小等都有可能使液压阀启闭不灵。

（3）噪声　阀芯移动速度过快、流量过大、压力过高、阀芯与阀座配合间隙过大，或者与其他阀共振等都是产生噪声的主要原因。

2. 压力控制阀

溢流阀、顺序阀和减压阀的结构基本相同，它们的故障类型也基本一致。

（1）泄漏　压力控制泄漏的原因与方向控制阀泄漏的原因相同。

（2）压力失调　压力失调往往与调节装置损坏、阀芯锈蚀或卡住、弹簧折断、主阀芯阻尼孔堵塞、先导阀进油口堵塞和阀芯磨损严重导致泄漏量过大等原因有关。

（3）压力波动　压力波动表现为压力不稳，变动较大，主要原因有：控制弹簧刚度过小或变形、主阀芯阻尼孔堵塞或孔径过大、阀芯与阀座配合不良、阀芯磨损变形等。

（4）振动与噪声　压力控制阀，特别是溢流阀在高压时产生噪声是普遍存在的问题，一般认为与压力控制阀在工作时先导阀与主阀口油液的流速和压力变化较大，很容易发生空穴有关；同时，液压阀的流体压力和流量不均也容易引起噪声；液压阀频繁启闭，油液短时间内流速和压力剧变，会造成压力波冲击。

3. 流量控制阀

（1）调节失灵　调节装置故障和阀芯磨损量过大或卡住是流量控制阀失灵的主要原因。

（2）流量不稳　流量控制阀流量不稳的原因可能是流量过小、节流口堵塞、进出口压差过小或进油口接反等。

（3）泄漏量过大　一般来说，节流阀的关闭是依靠间隙密封的，因此会存在一定的泄漏量，所以节流阀不能当截止阀使用。如果密封面受到损伤，就会引起泄漏量增大，也影响最小稳定流量。

4. 溢流阀常见故障及排除方法（见表 6-4）

表 6-4　溢流阀常见故障及排除方法

故障	故障原因	解决方法
压力过低或压力升不高	高压螺钉松动，造成压力下降	调整螺钉，使压力至设定值
	调压弹簧折断或弯曲变形严重	更换弹簧或调修弹簧
	主阀芯磨损或刮划严重，产生泄漏	研磨或更换阀芯
	主阀芯变形，在打开状态卡死	修配阀芯或更换组件
	主阀芯表面粘上污染物，在打开状态卡死	清洗零部件
	主阀芯阻尼孔堵塞	清洗阻尼孔
	先导阀芯磨损或刮划严重，产生泄漏	研磨或更换阀芯
	先导阀芯表面粘上污染物，在打开状态卡死	清洗零部件
	阀与安装孔之间密封不严	修配螺纹或更换密封件
	远程控制油口接头泄漏	更换接头密封件
压力波动	压力调节螺钉松动	紧固螺钉
	阀芯锥面与阀座之间接触不良	研磨配合面
	阀芯弹簧弯曲变形，阀芯与阀座接触不好	调修或更换弹簧
	阀芯与阀孔配合间隙过大	调整配合间隙
	主阀芯阻尼孔尺寸过大，没有起到阻尼作用	改小阻尼孔尺寸
	阀芯变形、磨损、拉毛，运动卡滞	更换阀芯
	液压油污染，使阀芯运动不灵活	过滤或更换液压油
	液压油污染，阻尼孔有时堵有时通	过滤或更换液压油
	液压油流量过小	检查液压油路
	液压油混入空气	排气
压力突然降低	压力冲击，主阀芯或先导阀芯突然卡住	清洗阀零部件或更换阀芯
	阻尼孔堵塞	清洗阻尼孔
	高压弹簧折断	更换弹簧
	主阀芯密封不严	清洗阀零部件或更换阀芯
	接口密封受损	更换破损失效零件

6.3.4　液压马达常见故障及原因分析

1. 泄漏

液压马达的泄漏分为内泄漏和外泄漏两种形式。泄漏量过大，容积效率会降低，影响转速，甚至出现爬行现象。泄漏量的大小与工作压差、油液黏度、液压马达结构、排量大小、密封性和装配质量等因素有关。

2. 爬行

低速时，由于进入液压马达的流量小，容易引起速度波动，产生爬行。爬行还与液压马达运动的摩擦阻力、油液黏度、泄漏量大小和运动副的润滑状况、磨损情况等有关。液压马达动作时一定要有足够的润滑，并保持液压油清洁。

3. 振动

叶片液压马达的叶片和柱塞液压马达的柱塞、滚轮等因运动惯性力的作用有时会发生脱离导轨曲面（脱空），而重新接触瞬间产生撞击、振动的现象。为了避免脱空和撞击，必须保证回油腔保持有一定的背压。如果液压马达在起步时，供油压力过大，或者液压马达在停止时制动力过大、制动力不均衡，都有可能产生振动。

4. 噪声

液压马达的噪声与液压泵一样，主要有液压噪声和机械噪声两种，产生的机理基本一致。

5. 无力或迟缓

液压马达内部泄漏量过大，或工作压力过小，供油量不足，机械摩擦力过大等原因都有可能产生无力或迟缓的现象。

6. 齿轮液压马达常见故障及排除方法（见表 6-5）

表 6-5 齿轮液压马达常见故障及排除方法

故障	故障原因	解决方法
转速过低，转矩过小	负载过大，超负荷	在设定负载工作范围工作
	油箱中油量不足	补充油液
	进油量过少	调整进油量
	液压油混入空气	排出空气
	进油压力过小，转矩不足	调整进油压力
	轴承磨损、发卡，阻力增大	更换轴承
	齿顶、齿侧残留污染物，齿轮转动阻力大	清洗零部件
	齿顶或齿轮磨损，内泄漏量过大	更换齿轮
	油口接头泄漏	更换接头
	回油路堵塞，回油阻力过大	清理回油路
振动或噪声过大	轴承磨损或发卡	更换轴承
	齿顶磨损	更换齿轮
	齿侧磨损	更换齿轮或侧板
	液压油混入空气	排气或检查漏气点
	液压油污染	过滤更换液压油
泄漏	齿顶配合间隙过大	更换齿轮
	齿侧配合间隙过大	更换齿轮或侧板
	壳体存在气孔、砂眼或开裂	更换齿轮泵
	油口接头密封损坏	更换密封件
	液压油温度过高	改善散热条件
	液压油黏度过低	更换液压油

思考与练习

6.1 填空题

1. 在对液压系统进行故障诊断与排除或者性能测试时，常常需要使用仪器对液压系统的压力、________或________进行测量。

2. 对比检查法可以通过对比两种工作状态的变化，直接找出故障元件，常用的方法主要有调整法、________、________和________。

3. 在实际工作中，逻辑分析法常常用在复杂液压系统的故障原因分析当中，常用的方法主要有________、________、________、流程图法和故障树法等。

4. 流程图法是利用矩形框或菱形框、________和________来描述故障及故障原因，表达故障诊断与排除过程的一种方法。

5. 液压泵压力不足的原因主要是________和________两方面。

6.2 选择题

1. 压力表的检测范围最高不要超过压力表量程的（　　）。

A. 1/2　　B. 1/3　　C. 2/3　　D. 3/4

2. 耐振压力表壳体内注入阻尼油，目的是（　　）。

A. 防止指针断裂

B. 防止压力表振动

C. 减小液压表内部零件振动

D. 减少液压油进入压力表

3. 压力传感器是一种用于感受压力信号，并按照一定的规律将压力信号转换成电信号输出的器件或装置，压阻式压力传感器的特征是（　　）。

A. 将压力变化变换为电阻变化

B. 将压力变化变换为电流变化

C. 将电阻变化变换为压力变化

D. 将电流变化变换为压力变化

4. 用手摸可以判断以下哪类故障（　　）。

A. 振动和温度

B. 压力和温度

C. 压力和流量

D. 温度和噪声

5. 对于鱼刺图因果法的描述，不正确的是（　　）。

A. 在主干箭头头部附近写出故障现象

B. 在次干箭头末尾写出故障因素

C. 在分层次干线箭头末尾写出分层的故障原因

D. 在各层次箭头末段列出故障解决措施

参 考 文 献

[1] 刘忠．工程机械液压传动原理、故障诊断与排除［M］. 2版．北京：机械工业出版社，2018.
[2] 陈锦耀，张晓宏．图解工程机械液压系统构造与维修［M］. 北京：化学工业出版社，2015.
[3] 王晓伟，张青，何芹，等．工程机械液压和液力系统［M］. 北京：化学工业出版社，2013.
[4] 王存堂．工程机械液压系统及故障维修［M］. 2版．北京：化学工业出版社，2012.
[5] 孙立峰，吕枫．工程机械液压系统分析及故障诊断与排除［M］. 北京：机械工业出版社，2014.
[6] 张勤，徐钢涛．液压与气压传动技术［M］. 北京：高等教育出版社，2015.
[7] 张炳根．工程机械液压系统检修［M］. 北京：人民交通出版社，2014.
[8] 陆全龙．液压技术［M］. 北京：清华大学出版社，2011.

职业教育“互联网+”新形态一体化教材　工程机械运用技术专业

工程机械液压系统检修

实训活页手册

主　编　陈立创　刘世琪　孙定华

副主编　刘　悦　刘成平　马绕林

参　编　周克平　吕冬梅　郑兰霞

赵永霞　马卫东　石启菊

机械工业出版社

目　　录

项目 1

液压元件的维护与检修

☞ 目标与要求

1）能够正确查阅维修手册、操作及维护说明书、检修工艺文件或其他参考资料。
2）能够根据项目要求准备器材、资料。
3）能够根据操作要求正确选择和使用检修工具、量具和器具。
4）掌握液压元件拆装、维护和检修的规范方法。
5）进一步了解液压元件的结构和工作原理。
6）学会组织分工和改进工作方法，养成独立或协同工作的习惯。

任务 1.1 液压油品质的鉴定

☞ 任务描述

对挖掘机液压油的品质进行鉴定。

☞ 学习目标

1）进一步了解液压油的工作特性。

2）能够正确辨识液压油的品质。

☞ 信息收集

一、知识准备

1）掌握液压油的工作特性。

2）掌握一定的物理实验方法与规范。

二、参考资料

挖掘机维护与保养手册。

☞ 计划与实施

一、设备与器材

液压油、棉纱、滤纸、玻璃试管、滴管、酒精灯、玻璃板、放大镜、接油盘等。

二、主要操作过程

对于液压油品质的鉴定，有以下几种简单方法。

1. 水分含量的鉴别

1）目测法。正常的液压油，其颜色较为单一，有浅色，也有深色。若油液呈乳白色混浊状，则说明油液中含有大量水分。

2）燃烧法。使用洁净、干燥的棉纱或棉纸沾少许待检测的油液，放在火上烤烧。若发出“噼啪”的炸裂声响或出现闪光现象，则说明油液中含有较多水分。

2. 杂质含量的鉴别

1）直接鉴别。如油液中有明显的金属颗粒悬浮物，用手指捻捏时会感觉到细小颗粒的存在；在光照下，若有反光闪点，说明液压元件已严重磨损；若油箱底部沉淀有大量金属屑，说明主泵或液压马达已严重磨损。

2）滤纸检测。对于黏度较高的液压油，可用纯净的汽油稀释后，再用干净的滤纸进行过滤。若发现滤纸上留存大量机械杂质（金属粉末），说明液压元件已严重磨损。

3）声音和振动判断。若整个液压系统有较大的、断续的噪声和振动，同时主泵发出“嗡嗡”的响声，甚至出现活塞爬行现象，这时观察油箱液面、油管出口或透明液位计，会发现有大量的泡沫。这说明液压油中已侵入了大量的空气。

4）加温检测。对于黏度较低的液压油，可直接放入洁净、干燥的试管中加热升温。若发现试管中油液出现沉淀或悬浮物，则说明油液中已含有机械杂质。

3. 黏度的鉴别

1）试管倒置法。将被测的液压油与标准油分别盛在内径和长度相同的两个透明玻璃试管中（不要装得太满），用木塞将两个试管口堵上。将两个试管并排放置在一起，然后同时迅速将两个试管倒置。如果被测液压油试管中的气泡比标准油试管中的气泡上升得快，则说明其油液黏度比标准油液黏度低；若两种油液气泡上升的速度接近，则说明其黏度相似。

2）玻璃板倾斜法。当机器使用一段时间后，若认为其液压油黏度不符合要求并需要更换新油时，可取一块干净的玻璃板，将其水平放置，并将被测液压油滴一滴在玻璃板上，同时在旁边再滴一滴标准液压油（同牌号的新品液压油），然后将玻璃板倾斜，并注意观察。如果被测油液的流速和流动距离均比标准油液的大，则说明其黏度比标准油液的低；反之，则说明其黏度比标准油液的高。

4. 油液变质的鉴别

1）从油箱中取出少许被测油液，用滤纸过滤，若滤纸上留有黑色残渣，且有一股刺鼻的异味，则说明该油液已氧化变质；也可直接从油箱底部取出部分沉淀油泥，若发现其中有许多沥青和胶质沉淀物，将其放在手指上捻捏，若感觉到胶质多、黏附性强，则说明该油已氧化变质。

2）从液压泵中取出少许被测油液，若发现其已呈乳白色混浊状（有时像淡黄色的牛奶），且用燃烧法鉴别时，发现其含有大量水分，用手感觉已失去黏性，则说明该油液已彻底乳化变质。

☞ 检查与评估

1）分组讨论，在这几种鉴别方法当中，哪些方法可能最常被用到。

2）分组讨论，在对液压油品质鉴定操作过程中，哪些细节需要认真对待？

☞ 思考与练习

1. 如果油液呈乳白色混浊状，则说明（　　）。

A. 油液使用时限过长　　B. 油液含有大量金属杂质

C. 油液中含有大量水分　　D. 油液黏度变小

2. 如果油液燃烧时发出“噼啪”的炸裂声响，则说明（　　）。

A. 油液中含有炭粒杂质　　B. 油液含有金属杂质

C. 油液中含有大量水分　　D. 油液中含有酒精杂质

3. 使用滤纸检测正在工作的液压油，发现滤纸上留存大量金属粉末，则说明（　　）。

A. 液压泵发生磨损　　B. 液压阀发生磨损

C. 液压缸发生磨损　　D. 液压元件发生磨损

4. 采用玻璃板倾斜法检测油液黏度，发现油液的流速和流动距离均比标准油液的大，则说明（　　）。

A. 油液黏度比标准油液的低　　B. 油液黏度比标准油液的含水率低

C. 油液黏度比标准油液的高　　D. 油液黏度比标准油液的含水率高

5. 从油箱中取出少许油液使用滤纸过滤，若滤纸上留有黑色残渣，则说明（　　）。

A. 油液炭化变质　　B. 油液氧化变质

C. 油液碱化变质　　D. 油液乳化变质

任务 1.2 蓄能器充氮

☞ 任务描述

蓄能器在出厂时未充气。在第一次工作之前，请为蓄能器充装氮气。

☞ 学习目标

1）进一步理解蓄能的结构和工作原理。

2）能够按照规范要求给蓄能器充氮。

☞ 信息收集

一、知识准备

1）掌握蓄能器结构和工作原理。

2）了解蓄能器充氮的流程和规范。

二、参考资料

充氮小车使用与维修手册。

☞ 计划与实施

一、设备与器材

蓄能器、充氮装置、充氮小车、氮气瓶、呆扳手、转矩扳手等。

二、注意事项

1）蓄能器在充装氮气前必须进行外观和密封性检查。

2）充装氮气应缓慢进行，以防止气体冲破气囊。

3）蓄能器严禁充装氧气、压缩空气或其他可燃气体。

4）使用专门的充气装置进行充装。充气装置用于蓄能器充气、排气、压力测定和修正充气压力等。充气装置如实训图 1-1 所示。

实训图 1-1　充气装置

三、任务实施

1）充氮前应检查充气软管、充气和检测装置密封圈是否完好，如密封圈缺失则严禁使用。

2）旋开蓄能器的防护罩，如实训图 1-2 所示。将充气和检测装置的旋转芯轴逆时针方向旋到底，关闭阀，同时保证其泄压阀关闭。将充气装置拧到蓄能器的充气阀上并旋转到容易读取压力表数值的位置。

3）连接氮气瓶、充氮小车、充氮装置之间的管路，保证接头连接紧固，如实训图 1-3 所示。当蓄能器充氮压力大于氮气瓶压力时需要使用充氮小车，实训图 1-3 中 a 与 b 连接，d 与 e 连接。当蓄能器充氮压力低于氮气瓶压力时可以使用减压阀充氮，实训图 1-3 中 a 与 c 连接，d 和 f 连接。

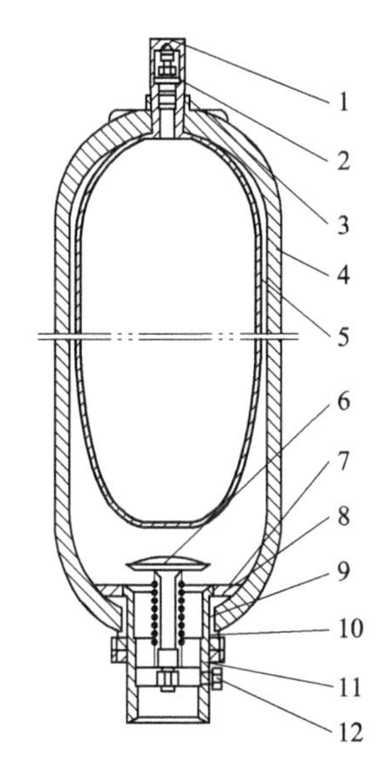

实训图 1-2　蓄能器

1—阀防护罩　2—充气阀　3—止动螺母　4—壳体
5—胶囊　6—菌形阀　7—橡胶托环　8—支承环
9—密封环　10—压环　11—阀体座　12—螺堵

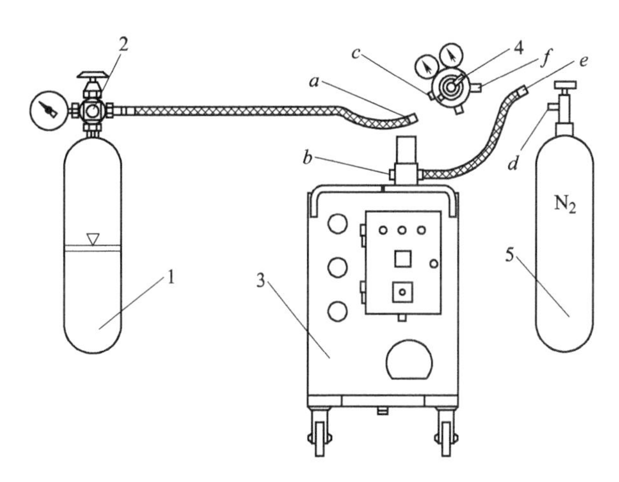

实训图 1-3　蓄能器充氮

1—蓄能器　2—充氮装置　3—充氮小车
4—减压阀　5—氮气瓶

4）依据蓄能器的充氮压力设置充氮小车压力限位，红色表针为上限位压力值，绿色为下限位压力值。小车的上限压力值应等于蓄能器的充氮压力，因气压表与充氮装置压力表存在误差，该值可小范围内浮动。

5）缓慢打开氮气瓶上的截止阀，释放氮气，顺时针方向旋转充气装置的芯轴，使氮气进入蓄能器，当氮气瓶与蓄能器压力平衡后（充氮装置表针不再变化）开启充氮小车进行加压。

6）因充氮过程中表针摆动，可不时中断充气过程以检测是否到达充气压力。

7）达到充氮压力后，关闭充氮小车，逆时针方向旋转充氮装置芯轴以关闭蓄能器气阀，关闭氮气瓶截止阀。如果充入压力高于预设值，关闭蓄能器气阀，打开充氮装置泄压阀减小气压。

8）打开充氮装置泄压阀进行泄压，压力表降为零后拆除连接软管及充氮装置。

9）旋入蓄能器保护帽，保护气阀。

10）一周后对蓄能器压力进行复检，必要时补充。

☞ 检查与评估

1）使用充气装置检查蓄能器充氮压力是否符合标准。

2）分组讨论，对工单填写内容进行分析与评议。

3）在总结实践操作经验的基础上，找出不足，提出建议。

☞ 思考与练习

1. 如何确定蓄能器充氮压力达到要求值？
2. 为什么蓄能器内不能充入压缩空气？

任务 1.3 液压阀的拆装与检修

子任务 1.3.1 方向控制阀的拆装与检修

☞ 任务描述

某液压系统由于液压油受污染，所有液压元件需要进行拆卸、清洗和检查，为此请根据要求对液控单向阀和换向阀进行拆装和检查。

☞ 学习目标

1）进一步了解方向控制阀的结构和工作原理。

2）能够按要求独立拆装单向阀、液控单向阀和换向阀。

☞ 信息收集

一、知识准备

1）掌握方向控制阀的结构和工作原理。

2）了解液压元件的清洗、检修方法。

二、参考资料

方向控制阀维修手册、拆装与检修工艺文件等。

☞ 计划与实施

一、设备与器材

单向阀、内六角扳手、呆扳手、耐油橡胶板、油盘、磁力棒、卡簧钳、铜棒、外径千分尺、百分表、煤油、记号笔、抹布等。

二、注意事项

1）拆装前，应了解液压阀的结构。

2）拆装时标识或记录元件及解体零件的拆卸顺序和方向。

3）拆装个别零件需用专用工具，如拆卸卡环时需使用内卡钳。

4）切忌使用钢棒、铁锤等硬质金属工具对零件进行直接敲打。

5）拆下来的零部件应使用煤油或专用清洗剂进行清洗，在安装前要清理毛刺。

6）零件在装配前要用压缩空气吹干或自然晾干，切勿使用棉纱擦干。

7）原则上，拆卸过的橡胶密封件均需更换为新件。

8）元件有序摆放，组装过程确保不返工、无漏件。

三、液控单向阀的拆装与检修

1. 外观维护与检查

1）从设备上分别拆下液控单向阀总成，放置在操作台上。

2）清理液压阀表面的污染物、油渍、锈垢等。

3）检查液压阀总成外表面油漆，以及壳体、油口等是否有损伤、裂纹、刮划等。

4）将液压阀内部液压油排放干净。

2. 液控单向阀的拆解（结构如实训图1-4所示）

1）拧下堵头1。

2）依次取下弹簧2和阀芯3。

3）拧下堵头6。

4）依次取下活塞5和顶杆4。

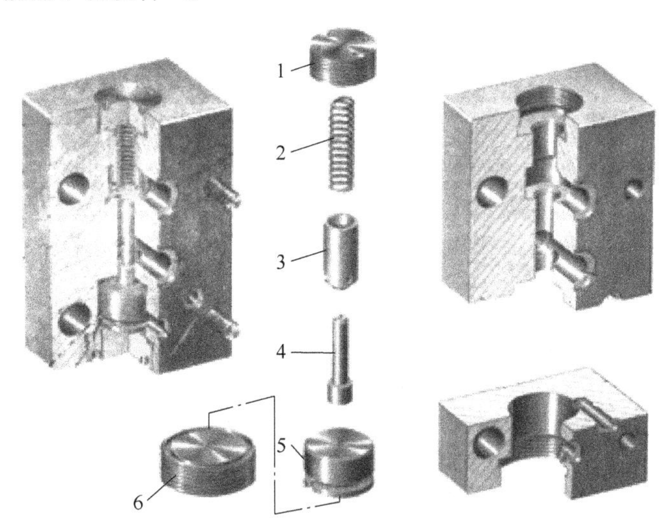

实训图1-4　液控单向阀

1、6—堵头　2—弹簧　3—阀芯　4—顶杆　5—活塞

3. 零部件的检查

1）对分解的零部件用专门的清洗剂或柴油进行清洗，吹干或晾干后检查表面是否有刮划、磨损、起毛、损坏等现象。

2）检查各零件的油孔、油路是否畅通，是否有尘屑，若有应重新清洗。

3）检查阀芯表面是否有磨损和拉伤，磨损、拉伤轻微者，可进行研磨或抛光再用。如果磨损、拉伤严重，可将阀芯镀硬铬后再与阀体孔、阀座研配。

4）修理后应检查单向阀修理质量的好坏。

5）检查橡胶密封件是否有损伤。

4. 单向阀的组装

1）遵循先拆的部件后安装，后拆的零部件先安装的原则，按拆卸的相反顺序装配单向阀。装配前应认真清洗各零件，并在配合零件表面涂润滑油。

2）将液压阀的外表面擦拭干净，整理工作台。

四、换向阀的拆装与检修

1. 外观维护与检查

1）从设备上拆下换向阀总成，放置操作台上。

2）清理外表面污染物，检查外表面是否完好。

3）用记号笔在换向阀装配面上做好标记。

2. 换向阀的拆解（结构如实训图 1-5 所示）

1）将换向阀两端的电磁铁 8、9 从阀体 1 中分离下来。

2）轻轻取出挡圈 7、挡片 6、弹簧 5、定位套 4、推杆 3 和阀芯 2 等。如果阀芯发卡，可用铜棒轻轻将其敲击出来，禁止猛力敲打，以防损坏阀芯台肩。

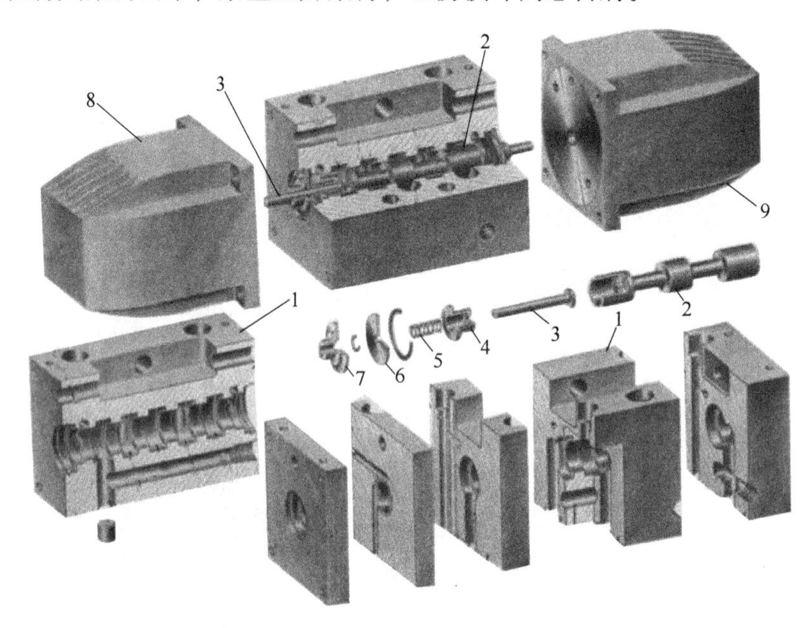

实训图 1-5 34D 三位四通电磁换向阀

1—阀体 2—阀芯 3—推杆 4—定位套 5—弹簧 6—挡片 7—挡圈 8、9—电磁铁

3. 零部件的检查

1）使用专门的清洗剂或柴油对分解的零部件进行清洗，吹干或晾干后检查表面是否有刮划、磨损、起毛、损坏等现象。

2）检查阀芯外表面质量，测量阀芯工作面直径。磨损、拉伤轻微者，可抛光再用，如果磨损拉伤严重可将阀芯镀铬或刷镀修复。修复后的阀芯表面粗糙度值不高于 $Ra0.2\mu m$，圆度和圆柱度误差应不大于 0.003mm。

3）检查阀体孔内表面质量，测量工作面内径。磨损或拉伤超限的，可研磨或使用金刚石铰刀精铰，修理后阀孔表面粗糙度为 $Ra0.4\mu m$，圆度和圆柱度误差应不大于 0.003mm，阀芯与阀孔配合间隙为 0.008~0.015mm。

4）检查推杆表面是否有漏油现象。推杆长度不恰当会引起电磁铁通电发出嗡鸣声。

5）检查橡胶密封件是否有损伤。

4. 换向阀的组装

1）按照后拆先装、先拆后装的原则安装零件。

2）将换向阀的外表面擦拭干净，整理工作台。

☞ 检查与评估

1）组装完毕，分别对液压阀进行功能试验和性能测试。

2）分组讨论，互评本小组每个成员的工作表现。

3）分组讨论液压阀的哪些零件容易产生磨损、拉伤、卡阻等故障。

4）在总结实践操作经验基础上，每个小组编写一份液压阀拆装与检修操作说明书。

☞ 思考与练习

1. 液控单向阀中的弹簧起什么作用？怎样确定弹簧刚度？
2. 电磁换向阀阀体内的沉割槽和通向外部的油口各有什么作用？
3. 电磁换向阀阀芯的结构是怎样的？这种设计有何特点？
4. 拆装的换向阀采用了干式电磁铁还是湿式电磁铁？其特点是什么？

子任务 1.3.2　压力控制阀的拆装与检修

☞ 任务描述

按要求分别对溢流阀、减压阀进行拆解、清洗、检查和组装。

☞ 学习目标

1）进一步了解压力控制阀的结构和工作原理。

2）能够按要求独立拆装溢流阀、减压阀。

☞ 信息收集

一、知识准备

1）掌握溢流阀、减压阀的结构和工作原理。

2）了解液压油安全技术规范和环境保护相关法规。

二、参考资料

压力控制阀维修手册、拆装与检修工艺文件等。

☞ 计划与实施

一、设备与器材

先导式溢流阀、先导式减压阀、内六角扳手、呆扳手、耐油橡胶板、油盘、磁力棒、卡簧钳、铜棒、煤油或清洗液、记号笔、抹布等。

二、先导式溢流阀的拆装与检修

1. 外观维护与检查

清理外表面污染物，检查外表面是否有损伤，用记号笔标记装配面的关系。

2. 溢流阀的拆解（结构如实训图 1-6 所示）

1）检查进油口 P、出油口 O、控制油口 k、阻尼孔 e、先导油道 f 等。

2）拧松锁紧螺母 9，拧下调整螺母 10。

3）分别取下弹簧座 8、调压弹簧 7、先导阀芯 6 和先导阀座 5。

4）拧下主阀前端的堵头，分别取出主阀芯 2 和主阀复位弹簧 3。

5）观察并用手指轻轻压缩先导调压弹簧、主阀复位弹簧，区别它们的大小和刚度。

3. 零部件的检查

1）检查先导锥阀与阀座密合面的接触部位，此处常出现凹坑和拉伤，对于整体式淬火的针阀，可修磨锥面并将尖端磨去一点再用。

2）检查先导阀座与主阀座，阀座与阀芯相配面，在使用过程中，由于频繁的启闭撞击、气穴磨损、污物进入，特别容易出现拉伤，可采用研磨的方法修复。

3）调压弹簧和平衡弹簧变形扭曲和损坏，会产生调压不稳定的现象。

4）主阀芯外圆轻微磨损及拉伤，可用研磨法修复，或更换新阀芯。

5）阀体主要是磨损和拉毛的阀孔，可用研磨棒或用可调金刚铰刀铰孔修复。

6）检查橡胶密封件是否有损伤。原则上，维修时所有橡胶密封件均需更换为新件。

4. 溢流阀的组装

先组装主阀部件，然后组装先导阀部件，最后将溢流阀外表面擦拭干净，整理工作台。

三、先导式减压阀的拆装与检修

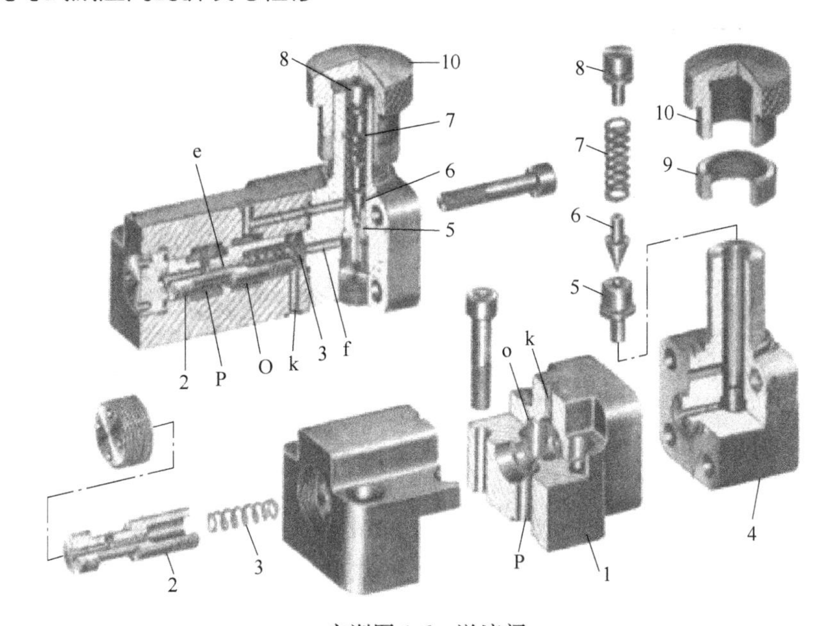

实训图 1-6 溢流阀

1、4—阀体 2—主阀芯 3—主阀复位弹簧 5—先导阀座 6—先导阀芯 7—调压弹簧 8—弹簧座 9—锁紧螺母 10—调整螺母

1. 减压阀的拆卸（结构如实训图 1-7 所示）

1）观察减压阀的外观，找出进油口 P_1、出油口 P_2和泄油口 L 等。

2）拧松锁紧螺母 9，拧下调整螺母 10。

3）分别取下弹簧座 8、调压弹簧 7、先导阀芯 6 和先导阀座 5。

4）拧下主阀前端的堵头，分别取出主阀芯 2 和主阀复位弹簧 3。

5）观察并用手指轻轻压缩先导调压弹簧、主阀复位弹簧，区别它们的大小和刚度。

2. 零部件的检查

1）对分解的零部件用专门的清洗剂或柴油进行清洗，然后用压缩空气吹干或晾干。

2）检查各零件表面质量。

3. 减压阀的组装

先装主阀零件，后装先导阀零件，最后将减压阀的外表面擦拭干净，整理工作台。

☞ 检查与评估

1）组装完毕，分别对液压阀进行功能试验和性能测试。

2）分组探讨溢流阀、减压阀和顺序阀在结构功能上的区别。

☞ 思考与练习

1. 先导式溢流阀中的主阀弹簧主要作用是（　　）。

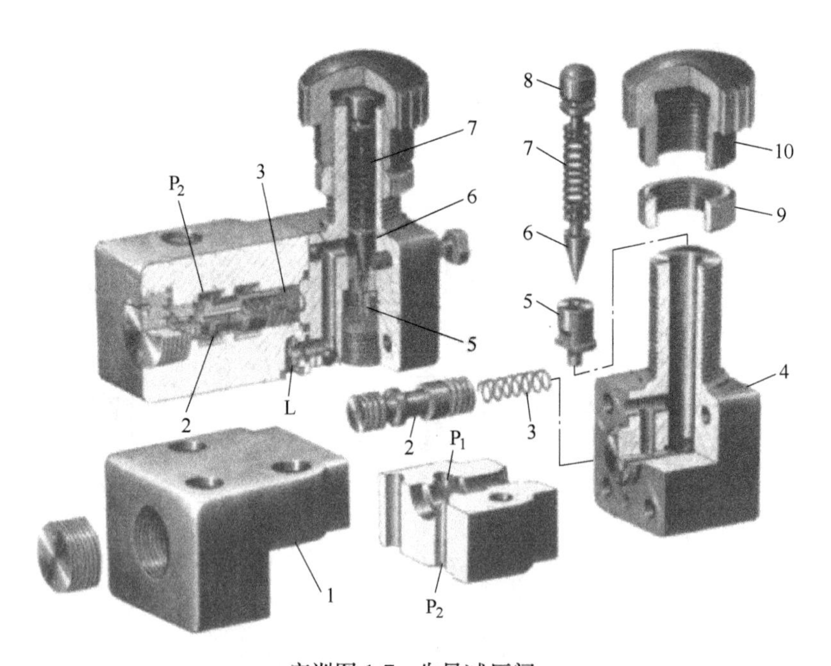

实训图 1-7　先导减压阀

1、4—阀座　2—主阀芯　3—复位弹簧　5—先导阀座　6—先导阀芯　7—调压弹簧　8—弹簧座　9—锁紧螺母　10—调整螺母

A. 设定溢流阀开启压力　　B. 缓冲主阀芯开启时产生的冲击

C. 使主阀芯开启后能自动复位　　D. 使主阀芯在小于设定压力时不会随意打开

2. 从结构上来说，直动式顺序阀与直动式溢流阀的区别在于（　　）。

A. 直动式顺序阀的阀芯小　　B. 直动式顺序阀的进油口和出油口小

C. 直动式顺序阀的阀芯为滑阀结构　　D. 直动式顺序阀弹簧腔有专门的泄油口

3. 对于先导式减压阀来说，先导阀的作用是（　　）。

A. 控制主阀芯开启　　B. 控制主阀芯的移动位移

C. 保证减压阀流速稳定　　D. 保证减压阀进油口和出油口的工作压力稳定

4. 对于先导式溢流阀来说，如果主阀芯上的阻尼孔堵塞，可能会导致（　）。

A. 溢流阀出口压力变大　　B. 溢流阀出口压力变小

C. 溢流阀进口压力变大　　D. 溢流阀进口压力变小

5. 对于先导式溢流阀来说，如果先导阀芯在开启状态时卡死，可能会导致（　　）。

A. 主阀芯无法打开　　B. 主阀芯无法关闭

C. 溢流阀进口压力不受影响　　D. 溢流阀进口压力变小

子任务 1.3.3　流量控制阀的拆装与检修

☞ 任务描述

某液压系统节流阀流量调节失灵。原因可能是密封失效、弹簧失效、油液污染导致阀芯卡阻等。为此，维修人员建议对其拆卸清洗、检查。

☞ 学习目标

1）进一步了解流量控制阀的结构和工作原理。

2）能够按要求独立拆装节流阀。

☞ 信息收集

一、知识准备

1）掌握节流阀的结构和工作原理。

2）了解液压油安全技术规范和环境保护相关法规。

二、参考资料

节流阀维修手册、拆装与检修工艺文件等。

☞ 计划与实施

一、设备与器材

节流阀、内六角扳手、呆扳手、耐油橡胶板、油盘、磁力棒、卡簧钳、钳工工具、铜棒、棉纱、煤油、抹布等。

二、任务实施

1. 外观维护与检查

1）拆下节流阀总成，放置操作台上。

2）清理节流阀总成表面的污染物、油渍、锈垢等。

3）检查节流阀总成外表面油漆，以及壳体、油口等是否有损伤、裂纹、刮划等。

4）用记号笔在单向阀装配面上做好标记。

2. 节流阀的拆卸（结构如实训图 1-8 所示）

1）拧松锁紧螺母 9，拧下调节手轮 7 与顶杆 5 组件。

2）取出紧定螺钉 8，分离调节手轮 7 和顶杆 5。

3）取下顶杆座 6。

4）拧下前端的堵头 4，分别取出压缩弹簧 3 和阀芯 2。

3. 零部件的检查

1）识别进油口和出油口，分析节流孔或节流缝的节流原理。

2）对分解的零部件用专门的清洗剂或柴油进行清洗，然后用压缩空气吹干或晾干。

3）检查各零件表面是否有损伤、刮划等。

4）检查密封圈是否有破损。

4. 顺序阀的组装

1）根据后拆先装，先拆后装的顺序组装各零件，组装前应在装配面上涂抹液压油。

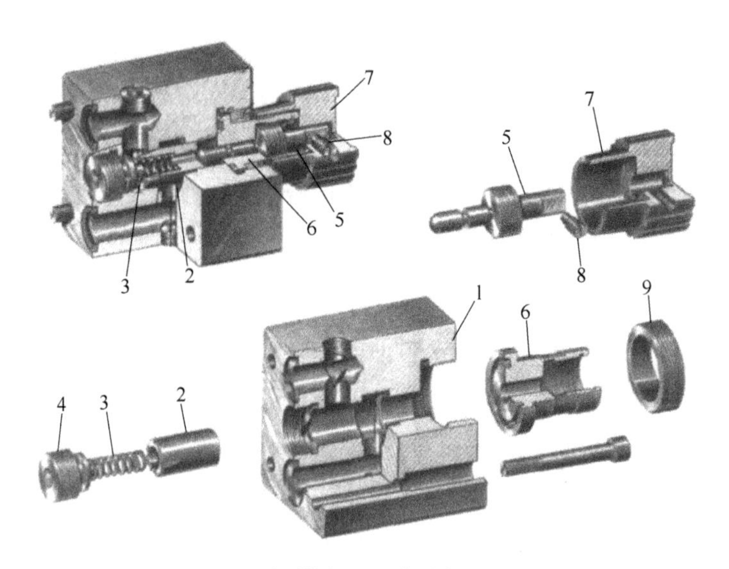

实训图 1-8 节流阀

1—阀体 2—阀芯 3—压缩弹簧 4—堵头 5—顶杆 6—顶杆座

7—调节手轮 8—紧定螺钉 9—锁紧螺母

2）将减压阀的外表面擦拭干净，整理工作台。

☞ 检查与评估

1）组装完毕，对节流阀进行功能试验和性能测试，保证流量调节可靠。

2）分组讨论节流阀中各零件的作用。

☞ 思考与练习

1. 在讨论节流阀工作性能时，甲说节流阀的进口压力比出口压力大，乙说节流阀的进口与出口之间的压差不变。正确的是（ ）。

A. 只有甲说得对　　B. 只有乙说得对

C. 甲和乙都说得对　　D. 甲和乙都说得不对

2. 在讨论节流阀工作性能时，甲说节流阀的输出流量与进口、出口之间的压差有关，乙说节流阀的输出流量与节流孔的通流面积有关。正确的是（ ）。

A. 只有甲说得对　　B. 只有乙说得对

C. 甲和乙都说得对　　D. 甲和乙都说得不对

3. 在讨论节流阀工作原理时，甲说转动调节转盘进行流量调节时阀芯也跟着转动，乙说转动调节转盘进行流量调节时阀芯做相应地轴向移动。正确的是（ ）。

A. 只有甲说得对　　B. 只有乙说得对

C. 甲和乙都说得对　　D. 甲和乙都说得不对

4. 在讨论节流阀应用时，甲说节流阀只能串接在执行装置的进油口，乙说节流阀只能串接在执行装置的出油口。正确的是（ ）。

A. 只有甲说得对　　B. 只有乙说得对

C. 甲和乙都说得对　　　　D. 甲和乙都说得不对

5. 在讨论流量控制阀工作性能时，甲说调速阀的输出流量更稳定，乙说节流阀的工作压力更稳定。正确的是（　　）。

A. 只有甲说得对　　　　B. 只有乙说得对

C. 甲和乙都说得对　　　　D. 甲和乙都说得不对

任务 1.4 液压泵的拆装与检修

子任务 1.4.1 齿轮泵的拆装与检修

☞ 任务描述

车主反映，装载机在运用过程中，系统油温过高，且液压泵处有较大的噪声，造成液压系统工作异常。维修人员建议将液压泵拆解下来进行清洗、检查。请按规范对 CBG 型齿轮泵进行拆装和检查。

☞ 学习目标

1）进一步了解齿轮泵的结构和工作原理。

2）能够按要求独立拆装齿轮泵。

☞ 信息收集

一、知识准备

1）掌握外啮合齿轮泵的结构和工作原理。

2）识读 CBG 型齿轮泵的机械装配图。

3）了解液压油安全技术规范和环境保护相关法规。

二、参考资料

CBG 系列齿轮泵维修手册、齿轮泵拆装与检修工艺文件等。

☞ 计划与实施

一、设备与器材

齿轮泵总成、呆扳手、套筒扳手、内六角扳手、转矩扳手、顶拔器、铜棒、橡胶锤、手锤、卡簧钳、内径千分尺、外径千分尺、游标卡尺、塞尺、油盘、液压油、润滑脂、清洗液、抹布等。

二、注意事项

1）拆解齿轮泵总成前应将内部的液压油排出。

2）清洁液压元件应该使用干净的刷子，不得使用棉绒或者容易脱毛的材料。

3）拆解零部件时，注意记住安装方向，以防在组装时装错位置或方向。

4）紧固件需用转矩扳手按规定力矩分 2~3 次拧紧。

三、任务实施

1. 外观维护与检查

1）将齿轮泵吊放在工作台或安装在工作台上。

2）清理齿轮泵表面的污染物、油渍、锈垢等。

3）检查齿轮泵外表面油漆，以及壳体、油口等是否有损伤、裂纹、刮划等。

4）将齿轮泵总成内部的液压油排放干净。

5）用记号笔在前、后泵盖与中间泵体的装配面上做好标记。

2. 齿轮泵的拆解

CBG 齿轮泵的结构组成如实训图 1-9 所示。主要拆卸步骤如下：

1）从前泵盖的槽内拆下弹性挡圈，取出两个骨架油封。

2）依顺序拆下螺栓（力矩约为 132N · m）。

3）取下后泵盖，依次取出后侧板、密封圈、主动齿轮、从动齿轮。

4）取下前泵盖，取下前侧板、密封圈。

5）取下前后泵盖上的密封圈和尼龙挡圈。

6）拆下前、后泵盖中的轴承。

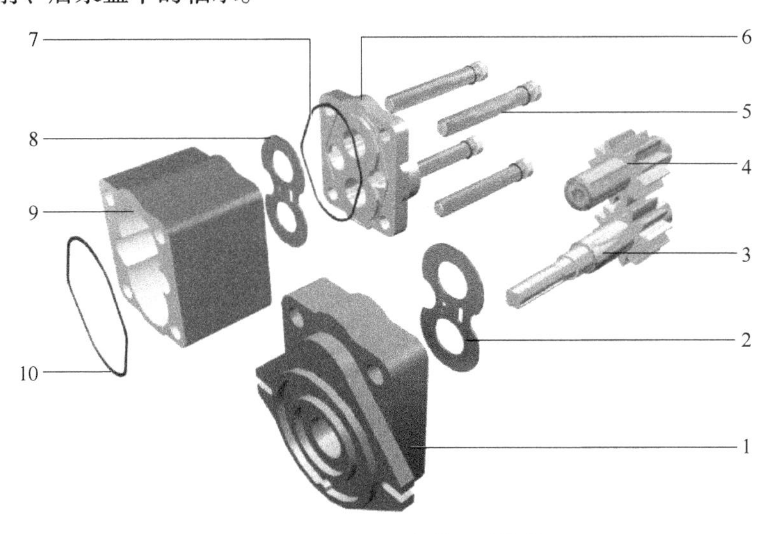

实训图 1-9　CBG 齿轮泵的结构

1—前盖　2、8—侧板　3—主动齿轮　4—从动齿轮　5—螺栓　6—后盖　7、10—方形密封圈　9—泵体

3. 零部件的检查

1）对分解的零部件用专门的清洗剂或柴油进行清洗，吹干或晾干后检查表面是否有刮划、磨损、起毛、损坏等现象。

2）齿轮类零件：齿面、端面磨损不超差、无疲劳剥落、点蚀、烧蚀、阶梯形磨损，无断裂、裂纹现象。

3）轴类零件：无弯曲变形，直线度不超差，轴颈和轴承的配合间隙符合要求，键槽磨损符合要求。

4）泵体类零件：泵体和齿轮的配合间隙符合要求，密封面无腐蚀、变形。

5）侧板：无严重烧伤和磨痕，覆盖的合金是否有脱落，无翘曲变形现象。

6）轴承：无破裂、缺失现象，轴承与轴颈的配合间隙符合要求。

7）密封件：无老化、腐蚀、划伤、变形、断裂现象，有条件全部更换。

8）其他零件：螺栓无变形、螺纹损伤不超两牙，铜垫片不得缺失。

4. 齿轮泵的组装

组装齿轮泵时的操作与拆解时的步骤基本相反。组装前，应在内装的零部件表面喷涂液压油。螺纹件需用转矩扳手按规定力矩分步拧紧。

齿轮泵组装后，须向齿轮泵内部注入规定量的液压油方才能使用。

☞ 检查与评估

1）组装完毕，按照维修手册要求对液压齿轮泵进行功能试验和性能测试。

2）分组讨论，总结出在操作过程中有哪些注意事项，哪些操作容易出错。

☞ 思考与练习

一、问答题

1. 齿轮泵由哪几部分组成？各密封腔是怎样形成的？

2. 请说明齿轮泵的困油现象的原因及消除措施。

3. 该齿轮泵中存在几种可能产生泄漏的途径？为了减小泄漏，该泵采取了什么措施？

4. 齿轮、轴和轴承所受的径向液压不平衡力是怎样形成的？如何解决？

二、单项选择题

1. 拆解齿轮泵端盖时，发现由于锈垢导致轴承与端盖粘结在一起，该怎样处理？（　　）

A. 用液压油浸泡清洗　　B. 用汽油浸泡清洗

C. 用柴油浸泡清洗　　D. 用自来水浸泡清洗

2. 齿轮泵出现严重内泄漏的现象，试分析可能原因。（　　）

A. 齿轮齿顶磨损严重　　B. 齿轮有个别断齿

C. 侧板严重划伤　　D. 轴承严重锈死

3. 对于单向齿轮泵的两个油口，甲说油口大的为吸油口，油口小的为出油口；乙说油口大的为出油口，油口小的为吸油口。请分析谁说的是对的？（　　）

A. 只有甲说得对　　B. 只有乙说得对

C. 甲和乙都说得对　　D. 甲和乙都说得不对

4. 齿轮泵侧板或轴盖上的卸荷槽有何作用？（　　）

A. 解决径向不平衡力　　B. 解决泄漏现象

C. 解决轴向不平衡力　　D. 解决困油现象

5. 齿轮泵的排量为何不能调节？（　　）

A. 齿轮泵的转动方向无法改变　　B. 齿轮泵的结构无法改变

C. 齿轮泵每个密闭容腔无法变化　　D. 齿轮泵的转速无法变化

子任务 1.4.2　叶片泵的拆装与检修

☞ 任务描述

请按规范对 YB 型齿轮泵进行拆装和检查。

☞ 学习目标

1）进一步了解流量叶片泵的结构和工作原理。

2）能够按要求独立拆装叶片泵。

☞ 信息收集

一、知识准备

1）掌握叶片泵的结构和工作原理。

2）识读 YB 型叶片泵的机械装配图。

3）了解液压油安全技术规范和环境保护相关法规。

二、参考资料

YB 型叶片泵维修手册、叶片泵拆装与检修工艺文件等。

☞ 计划与实施

一、设备与器材

YB 型叶片泵总成、呆扳手、套筒扳手、内六角扳手、转矩扳手、铜棒、橡胶锤、手锤、卡簧钳、千分尺、游标卡尺、塞尺、油盘、液压油、润滑脂、清洗液、抹布等。

二、任务实施

1. 外观维护与检查

1）将叶片泵总成放在工作台，清理叶片泵总成表面的污染物、油渍、锈垢等。

2）检查叶片泵总成外表面油漆，以及壳体、油口等是否有损伤、裂纹、刮划等。

3）拆下进、出油口的堵头，将叶片泵总成内部的液压油排放干净。

4）用记号笔在前、后泵体的装配面上做好标记。

2. 叶片泵的拆解

YB1 型叶片泵的结构组成如实训图 1-10 所示。主要拆卸步骤如下：

1）将弹性挡圈从前泵盖的槽内拆下，取出两个骨架油封。

2）依顺序拆下吊紧螺栓。

3）拆卸下前泵盖、拆下泵传动轴。

4）依次卸下由左、右配流盘、定子、转子等零部件。

5）拆下密封圈。

6）分别拆卸左、右配流盘、定子、转子等零部件。

3. 零部件的检查

1）对分解的零部件用专门的清洗剂或柴油进行清洗，吹干或晾干后检查表面是否有刮

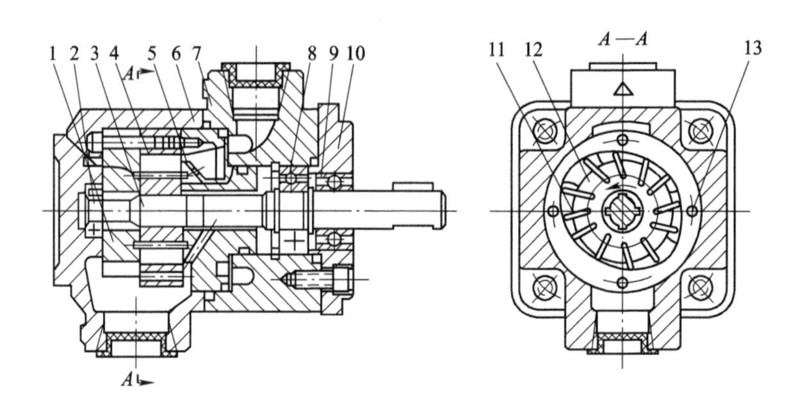

实训图 1-10 叶片泵的结构

1、5—配流盘 2、8—滚珠轴承 3—传动轴 4—定子 6—后泵体 7—前泵体 9—骨架式密封圈 10—盖板 11—叶片 12—转子 13—长螺钉

划、磨损、起毛、损坏等现象。

2）叶片类零件：叶片侧面、端面磨损不超差（叶片在转子槽内，配合间隙为 0.015～0.025mm）、无点蚀、烧蚀、阶梯形磨损，无断裂、裂纹现象。

3）轴类零件：无弯曲变形，直线度不超差，轴颈和轴承的配合间隙符合要求，键槽磨损符合要求。

4）泵体类零件：泵体与转子的配合间隙符合要求，密封面无腐蚀、变形。

5）配流盘：无严重烧伤和磨痕，覆盖的合金是否有脱落，无翘曲变形现象。

6）轴承：无破裂、缺失现象，轴承与轴颈的配合间隙符合要求。

7）密封件：无老化、腐蚀、划伤、变形、断裂现象，有条件全部更换。

8）转子、定子类零件：配合表面磨损不超差，无点蚀、烧蚀、锯齿形磨损，无裂纹。

4. 叶片泵的组装

组装叶片泵时的操作与拆解时的步骤基本相反。组装前，应在内装的零部件表面喷涂液压油。螺纹件需用转矩扳手按规定力矩分步拧紧。

叶片泵组装后，须向叶片泵内部注入规定量的液压油方才能使用。

☞ 检查与评估

1）组装完毕，按照维修手册要求对叶片泵进行功能试验和性能测试。

2）分组讨论，总结出在操作过程中有哪些注意事项，哪些操作容易出错。

☞ 思考与练习

1. 当叶片泵的配流盘发生磨损时，正确的处理方法是（　　）。

A. 端面轻微磨损用研磨的方法修复　　B. 端面严重磨损可用磨床修复

C. 配流盘内孔轻微磨损用砂布修光即可　　D. 配流盘内孔严重磨损可更换新的

2. 叶片泵工作时出现较大噪声，可能原因是（　　）。

A. 叶片严重磨损　　B. 传动轴折断

C. 叶片卡滞在叶片槽内　　　　　　　　D. 轴承严重磨损

3. 在装配叶片泵时应该注意的事项有（　　）。

齿轮泵拆装和检修

A. 叶片在转子槽内，需能自由灵活移动，其间隙应为0.015~0.025mm

B. 叶片高度略低于转子的高度，其值为0.005mm

C. 轴向间隙控制在0.04~0.07mm

D. 装配完后用手旋转主动轴，应保证平稳，无阻滞现象

项目 2

简单液压回路组建

☞ 目标与要求

1）能够根据要求设计液压回路，正确选择液压元件组建简单的液压回路。

2）能够合理选用按钮控制、继电器控制或 PLC 控制等。

3）能够分析液压回路的工作原理和工作特性，解释液压元件在液压回路中的作用。

4）能够编写简单的实验报告。

任务 2.1　方向控制回路的组建

☞ 任务描述

根据已学液压传动知识，在液压实验台上进行组建方向控制回路，并进行调试和运行，观察液压缸运行的可靠性。

☞ 学习目标

1）掌握方向控制液压回路组建的方法。

2）能够按要求组建液压回路。

☞ 信息收集

一、知识准备

1）掌握液控单向阀的工作原理。

2）掌握液压回路的连接方法。

二、参考资料

液压实训台使用说明书。

☞ 计划与实施

一、设备与器材

液压实训台、液控单向阀、三位四通电磁阀、连接液压管路、连接导线等。

二、注意事项

1）布置液压元件时尽量要合理有序，避免连接液压油管时出现缠绕、交叉错乱的现象。

2）正确选择所需的液压元件，注意区分液压元件的连接油口。

3）液压元件的过渡板要可靠地挂在 T 形槽中。

4）实验油路均采用开闭式快换接头进行连接，连接时确保接头连接到位、可靠。

5）调整溢流阀压力时要注意调整螺杆行程，谨防调整螺杆松脱。

6）切忌带电插拔导线插接头。

三、实验原理

换向阀的方向控制回路如实训图 2-1 所示，当有液压油进入时回油路的单向阀被打开，液压油进入工作液压缸。但当三位四通电磁换向阀处于中位或液压泵停止供油时，两个液控单向阀把工作液压缸内的油液密封在里面，使液压缸停止在该位置上被锁住。

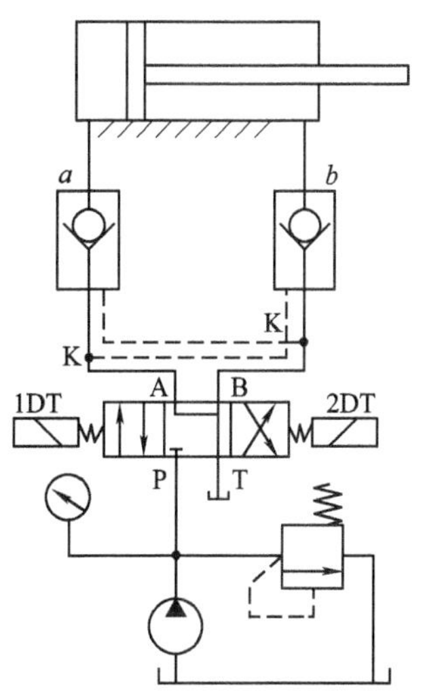

实训图 2-1　换向阀的方向控制回路

如果工作液压缸和液控单向阀都具有良好的密封性能，即使在外力作用下回路也能使执行元件保持长期锁紧状态。

本实验在图示位置时，由于三位四通电磁换向阀处于中位，A、B、T 口连通，P 口不向工作液压缸供油，并且液压缸大、小两腔连通。此时，液压泵输出油液经溢流阀流回油箱，因无控制油液作用，液控单向阀 *a*、*b* 关闭，液压缸两腔均不能进油和排油，于是活塞被双向锁紧。要使活塞向右运动，则需使换向阀 1DT 通电，左位接入系统，压力油经液控单向阀 *a* 进入液压缸大腔，同时也进入液控单向阀 *b* 的控制油口 K，打开阀 *b* 使液压缸小腔的回油经过阀 *b* 及换向阀流回油箱，使液压缸活塞向右运动。当换向阀右位接通，液控单向阀 *b* 开启，液压油进入阀 *a* 的控制口 K，液压缸向左行，回油经阀 *a* 和换向阀 T 口流回油箱。

四、实验步骤

1）设计利用两个液控单向阀的双向液压锁闭回路。

2）在实训台上安装回路所需液压元件，然后用透明油管连接各元件组成液压回路。

3）正确选择电气导线连接三位四通电磁换向阀的线路插脚。

4）经检查确定无误后起动电气控制面板上的电源开关。

5）起动液压泵开关，调节液压泵的转速，调节溢流阀压力达到预定值。

6）观察液压缸活塞杆运动情况。

☞ 检查与评估

1）由小到大调节溢流阀设定压力，观察液压缸活塞杆能否在压力很小的时候产生运动。

2）分析系统压力与液控单向阀控制口压力之间的关系。

3）编写试验报告，内容包括使用的液压元件、实验步骤、实验现象和总结等。

☞ 思考与练习

1. 利用什么中位机能的换向阀可以代替液控单向阀实现双向闭锁控制回路？
2. 液控单向阀与单向阀在结构上有何不同？两者能替代使用吗？
3. 如果将液控单向阀的控制口 K 堵塞，会产生什么现象？
4. 为了降低液控单向阀控制口 K 的开启压力，可以采用哪些措施？
5. 为什么液压快换接头一端连通高压油，另一端断开时不会发生液压油泄出的现象？
6. 试举出生产实践中应用液压锁紧回路的实例。

任务2.2 压力控制回路的组建

☞ 任务描述

根据要求组建压力控制回路。

☞ 学习目标

1）掌握压力控制液压回路组建的方法。

2）能够按要求组建液压回路。

☞ 信息收集

一、知识准备

1）掌握溢流阀、减压阀和顺序阀的工作原理。

2）掌握液压回路的连接方法。

二、参考资料

液压实训台使用说明书。

☞ 计划与实施

一、设备与器材

液压实训台、溢流阀、减压阀、平衡阀、三位四通电磁阀、二位四通电磁阀、液压缸、连接液压管路、连接导线等。

二、组建溢流阀调压和溢流阀遥控口调压及卸荷回路

1）按实训图2-2所示组建液压回路，并按实训图2-3所示连接电磁阀电路。

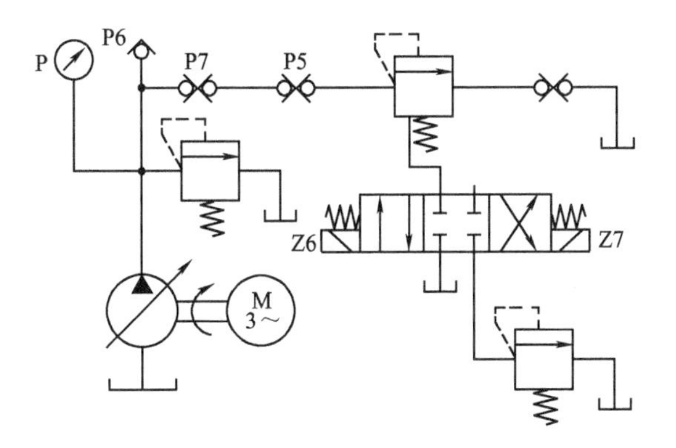

实训图2-2　溢流阀调压回路示意

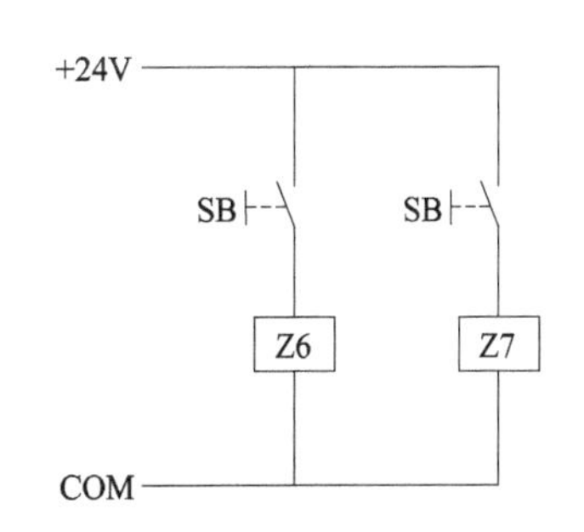

实训图2-3　溢流阀调压回路电控示意

2）在断开P7接头的情况下，调节溢流阀（带溢流阀泵源），使得P处的出口压力不断变化，最后调整为6MPa。

3）连接P7、P5接头旋紧溢流阀（电磁换向阀上面），电磁换向阀Z6、Z7不得电，调节溢流阀（电磁换向阀上面）使P6处压力为5MPa，拧死该阀，P6压力不高于6MPa。

4）电磁换向阀Z7得电，调节溢流阀（电磁换向阀下面），使得P处的出口压差有变化

但不能超过 5MPa，最后调为 3MPa。

5）按以下工况操作，观察 P 处的变化（或在 P5 处接一个 0~10MPa 的压力表），并分析这三种情况的回路的特点及不同，测量压力为什么有不同，掌握其工作原理。

① 电磁换向阀 Z6、Z7 不得电。

② 电磁换向阀 Z6 得电、Z7 不得电。

③ 电磁换向阀 Z7 得电、Z6 不得电。

6）实验完成后，对器材进行归位，清理油渍，恢复现场。

三、组建减压阀夹紧回路

1）按实训图 2-4 所示组建液压回路，并按实训图 2-5 所示连接电磁阀电路。

2）调节溢流阀（带溢流阀泵源），使得 P 处的出口压力为 5MPa。

3）动作：Z3 得电，液压缸下行夹紧，夹紧力由调节减压阀得到，P13 压力表显示压力。

4）调节减压阀，使 P13 的压力为 3MPa。

5）记录液压缸运动过程中及到底时 P6、P13 处的压力值。

6）调节减压阀，使 P13 处的压力为 4MPa，调节溢流阀（带溢流阀泵源），使得 P 处的出口压力为 3MPa，并记录下此时各表压力值。

7）实验完成后，对器材进行归位，清理油渍，恢复现场。

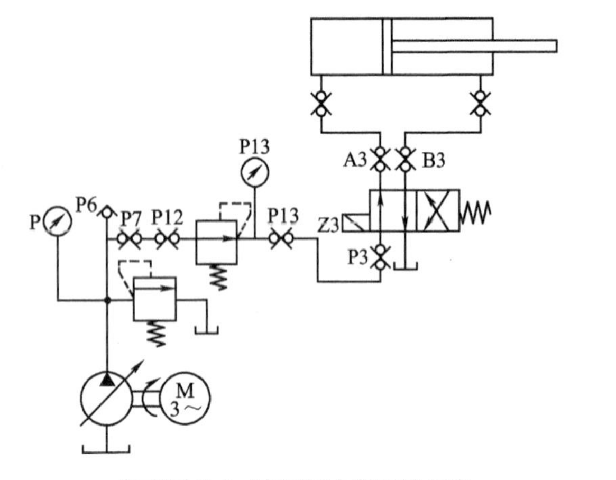

实训图 2-4　减压阀夹紧回路示意

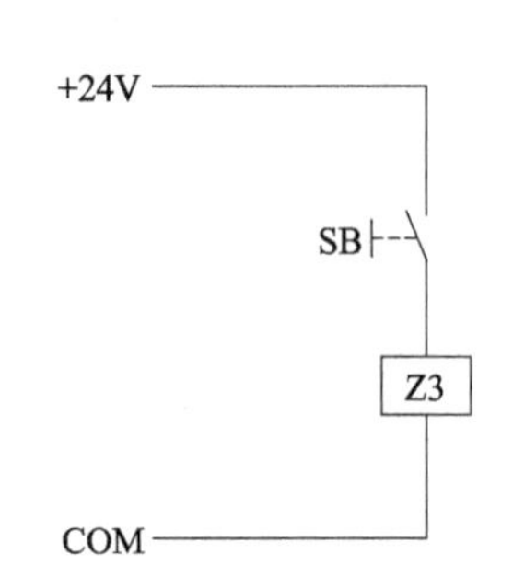

实训图 2-5　减压阀夹紧回路电控示意

四、组建平衡阀（单向顺序阀）的平衡回路

1）按实训图 2-6 所示组建液压回路，并按实训图 2-7 所示连接电磁阀电路。

2）在断开 P7 接头的情况下，调节溢流阀（带溢流阀泵源），使得 P 处的出口压力为 6MPa。

3）电磁换向阀 Z5 得电，液压缸活塞杆带负载上升，观察压力表的状态，分析回路工作原理。

4）电磁换向阀 Z4 得电，液压缸活塞杆下降，观察压力表的状态，分析回路工作原理。

5）适当调大单向顺序阀的压力，或调小溢流阀压力，使液压缸小腔的回油压力相对增大，保证电磁换向阀 Z4 得电时，液压缸活塞杆不产生伸出运动。

6）逐渐调大主溢流阀压力，达到在某个值时，活塞杆开始下降，记录此时压力表 P6

和 P16 的显示值。

7）验证 $p_6A_1=p_{16}A_2-W$ 是否成立。

8）调整单向顺序阀的压力，使 Z4、Z5 失电，液压缸活塞杆停留在任意位置时，重块在顺序阀的支承下保持不下降。

9）实验完成后，对器材进行归位，清理油渍，恢复现场。

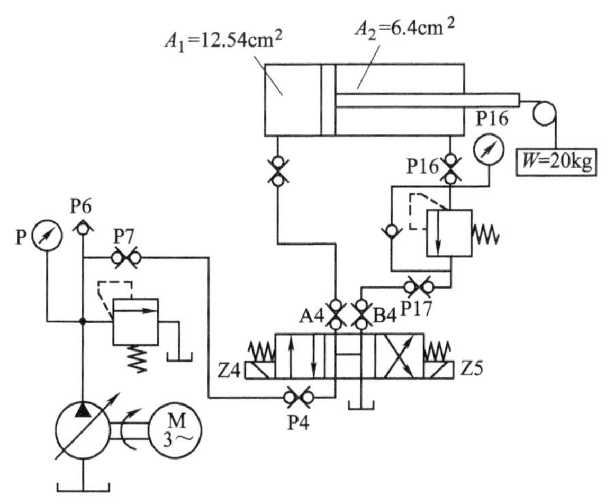

实训图 2-6　平衡回路示意

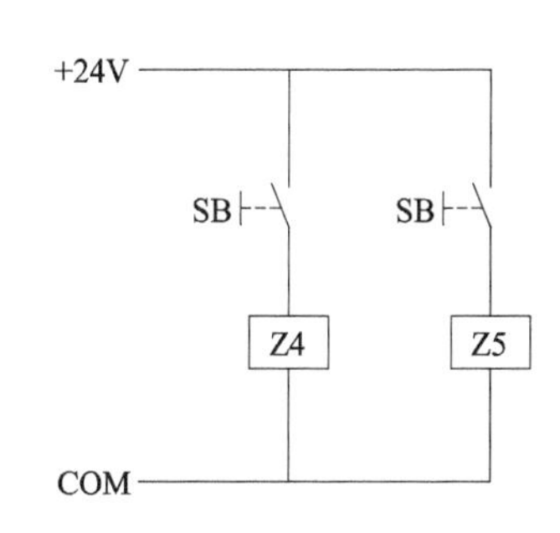

实训图 2-7　平衡回路电控示意

☞ 检查与评估

1）实验过程中，要注意观察快换接头是否存在泄漏。

2）编写试验报告，内容包括使用的液压元件、实验步骤、实验现象和总结等。

☞ 思考与练习

1. 将两个溢流阀串接在液压回路中，其组合后所限定的最压力等于（　　）。
   A. 两个溢流阀分别调定的压力之和　　B. 两个溢流阀分别调定的压力之差
   C. 两个溢流阀当中调定的最大压力　　D. 两个溢流阀当中调定的最小压力
2. 将两个溢流阀并接在液压回路中，其组合后所限定的最压力等于（　　）。
   A. 两个溢流阀分别调定的压力之和　　B. 两个溢流阀分别调定的压力之差
   C. 两个溢流阀当中调定的最大压力　　D. 两个溢流阀当中调定的最小压力
3. 具有中位卸荷机能的换向阀是（　　）。
   A. 中位 O 型　　B. 中位 M 型　　C. 中位 H 型　　D. 中位 K 型
4. 对于定值式减压阀的描述，正确的是（　　）。
   A. 减压阀为常闭型液压阀
   B. 减压阀用于调节并稳定其出口压力
   C. 减压阀的进口压力产生波动时，出口压力也随之波动
   D. 减压阀的出口压力总是小于进口压力

5. 对于平衡阀的描述，不正确的是（　　）。

A. 平衡阀可使液压缸回油路产生背压

B. 平衡阀可使液压缸活塞杆停留在任意位置

C. 平衡阀具有一定的保压功能

D. 平衡阀只能安装在液压缸小腔的油口油路

6. 在液压锁保压回路中，换向阀的中位机能常常采用（　　）。

A. 中位 O 型　　B. 中位 M 型　　C. 中位 H 型　　D. 中位 K 型

任务2.3　流量控制回路的组建

☞ 任务描述

根据要求组建流量控制回路。

☞ 学习目标

1）掌握流量控制液压回路组建的方法。

2）能够按要求组建液压回路。

☞ 信息收集

一、知识准备

1）掌握节流阀、调速阀、单向节流阀和单向调速阀的工作原理。

2）掌握液压回路的连接方法。

二、参考资料

液压实训台使用说明书。

☞ 计划与实施

一、设备与器材

液压实训台、溢流阀、节流阀、调速阀、单向节流阀、单向调速阀、三位四通电磁阀、二位二通电磁阀、液压缸、连接液压管路、连接导线等。

二、注意事项

1）完成液压回路组建后，须检查连接是正确。

2）连接好的液压回路之后，须检查各接头连接可靠后，方可起动液压泵工作。

三、组建节流阀的回油节流调速回路

1）按实训图2-8所示组建液压回路，并按实训图2-9所示连接电磁阀电路。

2）在断开P7接头的情况下，调节溢流阀（带溢流阀泵源），使得液压泵出口压力为5MPa。

3）使电磁换向阀Z5得电，液压缸活塞杆带负载上升，当上升到中间位置时，电磁换向阀Z5失电，观察液压缸活塞杆在重物的作用下，是否会下降，分析原因。

4）使电磁换向阀Z4得电，调整

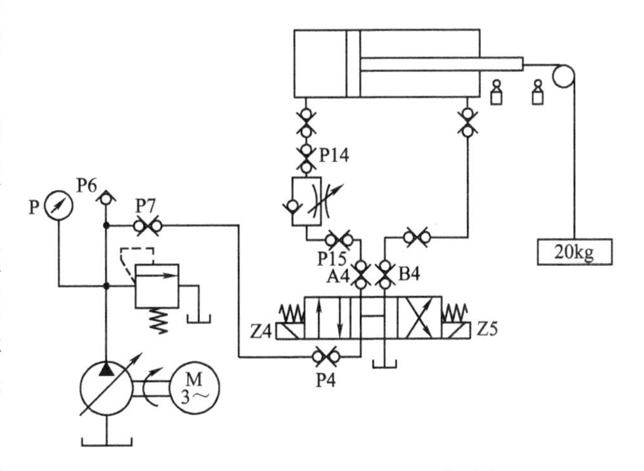

实训图2-8　回油节流调速回路示意

节流阀开度达到最大，记录在带负载和不带负载两种工况下液压活塞杆下降的全行程运动时间（液压缸行程 160mm）。

5）调整节流阀开度，分别记录液压缸运动时间，分析节流阀开度与液压缸活塞杆运动速度之间的关系。

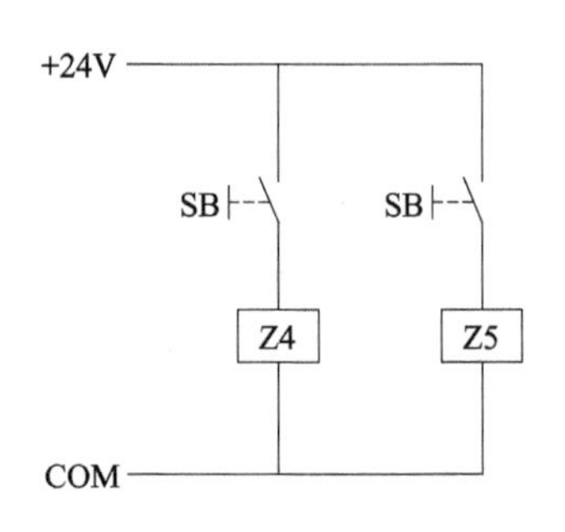

实训图 2-9 回油节流调速回路电控示意

四、组建节流阀的旁路节流调速回路

1）按实训图 2-10 所示组建液压回路，并按实训图 2-11 所示连接电磁阀电路。

2）在断开 P7 接头的情况下，调节溢流阀（带溢流阀泵源），使得 P 处的出口压力为 6MPa。

3）整节流阀开口度的大小，观察液压缸活塞杆的运动速度，并记录运动时间。

4）实验完毕，对器材进行归位，清理油渍，恢复现场。

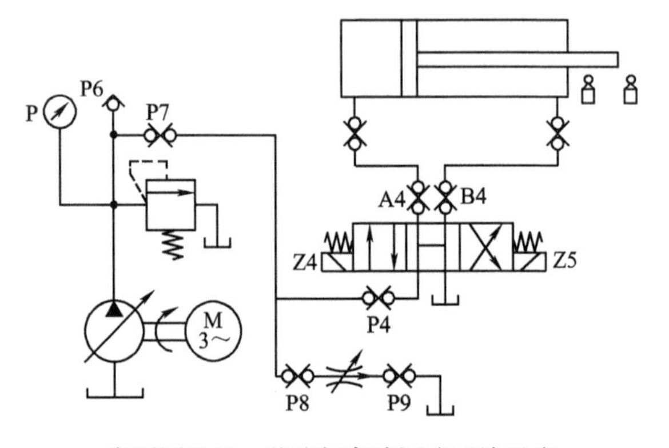

实训图 2-10 节流阀旁路调速回路示意

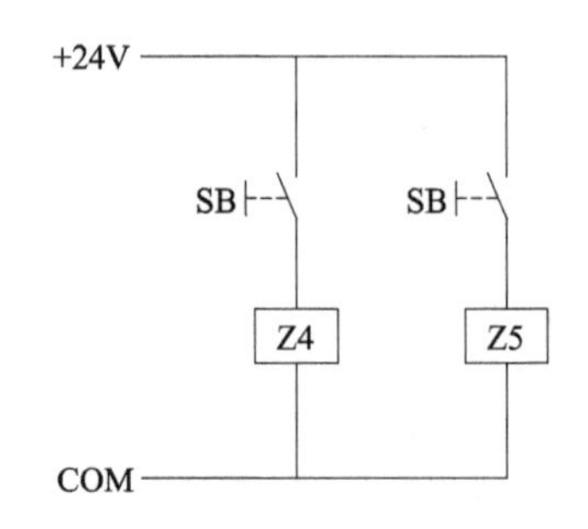

实训图 2-11 节流阀旁路调速回路电控示意

五、组建单向调速阀的旁路节流调速回路

1）按实训图 2-12 所示组建液压回路，并按实训图 2-13 所示连接电磁阀电路。

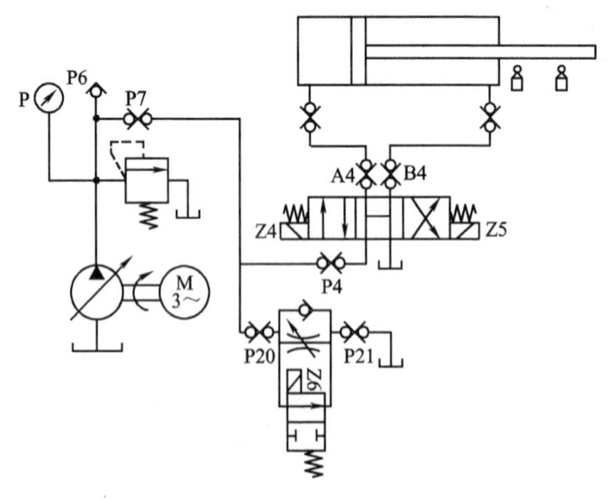

实训图 2-12 调速阀旁路节流调速回路示意

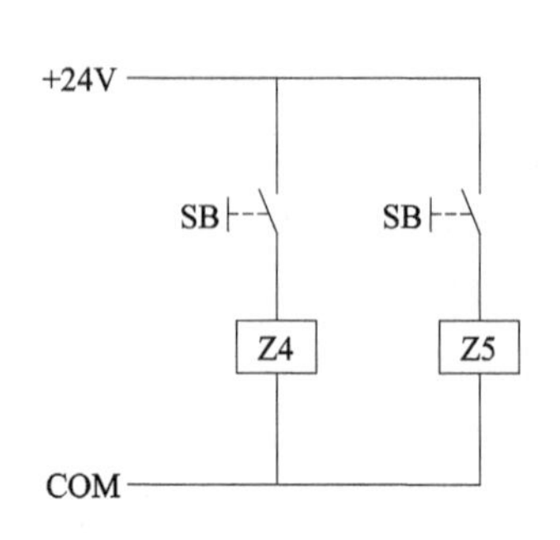

实训图 2-13 调速阀旁路调速回路电控示意

2）调节溢流阀（带溢流阀泵源），使得 P 处的出口压力为 5MPa。

3）电磁换向阀 Z5 得电，液压缸一活塞杆上升，调节节流阀和调速阀的开口量分别记录液压缸运动时间，液压缸行程 $S=160$mm。

4）实验完毕，对器材进行归位，清理油渍，恢复现场。

六、组建差动调速回路

1）按实训图 2-14 所示组建液压回路。

2）调节溢流阀（带溢流阀泵源），使得 P 的出口压力为 5MPa。

3）电磁铁 Z2 得电，Z3 得电，测量液压缸 2 活塞杆右行时间。

4）电磁铁 Z3 得电，Z2 失电（差动），测量液压缸 2 活塞杆右行时间。

5）液压缸内径 $D=40$mm，活塞杆直径 $d=28$mm，行程 $S=160$mm，比较差动和不差动连接时，活塞杆运动速度。

6）实验完毕，对器材进行归位，清理油渍，恢复现场。

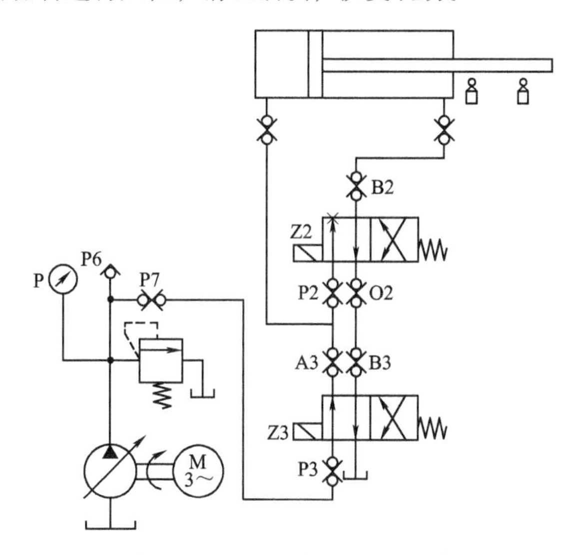

实训图 2-14　差动调速回路示意

☞ 检查与评估

1）对试验结果进行分析，看是否与理论状态相一致。

2）讨论每个液压阀在液压回路中的作用。

3）小组讨论对于所实验的液压回路满足的功能，是否还有其他的替代液压回路。

☞ 思考与练习

1. 单向节流阀具有（　　）。

A. 调节压力的作用　　B. 调节流量的作用

C. 调节排量的作用　　D. 调节压力和流量的作用

2. 液压缸活塞杆运动速度的快慢取决于（　　）。

A. 液压缸进油量或回油量的多少　　B. 液压缸进油压力的大小

C. 液压缸进油或回油流量　　D. 液压泵输出的流量

3. 液压缸差动连接是为了提高液压缸活塞杆（　　）。

A. 缩回时的作用力　　B. 伸出时的作用力

C. 缩回时的运动速度　　D. 伸出时的运动速度

4. 在节流阀的旁路节流调速回路当中，如果调大节流阀开口，则造成（　　）。

A. 液压缸活塞杆运动速度变慢　　B. 液压缸活塞杆运动速度增大

C. 液压缸活塞杆输出作用力变小　　D. 液压缸活塞杆输出作用力变大

5. 单向节流阀的功能是（　　）。

A. 液压油流过单向阀时，起调速作用　　B. 液压油流过单向阀时，不起调速作用

C. 液压油流过单向阀时，起调压作用　　D. 液压油流过单向阀时，不起调压作用

项目 3

工程机械液压系统检修

☞ 目标与要求

1）熟悉工程机械液压零部件结构与作用。
2）掌握工程机械液压零部件检修工艺与方法。
3）能够分析工程机械液压零部件失效原因。
4）能够合理规范拆装、检修工程机械液压零部件。
5）能够编写检修报告。

任务 3.1 叉车液压系统的检修

子任务 3.1.1 多路阀的拆装与检修

☞ 任务描述

从叉车上将多路阀总成拆下进行分解、检修。

☞ 学习目标

1）了解多路阀（分配阀）的结构和工作原理。

2）能够按照规范要求拆装与检修多路阀。

☞ 信息收集

一、知识准备

1）叉车多路阀的结构和工作原理。

2）拆装工具的使用规范与方法。

二、参考资料

叉车维修手册。

☞ 计划与实施

一、设备与器材

叉车、螺钉旋具、套筒扳手、内六角扳手、呆扳手、转矩扳手、铜棒、橡胶锤、接油盘、液压油、油壶、煤油或柴油、吸油纸、记号笔等。

二、任务实施

1. 多路阀总成的拆装

（1）安全操作事项

1）将叉车停放到水平地面，拉上驻车制动，货架完全落到底，熄火。

2）将接油盆放到油口下方地面上，防止拆卸油管时将残余液压油滴到地面。

3）液压系统卸压，防止拆卸油管时高压油喷出。

4）做好各个液压管路的标识。

5）拆卸油管时，先拧松油管接头，停顿 2～3s，防止系统内残余压力使液压油飞溅出来。

（2）多路阀总成拆卸

1）打开发动机舱盖。

2）用一字螺钉旋具拆卸踏板螺栓。

3）取出踏板垫、踏板、前踏板。

4）用 22mm 呆扳手拆卸倾斜液压缸油管。

5）用 27mm 呆扳手拆卸其他油管。

6）用一字螺钉旋具拧松回油管卡箍，断开回油管。

7）用 16mm 套筒和棘轮扳手拧松 3 颗固定螺栓，取下螺栓。

8）用钢丝钳取下起升操纵杆和倾斜操纵杆的销轴锁销和销轴。

9）拆下分配阀总成，并封堵液压缸各油口，避免灰尘、杂物等进入阀体内部。

2. 多路阀部件的拆解

（1）安全操作事项

1）打开多路阀各油口的封盖，将阀体中残余的液压油倒入接油盆中，然后放在支架上待液压油流净，避免液压油滴落到工作台或地面上。

2）拆卸零件时，尤其是阀体内的零件要做到干净、不划伤、不磕碰等。

3）拆下的零件规范有序摆放在工作台面上。

4）零件安装前要去除毛刺，用煤油清洗吹干或晾干，切忌用棉纱擦干。

5）多路阀的连接部位必须按规定的拧紧力矩拧紧。

（2）部件拆解　结构如实训图 3-1 所示。

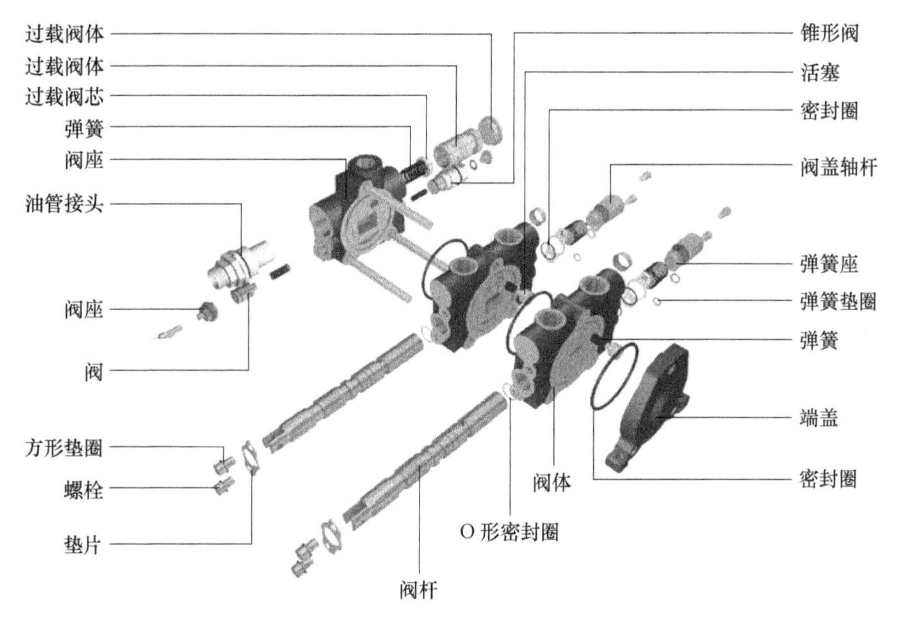

实训图 3-1　多路阀的结构

1）拆卸螺栓：将多路阀装上台虎钳，然后拧松并拆下螺杆上的螺母。

2）依次取出端盖、起升阀体和倾斜阀体。

3）用螺钉旋具拧下螺杆。

4）拆卸起升阀体：先用螺钉旋具拧开垫片的固定螺钉，取下螺钉和垫片；然后用内六角扳手拧开弹簧盖的固定螺栓，取下螺栓和弹簧盖；再用手拉出阀杆；最后用内六角扳手拧开阀杆上弹簧座的固定螺栓，取下螺栓、弹簧座、弹簧和各密封圈。

5）拆卸倾斜阀体：参照拆卸起升阀体的顺序依次拆卸。

3. 多路阀部件清洗与检查

1）将拆卸的各零件用煤油清洗，然后用压缩空气吹干或自然晾干。

2）检查各零件，如存在生锈、划痕、磨损、损坏等现象，需修复后再进行装配。

3）更换新的密封件。

4. 多路阀部件装配

（1）操作注意事项

1）零件组装前，应在装配面上均匀涂抹液压油。

2）阀杆装入阀座过程中，应边稍微来回转动，边均匀用力往里推送。

3）阀杆装入阀座之后，应用工具顶住两端来回推动，观察轴向运动是否灵活。

（2）部件组装

1）装配倾斜阀体。

2）装配起升阀体。

3）将阀座工作面向上放置在工作台上，装配螺杆。

4）依次装配倾斜阀体、起升阀体、端盖。

5）装配螺杆上的螺母，按规定的拧紧力矩拧紧。

5. 多路阀总成安装

（1）注意事项

1）防止液压油污染场地。

2）防止接错液压管路。

（2）总成安装

1）装入分配阀总成。

2）安装多路阀固定螺栓，用16mm套筒和棘轮扳手拧紧螺栓。

3）安装倾斜操纵杆和起升操纵杆的销轴、销轴上的锁销。

4）去掉油口封堵，安装各油管，按规定力矩拧紧油管接头。

5）安装踏板和踏板垫。

☞ 检查与评估

1）试机，观察液压管接头是否存在泄漏现象。

2）操纵手柄动作，观察液压力是否达到要求、液压缸动作是否正常。

☞ 思考与练习

1. 叉车多路阀的作用是（　　）。

A. 控制各个液压缸动作　　B. 控制各个液压缸的液压力

C. 控制液压泵的输出流量　　D. 控制液压泵的输出压力

2. 对于叉车多路阀的清洗，甲说可用煤油进行清洗，乙说可用柴油进行清洗。正确的说法是（　　）。

A. 只有甲说得对　　B. 只有乙说得对

C. 甲和乙都说得对　　D. 甲和乙都说得不对

3. 在安装倾斜阀两根连接液压缸的油管时，甲说两根油管可以互换倾斜阀的油口位置，乙说两根油管可以用铜管替代。正确的是（　　）。

A. 只有甲说得对　　B. 只有乙说得对

C. 甲和乙都说得对　　D. 甲和乙都说得不对

4. 零件装配时，一般均需在装配表面均匀涂抹润滑油，甲说可用机油替代液压油，乙说所涂抹的液压油应与该叉车液压系统的液压油型号相一致。正确的是（　　）。

A. 只有甲说得对　　B. 只有乙说得对

C. 甲和乙都说得对　　D. 甲和乙都说得不对

5. 对于使用转矩扳手，甲说凭手感拧紧螺栓即可，乙说严格按规定力矩拧紧。正确的说法是（　　）。

A. 只有甲说得对　　B. 只有乙说得对

C. 甲和乙都说得对　　D. 甲和乙都说得不对

子任务 3.1.2 转向器的拆装与检修

☞ 任务描述

对叉车转向器进行检修。

☞ 学习目标

1）了解转向器的结构和工作原理。

2）能够按照规范要求拆装与检修转向器。

☞ 信息收集

一、知识准备

1）转向器的结构和工作原理。

2）叉车的操作驾驶技能。

二、参考资料

叉车维修手册和维护保养手册。

☞ 计划与实施

一、设备与器材

叉车、螺钉旋具、套筒扳手、内六角扳手、呆扳手、转矩扳手、卡簧钳、铜棒、橡胶锤、接油盘、液压油、油壶、煤油或柴油、吸油纸、记号笔等。

二、任务实施

1. 转向器总成拆装

（1）安全事项

1）将叉车停放到水平地面，拉上驻车制动，货架完全落到底，熄火。

2）将接油盆放到油口下方地面上，防止拆卸油管时将残余液压油滴到地面。

3）液压系统卸压，防止拆卸油管时高压油喷出。

4）拆卸油管时，先拧松油管接头，停顿 2~3s 后再拆卸，防止系统内残余压力使液压油飞溅出来。

（2）总成拆卸

1）打开发动机舱盖。

2）用一字螺钉旋具拆卸踏板螺栓。

3）依次取出踏板垫、踏板、前踏板。

4）用 22mm 呆扳手拆卸各油管。

5）用 16mm 套筒、接杆和棘轮扳手拧松转向器固定螺栓，取下螺栓。

6）拆下转向器总成，并封堵各油口，避免灰尘、杂物等进入液压缸内部。

2. 转向器部件拆解

（1）安全操作事项

1）打开各油口的封盖，将转向器中残余的液压油倒入接油盆中，然后放在支架上待液压油流净，避免液压油滴落到工作台或地面上。

2）拆卸零件时，尤其是转向器内的零件要做到干净、不划伤、不磕碰等。

3）零件安装前要去除毛刺，用煤油清洗吹干或晾干，切忌用棉纱擦干。

4）转向器的连接部位必须按规定的拧紧力矩拧紧。

（2）零部件拆卸　结构如实训图3-2所示。

1）拆卸螺栓：将全液压转向器装上台虎钳，用梅花扳手对角拧松7颗六角螺栓；从台虎钳上取下转向器，旋转180°重新装上，用内六角扳手对角拧松4颗六角螺栓。

2）从台虎钳上取下转向器，摆放在指定位置，注意避免油液滴到工作台。

3）拆卸后盖：拆卸7颗六角螺栓，依次取出后盖、定子、转子、联动轴、隔板、阀芯组件等。

4）拆卸前盖：拆卸4颗内六角螺栓，取出前盖。

5）拆卸阀芯组件：取出拨销、阀芯、弹簧片。

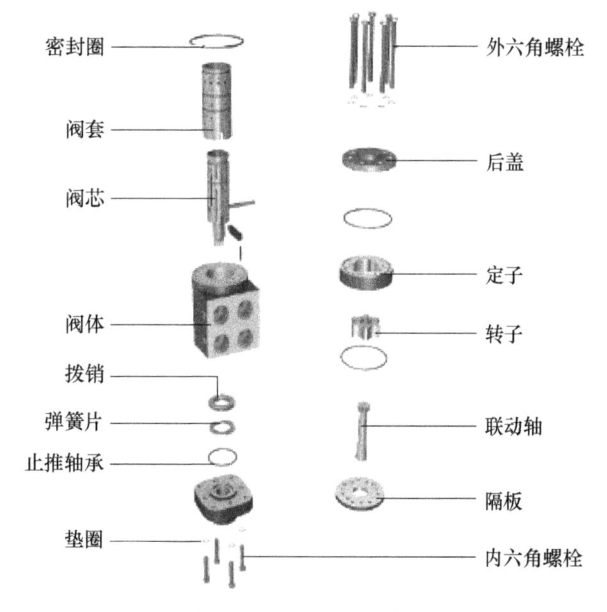

实训图3-2　转向器的结构

6）拆卸轴承、轴承座、钢球、密封圈等。

3. 转向器零部件部件清洗、保养和检修

1）将拆卸的各零件用煤油清洗吹干或晾干。

2）检查各零件，如存在生锈、划痕、磨损等现象，需修复后再进行装配。

3）更换新的密封件。

4. 转向器零部件装配

1）装配阀芯组件。

2）将阀芯组件装入阀体，装配止推轴承组件和前盖。

3）装配钢珠。

4）装配后盖、转子、定子、联动轴等。

5）装配螺栓，按规定的拧紧力矩拧紧。

5. 转向器总成装配

1）装入2颗转向器固定螺栓。

2）装入转向器。

3）用螺栓固定转向器。

4）用手带上另外2颗螺栓。

5）使用16mm套筒、接杆和棘轮扳手拧紧转向器固定螺栓。

6）去掉油口封堵，安装各油管，按规定力矩拧紧油管接头。

7）安装踏板和踏板垫。

8）关闭发动机罩。

☞ 检查与评估

1）总成装配后须检查液压连管是否正确。

2）试机，观察液压管接头是否存在泄漏现象。

3）操纵手柄动作，转动方向盘，观察叉车转向动作是否正常。

☞ 思考与练习

1. 甲说转向器内的换向阀属于滑阀结构，乙说转向器内的换向阀属于转阀结构。说法正确的是（　　）。

A. 只有甲说得对　　B. 只有乙说得对

C. 甲和乙都说得对　　D. 甲和乙都说得不对

2. 甲说转向器的定子与转子组件实现液压马达的功能，乙说转向器的定子与转子组件实现液压泵的功能。说法正确的是（　　）。

A. 只有甲说得对　　B. 只有乙说得对

C. 甲和乙都说得对　　D. 甲和乙都说得不对

3. 甲说转向器的止推轴承主要承受轴向力，乙说转向器的止推轴承主要承受径向力。说法正确的是（　　）。

A. 只有甲说得对　　B. 只有乙说得对

C. 甲和乙都说得对　　D. 甲和乙都说得不对

4. 甲说转向器的阀芯磨损可能会导致输出压力变小，乙说转向器的阀芯与阀套本就是间隙配合，阀芯磨损也不会影响其输出压力的变化。说法正确的是（　　）。

A. 只有甲说得对　　B. 只有乙说得对

C. 甲和乙都说得对　　D. 甲和乙都说得不对

5. 甲说转向器阀芯与阀套相对旋转角度的大小跟叉车方向盘旋转角度的大小成正比；乙说方向盘旋转时，转向器的阀芯和阀套都不转动，只有转子在转动。说法正确的是（　　）。

A. 只有甲说得对　　B. 只有乙说得对

C. 甲和乙都说得对　　D. 甲和乙都说得不对

叉车门架升降缓慢的故障诊断与排除

叉车门架倾斜无动作的故障诊断与排除

叉车转向缓慢无力的故障诊断与排除

叉车工作装置液压系统压力过低的故障诊断与排除

任务 3.2 平地机液压系统的检修

子任务 3.2.1 液压油的更换

☞ 任务描述

车主反映，平地机在操作过程中，出现比较严重的振动、爬行等现象。该平地机已经使用了 2 年，大概工作 4000h，液压油受到严重污染，造成液压系统工作异常。维修人员建议更换液压油。请按规范对液压油进行更换。

☞ 学习目标

1）掌握液压油更换方法。

2）能按规范要求更换液压油及滤芯。

☞ 信息收集

一、知识准备

1）掌握液压油的种类，并能合理选用液压油的品种和规格。

2）掌握液压油的污染及控制。

3）了解液压油安全技术规范和环境保护相关法规。

二、参考资料

液压油的更换工艺文件。

☞ 计划与实施

一、设备与器材

平地机、呆扳手、套筒扳手、内六角扳手、转矩扳手、磁力棒、滤芯扳手、液压油、漏斗、清洗液、抹布等。

二、任务实施

1. 更换液压油

使用到规定的工作小时后换油。此外，还有两种特殊情况必须更换液压油，即修理或污染环境严重时取一滴样品滴在过滤纸或吸墨纸上，若几小时以后周围留下明显的黑斑，此时，若不更换液压油就会损害液压系统。液压油箱结构如实训图 3-3 所示。

1）铲刀落地，推土板升到顶。

2）熄灭发动机，扳动操纵杆将推土板落地。

3）油箱放气。

4）把油箱底部的放油螺塞 5 拧下，使油流入一个容器中，待油流尽后拧紧螺塞（在螺母处接上软管，控制排油）。

5）打开回油过滤器 1，加入规定的液压油，油位应达到油位指示器 2 的中位。

6）装上回油过滤器 1。

7）起动发动机，操作所有作业装置的操纵杆，使操纵杆大距离反复运动，这样就可以给液压系统充满液压油并排掉气体，同时将液压系统全部充满液压油。

8）将所有作业装置置于地面，熄灭发动机，给油箱放气。

9）如有必要，再从回油过滤器 1 处加油，使油位升至油位指示器 2 中位。此时油箱中的油量约为 80L。

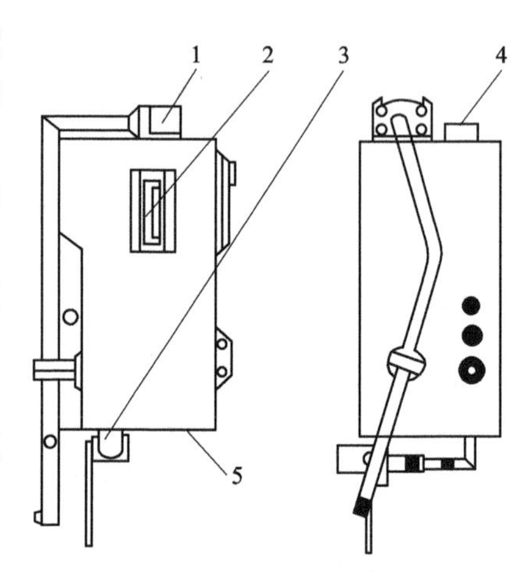

实训图 3-3 液压油箱结构

1—回油过滤器 2—油位指示器 3—球阀
4—空气过滤器 5—放油螺塞

2. 检查油位

1）发动机熄火，作业装置落地时，油位必须在观察玻璃中位。

2）必要时，添加规定的液压油。

3. 更换吸油过滤器滤芯

1）拧松紧固件，拆下盖板。

2）油箱放气。

3）拧松过滤器盖。

4）整个取出过滤器芯筒和压盖。

5）拔出开口销，拧下槽形螺母，从支座上取出弹簧座、压簧和滤芯。

6）清洗磁铁和支座。

7）换新滤芯，按相反程序重新装好。

注意：安装时，要换新开口销。检查过滤器支座处的密封圈。必要时更新，固定新滤芯时，要确保与支座装平、贴合。将整个过滤器重新装进油箱时，必须小心，不得损伤支座的密封圈，细心地拧紧过滤盖。

☞ 检查与评估

1）更换完毕，进行油位检查，油量损耗时，检查漏损和密封情况。

2）分组讨论，互评本小组每个成员的工作表现，并分析工作分工是否合理。

3）分组讨论，总结出在操作过程中有哪些注意事项，哪些操作容易出错。

4）在总结实践操作经验的基础上，每个小组编写一份更换液压油的操作说明书。

☞ 思考与练习

1. 在液压设备现场维护中，如何鉴别液压油的污染情况？
2. 液压油污染有哪些危害？
3. 为什么更换的液压油必须经过过滤器才能进入油箱？
4. 请简述更换液压油的步骤？

子任务 3.2.2 液压油管的更换

☞ 任务描述

车主反映，平地机的前车架到前轮倾斜液压缸之间的胶管出现局部隆起的现象，本台平地机已经使用了2年，大概工作2000h，液压胶管在高压状态下工作，并长期暴露在室外，造成液压胶管局部鼓包。维修人员建议更换液压胶管。请按规范对橡胶软管进行更换。

☞ 学习目标

1）能识别并找到平地机各种类型的液压油管。

2）能按要求更换液压油管。

☞ 信息收集

一、知识准备

1）掌握液压油管的类型，并能合理选用液压油管及管接头。

2）掌握液压油管的更换条件。

3）了解液压油管安全技术规范和环境保护相关法规。

二、参考资料

液压油管的更换工艺文件。

☞ 计划与实施

一、设备与器材

橡胶软管、橡胶带、呆扳手、磁力棒、油盆、液压油、清洗液、20%硫酸或盐酸、5%~10%的苏打水、防锈液、抹布等。

二、注意事项

1）要保持工作环境清洁，操作人员注意自己的衣服和鞋子，一定用浅色不掉纤维的工作服和胶底的鞋子。

2）清洗时应该使用干净的布或刷子，不得使用棉绒或者容易脱毛的材料。

3）拆下液压油管时，要严防杂质落入油管中。

4）使用转矩扳手按规定力矩分2~3次拧紧螺纹件。

三、任务实施

1. 更换液压油管

1）将工作装置停放在地面上的安全位置，然后设备停机。

2）用脱脂擦布将要拆卸的橡胶管、管接头及其附近部位的油污擦拭干净，如实训图3-4所示。

3）先拆卸橡胶管较高位置的管接头（实训图3-5），用油堵堵住与管接头连接的油口。

4）再拆卸橡胶管较低位置的管接头，用油堵堵住与管接头连接的油口。

5）将新橡胶管装上，先装较低部位的管接头，再装较高部位的管接头。拧紧接头螺母时应一手握住橡胶管，一手用扳手拧紧，防止橡胶管扭曲；同时两边接头螺母的拧紧力矩要一致。

6）实训完毕，将设备停放原处，并收拾整理工具，搞好清洁卫生。

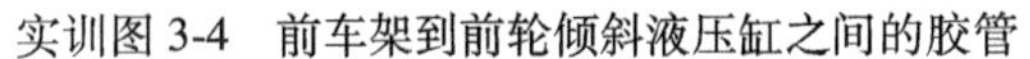

实训图 3-4 前车架到前轮倾斜液压缸之间的胶管

实训图 3-5 胶管较高位置

2. 油管安装的技术要求

1）油管在安装前要进行清洗。一般先用 20%硫酸或盐酸进行酸洗，然后用 5%～10%的苏打水中和，再用清水冲洗干净，进行干燥，最好涂上防锈液，以防生锈。做 2 倍于工作压力的预压试验，确认合格后才能安装。

2）管路应尽量短，横平竖直，转弯少。为避免管路皱折，以减少管路压力损失，硬管装配时的弯曲半径要足够大。管路悬伸较长时，要适当设置管夹。

3）管路应在水平和垂直两个方向上布置，尽量避免交叉，避免与坚硬的部件发生摩擦，平行管间距要大于 10mm，以防止接触振动，同时也便于安装管接头。

4）软管直线安装时要有 30%左右的余量，以适应油温变化、受拉和振动的需要。弯曲半径要大于软管外径的 9 倍，弯曲处到管接头的距离至少等于外径的 6 倍。

☞ 检查与评估

1）更换完毕，进行油管检查，油量损耗时，检查漏损和密封情况。

2）分组讨论，互评本小组每个成员的工作表现，并分析工作分工是否合理。

3）分组讨论，总结出在操作过程中有哪些注意事项，哪些操作容易出错。

4）在总结实践操作经验的基础上，每个小组编写一份更换液压油管的操作说明书。

☞ 思考与练习

1. 液压系统常用的油管有哪几种类型？工程机械中常用哪种油管？
2. 在液压设备现场维护中，如何鉴别液压油管的损坏情况？
3. 液压油管损坏会有哪些危害？
4. 请简述更换液压油管的步骤。

任务3.3 装载机液压系统的检修

子任务3.3.1 分配阀的拆装与检修

☞ 任务描述

车主反映，装载机在运用过程中，工作装置动作缓慢，液压系统工作异常。维修人员建议将液压分配阀拆解下来进行清洗、检查。请按规范对分配阀进行拆装和检查。

☞ 学习目标

1）进一步了解分配阀的结构及工作原理。

2）能按规范要求对分配阀进行检修。

☞ 信息收集

一、知识准备

1）掌握分配阀的结构和工作原理。

2）识读DF32多路分配阀的机械装配图。

3）了解液压油安全技术规范和环境保护相关法规。

二、参考资料

DF32多路分配阀维修手册、DF32多路分配阀拆装与检修工艺文件等。

☞ 计划与实施

一、设备与器材

装载机DF32多路分配阀总成、呆扳手、套筒扳手、内六角扳手、转矩扳手、铜棒、内径千分尺、外径千分尺、游标卡尺、塞尺、油盘、液压油、清洗液等。

二、注意事项

1）拆解分配阀总成前应将内部的液压油排出。

2）清洁液压元件应该使用干净的刷子，不得使用棉绒或者容易脱毛的材料。

3）拆解零部件时，注意记住安装方向，以防在组装时出现安装位置、安装方向错误的现象。

4）紧固件需用转矩扳手按规定力矩分2~3次拧紧。

三、任务实施

1. 外观维护与检查

1）将分配阀总成吊放在工作台或安装在工作台上。

2）清理分配阀总成表面的污染物、油渍、锈垢等。

3）检查分配阀总成外表面油漆，以及壳体、油口等是否有损伤、裂纹、刮划等。

4）拆下进、出油口的堵头，将分配阀总成内部的液压油排放干净。

5）用记号笔在阀体与阀杆的装配面上做好标记。

2. 分配阀的拆解

装载机 DF32 多路分配阀的结构组成如实训图 3-6 所示。主要拆卸步骤如下：

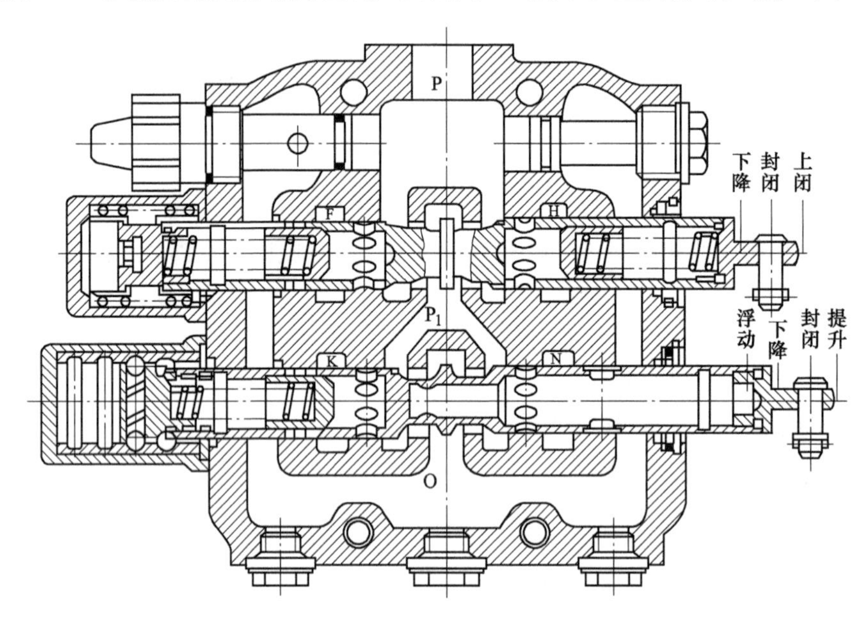

实训图 3-6 装载机 DF32 多路分配阀的结构

1） 整体拆下溢流阀总成。

2） 拆卸动臂滑阀的端盖，取出定位钢球和弹簧。

3） 整体抽出动臂滑阀阀杆总成。

4） 拆卸转斗滑阀的端盖。

5） 分解拆卸下来的总成件（所有零件必须按次序放置在油盘中且不得混放）。

3. 零部件的检查

对分解的零部件用专门的清洗剂或柴油进行清洗，吹干或晾干后检查表面是否有刮划、磨损、起毛、点蚀、损坏等现象，检查零件之间的配合间隙是否符合要求。

4. 分配阀的组装

组装分配阀时的操作与拆解时的步骤基本相反。组装前，应在内装的零部件表面喷涂液压油。螺纹件需用转矩扳手按规定力矩分步拧紧。

分配阀组装后，须到专用试验台上测试后才能使用。

☞ 检查与评估

1） 组装完毕，按照维修手册要求对液压分配阀进行功能试验和性能测试。

2） 分组讨论，互评本小组每个成员的工作表现，并分析工作分工是否合理。

3） 分组讨论，总结出在操作过程中有哪些注意事项，哪些操作容易出错。

☞ 思考与练习

1. 批量生产多路阀时，保证阀杆与阀体孔的配合间隙的方法是（　　）。

A. 配研　　B. 选配　　C. 简单选配　　D. 随便配合

2. 多路阀出现严重内泄漏的现象，可能原因是（　　）。

A. 阀杆受热膨胀　　B. 阀孔出现了圆周形的严重划伤

C. 缸体孔被严重轴向划伤　　D. 密封圈老化

3. 换向阀阀杆上的小环形槽的主要作用是（　　）。

A. 匀压　　B. 卸荷　　C. 溢流　　D. 防泄漏

子任务 3.3.2 流量放大阀的拆装与检修

☞ 任务描述

车主反映，装载机在运用过程中，转向无力、转向时有时无，造成转向系统工作异常。维修人员建议将流量放大阀拆解下来进行清洗、检查。请按规范对流量放大阀进行拆装和检查。

☞ 学习目标

1）进一步了解流量放大阀的结构和工作原理。

2）能按规范要求检修流量放大阀。

☞ 信息收集

一、知识准备

1）掌握流量放大阀的结构和工作原理。

2）识读流量放大阀的机械装配图。

二、参考资料

ZLF32 流量放大阀维修手册、ZLF32 流量放大阀拆装与检修工艺文件等。

☞ 计划与实施

一、设备与器材

ZLF32 流量放大阀总成、呆扳手、套筒扳手、内六角扳手、转矩扳手、铜棒、内径千分尺、外径千分尺、游标卡尺、塞尺、油盘、液压油、清洗液等。

二、任务实施

1. 外观维护与检查

1）清理流量放大阀总成表面的污染物、油渍、锈垢等。

2）检查流量放大阀总成外表面油漆，以及壳体、油口等是否有损伤、裂纹、刮划等。

3）拆下进、出油口的堵头，将流量放大阀总成内部的液压油排放干净。

4）用记号笔在阀体与后盖的装配面上做好标记。

2. 流量放大阀的拆解

ZLF32 流量放大阀总成的结构组成如实训图 3-7 所示。主要拆卸步骤如下：

1）拆卸螺栓，取下前、后阀盖及 O 形密封圈。

2）拆卸后盖上溢流阀螺塞、弹簧座、弹簧及锥阀芯和阀座。

3）拆卸放大阀阀杆；拆卸复位弹簧、弹簧座及调整垫片。

4）拆卸流量控制阀的螺塞、密封垫圈、复位弹簧、阀芯及调整垫片。

5）拆卸梭阀阀芯，取下 O 形密封圈及挡圈。

3. 零部件的检查

1）对分解的零部件用专门的清洗剂或柴油进行清洗，吹干或晾干后检查表面是否有刮

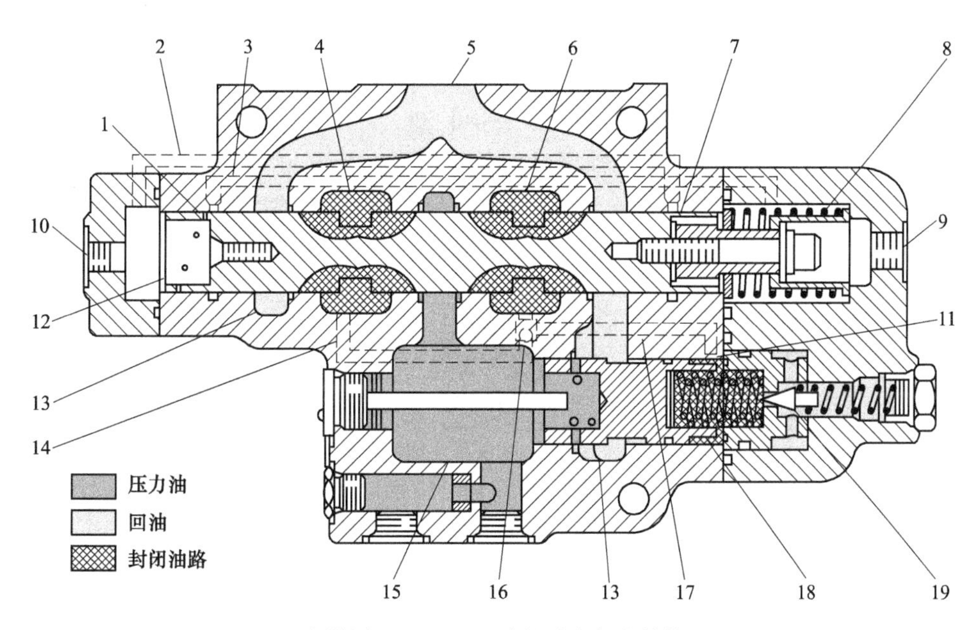

实训图 3-7　ZLF32 流量放大阀的结构

1—计量节流孔　2、3、14、17—通道　4—出口（至左转向缸）　5—出口（至油箱）
6—出口（至右转向缸）　7—计量节流孔　8—复位弹簧　9、10—先导进出油口　11—节流孔　12—阀杆
13—回油通道　15—进口（至转向泵）　16—梭阀　18—流量控制阀　19—安全阀

划、磨损、起毛、损坏等现象。

2）阀体类零件：阀体表面无裂纹，阀孔内无划伤，磨损不超差，与阀套的配合间隙符合要求，密封面无腐蚀、划伤、变形。

3）阀芯类零件：表面无划伤、点蚀，磨损不超差，与阀套的配合间隙符合要求。

4）弹簧类零件：无弯曲、扭曲变形，无裂纹、断裂现象，自由长度不超差。

5）密封件：无老化、腐蚀、划伤、变形、断裂现象，条件允许则全部更换。

6）其他零件：螺栓螺纹损伤不超两牙，垫片不得缺失，端盖无裂纹，密封面无腐蚀、划伤、变形。

4. 流量放大阀的组装

组装流量放大阀时的操作与拆解时的步骤基本相反。组装前，应在内装的零部件表面喷涂液压油。螺纹紧固件需用转矩扳手按规定力矩分步拧紧。

☞ 检查与评估

1）组装完毕，按照维修手册要求对流量放大阀进行功能试验和性能测试。

2）分组讨论，总结出在操作过程中有哪些注意事项，哪些操作容易出错。

☞ 思考与练习

一、问答题

1. ZLF32 流量放大阀由哪几部分组成？它有几种类型？

2. ZLF32 流量放大阀中的溢流阀是起什么作用的？

二、单项选择题

1. ZLF32 流量放大阀的类型是（　　）。

   A. 插装式　　B. 优先型　　C. 开中心型　　D. 负荷传感式

2. ZLF32 流量放大阀出现严重内泄漏的现象，可能原因是（　　）。

   A. 阀芯受热膨胀　　B. 阀芯出现了圆周形的严重划伤

   C. 阀芯被严重轴向划伤　　D. 密封圈老化、划伤

装载机分配阀
拆装与检修

装载机流量放大阀
拆装与检修

装载机转向器
拆装和检修

任务 3.4　挖掘机液压系统的检修

子任务 3.4.1　主泵的拆装与检修

☞ 任务描述

工厂要实施挖掘机液压泵再制造。请按规范对 K3V112DT 型液压泵进行拆装和检查。

☞ 学习目标

1）进一步理解液压泵的结构和工作原理。

2）能够按照规范要求拆装液压泵。

3）能够根据要求检测主泵零部件质量。

☞ 信息收集

一、知识准备

1）掌握主泵的结构和工作原理。

2）了解 K3V112DT 型液压泵的拆装规范。

二、参考资料

K3V112DT 型液压泵维修手册、K3V112DT 型液压泵拆装与检修工艺文件等。

☞ 计划与实施

一、设备与器材

K3V112DT 型液压泵总成、呆扳手、内六角扳手、转矩扳手、磁力棒、橡胶锤、内径百分表、外径千分尺、游标卡尺、高度游标卡尺、塞尺、油壶、液压油、润滑脂、清洗液、抹布等。

二、注意事项

1）拆解液压泵总成前应将内部的液压油排出。

2）清洁液压元件应该使用干净的布或刷子，不得使用棉绒或者容易脱毛的材料。

3）拆卸下来的前、后泵零件应当分开来放，避免混装。

4）零部件安装表面尽量不要贴靠工作台面摆放，以免安装面粘上污染物或表面发生刮划。

5）使用转矩扳手按规定力矩分 2~3 步拧紧螺纹件。

三、任务实施

1. 外观维护与检查

1）将液压泵总成吊放工作台架上。

2）拆卸泄油口螺塞，将液压泵内部的液压油排放干净。

3）清理液压泵总成表面的污染物、油渍、锈垢等。

4）检查液压泵总成外表面油漆，以及壳体、油口等是否有损伤、裂纹、刮划等。

2. 液压泵的拆解

K3V112DT 型液压泵的组成如实训图 3-8 所示。它主要由前泵 7、中间体 4、后泵 2、先导泵 1、前泵调节器 6、后泵调节器 3 和电磁比例减压阀 5 等组成。一般的拆解顺序是先拆卸电磁比例减压阀和前、后泵调节器，然后分离先导泵、前泵和后泵。

实训图 3-8 K3V112DT 型液压泵

1—先导泵 2—后泵 3—后泵调节器 4—中间体 5—电磁比例减压阀 6—前泵调节器 7—前泵

1）将液压泵水平放置在工作台面上，用记号笔分别在装配体外表面做好标记。

2）整体拆下电磁比例减压阀，取下表面的密封圈，用磁力棒分别取出两个短单向阀。

3）整体拆下前、后泵调节器和先导泵。由于先导泵的壳体为铝合金材料，在拆解过程中要防止用力过大而受损。

4）分离前泵。

① 拧下 4 颗安装螺钉后，将后泵从中间体中分离出来。在从中间体分离前泵之前，先要拆卸前泵轴承盖。用扳手拧下轴承盖的 4 颗安装螺钉后，将其中的 2 颗旋入轴承盖上的起拨孔，将轴承盖从斜盘支承座中顶起分开后，再将其取下来。

② 分别取下中间体安装面上的两个长单向阀、密封圈和配流盘。一定要注意长单向阀和配流盘的安装方向，以免安装时出现装反的情况。

③ 整体取出缸体与柱塞组件。取出组件的过程中，应当避免柱塞从缸体孔中散落出来。

④ 分离九孔板与柱塞组件。由于主泵在运用过程中，各个柱塞与缸体孔磨损程度有差别，所以不允许互换装配。在取出组件前，要先在柱塞与缸体之间做好标记。

⑤ 分别取下球形衬套、缸体弹簧、驱动轴、斜盘和滑靴板。

⑥ 分离前泵斜盘支承座。用橡胶锤轻轻地左右均衡敲打支承座，使其与前泵壳体分离开来。

至此，前泵拆解完毕。

5）分离后泵。拆卸后泵零件的顺序、方法与拆卸前泵基本相同，在此不再重述。

3. 清洁

零部件拆解下来之后，要进行分类浸泡和清洗，然后利用压缩空气吹干。清洗的方法有超声清洗、煮洗、擦洗、振动清洗和喷洗等。对于少量零件，常用的简单清洗方法是将零件放入柴油或者煤油中，用棉布或毛刷清洗。可以分别按精密零件、一般零件、漆面零件等进行分类清洗。

4. 零部件的检查

1）目视检查零部件表面是否存在刮划、磨损、起毛、损坏等现象。

2）对易损件按表 3-1 所示的项目和实训图 3-9、实训图 3-10 所示的部位进行检测。

表 3-1 主泵零部件检测与修理标准参考值

项 目	标准值/mm	极限值/mm	超限处理方法
柱塞与缸体孔的间隙（$D-d$）	0.039	0.067	更换柱塞或缸（泵）体
柱塞球头与滑靴的配合间隙（δ）	0~0.1	0.3	更换柱塞与滑靴组件

（续）

项　　目	标准值/mm	极限值/mm	超限处理方法
滑靴圆台的厚度（t）	4.9	4.7	更换柱塞与滑靴组件
缸体弹簧的自由高度（L）	41.1	40.3	更换弹簧
九孔板与球形衬套的高度（$H-h$）	12.0	11.0	更换九孔板或球形衬套

① 柱塞与缸体内孔的间隙。使用内径百分表测量缸体孔的内径 D，使用外径千分尺测量柱塞外径 d，然后计算外径与内径的差值，即得到间隙（$D-d$）。

② 柱塞球头与滑靴的间隙。将柱塞夹持在测量平台上方，使滑靴处于垂直自由状态，滑靴底部与测量平台之间留有一定的间隙。利用塞尺分别测量滑靴处于自由和往上压紧两种状态的间隙值，两值相减即是间隙 δ。

实训图 3-9　柱塞球头与滑靴间隙测量方法

③ 滑靴厚度。利用游标卡尺测量滑靴工作面圆台厚度 t。

④ 缸体弹簧的自由高度。利用游标卡尺或高度游标卡尺测量弹簧处于自由状态时的高度 L。

⑤ 九孔板与球形衬套的高度（$H-h$）。利用游标卡尺测量球形衬套翼板厚度 h，利用高度游标卡尺测量球形衬套与九孔板之间的相对高度 H，两者相减，即得到高度（$H-h$）。

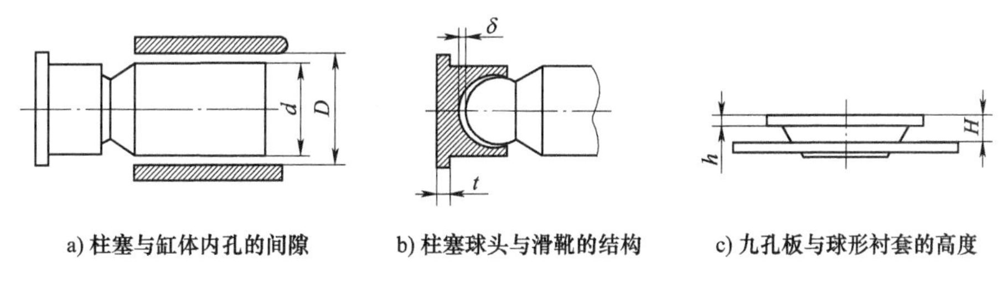

a) 柱塞与缸体内孔的间隙　b) 柱塞球头与滑靴的结构　c) 九孔板与球形衬套的高度

实训图 3-10　主泵易损件装配关系及尺寸

5. 液压泵的组装

液压泵的组装顺序与拆卸顺序基本相反。应先组装先导泵、后泵、前泵，然后再组装调节器和比例减压阀。组装前，应当在零件配合表面涂抹液压油。

1）组装先导泵。

2）组装后泵。

① 安装后泵斜盘支承座。使用橡胶锤左、右轻轻敲打斜盘支承座外侧，将其完全装入后泵壳体的装配面。

② 安装滑靴板。将滑靴板装入斜盘，滑靴板是有方向的，表面粗糙度低的一面与斜盘贴合。

③ 安装斜盘与滑靴板组件。将组件送入壳体内，让斜盘上方的拨动孔对正壳体内伺服柱塞的拨销并安全入位，同时斜盘滑动面完全进入斜盘支承座的滑槽内。

拨动伺服柱塞，如果伺服柱塞既能滑动，又能转动，说明斜盘并未进入滑槽；如果伺服柱塞只能滑动，说明斜盘安装正确。

④ 安装后泵驱动轴。

⑤ 安装先导泵。将先导泵与后泵连接在一起。

⑥ 安装缸体与柱塞组件。一定要将壳体水平放置，然后双手托住缸体与柱塞组件轻轻送入壳体内部。在之前，先将缸体弹簧、球形衬套、柱塞与九孔板安装好。

双手压住缸体外端部往斜盘方向稍用力挤，如果缸体能自由滑动，并且缸体端面外露高度小于10mm，说明安装正确，否则需要将缸体与柱塞组件取出重新安装。

⑦ 分别安装两个长单向阀、密封圈和配流盘。单向阀和配流盘是有方向的，安装时一定要进行确认。长单向阀的安装如实训图 3-11a 所示。

可以在密封圈和配流盘安装面上涂抹少量滑润脂，让其可靠粘贴在装配面上。

⑧ 连接泵体与中间体。双手托起泵体，左、右轻轻摇晃，让驱动轴与中间体内的花键联轴器对接，观察壳体下方的定位销是否对正中间体的定位孔。只有壳体下方的定位销进入中间体的定位孔后，才能用螺栓拧紧。

3）组装前泵。组装前泵的顺序、方法与组装后泵基本相同，在此不再重述。

4）组装短单向阀、密封圈和电磁比例减压阀。短单向阀的安装如实训图 3-11b 所示。

5）组装前、后泵调节器。

液压泵组装完毕，须向其内部注入规定量的液压油方才能试验或运转。

a) 长单向阀的安装

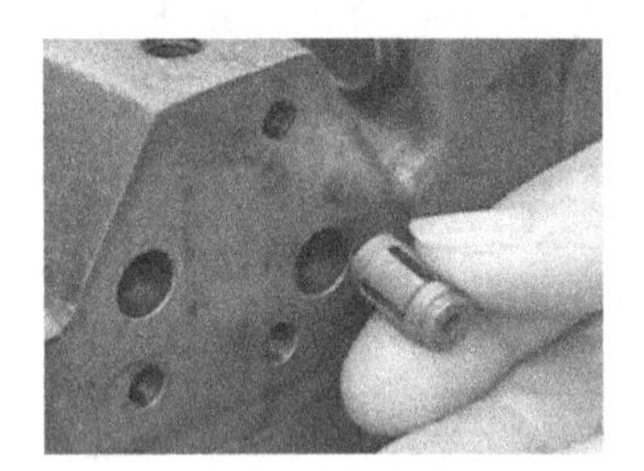

b) 短单向阀的安装

实训图 3-11　单向阀的安装方向

☞ 检查与评估

1）组装完毕，按照维修手册要求对液压泵进行功能试验和性能测试。

2）分组讨论，对工单填写内容进行分析与评议。

3）在总结实践操作经验的基础上，找出不足，提出建议。

☞ 思考与练习

1. 对于主泵进油口，甲说前、后泵共用一个外接进油口，但内部是分开的；乙说前、后泵外接进油口是分开的。正确的是（　　）。

A. 只有甲说的是对的　　B. 只有乙说的是对的

C. 甲和乙说的都不对　　D. 甲和乙说的都是对的

2. 对于滑靴厚度，甲说滑靴磨损后会使主泵的排量增大；乙说滑靴磨损后会使主泵的排量减小。正确的是（　　）。

A. 只有甲说的是对的　　B. 只有乙说的是对的

C. 甲和乙说的都不对　　　　D. 甲和乙说的都是对的

3. 如果发现某一个柱塞磨损量超标，但缸体孔尺寸合格，最好的处理方法是（　　）。

A. 更换磨损的柱塞　　　　B. 更换缸体

C. 同时更换柱塞和缸体　　　　D. 均不更换柱塞和缸体

子任务 3.4.2　行走液压马达总成的拆装与检修

☞ 任务描述

车主反映，挖掘机在运用过程中，液压油受到严重污染，造成液压系统工作异常。维修人员建议将所有液压元件拆解下来进行清洗、检查。请按规范对 GM38VL 型行走液压马达总成进行拆装和检查。

☞ 学习目标

1）进一步理解行走液压马达的结构和工作原理。

2）能够按照规范拆装行走液压马达。

3）能够根据要求检测液压马达零部件质量。

☞ 信息收集

一、知识准备

1）掌握斜盘式轴向柱塞液压马达的结构和工作原理。

2）识读 GM38VL 型行走液压马达内部液压油路工作原理图。

3）了解液压油安全技术规范和环境保护相关法规。

二、参考资料

GM38 系列行走液压马达维修手册、行走液压马达拆装与检修工艺文件等。

☞ 计划与实施

一、设备与器材

行走液压马达总成、压缩机、呆扳手、套筒扳手、内六角扳手、转矩扳手、磁力棒、铜棒、橡胶锤、钢锤、卡簧钳、内径百分表、外径千分尺、游标卡尺、塞尺、油壶、液压油、润滑脂、清洗液、抹布等。

二、任务实施

1. 外观检查

1）将行走液压马达总成吊放在工作台或安装在工作台架上，阀块位在上方。

2）清理行走液压马达总成表面的污染物、油渍、锈垢等。

3）检查行走液压马达总成外表面油漆，以及壳体、油口等是否有损伤、裂纹、刮划等。

4）拆下液压油排放螺塞，将行走液压马达总成内部的液压油排放干净。

5）用记号笔在阀块、液压马达和减速器装配面上做好标记。

2. 液压阀的拆解

行走液压马达总成分为阀体、液压马达和变速器三部分。液压阀分布在阀体外部和内部，如实训图 3-12 所示。

1）整体拆下两个行走溢流阀。拆下后对溢流阀进行分解，分别取出调压螺塞、弹簧座、调压弹簧和阀芯。两个溢流阀的零部件应该分开摆放，避免安装时混装。

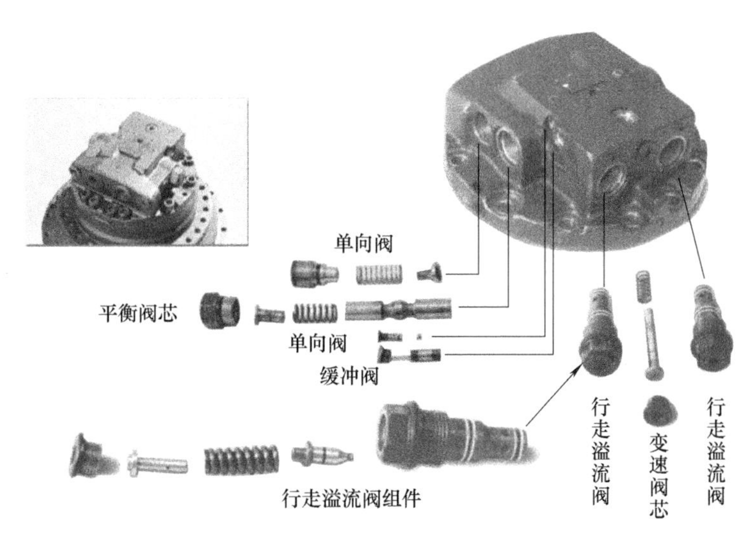

实训图 3-12 液压阀拆卸示意

2）依次拆解变速阀、平衡阀、两个补油单向阀、缓冲阀和两个缓冲单向阀。

3）分离液压马达端盖，取下液压马达端盖内部的变速单向阀。

3. 液压马达的拆解

液压马达的主要结构组成如实训图 3-13 所示，主要由制动活塞、斜盘、缸（泵）体、柱塞、停车制动摩擦片及隔片、弹簧、配流盘、变速活塞等组成。拆卸步骤如下：

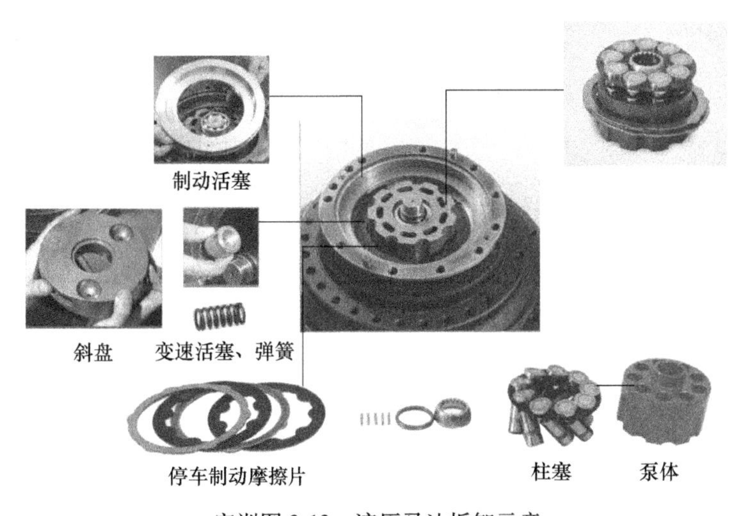

实训图 3-13 液压马达拆卸示意

1）取下制动柱塞弹簧。

2）取下配流盘和 O 形密封圈。注意配流盘的安装方向。

3）取出制动活塞。向液压马达壳体上的油口吹送压缩空气（实训图 3-14），利用压缩空气顶出制动活塞。

4）整体取下缸体与柱塞组件。转动工作台架，使液压马达轴向基本处于水平状态，避免柱塞从缸体孔中散落出来。

5）整体取出柱塞与九孔盘组件。柱塞与缸体孔具有一一对应的装配关系，一般不允许互换，所以如果要取出柱塞，一定要在柱塞和缸体上做好标记，避免在组装时出错。

6）取出停车制动摩擦片组件。摩擦片与隔片是相间装配的，注意按序摆放，不要搞混。

7）依次取出斜盘、变速活塞、弹簧、球形支承和主轴。

实训图 3-14　压缩空气吹送示意

4. 减速器的拆解

减速器的拆解需要用到专门的工具，可以只对部件进行清洗和检查，而不必进行细分解，如果确认传动件存在损伤或损坏再进行拆卸和更换。

5. 零部件的清洗

零部件拆解下来之后，要进行分类浸泡和清洗，然后利用压缩空气吹干。对于单件而言，可以将零件放入柴油或煤油中，用棉布进行清洗。

6. 零部件的检查

1）检查零部件表面是否有刮划、磨损、毛刺、损坏等现象。

2）分别按表 3-2 所列项目和实训图 3-15 所示部位检测相关参数。

表 3-2　液压马达零部件检测与修理标准参考值

项　　目	标准值/mm	极限值/mm	超限处理方法
柱塞与缸体内孔配合间隙（$D-d$）	0.032	0.060	更换柱塞或缸（泵）体
柱塞球头与滑靴配合间隙（δ）	0~0.1	0.35	更换柱塞或滑靴组件
滑靴厚度（t）	5.5	5.3	更换柱塞或滑靴组件
摩擦片厚度（s）	3.5	3.2	更换摩擦片
滑阀阀芯与阀座孔的间隙（$H-h$）	0.028	0.060	更换阀芯
各运动装配件表面粗糙度		$Ra0.8\mu m$	更换零件

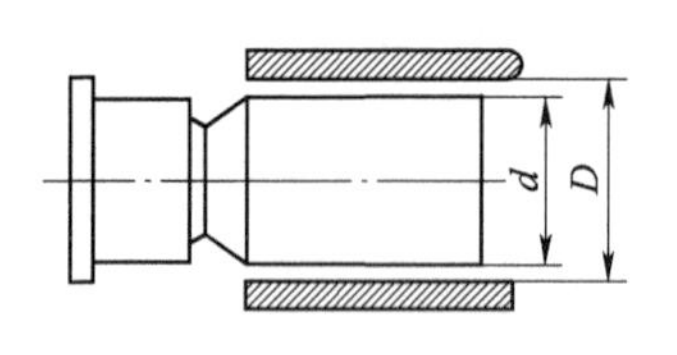

a) 柱塞与缸体内孔的间隙

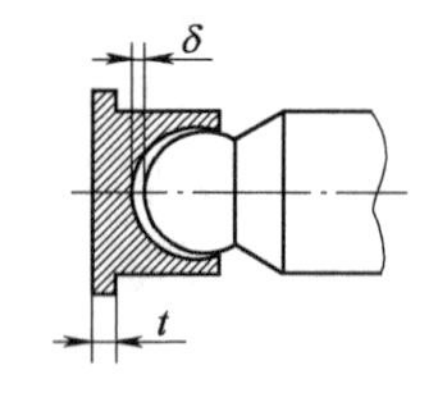

b) 柱塞球头与滑靴的结构

实训图 3-15　液压马达易损件装配关系及尺寸

表 3-2 所列项目尺寸参数选择内径百分表、外径千分尺、游标卡尺、塞尺等量具来测量。

表面粗糙度可以利用比较法进行检查，方法是将被测量表面与标有一定数值的表面粗糙度样板比较来确定被测表面的粗糙度数值，表面粗糙度值高于 $Ra1.6\mu m$ 时直接用目测，表面粗糙度为 $Ra1.6 \sim Ra0.4\mu m$ 时用放大镜，表面粗糙度值低于 $Ra0.4\mu m$ 时用比较显微镜进行辅助观察。比较时要求样板的加工方法、加工纹理、加工方向、材料与被测零件表面相同。

3）检查制动弹簧、变速柱塞弹簧和液压阀压缩弹簧的形状是否良好，刚度是否正常。

4）检查橡胶密封件是否有损伤。原则上，维修时所有橡胶密封件均需更换为新件。

7. 减速器、液压马达和阀压阀的组装

组装减速器、液压马达和液压阀时的操作与拆解时的步骤基本相反。组装前，应在内装的零部件表面喷涂液压油。螺纹件需用转矩扳手按规定力矩分步拧紧。

组装补油单向阀时，建议旋转液压马达使补油单向阀阀孔处于竖直向上位置，再分别装入单向阀阀芯、弹簧和阀体（实训图 3-16），不要用力强行拧紧单向阀的阀体。

组装配流盘、制动活塞和制动弹簧时，可以在其安装表面上涂上适量滑润脂，使其在安装过程中不会脱落下来。

行走液压马达组装后，须向液压马达内部注入规定量的液压油方才能使用。

a) 安装阀芯

b) 安装弹簧

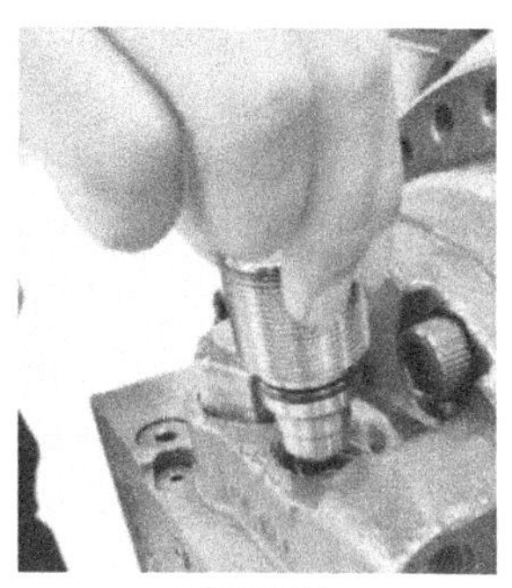
c) 安装阀体

实训图 3-16　补油单向阀的组装示意

☞ 检查与评估

1）组装完毕，按照维修手册要求对行走液压马达进行功能试验和性能测试。

2）分组讨论，总结在操作过程中有哪些注意事项，哪些操作容易出错。

3）在总结实践操作经验的基础上，每个小组编写一份行走液压马达拆装与检修操作说明书。

☞ 思考与练习

一、问答题

1. 在拆解和组装柱塞与缸体组件过程中，如何避免柱塞从缸体中散落出来？
2. 组装补油单向阀时，如何保证阀芯对中阀体孔并入位？
3. 请分析行走溢流阀属于先导式溢流阀，还是直动式溢流阀？

二、单项选择题

1. 补油单向阀由于锈垢导致阀芯与阀孔黏结在一起，最好的处理方法是（　　）。

A. 用液压油浸泡清洗　　B. 用汽油浸泡清洗

C. 用柴油浸泡清洗　　D. 用自来水浸泡清洗

2. 行走液压马达正转时正常，但是在反转时却出现缓慢无力的现象，原因可能是（　　）。

A. 其中一个进油单向阀在全开状态卡死

B. 其中一个变速单向阀在全开状态卡死

C. 其中一个行走溢流阀在全开状态卡死

D. 其中一个缓冲单向阀在全开状态卡死

3. 检修行走液压马达时，甲说每个柱塞规格尺寸是一致的，可以任意互换组装；乙说柱塞与缸体孔之间的磨损程度不一致，不可以任意互换组装。正确的是（　　）。

A. 只有甲说的是对的　　B. 只有乙说的是对的

C. 甲和乙说的都不对　　D. 甲和乙说的都是对的

挖掘机安全吸油阀

挖掘机单向阀拆装和检修

挖掘机主溢流阀拆装与检修

挖掘机滑阀拆装与检修

挖掘机回转马达拆装与检修

挖掘机回转马达阀块拆装与检修

挖掘机 GM380 行走马达拆解

挖掘机 GM380 行走马达组装

挖掘机 K3V112DT 液压泵拆解

挖掘机 K3V112DT 液压泵组装

挖掘机 K3V112DT 液压泵易损件质量检查

任务3.5 高空作业平台液压系统的检修

子任务3.5.1 液压油的更换

☞ 任务描述

一辆吉尼Z45/25J曲臂车已到保养周期（每两年或2000h，先到者为准），液压油污染严重，需更换液压油。请按规范更换液压油。

☞ 学习目标

1）熟悉液压油的保养周期。

2）能够按照规范更换液压油。

3）能够根据要求操作车辆检测是否存在泄漏。

☞ 信息收集

一、知识准备

1）了解车辆所用液压油牌号及保养周期。

2）熟悉车辆结构及工作原理。

3）熟悉液压油更换方法和规范。

4）熟悉车辆的操作方法和规范。

二、参考资料

吉尼Z45/25J维修手册。

☞ 计划与实施

一、设备与器材

吉尼Z45/25J曲臂车、提升设备、液压油、提升索、管螺纹密封胶、密封圈、呆扳手、套筒扳手、转矩扳手、磁力棒、铜棒、废油桶、塞子或堵头、记号笔、清洗液、抹布等。

二、注意事项

1）请在臂杆处于收起位置的情况下执行此步骤。

2）液压油箱截止阀处于关闭位置时，不得起动发动机，否则会造成零部件损坏。如果液压油箱阀关闭，请从钥匙开关拔下钥匙，并在机器上贴上标记以提醒其他人员注意这一情况。

3）拆卸软管总成或接头时，必须更换接头或软管端上的O形密封圈（若配备）。

4）使用转矩扳手按规定力矩分2~3步拧紧螺纹件。请参阅维修手册“第2部分，液压软管和接头转矩规格以及紧固件转矩规格”。

5）安装放油螺塞和滤网时，请务必使用管螺纹密封胶。

三、任务实施

1）拆下燃油箱，如实训图3-17所示。

实训图 3-17　液压油箱位置

2）关闭位于液压油箱的两个液压油箱阀，如实训图 3-18 所示。

3）从液压油箱拆下放油螺塞，然后将液压油箱中的液压油全部排入合适的容器。

4）在连接至液压油箱截止阀的 2 根吸油软管上做上标记，然后将其断开并塞上塞子。

5）断开连接着 2 根软管的回油过滤器上的 T 形接头，并塞上塞子。盖住回油过滤器壳上的接头。

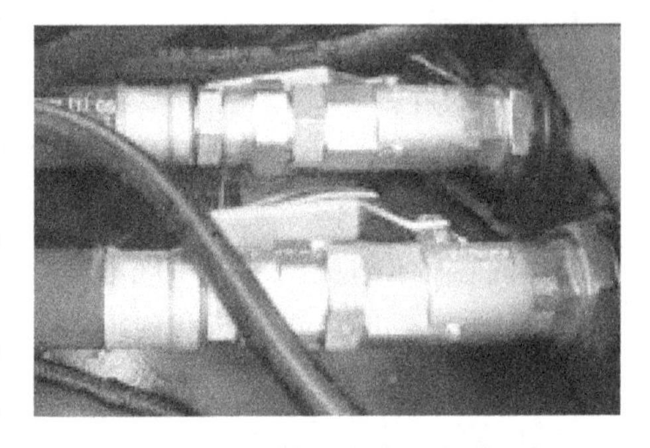

实训图 3-18　液压油箱上的截止阀

6）断开辅助泵的输油软管，并塞上堵头，堵住液压油箱上的接头。

7）使用 2 根提升索支承液压油箱。将提升索一端连接至油箱，将另一端连接至相应的提升设备。

8）松开油箱紧固件，从机器上拆下液压油箱。

9）从液压油箱拆下吸油滤网并使用柔和溶液进行清洗。

10）使用柔和溶液冲洗液压油箱内部。

11）在螺纹上涂抹管螺纹密封胶，然后安装吸油滤网。

12）在螺纹上涂抹管螺纹密封胶，然后安装放油螺塞。

13）将液压油箱安装至机器。

14）安装两根吸油软管以及辅助泵的输油软管。

15）向液压油箱中加注液压油，直至液位距观测计的顶部 5cm 以内。请勿加注过多的液压油。

16）清洁可能会溢出的液压油。

17）打开液压油箱截止阀并向液压泵注油。

18）操作所有机器功能完成一个完整的周期，并检查是否发生泄漏。

☞ 检查与评估

1）操作所有机器功能完成一个完整的周期，并检查是否发生泄漏。

2）分组讨论，互评本小组每个成员的工作表现，并分析工作分工是否合理。

3）分组讨论，总结出在操作过程中有哪些注意事项，哪些操作容易出错。

☞ 思考与练习

一、问答题

1. 为什么断开的软管或接头要用塞子塞住？

2. 液压油箱截止阀处于关闭位置时，为什么不能起动发动机？

二、判断题

1. 装配接头和软管时应根据螺纹规格设定的转矩值拧紧，否则可能漏油。（　　）

2. 拆卸软管总成或接头时，必须更换装配面上的 O 形密封圈（若配备）。（　　）

三、填空题

1. 吉尼 Z45/25 曲臂车要求____________________更换液压油，以先到者为准；在多灰尘的条件下，需要____________此程序。

2. 吉尼 Z45/25 曲臂车要求____________________进行液压油分析，在两年检查时如液压油仍未更换，则对液压油进行______________，测试不能通过时须_______________。

子任务 3.5.2 驱动液压马达的检修

☞ 任务描述

车主反映，一台捷尔杰 JLG450AJ 曲臂车在使用过程中，驱动液压马达出现漏油现象。维修人员建议拆卸驱动液压马达检修并更换油封。

☞ 学习目标

1）进一步理解驱动液压马达的结构和工作原理。

2）能够按照规范拆装驱动液压马达。

☞ 信息收集

一、知识准备

1）掌握驱动液压马达的结构和工作原理。

2）掌握驱动液压马达的拆卸和安装方法。

二、参考资料

捷尔杰 JLG450AJ 曲臂车维修保养手册。

☞ 计划与实施

一、设备与器材

驱动液压马达总成、呆扳手、内六角扳手、转矩扳手、磁力棒、橡胶锤、密封圈、游标卡尺、高度游标卡尺、塞尺、拉拔工具、油壶、液压油、润滑脂、凡士林、清洗液、抹布等。

二、注意事项

1）拆卸端盖将导致保修失效。

2）更换所有 O 形密封圈和垫圈。组装之前，用少许清洁的凡士林对 O 形密封圈进行润滑。

3）拆解过程中，用一层清洁的液压油涂抹所有移动部件，这样可以确保这些部件在起动时受到润滑。

三、任务实施

驱动液压马达为斜盘式轴向变量柱塞液压马达，包含一个伺服活塞，其结构如实训图 3-19 所示。

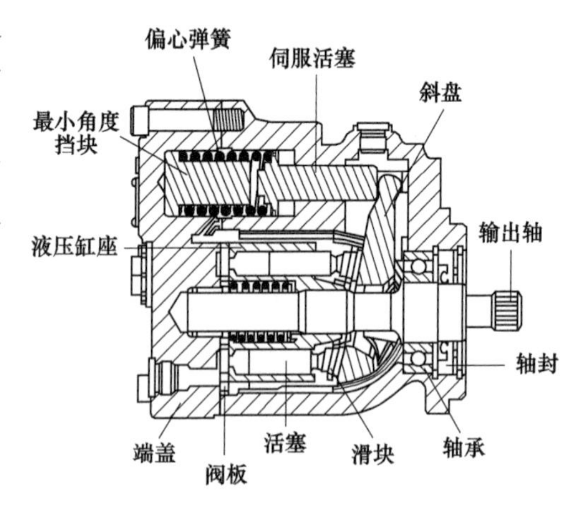

实训图 3-19 驱动液压马达结构

1. 拆卸

1）使用扳手拆卸堵头 1、2 和 3，如实训图 3-20 所示。

2）分别拆卸复原弹簧 7、8、9 和弹簧垫圈 10 和 11。

3）分别拆卸滑阀 12、拆卸节流锥阀 13。

4）从总成上拆下所有接头、O 形密封圈，如实训图 3-21 所示。

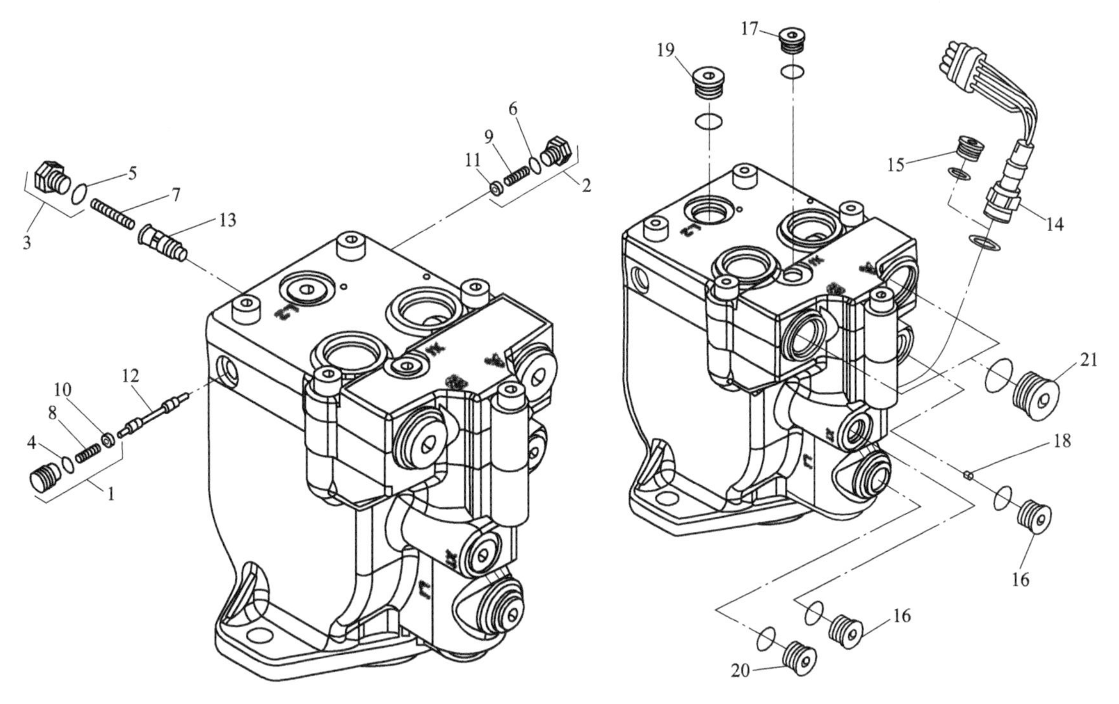

实训图 3-20　环路冲洗阀拆卸

1～3—堵头　4～6—密封圈　7～9—弹簧

10、11—弹簧垫圈　12—滑阀　13—节流锥阀

实训图 3-21　堵头、接头和速度传感器

14—螺母　15—O 形密封圈堵头　16、17—油路堵头

18—孔堵头　19、20—放油堵头　21—端口堵头

5）拆卸速度传感器总成。拆下速度传感器的位置安装有一个 O 形密封圈堵头 15 。

6）分别拆卸堵头 16、17、18、19、20 和 21。

7）分别拆卸端盖螺钉、端盖。

8）从端盖上拆下阀板和正时销。

9）拆下后轴轴承。拆卸轴承时，可以在轴承腔内塞入润滑脂。拆下轴杆后，将其插入轴承腔，并用一个软锤轻敲花键端。注意不要将轴承推到后轴颈的另一侧，否则轴承可能卡在轴杆上并受损。

10）从壳体上拆下最小角度挡块和伺服弹簧。

11）将壳体转到液压缸套件总成一侧，将其拆下。液压缸套件表面的凹槽标明了其排量。

12）将壳体翻过来，拆卸密封件。将螺钉拧入密封面，使用锤击式拉拔工具拉出轴封。

13）拆卸内卡簧和轴杆/轴承总成。

14）拆卸固定轴杆前轴承的卡簧，从轴上拉出轴承。

15）将壳体翻过来，顶起伺服杆相对的一端，拆下斜盘 22，如实训图 3-22 所示。

16）拆卸伺服活塞 23，并取入密封件。

17）从壳体上拆下轴颈轴承 26。注意确定每个轴承的位置和方向，以便重新组装。

18）拆下活塞 27 和滑块挡圈 28、滚珠导轨 29、拉紧销 30 等件，如实训图 3-23 所示。压缩液压缸座弹簧具有 350~400N 的力。使用一台足以保持该压力的压力机，尝试拆卸螺旋弹簧挡圈之前，确保弹簧固定。拆下弹簧挡圈之后，慢慢释放压力。

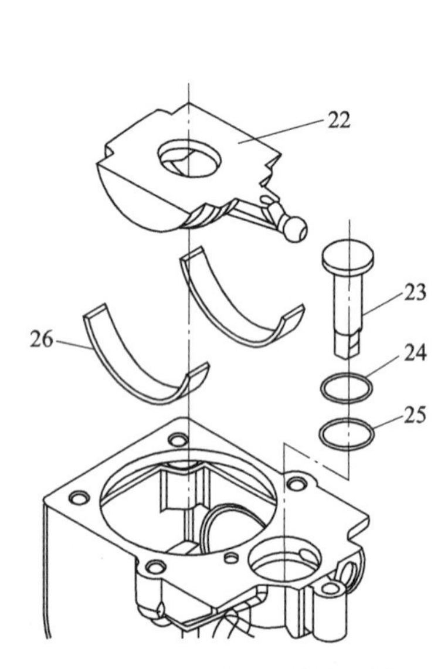

实训图 3-22 斜盘和伺服活塞

22—斜盘 23—伺服活塞 24—O 形密封圈
25—活塞密封 26—轴颈轴承

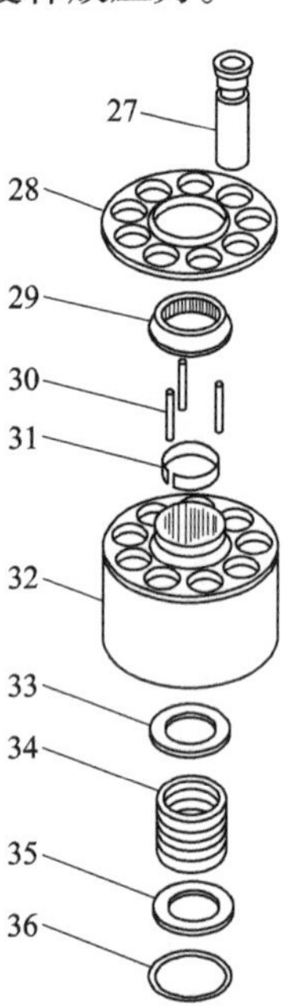

实训图 3-23 液压缸套件拆解

27—活塞 28、31、33、35、36—挡圈
29—滚珠导轨 30—拉紧销 32—液压缸座 34—弹簧

19）将液压缸座翻转过来。使用压力机在液压缸座弹簧挡圈 33 上施加压力，压缩液压缸座弹簧，以便安全拆卸螺旋弹簧挡圈 35。保持压力，同时松开螺旋弹簧挡圈 35。小心地释放压力，从液压缸座中拆下液压缸座外弹簧挡圈 33、液压缸座弹簧 34 以及液压缸座内弹簧挡圈 36。

2. 检查

完成拆解后，用清洁溶剂彻底清洗所有部件（包括端盖和壳体）并自然吹干。用压缩空气吹通壳体和端盖中的油道。在清洁区域实施检查，避免所有部件受到污染。完成任何重新加工或表面处理后，应清洁并干燥部件。

（1）活塞检查 检查活塞有无损坏或褪色。活塞褪色可能表示过热，请勿再次使用。

（2）滑块检查 检查滑块的运转面，测量滑靴厚度，检查滑块轴端隙。

最小滑靴厚度和最大轴端隙见表 3-3。

表 3-3 滑靴厚度及端隙

测 量	L 系列	K 系列
滑靴厚度/mm(in)	2.71(0.11)	4.07(0.16)
活塞/滑块端隙/mm(in)	0.15(0.006)	

（3）液压缸座检查　测量液压缸座高度。更换磨损超过最小高度规格的液压缸座，液压缸座规格见表3-4。检查液压缸座的运转面。对磨损或擦伤的液压缸座进行更换或者表面加工，表面加工不得使高度低于最小规格。

表3-4　液压缸座测量

测量	L25	L30	L35	K38	K45
最小液压缸座高度/mm	50.8	50.8	50.8	54.4	54.4
液压缸座表面粗糙度/μm	2	2	2	2	2

（4）滚珠导轨与滑块挡圈检查　检查滚珠导轨与滑块挡圈有无损坏、褪色或过度磨损。褪色的滚珠导轨和滑块挡圈表明过热，请勿重复使用。

（5）配流盘检查　小心地检查配流盘表面是否有过度磨损、凹槽或擦伤。对出现凹槽或擦伤的配流盘进行更换或者表面加工。测量配流盘厚度，厚度小于3.83mm时予以更换。

（6）斜盘与轴颈轴承检查　检查运转面、伺服球接头、斜盘轴颈面、轴颈轴承等有无损坏或过度磨损。如果损坏或磨损超过最小规格，请更换斜盘。

（7）轴承检查　检查轴承有无过度磨损或污染。转动轴承，同时感觉有无不均匀的运动。轴承应旋转顺畅。更换出现磨损或旋转不畅的轴承。

（8）转轴检查　检查液压马达转轴。查找输出花键和液压缸座花键上有无损坏或过度磨损。检查轴承表面和密封面。对花键、轴承表面或密封面出现损坏或过度磨损的液压马达轴进行更换。

（9）伺服活塞及最小角度挡块检查　检查最小角度挡块、伺服活塞头以及伺服活塞球套有无损坏或过度磨损。必要时更换。

（10）环路冲洗阀检查　检查环路冲洗阀。检查有无裂纹或损坏，必要时予以更换。

3. 组装

组装的顺序与拆卸顺序基本相反，遵循后拆先装的原则进行。注意以下几点：

1）安装活塞密封时需将其撑大，以便在内孔中安装伺服活塞。完成安装后，等待30min，使密封件放松。为加速活塞密封放松，可以将活塞头安装到端盖的伺服腔内，压缩活塞密封，并保持至少5min。

2）压缩液压缸座弹簧要求350~400N的力。

3）安装正时销时，使其凹槽朝向或背向轴杆。正时销末端突出端盖面3±0.25mm。

☞ 检查与评估

1）组装完毕，按照维修手册要求对驱动液压马达进行功能试验和性能测试。

2）分组讨论，互评本小组每个成员的工作表现。

3）在总结实践操作经验的基础上，每个小组编写一份驱动液压马达拆装与检修操作说明书。

☞ 思考与练习

一、问答题

1. 从液压缸座上拆出活塞时为什么要做记号？

2. 安装阀板（配流盘）时黄色面应该朝向哪边？面向端盖一侧为什么要涂润滑脂？
3. 安装轴封时应注意什么？

二、单项选择题

1. 以下哪项不会导致驱动液压马达不能变速（　　）。
   A. 双速行走电磁阀损坏　　B. 驱动液压马达伺服活塞缺失
   C. 行走安全阀调定压力过低　　D. 补油溢流阀调定压力过低
2. 液压缸座弹簧的作用是（　　）。
   A. 保证活塞可靠伸缩　　B. 保证液压缸座压紧配流盘，减少泄漏
   C. 以上都是　　D. 以上都不是

任务3.6 摊铺机液压油散热器的更换

☞ 任务描述

车主反映，摊铺机在运用过程中，液压油受到严重污染，造成液压系统工作异常。维修人员建议将所有液压元件拆解下来进行清洗、检查。请按规范对ABG8820型摊铺机液压油散热器进行拆装和检查。

☞ 学习目标

1）能够按照规范拆装液压油散热器。

2）能够根据要求检测液压油散热器零部件质量。

☞ 信息收集

一、知识准备

1）掌握液压油散热器的结构和工作原理。

2）识读ABG8820型摊铺机液压油散热器工作原理图。

二、参考资料

ABG8820型摊铺机液压油散热器维修手册、液压油散热器拆装与检修工艺文件等。

☞ 计划与实施

一、作用

液压油散热器用在以液压油作为传动介质的工程机械上。工作时，液压系统中高温油流经液压油冷却装置，在换热器中与强制流动的冷空气进行高效热交换，使油温降至工作温度以确保主机可以连续进行正常运转，使工作能够顺利开展。

二、日常保养

1. 日常保养注意事项

在摊铺机的使用中，做好液压系统的保养工作，就可大大地减少故障。一般应注意以下几点：

1）液压油在加入液压油箱前，应采用清洁的容器装油，液压油须经过滤器过滤后再加入液压油箱；液压油的更换周期视所用油液质量而定（一般1000h更换一次）；更换液压油应在工作温度下进行。为了保证液压系统的散热良好，还应定期清洗液压油散热器。

2）由于沥青摊铺机的施工环境一般比较恶劣，液压油滤芯的更换周期也应缩短（一般以750h为宜），更换新滤芯时应做检查，严禁使用已变形、污染或生锈的滤芯。

3）在每日起动发动机工作时，应先怠速运转一段时间后，再操纵各执行元件工作，这样有利于液压泵的使用。

2. 摊铺机日常技术保养

1）清洁摊铺机：清除摊铺机表面堆积的泥块、粘沙和沥青等；清除发动机、液压元件和其他部件表面上的尘土、油垢。注意，切勿将污物弄进各加油口和空气过滤器内。

2）检查加热系统的喷头、连接管、气罐和各开关。

3）检查摊铺机各零部件的连接和紧固情况，特别是左右履带梁和机架、熨平板、分料装置和刮板输送装置的连接螺栓是否松动或断裂，必要时予以紧固或更换。

4）检查并排除各部位的渗漏。

5）检查发动机的机油、燃油、冷却液以及液压油的数量，并按规定加入新油至油标指示刻度。

6）检查集中润滑装置中润滑脂是否适量。

7）检查螺旋分料装置的叶片是否有裂纹，如有应更换。

8）检查各电气插头是否有松脱现象。

实训图 3-24 所示为 ABG8820 型摊铺机的液压油散热器风扇结构。

实训图 3-24　ABG8820 型摊铺机液压油散热器风扇结构
1—换热器　2—支口　3—导流罩
4—冷却风扇　5—法兰接口　6—驱动装置

三、改善液压油散热器工作效率

对于大型液压挖掘机液压油散热系统（更确切地说应为液压油温控制系统）的改善，虽然各厂家采用的具体方式有所不同，但基本思路却是一样的，既能使液压油温度在连续作业中平衡在较为理想的范围内，又能使液压系统在冷态下投入工作时能迅速升温（达到油正常工作温度范围）。在使用了合格的液压油的前提下，当出现液压油过热时，对液压油散热温控系统的检查步骤如下：

1）液压油散热器是否有污物堵塞，导致散热效率下降，必要时清洗散热器。

2）在极端条件下检测风扇转速的系统实际工作压力，以确定该回路的液压件是否有故障、油温传感器或控制电路的工作是否正常。此时风扇转速和系统工作压力均应为最大值；否则，应对系统相应参数进行调整或更换受损元件 。

☞ 检查与评估

1）检查针对液压油散热器的保养是否存在遗漏的项目。

2）分组讨论在对液压油散热器保养过程中需要注意哪些事项，哪些操作容易出错。

☞ 思考与练习

1. 散热器使用时，为了避免产生过高的压差，防止起动时产生的脉冲压力过高可能造成的损坏，一般必需加装（　　）。

A. 限压旁路　　B. 稳压支路　　C. 调压回路　　D. 低压旁路

2. 由于沥青摊铺机的施工环境一般比较恶劣，液压油滤芯的更换周期也应缩短，适宜时间为（　　）。

A. 300h　　B. 450h　　C. 750h　　D. 900h

3. 对于液压油散热器的清洗，合理的做法是（　　）。

A. 每天清洗 1 次　　B. 每月清洗 1 次

C. 每年清洗 1 次　　D. 必要时清洗

项目 4

工程机械液压系统压力与流量测试

☞ 目标与要求

1）掌握工程机械液压系统压力与流量测试方法。

2）能够根据要求对工程机械液压系统压力与流量进行测试。

3）能够根据工程机械液压系统压力与流量测试数据合理分析其工作性能。

4）能够编写测试报告。

任务 4.1 叉车倾斜液压缸工作性能的测试

☞ 任务描述

用户反映叉车两侧倾斜液压缸在轻载时存在不同步的现象，维修人员检查液压系统后，建议对两个液压缸进行性能测试。

☞ 学习目标

1）掌握液压缸性能测试方法。

2）能够按照规范检测液压缸的工作性能。

☞ 信息收集

一、知识准备

1）掌握液压缸的结构和工作原理。

2）掌握压力表的使用方法。

二、参考资料

叉车维修手册、液压缸压力测试操作规范和液压试验台安全操作规范等。

☞ 计划与实施

一、设备与器材

叉车、液压试验台、呆扳手、内六角扳手、压力表及管线、测压接头、高压球阀、三通管、接头、接油盘、吸油纸等。

二、注意事项

1）所选压力表测试范围应为其所测压力的 1.5 倍以上。

2）须确认液压系统处于卸压状态才能装、拆液压元器件。

三、任务实施

1. 检测准备

液压缸性能检测项目主要是检测其工作压力，一般是在专用的液压试验台上进行。检测前先在液压缸无杆腔、有杆腔测压油口处各安装一个压力表。如果液压缸没有专门的测压接口，可在其油口上连接一个三通接头，然后在三通接头的一端装上测压接头，再连接压力表，另一端连接拆下的液压油管。也可以在液压缸油口安装压力传感器进行测试。液压管路连接完毕，须检查是否存在漏油现象。

2. 无负载检测

连接好液压管路之后，起动液压系统，并将液压试验台液压泵出口旁通的溢流阀调整到全开状态，使液压泵输出的油液全部通过溢流阀流回油箱，此时压力表的指针应指向零。

逐渐上调溢流阀的压力，每次上调 0.1MPa，直到液压泵输出的油液能够推动液压缸活塞平稳移动，无爬行现象为止。此时压力为液压缸活塞最低起动压力。它反映液压缸各零件制造精度，可以检测活塞杆运动的平稳性，以及各摩擦副的摩擦力。

当活塞杆伸缩运动的起动压力小于0.7MPa时，说明密封件或活塞杆压紧力过小。如果液压缸长期在高压状态下工作，可造成密封件损坏。

当活塞杆伸缩运动的起动压力大于1.4MPa（缸径小于160mm）时，说明液压缸密封件与缸筒或缸头的压缩量过大，可造成摩擦阻力过大，液压系统工作能量损失过大，密封件磨损过快。

如果压力表示数有波动，说明缸筒内表面变形程度在长度方向呈波浪形。

3. 有负载检测

在无杆腔和有杆腔连接油管上各安装一个高压球阀，用于封闭油液进行保压。

使液压缸活塞杆伸出到全程的一半处，先关闭有杆腔高压球阀，再向无杆腔加载。当有杆腔压力达到40MPa时，关闭无杆腔高压球阀保压30min。如果压力表或传感器显示压力下降值在10%以内，可以判断该液压缸密封性合格。可以检测液压缸密封件的密封和耐压性能。

测试任务完成之后，注意恢复现场，同时防止液压油污染环境。

☞ 检查与评估

1）分析所测液压缸的起动压力是否在合理区间之内。

2）对比各小组所做的试验，分析测试数据是否有较大差别。

☞ 思考与练习

1. 对液压缸进行无负载性能检测时，测得其起动压力为0.5MPa，由此可以推断（　　）。

   A. 活塞密封圈的压紧变形量过小　　B. 活塞密封圈的压紧变形量过大

   C. 活塞密封圈的压紧变形量适宜　　D. 以上都不对

2. 对液压缸进行无负载性能检测时，以下说法正确的是（　　）。

   A. 液压缸活塞杆伸出时的起动压力小于缩回时的起动压力

   B. 液压缸活塞杆伸出时的起动压力与缩回时的起动压力大小相等

   C. 液压缸活塞杆伸出时的起动压力大于缩回时的起动压力

   D. 以上都不对

3. 甲同学在对液压缸进行有负载性能测试时，使液压缸在40MPa时保压了60min，结果显示压力仅下降了10%。对此，正确的认识是（　　）。

   A. 甲同学所做测试时间过长，程序不合规，无论结果如果都视为测试无效

   B. 甲同学所做测试时间过长，不能判断液压缸密封性是否合格

   C. 虽然甲同学所做测试时间过长，但结果在标准范围内，可以判断液压缸密封性合格

   D. 以上都不对

任务 4.2 装载机液压系统的压力测试

☞ 任务描述

在故障诊断过程中，维修人员建议对装载机的转向液压系统、先导液压系统进行压力检测。

☞ 学习目标

1）进一步熟悉装载机液压系统的工作原理。

2）能够对装载机液压系统进行压力测试。

☞ 信息收集

一、知识准备

1）掌握装载机液压系统的结构及工作原理。

2）掌握装载机的操作驾驶技能。

二、参考资料

装载机维修手册、装载机维护与保养手册等。

☞ 计划与实施

一、设备与器材

装载机、呆扳手、压力表及管线、测压接头、油压管接头、三通接头、四通接头、接油盘、吸油纸等。

二、注意事项

1）装载机必须安全、可靠停放。

2）拆、装零部件前，须将其表面清洁干净。

3）拆卸液压管路之前，须对液压系统进行卸压。

4）拆、装管路接头时需按相关规范进行操作，防止螺纹受损。

5）压力测试过程中，使液压油温度保持在 45~55℃。

6）采取措施防止液压油污染场地。

三、任务实施

将装载机停放在平整的硬质地面，工作装置安全放在地面上，拉起手制动，并采用木块或石块将轮胎楔紧。

关闭发动机，来回操纵动臂、铲斗先导手柄和方向盘各 5 次左右，释放管道内液压油的剩余压力。

1. 转向液压系统压力的测量

装载机转向系统压力检测点一般在前车架转向液压缸后接头处，左右液压缸各有一处，如实训图 4-1 所示。

（1）连接测试压力表　拧下测试点处的测压堵头，接上压力表。如果管路中没有测试点，可以拧下液压缸的油口接头，然后连接四通管头，再连上测试接头后安装压力表。

（2）读取压力值　起动发动机，将前车架转向至左极限位置。前车架达到极限位置，逐渐将油门增加到最大。观察压力表的稳定压力值，即是被测装载机转向液压系统的当前的工作压力。

实训图 4-1　转向系统测压点

（3）压力调整　将测量值与维修手册标准值进行比较，如果有异常，应采取相应的维修措施。测试完成后，将拆装测试工具过程中外漏的液压油擦拭干净。

2. 先导压力的测量

装载机先导压力可在手先导阀输出管路与多路阀连接处测量。其中，动臂举升、铲斗收回的先导控制端对应在多路阀前面位置，如实训图 4-2 所示；动臂下降、铲斗外翻的先导控制端对应在多路阀后面位置。下面以测试动臂下降先导压力为例进行说明。

实训图 4-2　先导压力测压点

（1）连接压力表　拧下多路阀的动臂滑阀下降端头的先导控制液压管接头，然后依次装上三通接头、压力接头、高压管线和压力表，如实训图 4-3 所示。

（2）调取压力值　起动发动机，将先导阀手柄置于下降最大行程位置，使动臂下降时液压系统处于溢流状态，逐渐将油门增加到最大。观察压力表的稳定压力值，即是被测装载机工作装置液压系统当前的先导控制压力。如果所测得的压力值与标准参考值有差异，应分析原因，找出故障点。

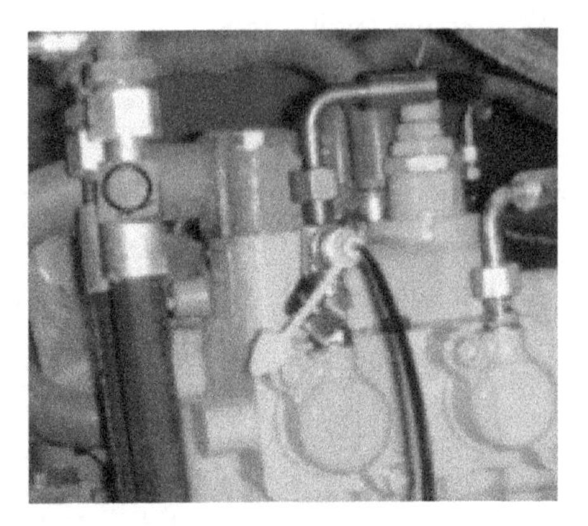

a) 拧下管接头　　b) 在接头处装上压力表

实训图 4-3　先导压力测压点

☞ 检查与评估

1）收尾工作，检查所有管接头是否按规定力矩拧紧。

2）每个小组编写一份测试报告。

☞ 思考与练习

1. 对于压力测试，正确的读数是（　　）。
   A. 液压缸活塞杆运动过程中，压力表显示的压力
   B. 液压缸活塞杆停止运动时，压力表显示的压力
   C. 液压缸活塞杆运动到最大位置，溢流状态时压力表显示的压力
   D. 以上都不对
2. 测试装载机先导压力时，所选压力表合理的量程范围为（　　）。
   A. 0~2.5MPa　　B. 0~4MPa
   C. 0~6MPa　　D. 0~25MPa
3. 做装载机液压系统压力测试项目时，来回转动方向盘的目的是（　　）。
   A. 使转向系统的先导控制回路卸压
   B. 使转向系统的主控制回路卸压
   C. 使装载机处于直线停放状态
   D. 使装载机可靠停放

任务 4.3 挖掘机液压系统压力与泄漏量的测试

子任务 4.3.1 挖掘机液压系统压力的测试

☞ 任务描述

对 PC200-7 型挖掘机主溢流压力和泵 LS 控制压力进行测试。

☞ 学习目标

1）进一步熟悉挖掘机液压系统的工作原理。

2）能够按照规范要求对挖掘机液压系统进行压力测试。

☞ 信息收集

一、知识准备

1）掌握挖掘机液压系统的结构及工作原理。

2）掌握挖掘机操作驾驶技能。

二、参考资料

挖掘机维修手册、挖掘机维护与保养手册等。

☞ 计划与实施

一、设备与器材

挖掘机、呆扳手、内六角扳手、压力表及管线、测压接头、油压管接头、三通接头、四通接头、接油盘、吸油纸等。

二、注意事项

1）挖掘机须安全、可靠地停放在平整的硬质地面上。

2）拆卸液压管路之前，须对液压系统进行卸压。

3）压力测试过程中，使液压油温度保持在 45~55℃。

4）每个液压泵上各有一个测压口，要注意区分对应的工作压力。

5）如果挖掘机驾驶室显示屏上有压力显示，可以通过观察屏幕的压力显示得到压力数值。

6）压力表的量程一定要在所测压力数值的 1.5 倍以上。

三、任务实施

1. 主溢流压力的测试

1）关闭柴油机，打开先导解锁阀开关，来回操纵手先导阀，对液压系统进行卸压。

2）拧开液压油箱呼吸阀或液压油箱盖，释放液压油箱内部残留的压力。

3）从主泵上拆下测压口的堵头，并在测压口装上一个测压接头，然后接上压力表，如实训图 4-4 所示。

4）起动柴油机，确认压力表连接处无明显漏油。

5）将工作模式设为强力模式，油门旋转到最大档位，关闭空调和自动怠速功能。

6）高怠速运转发动机，测试工作装置工作的主压力时，分别缓慢操作铲斗、斗杆和动臂操作杆到最大行程，使液压缸活塞杆运动到行程末端。液压系统处于溢流时，记录压力值。

7）测试回转功能主压力时，应使上部回转平台不动，缓慢操纵回转操纵杆使主系统处于溢流状态时，记录压力值。

8）测试行走功能主压力时，应使履带固定不动，缓慢操纵行走操纵杆使主系统处于溢流状态时，记录压力值。

9）每项目压力测试 3 次，取平均值与挖掘机维修手册上的压力数据进行对比，判断所测压力是否正常。

实训图 4-4 先导压力测压点

1—前泵压力测试口堵头 2—后泵压力测试口堵头 3—测压接头

2. 泵 LS 控制压力的测试

1）关闭柴油机，打开先导解锁阀开关，来回操纵手先导阀，对液压系统进行卸压。

2）拧开液压油箱呼吸阀或液压油箱盖，释放液压油箱内部残留的压力。

3）从主泵上拆下 LS 控制测压口的堵头，并在测压口装上一个测压接头，然后接上压力表，如实训图 4-5 所示。

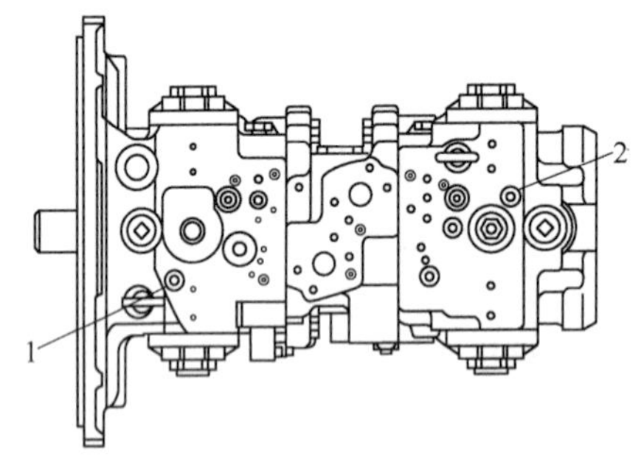

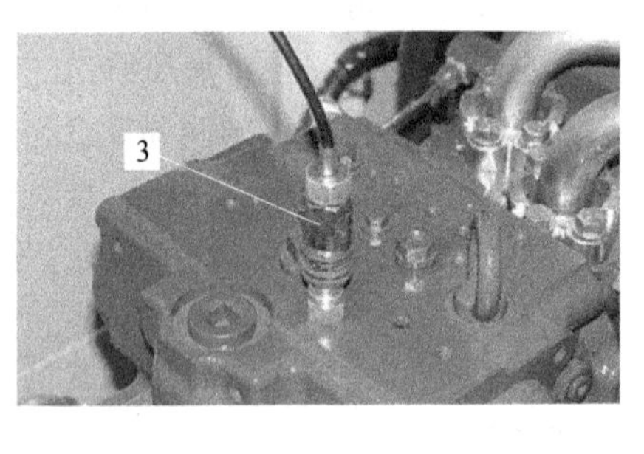

实训图 4-5 先导压力测压点

1—前泵 LS 控制压力测试口堵头 2—后泵 LS 控制压力测试口堵头 3—测压接头

4）将工作模式设为强力模式，油门旋转到最大档位，关闭空调和自动怠速功能。

5）高怠速运转发动机，所有手动先导阀（操纵杆）置于中位，记录各项压力值。

6）每项目压力测试 3 次，取平均值与挖掘机维修手册上的压力数据进行对比，判断所测压力是否正常。

☞ 检查与评估

1）测试完毕，检查所有管路是否按规范恢复完好。

2）检查现场漏油是否处理完好。

☞ 思考与练习

1. 对于 PC200-7 主溢流压力测试，说法正确的是（　　）。

A. 前泵和后泵的压力测试口是连通的，只需测试其中一个压力即为液压泵的溢流压力

B. 不同工作模式下的主溢流压力是一样的，没有必要规定在强力模式

C. 油温对压力测试结果影响不大，不应作为测试条件

D. 每个项目测试 3 次，目的是尽量避免误差

2. 在对挖掘机液压系统压力进行测试过程中，发现压力表指针总是产生跳动，正确的处理方式是（　　）。

A. 排查压力表指针产生跳动的原因，保证测试时指针稳定

B. 直接更换新的压力表重新做测试

C. 不理会，继续做测试，根据指针跳动范围取中间示值为测量值

D. 放弃测量

3. 在做工程机械压力测试，拆装液压元件之前，一般都需要拧开液压油箱呼吸阀或液压油箱盖，目的是（　　）。

A. 观察油位是否正常　　B. 释放液压油箱内部残留的压力

C. 使液压油与外界相通，平衡压力　　D. 观察回油情况

4. 测压接头具有（　　）。

A. 封闭回路的作用　　B. 减压的作用

C. 溢流的作用　　D. 调节流量的作用

子任务 4.3.2 挖掘机行走液压马达泄漏量的检测

☞ 任务描述

对 PC200-7 型挖掘机行走液压马达行走泄漏量和溢流泄漏量进行检测。

☞ 学习目标

1）进一步熟悉挖掘机行走液压马达的结构。

2）能够按照规范要求对挖掘机行走液压马达的泄漏量进行检测。

☞ 信息收集

一、知识准备

1）掌握挖掘机行走液压系统的结构及工作原理。

2）掌握挖掘机操作驾驶技能。

二、参考资料

挖掘机维修手册、挖掘机维护与保养手册等。

☞ 计划与实施

一、设备与器材

挖掘机、呆扳手、内六角扳手、圆钢、油压管接头、透明测试软管、堵头、量杯、接油盘、垫木块、计时器、吸油纸等。

二、注意事项

1）挖掘机必须安全、可靠地停放在平整的硬质地面上。

2）测试过程中，使液压油温度保持在 45~55℃。

3）每次测量之前稍微移动行走液压马达，以改变配流盘与液压缸的位置。

4）防止液压油污染场地，注意操作安。

三、任务实施

1. 准备工作

1）关闭发动机。

2）打开呼吸阀，释放油箱压力。

3）起动发动机，操作工作装置，轻缓顶起测量一侧的履带，用木块垫好，如实训图 4-6a 所示。木块垫住底架横梁处，使履带底部距离地面应在 80mm 以上，但也不要过于倾斜，以避免驾驶员在操作挖掘机时造成不适。

4）拆下行走液压马达内侧盖板，拧开行走液压马达的排油管，并用堵头封住软管侧的管口，如实训图 4-6b 所示。每侧液压马达都有控制液压马达旋转的主油管，将液压马达泄油量引回油箱的排油管和控制快慢档位的先导油管。不要拆卸主油管和先导油管。

5）在液压马达排油口先安装管接头，然后再安装透明的测试软管，用量杯接住测试软管排出的油液，如实训图 4-6c 所示。

2. 行走液压马达转动泄漏量的检测

1）起动发动机，将工作方式设定为强力模式，关闭空调和自动怠速功能。

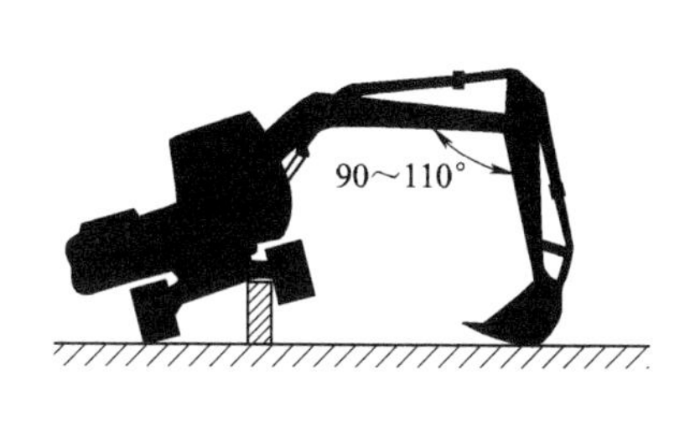

a) 顶起测试履带

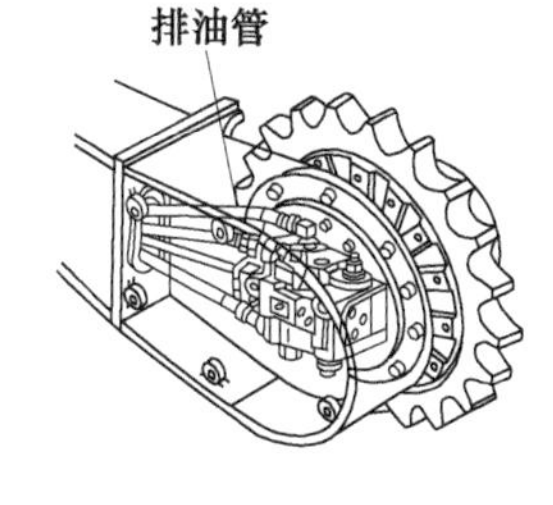

b) 拆下排油管

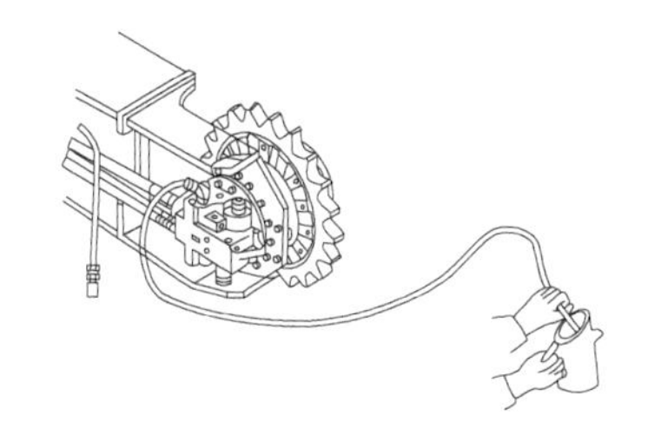

c) 用量杯接排出的油液

实训图 4-6　行走液压马达排油量的检测

2）分别全行程操纵测试履带处于前进、后退档，稳速后测量 60s 的排油量。测量 3 次，取平均值。

3）根据所测泄漏量，对照维修手册标准参考值，判断是否正常。

3. 行走液压马达回路溢流时排油量的检测

1）起动发动机，将工作方式设定为强力模式，关闭空调和自动怠速功能。

2）操纵行走液压马达稍微转动，调整好履带位置，将圆钢插入链轮与履带架之间，以牢固地锁定行走机构，如实训图 4-7 所示。

实训图 4-7　锁定行走机构示意图

1—履带　2—圆钢　3—液压马达总成

操作行走操纵杆之前，要再次检查锁定的链轮位置和锁定方向。

3）高怠速运转发动机，使行走溢流阀开启。分别全行程操纵测试履带处于前进、后退档，溢流 30s 后，计算 60s 的排油量。测量 3 次，取平均值。

4）根据所测泄漏量，对照维修手册标准参考值，判断是否正常。

测量完毕，重新装上拆下的部件，恢复工作现场。

☞ 检查与评估

1）测试完毕，检查拆卸的元件、管路是否恢复完好。

2）分析测量数据是否存在失实的成分。

3）将各个小组所测数据进行对比，看是否有差别较大的，并分析原因。

☞ 思考与练习

1. 行走液压马达排油量的检测可以反映（　　）。

   A. 行走液压马达在行走时是否存在泄漏

   B. 行走液压马达在行走时是否存在泄漏量超标

   C. 行走液压马达在行走时的进油量是否正常

   D. 行走液压马达在行走时的回油量是否正常

2. 用圆钢卡住行走主动轮的目的是（　　）。

A. 防止行走液压马达转动时产生意外事故

B. 防止行走液压马达转动时产生过载现象

C. 使行走液压马达产生过载溢流状态

D. 模拟行走液压马达处于卡死现象

3. 对于行走液压马达两种方式下的排油量检测，可以看出（　　）。

A. 行走液压马达在溢流时的排油量小于正常行走时的排油量

B. 行走液压马达在溢流时的排油量等于正常行走时的排油量

C. 行走液压马达在溢流时的排油量大于正常行走时的排油量

D. 以上都不对

4. 理论上来说，对于行走液压马达回路溢流时排油量的检测，应该有（　　）。

A. 前进时的排油量小于后退时的排油量

B. 前进时的排油量等于后退时的排油量

C. 前进时的排油量大于后退时的排油量

D. 以上都不对

5. 如果测得行走液压马达的排油量大于维修手册的标准参考值，下列说法正确的是（　　）。

A. 行走液压马达的快慢档调节失效，将无法进行速度变换

B. 行走液压马达的进、回油量减少，速度将下降

C. 行走液压马达的配流盘存在磨损，造成进、回油量增大

D. 行走液压马达的柱塞与缸体孔配合间隙过大，存在严重的内泄漏

挖掘机液压系统先导压力的测量

挖掘机液压系统主溢流阀设定压力的测量

项目 5

工程机械液压系统故障诊断与排除

☞ 目标与要求

1）进一步熟悉工程机械液压系统结构与工作原理。

2）掌握工程机械液压系统故障诊断与排除方法。

3）能够采用表格法、流程图法、故障树法、方框图法等分析工程机械液压系统故障原因。

4）能够运用观察法、对调法、替换法、调试法等排除工程机械液压系统故障。

5）养成严谨的逻辑思维推理分析能力和成果导向的工作习惯。

6）能够编写故障诊断报告。

任务 5.1 推土机液压系统故障诊断与排除

子任务 5.1.1 推土机液压系统油温过高故障的诊断与排除

☞ 任务描述

一台 D85A-18 推土机在运行过程中液压系统温度短时间内急剧升高，请结合液压系统工作原理图诊断与排除故障。

☞ 学习目标

1）进一步熟悉推土机故障诊断方法与步骤。

2）能够合理诊断与排除推土机故障。

☞ 信息收集

一、知识准备

1）识读 D85A-18 推土机液压系统的工作原理图。

2）能驾驶操作推土机。

二、参考资料

D85A-18 推土机维修手册、操作与保养手册。

☞ 计划与实施

1. 故障现象

一台 D85A-18 推土机在正常使用中突然液压系统温度急剧升高，仅运转 0.5h 油温就高达 120℃，远远超过了 50～70℃ 的正常工作温度。推土机液压系统工作原理如实训图 5-1 所示。

2. 故障原因分析

液压泵被拉伤、液压缸密封失效、滑阀磨损、密封件老化以及油管破损等，其中各种阀、油封和油管等的泄漏，可能是产生高温的直接原因。

3. 故障诊断与排除

1）测工作压力。如果液压系统出现堵塞，局部引起节流，一般伴随有压力异常现象。该机的标准工作压力为 14～15MPa，检测实际值为 14.2MPa，说明液压系统不存在堵塞现象；由于压力正常，也可以排除液压泵严重磨损的可能。

2）检查液压缸。主要检查推土铲提升缸 14 和推土机缸 10 的工作情况，使两液压缸的活塞杆自然伸出，伸出速度分别为 64mm/15min 和 52mm/15min。再用推土铲支起推土机机体，使发动机熄火，在机体重量作用下观察两液压缸活塞杆的收回情况，结果推土铲缸的收回速度为 84mm/15min，推土机缸的收回速度为 82mm/15min，均在标准范围内，说明密封效果良好。

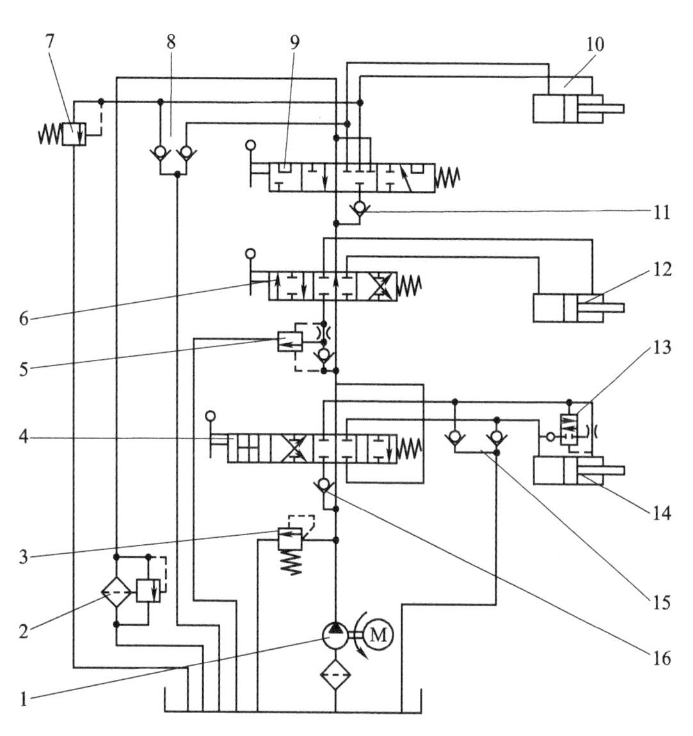

实训图5-1 D85A-18推土机液压系统工作原理图

1—液压泵 2—过滤器 3—主安全阀 4—推土铲提升阀 5—流动单向阀 6—推土铲倾斜阀 7—推土机安全阀 8、15—吸入阀 9—推土机阀 10—推土机缸 11、16—单向阀 12—推土铲倾斜缸 13—快降阀 14—推土铲提升缸

3）拆检液压阀。拆检了推土铲提升阀4、推土铲倾斜阀6和推土机阀9中的滑阀配合间隙，结果滑阀与阀体的间隙均在0.03~0.06mm范围内，而且没有明显的划伤和拉伤，因而可排除此3个滑阀泄漏的可能性；检查安全阀和流动单向阀5和单向阀11、16等，也无拉伤现象，说明无泄漏；检查各处的密封情况，也未发现损坏。

4）检查油管。液压系统中有一根从推土铲倾斜阀6到推土机阀9之间的金属接管，两端为O形密封圈密封；另外，有一根从推土机阀9到过滤器2的金属连接管，其与推土机阀9间的密封为平面密封，另一端为橡胶圈卡紧密封。仔细检查了这两根金属油管，未见有砂眼和裂缝，状况良好；回油管与推土机阀9之间有一平板，仔细检查后发现，此平板平面局部有发蓝现象，但做平面检查时并没有明显的平面变形，可以基本断定是由于这两个平面处油液泄漏造成了液压油温过高。

针对故障原因，制作两个密封垫装在平板与阀及油管的接合处，机器完全恢复正常。

4. 总结

此故障说明，由于长期使用，紧固此平板的螺栓松紧不一，当遇到高温时，平板或油管的连接平面变形，使原来平面不能很好地起到密封作用而导致油液泄漏。

☞ 检查与评估

1）检查作业表填写的内容是否合理、正确，是否有需要修改或改正的地方。

2）回顾在推土机液压系统温度急剧升高故障诊断过程中，哪些操作不够规范而需要改进。

3）讨论分析本案例中的故障诊断步骤是否合理。如果认为不合理，请提出优化的方案。

☞ 思考与练习

1. 如果由于液压油散热效果不好造成油液温度较高，如何检测及排除？
2. 液压油油位过高或过低会造成什么故障现象？

子任务5.1.2 推土机变矩器油路故障的诊断与排除

☞ 任务描述

一台D155型推土机输出力不足、作业无力，要求分析变矩器故障。

☞ 学习目标

1）进一步理解推土机变矩器结构及工作原理。

2）能够合理诊断与排除推土机变矩器油路故障。

☞ 信息收集

一、知识准备

1）识读D155型推土机变速油路系统的工作原理图。

2）能驾驶操作推土机。

二、参考资料

推土机维修手册、操作与保养手册。

☞ 计划与实施

1. 故障现象

液力变矩器输出力不足，使推土机作业无力。如推土机空档时，变矩器输出轴旋转，挂档后输出轴立即停转或旋转很慢。

2. 故障原因分析

造成液力变矩器输出力不足的主要原因有液压油油量不足、调压不当、背压不足等。出现此问题时应检查变矩器液压油油质、油量，检查变矩器调压阀、背压阀及其压力值。

3. 故障诊断与排除

D155型推土机液力变矩、变速油路系统如实训图5-2所示。液压泵2排出的传动油分两路：一路以0.7MPa的压力向液力变矩系统供油，进入液力变矩器11。液力变矩器的出油经冷却器14后少部分供变速箱润滑，大部分流向后桥箱20，回油泵19将变矩器内泄油排入后桥箱；另一路以2MPa的压力向变速箱系统供油，经变速箱控制阀总成，供变速箱各离合器换档变速时用。不变速时，液压油经减压阀6以1.25MPa的压力向No.5离合器（Ⅰ档）供油。

（1）供油故障　检查推土机后桥箱油位高低，补充油液防止变速泵工作时吸入空气。检查吸油管路，拧紧或更换吸油管。

（2）溢流阀故障　液力变矩器进口溢流阀开启压力调压值为0.7MPa，若该阀弹簧太软或损坏，将使它的调节压力太低或失灵，进变矩器的油减少，应更换溢流阀弹簧。

（3）调压阀故障　液力变矩器出口调压阀13的调压值为0.45MPa，若其弹簧太软或被脏物卡住，使调节压力低于传动油的汽化压力，则造成其腔内油液汽化，导致传动效率下降。应更换调压阀弹簧或清洗阀芯。

（4）变矩器检查　变矩器放油放出约20L，远高于正常放油量；因此检查变矩器回油滤网及回油泵，发现滤网堵塞严重，回油泵无异常。清洗过滤器、更换滤芯后，故障排除。

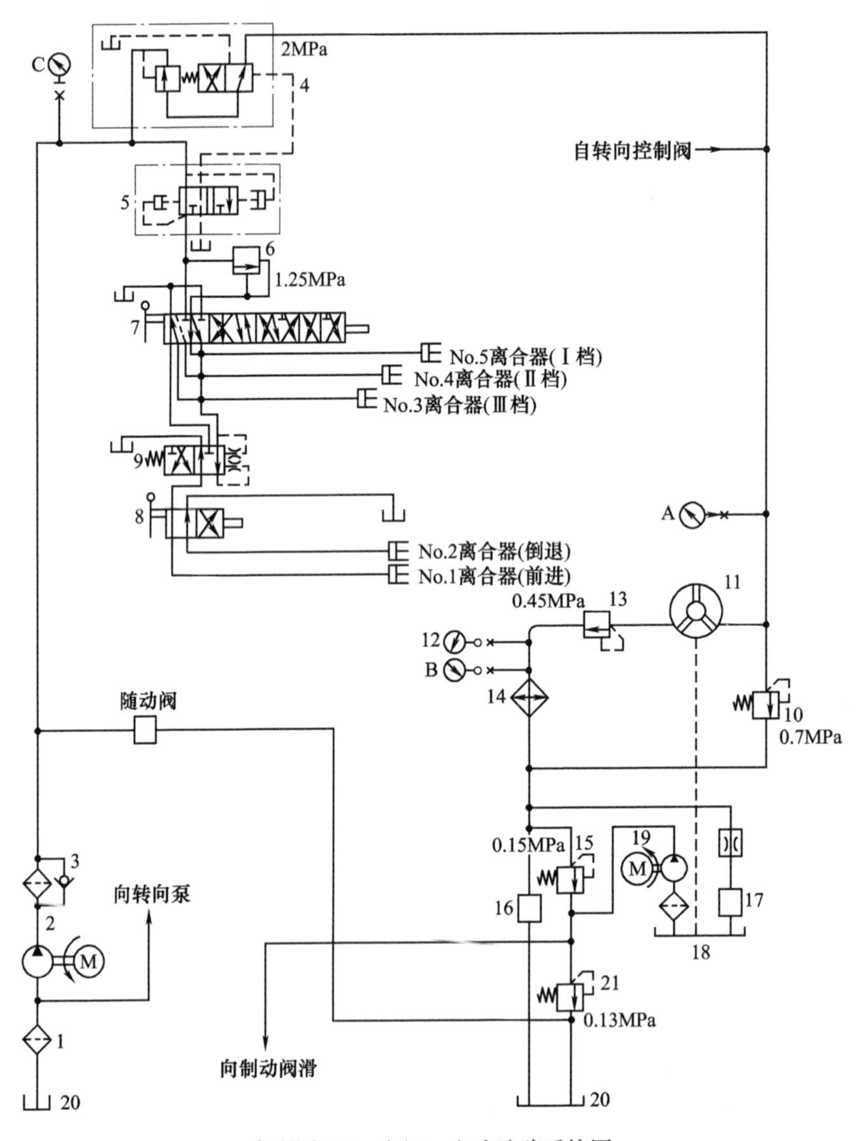

实训图 5-2 变矩、变速油路系统图

1—磁性过滤器 2—液压变矩变速泵 3—油过滤器 4—液控液压阀 5—快速返回阀 6—减压阀 7—速度阀 8—方向阀 9—安全阀 10—溢流阀 11—液力变矩器 12—油温表 13—调压阀 14—冷却器 15—润滑溢流阀 16—变速箱阀滑 17—PTO 润滑 18—液力变矩器箱 19—回油泵 20—后桥箱 21—制动润滑阀

4. 总结

变矩器回油滤网虽是粗滤网，但油脏时也会堵塞，以至于回油泵无法将变矩器下部油池中的油及时抽走，油面越积越高。而罩轮和泵轮在高速旋转中会强烈搅动油液，把机械能转换为热能，使推土机推土无力。

☞ 检查与评估

1）检查作业表填写的内容是否合理、正确，是否有需要修改或改正的地方。

2）回顾在推土机变矩器油路故障诊断过程中，哪些操作不够规范而需要改进。

☞ 思考与练习

1. 造成变矩器温度过高的原因有哪些？
2. 若变矩器出现尖叫的异常响声，主要是由什么原因造成的？

任务 5.2 平地机液压系统故障诊断与排除

☞ 任务描述

车主反映，一台 PY180 型平地机在作业过程中，出现铲刀无法回转的故障现象。

☞ 学习目标

1）分析平地机铲刀回转液压回路的工作原理。

2）能够合理诊断与排除平地机无法回转的故障。

☞ 信息收集

一、知识准备

1）识读平地机液压系统工作原理图。

2）掌握平地机驾驶操作技能。

二、参考资料

PY180 型平地机维修手册、操作与保养手册。

☞ 计划与实施

一、设备与器材

平地机、呆扳手、内六角扳手、转矩扳手、压力表、量杯、护目镜、手电筒、磁力棒、抹布等。

二、任务实施

1. 故障现象

平地机在作业中突然出现铲刀回转动作失灵，进而操纵其他动作时，发现由左侧多路换向阀控制的左铲刀升降、铲刀摆动、前轮倾斜和前推土板升降等功能也失效，其他动作正常。

2. 故障原因分析

PY180 型平地机工作装置的动作由液压传动系统来操纵，包括左右铲刀升降、铲刀回转、铲刀摆动、前轮倾斜、前推土板升降、铲刀引出、铰接转向、铲刀角度变换和后松土器升降。其中，左铲刀升降、铲刀回转、铲刀摆动、前轮倾斜和前推土板升降由双联液压泵Ⅰ通过左侧五联多路换向阀供油，而其他五个工作机构由双联液压泵Ⅱ通过另一组五联多路换向阀供油。双联液压泵Ⅰ、Ⅱ通过油路转换阀总成分别进入两组五联多路换向阀，而在油路转换阀总成上装有两个安全阀，以对两个独立液压系统起安全保护作用，如实训图 5-3 所示。

在左侧多路换向阀进油路上接一块压力表，起动发动机，操纵左侧多路换向阀控制的五个动作，供油压力始终很低（低于 1MPa），而另一组多路换向阀控制的动作可以正常工作，再对双联液压泵进行检查，通过听、摸、看等发现液压泵的噪声和振动情况正常，可断定液压泵工作正常，因此判定故障出现在油路转换阀总成的主安全阀上。拆下此安全阀检查，看

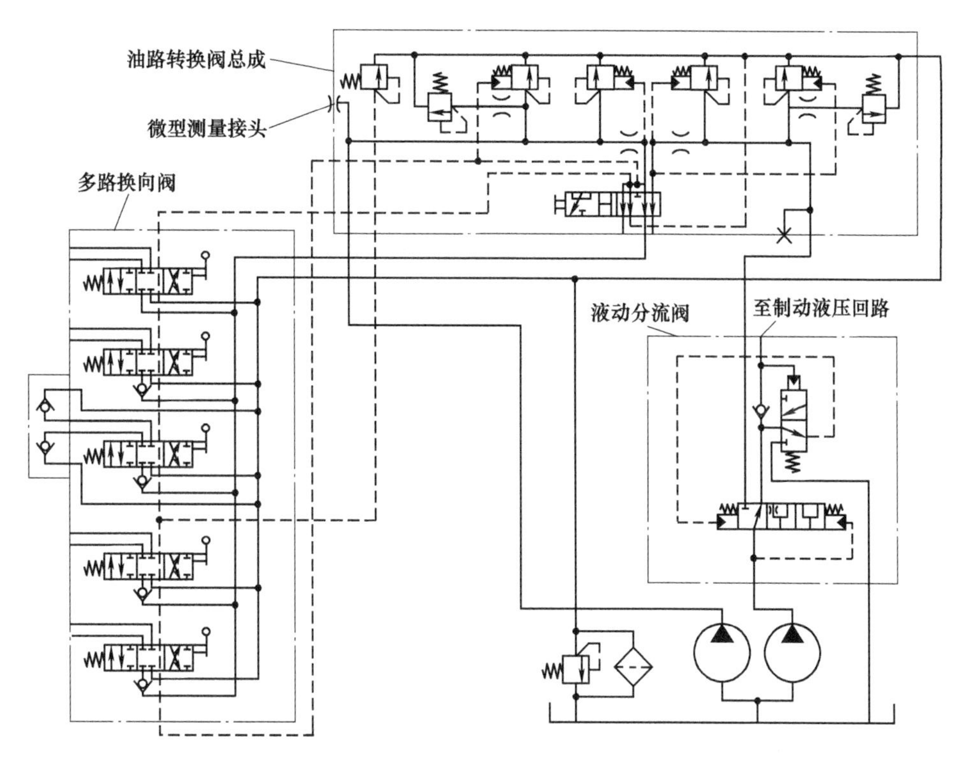

实训图 5-3　PY180 型平地机多联换向阀油路图

到阀上有一 O 形密封圈及挡圈损坏，其他零件正常。

3. 故障诊断与排除

主安全阀为一先导控制溢流阀，其结构如实训图 5-4 所示。其工作原理：液压泵输出的液压油经顶杆 4 中间的阻尼孔进入 B 腔，进而作用在先导阀 1 上。

在正常情况下，液压系统的压力小于调定压力，先导阀关闭，顶杆 4 内阻尼孔中无液体流动，主阀芯 3 上下 A、B 两腔压力相等，在 B 腔又有弹簧力作用于主阀芯 3 上，所以主阀芯 3 关闭，当系统压力高于调定压力时，先导阀 1 首先开启，高压油从 A 腔经阻尼孔→B 腔→先导阀 1→油箱，此时主阀芯 3 上、下两腔产生压差，在此压差作用下主阀芯 3 提起，系统溢流，对系统起安全保护作用。

在故障状态下，由于 O 形密封圈 5 和挡圈 6 损坏，造成 B 腔液压油在较低压力时即可通过阀套的缝隙泄漏回油箱，使顶杆 4 内阻尼孔中有液体流动，在主阀芯 3 的 A、B 腔过早产生压差，使主阀芯在压力很低时即打开，系统在低压状态溢流，这样必然导致执行元件无法克服负载力完成预定的动作。更换 O 形密封圈 5、挡圈 6 及其他密封件，重新装配后试车，各动作恢复正常。

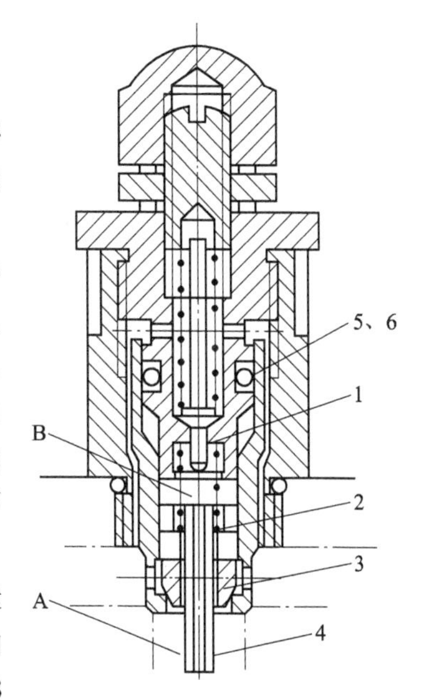

实训图 5-4　PY180 型平地机主溢流阀结构图

1—先导阀　2—预压弹簧　3—主阀芯
4—顶杆　5—O 形密封圈　6—挡圈
A—进油口　B—弹簧腔

4. 总结

本案例中，在单独做动作时，除了铲刀无法回转，还发现左铲刀升降、铲刀摆动、前轮倾斜和前推土板升降等动作也做不了，排除五联换向阀到各执行元件油路的故障；测试主系统压力不正常，说明主油路内部存在油液泄漏回油箱的情况；通过观察诊断法可判定液压泵工作正常。综合分析，说明故障发生在双联液压泵Ⅰ到五联换向阀的油路上，最大的可能就是主安全阀的问题。

☞ 检查与评估

1）检查作业表填写的内容是否合理、正确，是否有需要修改或改正的地方。

2）回顾在故障诊断过程中，哪些操作不够规范而需要改进。

3）讨论分析本案例中的故障诊断步骤是否合理。如果认为不合理，请提出优化的方案。

☞ 思考与练习

1. 如果只是铲刀无法回转，其他所有动作都是正常的，那么如何进行故障分析与排除？

2. 通过上面的学习，如果是右侧五联换向阀控制的五个工作机构全部无法工作，那么应如何进行故障分析与排除？

任务5.3 装载机液压系统故障诊断与排除

子任务5.3.1 装载机工作装置动作缓慢的故障诊断与排除

☞ 任务描述

一台CLG856装载机在工作过程中出现工作装置动作缓慢的故障现象。请根据装载机液压系统工作原理图分析故障原因。

☞ 学习目标

1）分析装载机液压系统的工作原理。

2）能根据装载机工作装置液压系统工作原理图正确分析故障原因。

☞ 信息收集

一、知识准备

1）掌握装载机液压系统的工作原理和结构。

2）掌握装载机驾驶操作技能。

二、参考资料

装载机维修手册。

☞ 计划与实施

1. 工作原理分析

装载机工作装置液压系统包括先导油路和主油路两部分，液压原理如实训图5-5所示。

2. 工作特性

动臂液压缸8和铲斗液压缸9由工作泵1供油，手柄先导阀10和11共用一路先导油。铲斗滑阀3和动臂滑阀6为串联关系，当铲斗滑阀3开度最大时，动臂滑阀6进油路就被完全关闭。

3. 故障原因分析

针对装载机工作装置动作缓慢的故障现象，故障原因及排除方法见表5-1。

表5-1 工作装置动作缓慢故障原因及排除方法

序号	原因分析	排除方法
1	液压油混入大量空气	排放空气或更换液压油
2	液压油黏度过高或过低	过滤或更换液压油
3	液压系统工作温度过高	使液压系统工作在正常范围内
4	进油过滤器堵塞严重	清洗或更换进油过滤器
5	工作泵齿轮侧隙或顶隙磨损	修配或更换齿轮泵
6	主溢流阀的主阀芯磨损或关不严	检修或更换主溢流阀

（续）

序号	原因分析	排除方法
7	主溢流阀调整弹簧刚度变小	更换调整弹簧
8	铲斗滑阀阀芯磨损	重配铲斗滑阀阀芯或更换分配阀
9	先导溢流阀调整压力过低或阀芯磨损	调整压力至正常值或更换阀芯
10	先导溢流阀调整弹簧刚度变小	更换调整弹簧
11	减压阀调整弹簧刚度变小	更换调整弹簧
12	手柄先导阀阀芯磨损	更换手柄先导阀

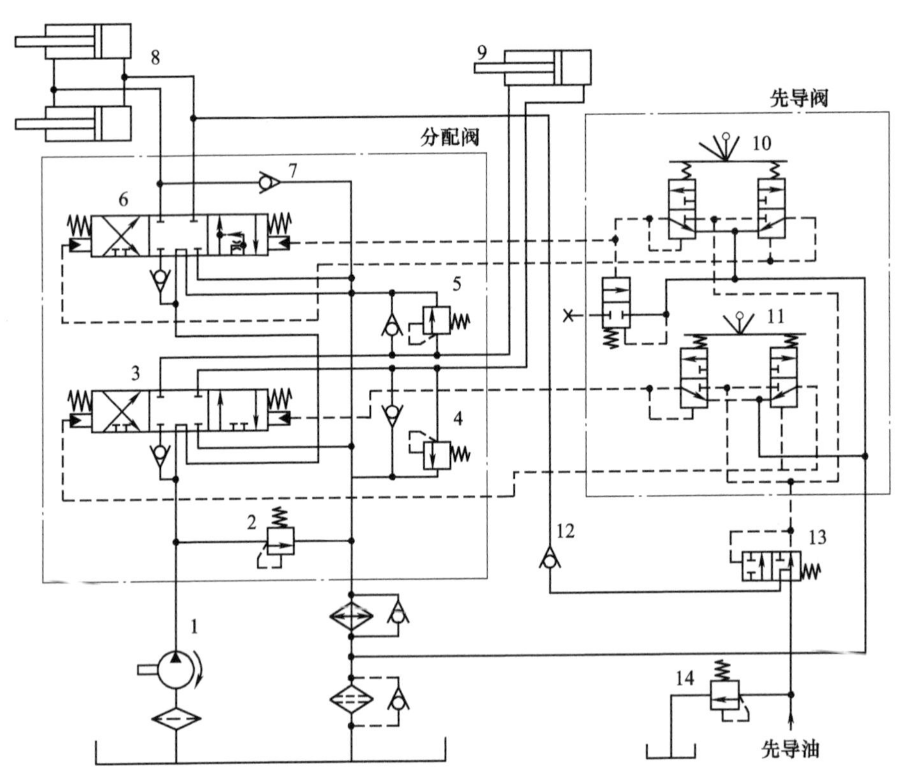

实训图 5-5 CLG856 装载机转向液压回路工作原理图

1—工作泵 2—主溢流阀 3—铲斗滑阀 4、5—安全吸油阀 6—动臂滑阀 7、12—单向阀 8—动臂液压缸 9—铲斗液压缸 10、11—手柄先导阀 13—减压阀 14—先导溢流阀

☞ 检查与评估

1）通过什么方法来判断液压系统内部是发生泄漏还是发生堵塞？

2）将故障原因列表之后，如何按一定的逻辑关系进行故障排除？

3）针对表 5-1 所示的故障原因，是否可以按一定的属性进行分类？

☞ 思考与练习

1. 造成装载机工作装置动作缓慢的原因可能是（　　）。

A. 主溢流阀调整压力过低　　B. 回油过滤器堵塞严重

C. 进油过滤器堵塞严重　　D. 动臂滑阀阀芯磨损

2. 下列属于引发内泄漏造成装载机工作装置动作缓慢的是（　　）。

A. 液压油温度过高　　B. 工作泵齿轮侧隙磨损

C. 液压油黏度过高　　D. 先导溢流阀调整压力过低

3. 如果装载机工作装置动作无力，原因可能是（　　）。

A. 主溢流阀关不严　　B. 先导溢流阀关不严

C. 回油过滤器堵塞　　D. 减压阀阀芯磨损

4. 对于吸油管路开裂，不可能造成（　　）。

A. 液压系统混入空气　　B. 液压系统工作噪声增大

C. 工作装置动作缓慢　　D. 液压油黏度变小

5. 在液压系统中，散热器一般安装在（　　）。

A. 进油路上　　B. 回路油上

C. 吸油路上　　D. 先导油路上

子任务 5.3.2 装载机转向无动作的故障诊断与排除

☞ 任务描述

一台 CLG856 装载机在出现转向沉重的故障后，车主拆下转向器进行分解检查和清洗，未发现零部件异常，但在重新组装并安装上车后，试车，反而无法转向。请诊断并排除故障。

☞ 学习目标

1）学会追溯装载机在故障前的运用状况。

2）能根据装载机转向液压系统工作原理图正确分析故障原因，找出可能的故障元件。

3）能对故障元件进行检修。

☞ 信息收集

一、知识准备

1）掌握装载机转向液压系统的工作原理和结构。

2）掌握装载机驾驶操作技能。

二、参考资料

装载机维修手册。

☞ 计划与实施

1. 工作原理分析

装载机转向液压系统如实训图 5-6 所示，液压系统主要分为主油路和先导油路两部分。

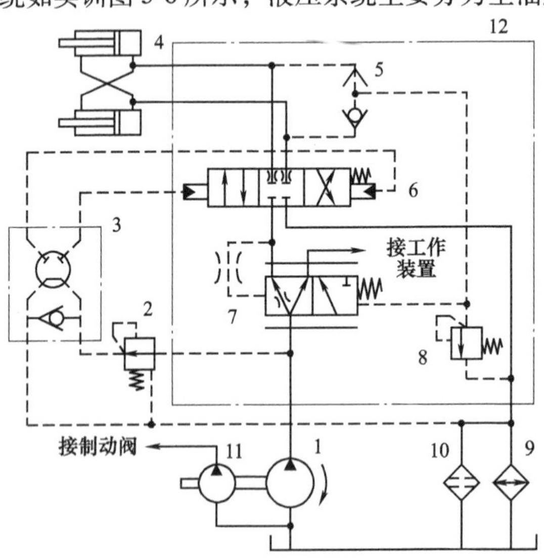

实训图 5-6 CLG856 装载机转向液压回路工作原理图

1—转向泵 2—减压阀 3—转向器 4—转向液压缸 5—梭阀 6—转向滑阀 7—优先阀 8—溢流阀 9—散热器 10—过滤器 11—制动泵 12—流量放大阀

2. 故障原因分析

因为在本次故障之前，转向系统已经出现转向沉重的故障现象，初步推断转向器本来就存在故障。对于无法转向的故障现象，重点应该排查转向器。这里所说的转向沉重，是指在转向方向盘时感觉很费力，与转向困难不同的是，转向困难除了转向沉重之外，还包括可以正常转动方向盘，但车轮转向出现滞后，无法正常转向行驶的情况。

1）转向困难，说明进入转向液压缸的油液不足或转向系统压力过低，原因可能是：

① 液压油液过少。

② 液压油温度过低。

③ 转向泵内泄漏过大。

④ 优先阀阀芯内部节流孔堵塞。

⑤ 转向液压缸窜油。

⑥ 减压阀输出压力过低。

⑦ 转向器内泄漏严重。

2）转向沉重，故障出在先导系统，原因可能是：

① 减压阀输出压力过低。

② 转向器内泄漏严重。

③ 转向泵输出压力过低。

3）转向无动作，原因可能是：

① 优先阀阀芯内部节流孔堵塞严重。

② 转向泵内泄漏严重。

③ 转向器内泄漏严重。

④ 转向液压缸窜油严重。

3. 压力测试

在转向泵出口处接上压力表进行压力测量，压力约为20MPa，属于正常范围值，结合装载机在转向系统故障前、后的运用情况，可以初步判断主系统并无故障。

4. 故障诊断与排查

本案例中，转向无动作的故障现象发生在维修人员拆检转向器之后，所以重新对转向器进行拆解检查，发现转向器补油单向阀缺失阀芯（钢珠）。

那为什么会出现转向沉重的情况呢，如果补油单向阀阀芯关不严，产生内泄漏现象，造成驱动转向器内计量液压马达的压力变小，驾驶员转动方向盘就会感觉费力。

5. 试机

1）对转向器检修完毕，将转向器安装好，进行试动作。

2）工作完毕，恢复工作现场，填写工作报告。

☞ 检查与评估

1）怎么识别转向沉重、转向困难和无法转向等故障现象的区别？

2）调查了解装载机故障发生前的运用情况有利于合理分析故障范围，试分析本案例中初步分析故障点是转向器的原因。

☞ 思考与练习

1. 对于 CLG856 装载机而言，出现转向困难的故障现象，原因可能是（　　）。
   A. 转向液压缸活塞密封圈损坏　　B. 转向液压缸导向套（端盖）密封圈损坏
   C. 转向液压缸活塞支承环损坏　　D. 转向液压缸活塞杆出现点蚀现象
2. 对于 CLG856 装载机而言，出现无法转向的故障现象，原因可能是（　　）。
   A. 转向泵输出压力只有 10MPa　　B. 减压阀输出压力只有 0.2MPa
   C. 发动机转速只有 1500r/min　　D. 溢流阀输出压力只有 0.2MPa
3. 对于 CLG856 装载机而言，出现自动行驶转向的故障现象，原因可能是（　　）。
   A. 转向器输入压力过高　　B. 转向系统压力过高
   C. 转向滑阀阀芯无法复位　　D. 主溢流阀调定压力过高
4. 对于 CLG856 装载机而言，出现转向滞后的故障现象，原因可能是（　　）。
   A. 减压阀输出压力过低　　B. 转向滑阀输出流量不足
   C. 溢流阀调整压力过低　　D. 转向泵输出压力过小
5. 对于 CLG856 装载机而言，出现方向盘自动转动的故障现象，原因可能是（　　）。
   A. 转向器内泄漏严重　　B. 转向器补油单向阀关不严
   C. 减压阀输出压力过低　　D. 转向器复位弹簧片断裂

装载机动臂下沉的故障诊断与排除

装载机铲斗翻转无力故障诊断与排除

装载机转向缓慢无力的故障诊断与排除

装载机制动力不足的故障诊断与排除

任务 5.4　挖掘机液压系统故障诊断与排除

子任务 5.4.1　挖掘机动臂提升缓慢无力的故障诊断与排除

☞ 任务描述

一台 R225L-7 挖掘机在运用过程中，操纵动臂提升感觉缓慢无力，请诊断与排除故障。

☞ 学习目标

1）能根据液压系统工作原理图正确分析故障原因，找出可能的故障元件。

2）能对故障元件进行检修。

☞ 信息收集

一、知识准备

1）了解挖掘机液压系统的工作原理和结构。

2）掌握挖掘机驾驶操作技能。

二、参考资料

挖掘机维修手册。

☞ 计划与实施

1. 检查与操作

在确保安全情况下进行负载操作，检查挖掘机液压系统各个执行装置的工作状况，从而初步确定故障范围。

1）操作挖掘机动臂动作，检查动臂液压缸工作是否正确。

2）操作挖掘机铲斗动作，检查铲斗液压缸工作是否正确。

3）操作挖掘机斗杆动作，检查斗杆液压缸工作是否正确。

4）同时操作回转和动臂动作，检查动臂液压缸工作是否正确。

5）同时操作行走和动臂动作，检查动臂液压缸工作是否正确。

通过以上分步骤的操作，检查动臂提升的故障是否存在关联性。如果只是操作动臂提升时才出现，那么就可以初步判断故障出现在动臂提升液压回路。

2. 动臂液压回路工作原理分析

动臂液压回路如实训图 5-7 所示。动臂提升时，后泵 P2 液压油分别经右行走滑阀 1 中位、动臂滑阀 2 左位之后，与前泵 P1 液压油经动臂滑阀 4 左位后进行汇合，汇合后的液压油经动臂锁定阀 5 进入动臂液压缸 7 大腔；动臂液压缸 7 小腔回油经动臂滑阀 2 左位从回油管 R2 流回液压油箱。

动臂下降时，后泵 P2 液压油分别经右行走滑阀 1 中位、动臂滑阀 2 右位之后，直接进入动臂液压缸 7 小腔；动臂液压缸 7 大腔回油经动臂滑阀 2 右位从回油管 R2 流回液压油箱。

3. 压力测试

在挖掘机主泵的 P1、P2 测试口处分别连接压力表，压力表的测试范围须大于所测压力值的 1.5 倍以上。

1）测试动臂液压缸伸出时的最大工作压力，压力值约为 12MPa，略小于正常值。

2）测试动臂液压缸缩回时的最大工作压力，压力值为 34MPa 左右，正常。

3）测试铲斗、斗杆液压缸动作时的最大工作压力，压力值为 34MPa 左右，正常。

4）测试各个液压缸动作时的最大先导液压力，压力值为 4MPa 左右，正常。

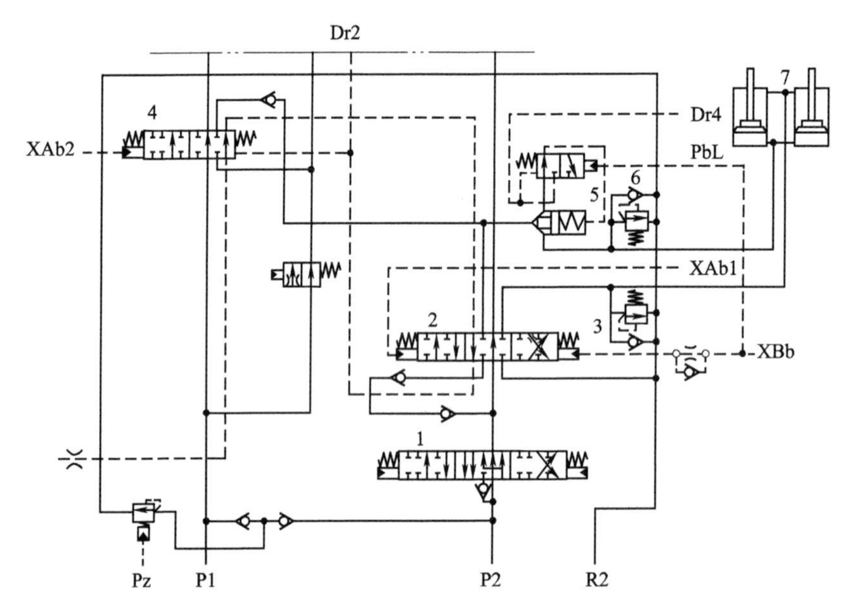

实训图 5-7 R225L-7 挖掘机动臂液压回路工作原理图

1—右行走滑阀 2、4—动臂滑阀 3、6—安全吸油阀 5—动臂锁定阀 7—动臂液压缸

4. 故障原因分析

1）根据压力测试情况可知动臂提升回路压力异常，其他液压回路工作正常，说明动臂提升回路存在内泄漏，造成压力和流量损失。

2）初步判断安全吸油阀 6 或动臂锁定阀 5 存在故障。

3）如果安全吸油阀 6 中的安全阀存在阀芯关不严、磨损或调压弹簧刚度变小；单向阀存在阀芯关不严等都可能造成进油路液压油泄漏至 R2 回油管，导致动臂提升时进油压力下降。

4）如果动臂锁定阀 5 的控制阀存在阀芯磨损、刮划等造成进油路液压油泄漏至 Dr4 回油管，导致动臂提升时进油压力下降。

5）采用逻辑分析图法对故障原因进行分析，如实训图 5-8 所示。

5. 故障诊断与排除

本案例采用元件对调法对故障点进行排查。

1）将动臂液压缸大腔油口安全吸油阀 6 与小腔油口安全吸油阀 3 对调。

2）重新操作动臂执行提升动作，观察压力显示是否正常，故障现象是否消失。

3）如果故障现象未消失，则拆卸动臂锁定阀的控制阀进行检查，检查阀芯是否发卡、弹簧是否折断等。

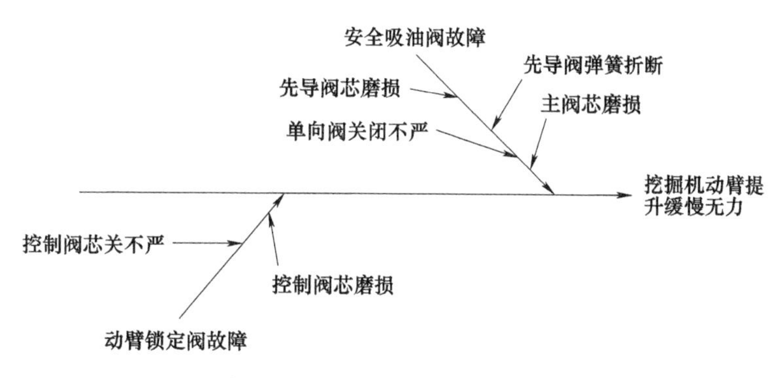

实训图 5-8　故障原因逻辑分析图

6. 故障元件检修

1）对故障元件进行分解，使用煤油或柴油对零件进行清洗。

2）对照维修手册或其他技术资料，检查阀座、阀芯、弹簧等零件表面质量、尺寸参数是否符合要求。

3）修理或更换失效的零件或总成，将处理好的元件或新换的元件重新安装好。

7. 试机

1）起动发动机，分别操作动臂、斗杆、铲斗等动作，观察液压缸工作速度和液压回路工作压力是否正常。

2）工作完毕，恢复工作现场，填写工作报告。

☞ 检查与评估

1）总结、分析操作过程是否得当、规范，操作步骤是否存在不足之处。

2）分组讨论本案例的故障诊断与排除过程是否可以优化，若可以优化，请提出方案。

3）讨论、分析是否可以采用流量测试法替代压力测试法为故障诊断提供依据。

☞ 思考与练习

1. 在分析 R225L-7 挖掘机动臂提升缓慢无力的故障原因时，甲说是动臂锁定阀可能故障，乙说是动臂液压缸小腔油口安全吸油阀可能存在故障。以下说法正确的是（　　）。

A. 只有甲的说法正确　　　　B. 只有乙的说法正确

C. 甲和乙的说法都正确　　　D. 甲和乙的说法都不正确

2. 在分析 R225L-7 挖掘机动臂提升缓慢无力的故障原因时，甲说是动臂锁定阀的主阀存在磨损，乙说是动臂锁定阀的控制阀存在磨损。以下说法正确的是（　　）。

A. 只有甲的说法正确　　　　B. 只有乙的说法正确

C. 甲和乙的说法都正确　　　D. 甲和乙的说法都不正确

3. 在对 R225L-7 挖掘机动臂提升缓慢无力的故障诊断过程中，如果将动臂液压缸大腔油口安全吸油阀 6 与小腔油口安全吸油阀 3 对调后，动臂提升缓慢无力的故障消失，那么可以判断故障元件是（　　）。

A. 动臂液压缸大腔油口安全吸油阀 6　　B. 动臂滑阀 4

C. 动臂液压缸小腔油口安全吸油阀 3　　D. 动臂滑阀 2

4. 对于油口安全吸油阀的功能，甲说具有过载保护和负压补油的作用，乙说具有高压卸载和防止液压油逆流的作用。以下说法正确的是（　　）。

A. 只有甲的说法正确　　B. 只有乙的说法正确

C. 甲和乙的说法都正确　　D. 甲和乙的说法都不正确

5. 不适宜用来对液压元件进行清洗的液体是（　　）。

A. 煤油　　B. 液压油

C. 柴油　　D. 纯净水

子任务5.4.2　挖掘机全车无动作的故障诊断与排除

☞ 任务描述

一台R225L-7挖掘机在工作过程中，操纵液压缸和液压马达工作，均出现无动作的故障现象。请诊断与排除故障。

☞ 学习目标

1）进一步分析挖掘机液压系统的工作原理。

2）能正确分析故障原因，找出可能的故障范围。

☞ 信息收集

一、知识准备

1）了解挖掘机液压系统的工作原理和结构。

2）掌握挖掘机驾驶操作技能。

二、参考资料

挖掘机维修手册。

☞ 计划与实施

1. 故障原因分析

1）由R225L-7挖掘机液压系统工作原理图可以看出，挖掘机的液压系统分为主油路和先导油路。主油路和先导油路又可分为公共油路和支油路。这里主要分析进油路。

2）如果所有的执行装置均无动作，表明故障应该发生在公共油路。

3）公共先导油路的主要组成有先导泵、先导溢流阀、先导解锁电磁阀、功率提升电磁阀、最大流量切断阀、行走液压马达速度调节阀和动臂优先电磁阀等。

4）公共主油路的主要组成有主溢流阀、直线行走阀等。

2. 压力测试

1）分别在前泵、后泵出口处连接压力表，测量所有滑阀均处于中位状态时的主系统压力值，调整发动机转速至最大档位，观察压力测量值是否为3.5MPa左右。

2）在先导泵出口处连接压力表，测量先导压力，如果先导压力为3.9MPa左右，则表明先导泵、先导溢流阀正常，故障可能出在先导解锁电磁阀。如果先导解锁电磁阀无动作，先导泵输出液压油就无法到达先导手柄阀。

如果先导压力很小，则要排查先导溢流阀或者五联阀（先导解锁电磁阀、功率提升电磁阀、最大流量切断阀、行走液压马达速度调节阀和动臂优先电磁阀）是否存在严重的内泄漏。

3. 故障诊断与排除

本案例采用流程图法对故障点进行排查，如实训图5-9所示。

1）通过测试压力判断故障是发生在主液压系统，还是发生在先导液压系统。

2）主液压系统主要涉及主溢流阀和直线行走阀两个元件。

3）如果故障发生在先导液压系统，并且压力正常，首先要检查先导解锁电磁阀是否有工作电压，测试电磁阀阀芯是否动作、液压阀阀芯是否出现卡死等现象。

4）如果先导压力极低，要分别检查先导溢流阀、五联阀内部是否存在严重的内泄漏。

5）若上述检查均未解决故障问题，则要检查先导泵吸油管路是否存在堵塞、松脱、破损等现象。

4. 试机

1）每次故障诊断与排除工作结束后，要起动发动机，操作液压缸和液压马达动作，观察工作速度和工作压力是否正常。

2）工作完毕，恢复工作现场，填写工作报告。

☞ 检查与评估

1）分组讨论如何界定挖掘机液压系统的公共油路。

2）如果挖掘机液压系统的液压缸、液压马达均出现工作无力的现象，是否可以参照实训图 5-9 所示的诊断流程进行诊断。

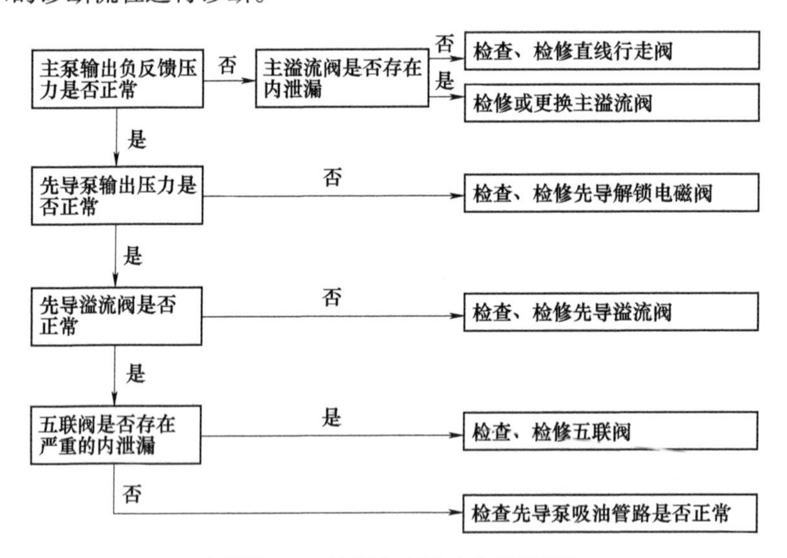

实训图 5-9 诊断全车无动作的流程图

☞ 思考与练习

1. 对于 R225L-7 挖掘机液压系统而言，如果全车无动作，并且主系统负反馈压力和先导压力均正常，故障可能出在（ ）。

A. 主溢流阀 B. 直线行走阀 C. 先导解锁电磁阀 D. 先导液压泵

2. 如果 R225L-7 挖掘机液压系统的前泵输出最大压力过小，而后泵输出最大压力正常，故障可能出在（ ）。

A. 主溢流阀 B. 直线行走阀 C. 左行走滑阀 D. 右行走滑阀

3. 对于 R225L-7 挖掘机液压系统而言，如果前泵、后泵和先导泵输出的最大压力均过小，故障原因不可能是（ ）。

A. 主溢流阀阀芯关不严　　B. 液压油混入大量空气

C. 发动机转速过低　　D. 液压油量过少

4. 对于R225L-7挖掘机来说，如果主液压系统的回路管路发生堵塞，可能会导致（　　）。

A. 主泵输出流量增大　　B. 主滑阀动作发生卡滞

C. 发动机转速自动增大　　D. 主泵出口压力增大

5. 对于R225L-7挖掘机来说，如果前泵输出流量过小，则可能导致（　　）。

A. 右行走液压马达转速下降　　B. 铲斗液压缸工作缓慢

C. 动臂液压缸提升缓慢　　D. 动臂液压缸下降缓慢

挖掘机动臂举升缓慢无力的故障诊断与排除

挖掘机斗杆下摆惯性过大的故障诊断与排除

任务 5.5 起重机械液压系统故障诊断与排除

子任务 5.5.1 汽车起重机液压支腿故障的诊断与排除

☞ 任务描述

施工中的一台 QY-8 型汽车起重机液压支腿支承不起来车体，车轮总是落地，要求对该故障进行诊断与排除。

☞ 学习目标

1）进一步理解汽车起重机液压系统的结构与工作原理。

2）能诊断与排除汽车起重机支腿支承无力的故障。

☞ 信息收集

一、知识准备

1）识读 QY-8 型汽车起重机液压系统的工作原理图。

2）熟悉 QY-8 型汽车起重机液压支腿的功能、构造和原理。

二、参考资料

QY-8 型汽车起重机维修手册、操作与保养手册。

☞ 计划与实施

1. 故障现象

一台 QY-8 型汽车起重机在正常使用中发现其支腿支承不起车体，车轮总是落地。QY-8 型汽车起重机液压系统如实训图 5-10 所示。

2. 故障原因分析

目前国产的 8t 汽车起重机大多采用 H 型支腿，支持力强，支腿跨距大，起重稳定性高，操作采用分配阀，能够简单、迅速准确地把起重机调成水平状态，其垂直支腿采用双向液压锁，可以极大地保证垂直支腿的安全和稳定。

在确认支腿液压缸没有故障的前提下，该故障可能的原因如下：

1）液压泵 1 故障。不能供油，也就是系统没有压力油。

2）安全阀 13 故障。压力上不去。

3）分配阀组 I 的故障。分配阀中的二位三通换向阀 23 未处于左位，没有液压油进入液压缸 5、液压缸 8 和 9 等。

4）稳定器液压缸 5 故障，未将后桥板簧锁住，主要是液压缸 5 的内泄漏大。

3. 故障诊断与排除

1）首先检查稳定器液压缸 5 能否锁住后桥板簧，如果稳定器液压缸 5 不能将后桥板簧锁住，主要原因是液压缸 5 的内泄漏大，对该液压缸的故障进行排除。

2）检查下车分配阀组 I 是否出了故障。

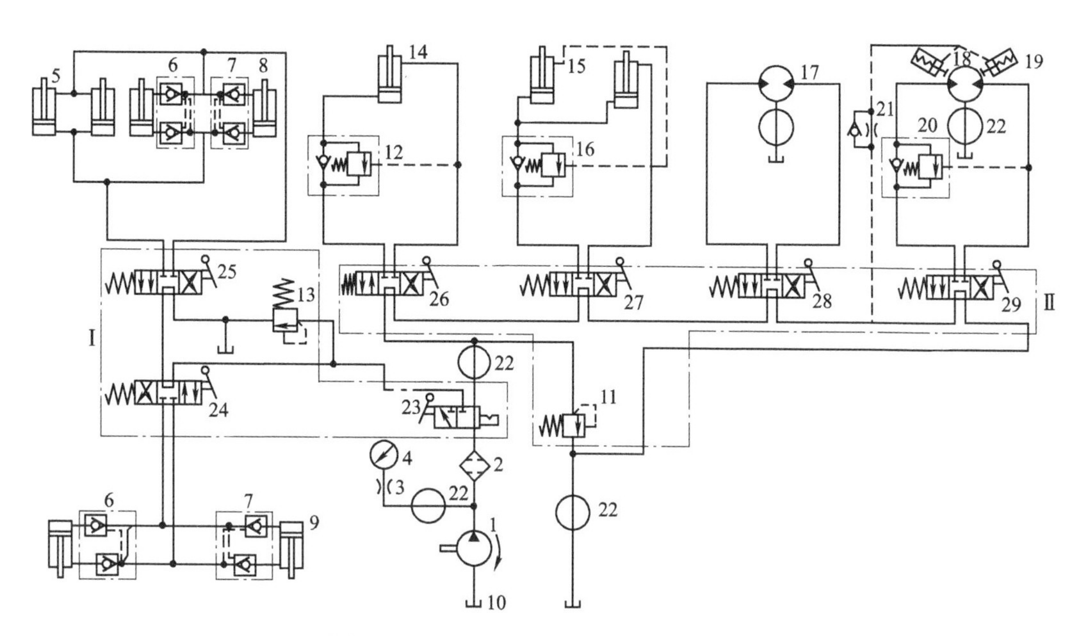

实训图 5-10 QY-8 型汽车起重机液压系统图

1—液压泵 2—过滤器 3—阻尼器 4—压力表 5—稳定器液压缸 6、7—液压锁 8、9—前、后支腿液压缸 10—油箱 11、13—安全阀 12、16、20—平衡阀 14—吊臂液压缸 15—变幅液压缸 17—回转液压马达 18—起升液压马达 19—制动器液压缸 21—单向节流阀 22—中心回转接头 23~25—Ⅰ组分配阀 26~29—Ⅱ组分配阀

收支腿时，试听下车分配阀组Ⅰ中的安全阀13是否有溢流的声音，有则为溢流卡死。

排除方法：将安全阀13拆下，解体检查，查看锥阀处有无损伤，阀体内有无异物和密封是否损坏。如果锥阀处的曲线有损伤，用细砂纸研磨修复。将整个零件用煤油清洗干净后重新装好，安装到分配阀组Ⅰ上。然后观察有无压力和动作，如果修复效果不好，最好更换溢流阀。

需要注意：该过程必须按照溢流阀压力调整方法进行，否则会由于压力过高而损坏液压泵。

溢流阀压力值标定方法：先将调整螺栓放松到最小，收或放支腿到极限位继续操作主操作杆，眼睛观察压力表的压力值，逐渐将调整螺栓缓慢旋入，快到标定值的时候旋入量要小，标定值到要求数值后，将锁紧螺母锁死。重新验证标定值是否准确。

3）检查液压泵1的工作情况。收支腿的时候，试听下车分配阀组Ⅰ中的溢流阀13是否有溢流的声音，如果没有溢流的声音，则可能是液压泵损坏。如果是这样，可以更换一个液压泵，进一步确认是否是液压泵损坏。若确认液压泵损坏，具体的故障诊断与排除详见液压泵的检测与故障排除部分。

汽车起重机作业时，液压支腿除了液压支腿本身故障外，还会因为液压泵或分配阀，甚至稳定器等液压元件造成支腿支承无动作，影响正常工作，一定要及时排除故障以免影响正常工作，保证起重机安全作业。

☞ 检查与评估

1）检查作业表填写的内容是否合理、正确，是否有需要修改或改正的地方。

2）回顾在故障现象的诊断过程中，哪些操作不够规范而需要改进。

3）讨论分析本案例中的故障诊断步骤是否合理。如果认为不合理，请提出优化的方案。

☞ 思考与练习

1. 汽车起重机在使用过程中，发现其垂直液压支腿下沉，如何检测及排除故障？

2. 发现作业中的汽车起重机，车体前后方向倾斜，此种故障通常由什么原因造成？

3. 汽车起重机在未起吊时支腿能够支起，但是在起吊作业中车体下降，特别是在起吊满载重物时，尤为严重，试分析其故障原因。

子任务5.5.2 汽车起重机吊重无力故障的诊断与排除

☞ 任务描述

施工中的一台QY-8型汽车起重机，吊重无力，要求对该故障进行诊断与排除。

☞ 学习目标

1）能根据汽车起重机液压系统原理图分析吊重无力的故障原因。

2）能排除吊重无力的液压系统故障。

☞ 信息收集

一、知识准备

1）识读QY-8型汽车起重机液压系统原理图。

2）熟悉汽车起重机吊重工作过程。

二、参考资料

QY-8型汽车起重机维修手册、操作与保养手册。

☞ 计划与实施

1. 故障现象

一台QY-8型汽车起重机在使用过程中，液压系统发生故障，系统压力升不高，吊重无力。

2. 故障原因分析

1）油箱液面过低或吸油管堵塞。

2）压力油管路和回油管路串通或元件泄漏过大。

3）液压系统溢流阀开启压力过低。

4）液压泵排油量不足。

5）液压泵损坏或渗漏量大。

3. 故障诊断与排除

针对以上可能的故障原因，进行系统检查。经查，油箱液面并不低，而且压力能达到17MPa，说明吸油管路并不存在堵塞现象。

（1）溢流阀开启压力过低　该系统为开式串联油路，二联多路阀中的溢流阀分管支腿液压缸油路，防止过载。按照技术规定，将该液压系统溢流阀调至16MPa。四联多路阀中的溢流阀保护起升、回转、变幅和吊臂伸缩机构等，防止其过载。按照规定将动臂液压缸顶至极端位置后，溢流阀的压力应调到25~26MPa，但是将调节螺栓调到底，压力仍不能上去，则证明该溢流阀失效。

排除方法：

拆下该溢流阀，会发现溢流阀中的弹簧底座钢垫中在弹簧回程中卡死，影响了正常的调节范围。此时，将弹簧底座钢垫整修，重新安装，调试压力提高到20MPa。

（2）液压泵排量不足　该系统中轴向柱塞定量泵，在起升吊装过程中工作负担最重，易出现故障。拆除后发现，输出轴歪斜。解体后发现，输出轴轴承严重损坏，滚珠体和支承架破裂，滚道有一层很深的剥落层。

排除方法：

输出轴有一联轴器背靠轮，内孔均磨损偏斜，当起升机构工作时，液压泵将输出转矩通过联轴器传入减速器，由于孔偏斜松动，两轴同轴度误差过大，长期在偏转矩载荷状况下工作。此时，更换联轴器弹性圈。

由于轴承损坏，滚珠不是按照原来的排列正常工作，使输出轴转动困难，转速上不去，转矩减少。排除方法是更换轴承，矫正输出轴。

（3）四联阀内渗漏　滑阀杆 O 形密封圈油封损坏或磨损，滑杆间隙超过规定值（大于 0.03mm），阀内渗漏量加大，也是造成系统压力上不去的原因之一。

排除方法是更换密封圈油封。

（4）液压泵配流盘表面磨损　由于液压泵轴承磨损的杂质混入液压系统使油液不清洁，经过长期使用，会使液压泵配流面发生磨损，配流盘与端盖用销定位，相对不动，在弹簧和液压力的作用下，缸体紧压在配流盘上，二者相对旋转，而漏油较少。

排除措施：

配流面磨损不太严重时，可用研磨砂在平板玻璃上研磨平面，关键在于调整间隙，应把调整螺钉拧到底，然后再往回旋转少许，使泵能用力轻轻转动为好。

4. 总结

以上对 QY-8 型汽车起重机液压系统压力升不高，吊重无力故障的分析，针对的是普通共性问题，抓住了产生故障的原因，问题就能迎刃而解，经过系统压力调整，稳定到 24MPa，经过试吊达到原车的技术指标。

☞ 检查与评估

1）检查作业表填写的内容是否合理、正确，是否有需要修改或改正的地方。

2）回顾在汽车起重机起升无力故障现象的诊断过程中，有哪些操作不够规范而需要改进？

3）讨论分析本案例中的故障诊断步骤是否合理。如果认为不合理，请提出优化的方案。

☞ 思考与练习

1. 当汽车起重机起吊过程中有“溜钩”现象，如何检测及排除故障？

2. 在检修过程中，将从分配阀组回转机构和起升机构的输出油口错接，会出现什么不良后果？

任务5.6 摊铺机液压系统故障诊断与排除

☞ 任务描述

在使用沥青混凝土摊铺机过程中，其液压系统的故障产生原因是多样的，造成液压系统工作异常。请从液压油过热、螺旋布料器不工作、某一侧找平液压缸不工作等方面进行液压系统的故障诊断，按规范对某型摊铺机进行液压系统故障的原因分析与诊断。

☞ 学习目标

1）进一步了解沥青混凝土摊铺机液压系统故障的原因分析。

2）能够进行某型摊铺机液压系统故障诊断。

☞ 信息收集

一、知识准备

1）掌握沥青混凝土摊铺机液压系统工作原理。

2）识读沥青混凝土摊铺机液压系统油路工作原理图。

3）了解沥青混凝土摊铺机安全技术规范和环境保护相关法规。

二、参考资料

沥青混凝土摊铺机液压系统维修手册、检修工艺文件等。

☞ 计划与实施

一、液压油过热

沥青混凝土摊铺机液压系统的油温过高会使油液黏度降低，泄漏量增加，所润滑部位的油膜破坏，使部件的磨损加剧；同时，高温还会使橡胶等材料制成的密封圈过早老化而损坏、因此。控制适宜的油温非常重要。

当油温过高时，必须停机检查，一般可以从以下几个方面着手：

1）检查油箱液面是否过低。经验表明，油温过高往往是油箱缺油所致，故缺油时应及时补油。

2）液压油滤芯及回路是否堵塞。

3）散热器是否正常。散热器如黏附了大量的灰尘，可导致散热不良，使油温升高。由于摊铺机工作环境中的灰尘较多，因此应及时清理散热器。

4）液压油质量是否合格。若加入的液压油质量不合格，也会造成系统油温过高。另外、液压系统在缺油时工作，容易造成泵和液压马达损坏，因此缺油故障排除后还要检查泵和液压马达的运转状态，必要时更换泵和液压马达的已损坏部件。

二、螺旋布料器不工作

摊铺机有时会发生左、右布料器不工作的情况，原因一般为补油系统有故障。引起补油系统压力偏低的原因：补液压泵进油道不畅；补液压泵溢流阀压力偏低；补液压泵本身故障；液压马达严重泄漏。一般应重点检查补液压泵及其溢流阀。

三、某一侧找平液压缸不工作

摊铺机若发生一侧找平液压缸不动作的情况，一般是由于该侧液压缸内缺油所致。原因可能是电磁阀、优先阀或液压缸进油管路堵塞。这种情况可先检查该侧电磁阀和进油路，再检查优先阀。

四、摊铺机跑偏或不行走

摊铺机发生行走故障，一般为摊铺机跑偏或某一侧不能行走。这种故障可能是控制工作泵的电磁阀接线松动（或断路或无电）所致。若某一侧工作泵因无电而不能工作，将使该侧行走液压马达因无油也不能工作，从而造成机器跑偏或某一侧不能行走。

五、料斗不能正常合拢

摊铺机有时会发生两侧料斗不能正常合拢的情况，除少量是机械（料斗被卡住）和电气故障（电气开关接触不良等）外，一般是液压系统故障，其可能的原因：

1）料斗缸推力不足。其原因是料斗缸内液压油泄漏。首先应检查活塞密封圈，密封圈的老化或磨损都会造成料斗缸推力不足，必要时应更换；如果密封圈没有问题，则需要检查该缸与活塞的间隙，缸筒磨损可使间隙过大，使料斗缸推力变小。

2）液压泵的供油压力不足。一般是液压泵泄漏所致，可能是液压泵内部零部件磨损引起内泄漏，或者是配合面密封件磨损引起外泄漏，必要时应及时更换磨损部件；此外，因液压油过少或液压泵过滤器堵塞而造成液压泵不吸油，同样会降低供油压力，此时泵在运转时会发出较大的噪声，因此可根据齿轮泵的啮合声音是否正常进行判断。

另外，由于控制左右料斗合拢和控制熨平板提升的液压泵为同一台泵，若因液压系统原因而发生左右料斗不能正常合拢故障时，则熨平板也会发生相应的故障。因此，如果料斗和熨平板同时发生故障，应首先想到液压泵故障。

在摊铺机的使用中，只要做好液压系统的保养工作，就可大大地减少故障。一般应注意以下几点：

1）液压油在加入液压油箱之前，应采用清洁的容器装油，液压油须经过滤器过滤后再加入油箱；液压油的更换周期视所用油液质量而定（一般 1000h 更换一次）；更换液压油应在工作温度下进行；为了保证液压系统的散热良好，还应定期清洗液压油散热器。

2）由于沥青摊铺机的工作环境一般比较恶劣，液压油滤芯的更换周期也应缩短（一般以 750h 为宜），更换新滤芯时应做检查，严禁使用已变形、污染或生锈的滤芯。

3）每日起动发动机工作时，应先怠速运转一段时间后，再操纵各执行元件工作，这样有利于液压泵的使用。

4）摊铺机由于长期使用，其液压系统参数有时会发生变化，因此，应定期检查液压系统的参数设置，及时加以调整。

☞ 思考与练习

1. 摊铺机行走系统跑偏的液压系统故障原因有哪些？
2. 摊铺机液压系统的日常保养注意事项有哪些？

任务 5.7 稳定土拌和机液压系统故障诊断与排除

☞ 任务描述

车主反映，一台 WBL20 型稳定土拌和机出现转子泵停转的故障现象。

☞ 学习目标

掌握稳定土拌和机液压系统的常见故障及排除方法。

☞ 信息收集

一、知识准备

1）识读稳定土拌和机液压回路的工作原理图。

2）了解液压油安全技术规范和环境保护相关法规。

3）能驾驶操作稳定土拌和机。

二、参考资料

WBL20 型稳定土拌和机维修手册。

☞ 计划与实施

一、设备与器材

稳定土拌和机、呆扳手、内六角扳手、转矩扳手、压力表、量杯、护目镜、手电筒、磁力棒、抹布等。

二、任务实施

1. 故障现象

WBL20 型稳定土拌和机额定转速时转子泵补油压力低，转子空转转速比标准值低 40r/min，实际拌和作业时的补油压力和高压表示数降为零，低压值为 1.5MPa 左右，加大负载，转子自行停转，发动机恢复正常。

2. 故障原因分析

如实训图 5-11 所示，根据液压回路工作原理可以知道，出现上述故障的可能原因有：

①由于机器工时长，补液压泵磨损补油阀磨损或密封件老化导致内泄漏。

②由于机器工时较长，转子液压马达磨损而导致内泄漏。

③补油阀的溢流阀设定压力过低，或者溢流阀被异物卡在常开位置，达不到设定值。

3. 故障诊断与排除

1）检查补液压泵吸油管路和过滤器。检查补液压泵吸油管路和过滤器是否堵塞，如果吸油管路和过滤器堵塞，则通过处理后看系统是否恢复正常，如果处理后恢复正常，故障排除，如果吸油管路和过滤器正常，则进行其他的检查。

2）通过调整提高补油溢流阀的开启压力，系统高压油表上升 1MPa 左右，转子空载时，系统高压表值降低为 0.5MPa，系统低压表值不变，转子转速升高至 110r/min，比标准值低 20r/min，继续调整补油阀，故障未消除。

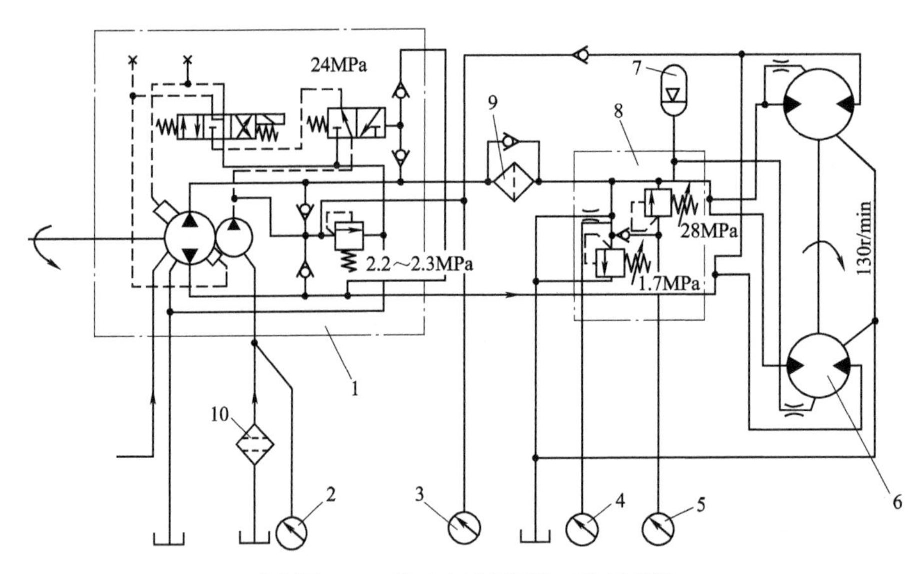

实训图 5-11 铲斗主液压回路工作原理图

1—转子泵 2—补油真空表 3—补油压力表 4—系统低压表 5—系统高压表
6—转子液压马达 7—蓄能器 8—集成块 9—过滤器 10—精过滤器

3）检查集成块。将集成块拆除不用，试车发现压力基本不变，当负载增大时，转子停转，由此可见补液压泵和转子液压马达的故障可能性小，集成块有一定泄漏，但并不是故障的主要原因。

4）系统总体分析发现系统的压力大小变化与方向相反。由于转子泵是双向变量泵，而该系统只能是 A 口出，B 口回，若转子泵变量方向相反，则说明进出油口接反，经检查发现操纵手柄接反，更换后故障消除。

4. 总结

本案例中，根据故障描述，可能造成此故障的原因有溢流阀的压力设定太低，转子液压马达内泄漏，补液压泵老化泄漏，但这就需要逐一检查排除才能最终确定故障点。

☞ 检查与评估

1）检查作业表填写的内容是否合理、正确，是否有需要修改或改正的地方。

2）回顾在故障诊断过程中，有哪些操作不够规范而需要改进？

3）讨论分析本案例中的故障诊断步骤是否合理。如果认为不合理，请提出优化的方案。

☞ 思考与练习

1. 试分析当操纵手柄控制转子液压缸升降时，转子无下降动作的原因。
2. 蓄能器在液压系统中有何作用？

任务5.8 凿岩机液压系统故障诊断与排除

☞ 任务描述

车主反映，一台COP1038HD型凿岩机在进行换件维修，开机20min后出现了液压油温高温报警。

☞ 学习目标

掌握凿岩机液压系统的常见故障及排除方法。

☞ 信息收集

一、知识准备

1）识读COP1038HD型凿岩机的工作原理图。

2）了解液压油安全技术规范和环境保护相关法规。

3）能驾驶操作凿岩机。

二、参考资料

COP1038HD型凿岩机维修手册。

☞ 计划与实施

一、设备与器材

COP1038HD型凿岩机、呆扳手、内六角扳手、转矩扳手、压力表、量杯、护目镜、手电筒、磁力棒、抹布等。

二、任务实施

1. 故障现象

一台COP1038HD型凿岩机在进行换件维修，开机20min后液压油温度超过90℃，测试工作压力，从22MPa降至14MPa。

2. 故障原因分析

如实训图5-12所示，根据液压系统工作原理可以知道，出现上述故障的可能原因有：

1）液压油箱油量不足或滤芯堵塞。

2）冷却系统失效。

3）液压泵内部运动件磨损。

4）液压泵流量不足。

3. 故障诊断与排除

1）检查液压油量是否在正常范围，如果油量低于正常值，则加入液压油后试车，看故障是否消除，如果液压油量正常，则检查液压油滤芯是否堵塞，如果不堵塞，则进入其他的检查。

2）检查液压油冷却系统是否失效，如果失效，则维修液压油冷却系统后起动机器是否正常，如果冷却系统正常，则进行其他检查。

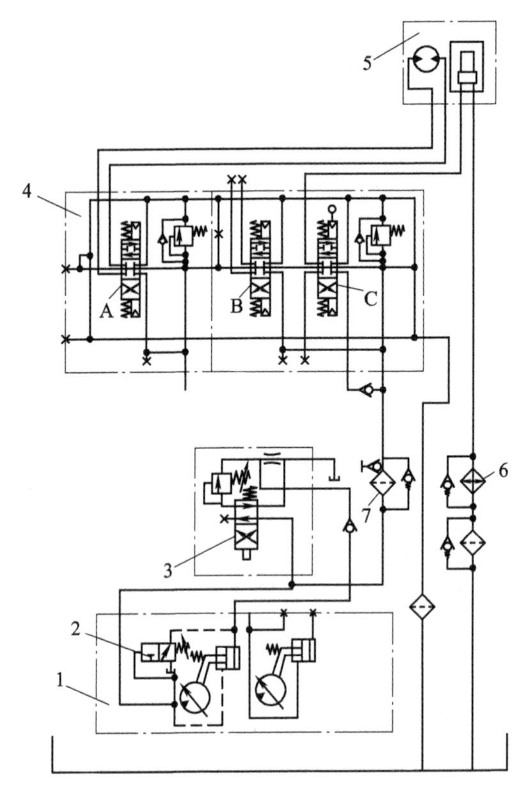

实训图 5-12 COP1038HD 型凿岩机液压系统工作原理图

1—双联柱塞泵 2—恒压变量机构 3—开孔阀 4—主气控阀 5—凿岩机 6—冷却器 7—过滤器

A—回转阀 B—推进阀 C—冲击阀

3）检查工作泵，拆解工作泵发现变量机构无法变量，导致液压泵配流盘无法随负载的变化而摆动，现将液压泵的调整螺杆往外拧松，然后开机运行后油温和压力恢复正常，故障消除。

4. 总结

本案例中，根据故障描述，可能造成此故障的原因有液压油量少、液压油滤芯堵塞、冷却系统故障、液压泵故障，采用先易后难的方法一一排除，最终可确定故障点。

☞ 检查与评估

1）检查作业表填写的内容是否合理、正确，是否有需要修改或改正的地方。

2）回顾在故障诊断过程中，有哪些操作不够规范而需要改进?

3）讨论分析本案例中的故障诊断步骤是否合理。如果认为不合理，请提出优化的方案。

☞ 思考与练习

1. 试分析凿岩机回转液压马达只能正转，不能反转的故障原因。

2. 试分析凿岩机变量泵声音异常的故障原因。